中国城市规划设计研究院
七十周年成果集
70TH ANNIVERSARY PORTFOLIO OF CAUPD

科研·标准（上册）

中国城市规划设计研究院　编

中国建筑工业出版社

图书在版编目（CIP）数据

中国城市规划设计研究院七十周年成果集. 科研·标准. 上册/中国城市规划设计研究院编. -- 北京：中国建筑工业出版社，2024.10. -- ISBN 978-7-112-30388-5

Ⅰ.TU984.2

中国国家版本馆CIP数据核字第2024AW4077号

责任编辑：唐　旭　吴　绫　吴人杰　杨　晓
责任校对：赵　力

中国城市规划设计研究院七十周年成果集
科研·标准（上册）
中国城市规划设计研究院　编

*

中国建筑工业出版社出版、发行（北京海淀三里河路9号）
各地新华书店、建筑书店经销
北京雅盈中佳图文设计公司制版
北京富诚彩色印刷有限公司印刷

*

开本：880毫米×1230毫米　1/16　印张：20$\frac{1}{2}$　字数：708千字
2024年9月第一版　　2024年9月第一次印刷
定价：**218.00**元
ISBN 978-7-112-30388-5
（43729）

版权所有　翻印必究
如有内容及印装质量问题，请与本社读者服务中心联系
电话：（010）58337283　　QQ：2885381756
（地址：北京海淀三里河路9号中国建筑工业出版社604室　邮政编码：100037）

中国城市规划设计研究院70周年系列学术活动

工作委员会

主　任

王　凯　陈中博

副主任

张立群　郑德高　邓　东　杜宝东　张圣海　张　菁

顾　问

王瑞珠　王静霞　李晓江　杨保军　罗成章　陈　锋
邵益生　刘仁根　李　迅　崔寿民　朱子瑜

委　员

（以姓氏笔画为序）

马利民	王忠杰	王家卓	方　煜	孔令斌	石　炼	卢华翔	朱　波	刘　斌
刘继华	许宏宇	孙　娟	李志超	肖礼军	张　娟	张广汉	张永波	陈　明
陈　鹏	陈长青	陈振羽	范　渊	范嗣斌	罗　彦	赵一新	耿　健	徐　泽
徐　辉	徐春英	殷会良	高　峥	龚道孝	彭小雷	董　珂	靳东晓	鞠德东

序

时间镌刻崭新年轮，岁月书写时代华章。

中国城市规划设计研究院成立70年来，践行"求实的精神，活跃的思想，严谨的作风"的院风，在住房和城乡建设部的坚强领导下，在国家有关部委和地方政府的关心指导下，在兄弟单位的帮助支持下，肩负"国家队"的使命与担当，与我国城乡规划建设事业同心同向同行。始终坚持为国家服务、科研标准、规划设计咨询、行业和社会公益四大职能均衡发展，全面推进中规智库、中规作品、中规智绘、中规家园建设，打造了一支政治过硬、技术过硬、专业敬业的城乡规划设计研究队伍，培养了一批在全国城乡规划和相关专业领域有建树、有影响的人才。在完善国家规划体系建设、促进城乡规划学科发展等方面凝练出了丰硕的成果、获得了广泛的赞誉，以实效实绩切实展现了中规院思想的高度、历史的厚度、专业的广度和家园的温度。

从新中国成立初期参与156个重点项目选址以及包头、西安、洛阳、大同、太原、武汉、成都、兰州等8个重点工业城市的总体规划，到1970年代完成唐山、天津的震后重建规划，再到改革开放后参与深圳经济特区设立、海南建省、三峡库区城镇迁建等工作，中规院全程见证、参与了我国城镇化的发展历程。

进入21世纪，中规院紧密围绕住房和城乡建设部中心工作，在既有综合优势的基础上形成了适应新时代发展需要的专业体系，在历史文化遗产保护、住房、村镇规划、公共交通与轨道交通、城市公共安全与综合防灾、城镇水务、生态与环境保护、文化旅游等领域发展迅速。承担了全国城镇体系规划和大量的省级城镇体系规划、城市总体规划编制。长期开展援藏、援疆、援青以及扶贫工作，圆满完成汶川、玉树、舟曲、芦山等灾后重建的艰巨使命，被中共中央、国务院、中央军委授予"抗震救灾英雄集体"荣誉称号。

党的十八大以来，中规院深入贯彻落实习近平总书记关于城市工作的重要论述和重要指示批示精神，不断提高服务中央和地方政府的能力，积极开展雄安新区、京津冀协同发展、长三角一体化、粤港澳大湾区、长江经济带、黄河流域生态保护和高质量发展、成渝地区双城经济圈、海南自贸区等国家战略和重大项目，深度参与北京、上海、天津、重庆等城市的总体规划，聚焦美丽中国建设，在国土空间规划编制中推进生态优先、绿色发展，积极为国家城乡规划建设事业的发展担当历史和社会责任。

中规院矢志不渝地践行"人民城市人民建、人民城市为人民"的理念，紧紧围绕推进中国式现代化这一时代主题，始终铭记中央的要求、人民的需求和行业的追求，从党和国家工作大局中去思考、谋划和推动工作。锚定以努力让人民群众住上更好的房子为目标，从好房子到好小区，从好小区到好社区，从好社区到好城区，进而把城市规划好、建设好、治理好的要求，以科技为先导，以创新为动力，聚焦关键研究领域，深入开展决策支撑研究，积极为政府决策提供科学依据和前瞻建议，不断为谱写中国式现代化住建篇章贡献中规院的智慧和力量。

万物得其本者生，百事得其道者成。中国特色社会主义进入新时代，我国城乡规划建设治理工作进入新的历史阶段。中规院高举习近平新时代中国特色社会主义思想伟大旗帜，秉持想明白和干实在的认识论和方法论，在时与势中勇担使命、危与机中披荆斩棘、稳与进中开拓创新，在建设国家高端智库的历程中，紧扣高质量发展主旋律争先进位，在70年新征程的赶考路上勇毅前行！

登高望远天地阔，又踏层峰望眼开。全体中规院人将携手并肩，共图奋进，以更加崭新的姿态和昂扬的斗志，为推进住房和城乡建设事业高质量发展，提高我国城乡规划建设治理水平，实现中国式现代化不断作出新的贡献！

中国城市规划设计研究院院长　　　　中国城市规划设计研究院党委书记

前言

党的十八大以来，中规院坚持以习近平新时代中国特色社会主义思想为指引，完整、准确、全面贯彻新发展理念，紧密围绕住房和城乡建设事业的各项重点任务开展工作，坚定不移推进改革创新，为城乡规划建设高质量发展提供了强有力的科技支撑。习近平总书记在2024年全国科技大会、国家科学技术奖励大会、两院院士大会上发表重要讲话指出，中国式现代化要靠科技现代化作支撑，实现高质量发展要靠科技创新培育新动能。

十年来，中规院积极响应国家创新驱动发展战略，聚焦城乡发展的关键问题，开展了一系列具有前瞻性和战略性的科技工作，院科技创新能力得到大幅提升。

在服务中央决策方面，中规院始终以党中央、国务院、部委决策咨询为核心任务，为中宣部、中央统战部、中央财办等中共中央各部门，以及住房城乡建设部、外交部、国家发展改革委、生态环境部、农业农村部、自然资源部、水利部、商务部、文化和旅游部、国家卫生健康委、应急管理部等国务院各部委，提供各类政策研究支撑工作。同时，密切关注社会民生，积极建言献策，坚持问题导向、重点突出，针对城市发展过程中出现的新问题，向各级政府建言献策，努力将学术成果转化为决策行动，为政府施政提供重要抓手。

在服务行业发展方面，系统开展了行业各项"十三五""十四五"规划编制研究工作。围绕住建部重点工作，推动了城市更新行动、绿色低碳城乡建设、历史文化保护传承、城市体检、城市基础设施建设、城市防洪排涝等系列工作的开展，为部决策提供了坚实的研究支撑，充分发挥了中规院在国家发展、改革创新中的技术支撑作用。

在服务创新发展方面，中规院聚焦国家战略需求、面向规划行业发展要求，近十年来承担各类科研项目近千项，科研项目获国家级、省部级等各类科技奖百余项，其中3项荣获国家科技进步奖；围绕探寻城市发展规律、转变城市建设模式、防范城市安全风险，牵头多项国家重点研发计划项目；围绕国家战略、美好人居环境建设及社会热点与百姓体感，发布公开报告，涉及国家区域发展和百姓生活品质等各个方面，为智库建设提供研究支撑。

在标准化工作方面，中规院作为行业领军者，致力于城市规划标准的制定与推广工作。紧跟时代发展步伐，结合我国国情和城市发展实际，制定了一系列具有中国特色的城市规划标准与规范。这些标准不仅为城市规划工作提供了科学依据和技术支撑，还推动了城市规划行业的规范化、标准化发展。我们相信，随着这些标准的不断完善与推广，将有力促进我国城市规划事业的健康发展。

站在新的历史起点上，中规院将继续坚持"科技立院"，紧密围绕国家重大战略需求和城市发展中的热点难点问题，开展更加深入、系统的研究工作；同时，加强与国际同行的交流与合作，共同应对全球城市化进程中的挑战与机遇。我们坚信，在未来的日子里，我们将继续保持蓬勃的发展态势，为推动我国城乡规划事业的进步与发展作出新的更大贡献。

《中国城市规划设计研究院七十周年成果集 科研·标准》是中国城市规划设计研究院七十周年成果集的组成部分，将中规院2014年以来完成的1000余项科研、标准规范中的部分成果集结成册。全书分为上、下两册，上册主要包括国家级、省部级和地方委托科研项目；下册主要包括中规院自主研究项目、其他获奖项目、标准项目。这些成果只是中规院近十年科技发展的缩影，但反映了中规院人潜心探索、突破创新的"中规院精神"，是对我们不懈追求与卓越贡献的集中展示。

目录

序
前言

科研项目

国家级项目

城镇群类型识别与空间增长质量评价关键技术研究 \ 3
国土空间演变情景分析与动态模拟关键技术 \ 5
中国县（市）域城镇化研究 \ 7
基于资源环境视角的城市规模结构战略研究 \ 9
中国城市建设现状评析与问题凝练 \ 10
中国城市建设可持续发展总体战略与实施路径研究 \ 11
城市新区绿色规划设计技术集成与示范 \ 12
城市新区绿色发展规划目标与规划控制体系研究 \ 15
城市地下空间规划关键技术研究 \ 16
既有城市住区规划与美化更新、停车设施与浅层地下空间升级改造技术研究 \ 17
社区养老设施及场地规划技术研究 \ 20
我国老年康养建筑及环境的战略研究 \ 21
面向公共服务应用的城市场景认知表达 \ 23
我国村镇规划建设和管理研究前期调研 \ 24
基于空间结构量化分析的村落规划方法与技术 \ 27
村镇规划、建设与管理 \ 29
村镇规划管理与土地综合利用研究 \ 31
村镇发展模拟系统和智能决策管控平台关键技术——典型地区技术综合应用示范 \ 33
特色村镇规划设计技术和导则指南研发 \ 34
特色村镇的科学内涵、谱系划分和数据库建设子课题
（基因图谱调查：东北、华北平原地区）\ 37

传统村落适应性保护及利用关键技术研究与示范 \ 39

遗产地生态保护与社区发展协同研究 \ 41

文化生态保护区空间结构与演变机制研究 \ 44

文化城市建设与关键技术研究 \ 47

京津冀城市群地区景观格局演变规律研究 \ 48

国家级新区绿色低碳路线图规划案例应用 \ 49

农村住宅能耗现状及用能强度指标研究 \ 51

城市生态空间分布与降雨径流影响机理研究 \ 52

城镇生态资源高分遥感与地面协同监测关键技术研究 \ 53

"气候变化对我国重大工程的影响与对策研究"课题之专题4"沿海城市及工程安全" \ 56

气候变化对沿海城市规划的影响 \ 59

基于大数据的安全韧性城市规划技术研究 \ 61

城市低影响排水（雨水）系统与河湖联控防洪抗涝安全保障关键技术 \ 63

海绵城市建设与黑臭水体治理技术集成与技术支撑平台 \ 65

试点区域多尺度海绵城市建设空间布局技术及海绵城市监测与管理平台方案构建 \ 68

海绵城市建设技术防洪排涝效果评价方法研究 \ 69

城市旱灾风险评估、应急供水规划及抗旱应急预案制度关键技术 \ 70

面向自然灾害应对的雄安防灾能力提升策略研究 \ 72

基于避难人口预测的城市应急避难场所选址规划模型研究 \ 75

基于交通流breakdown的城市快速路行程时间可靠度机理解析、建模和应用研究 \ 78

城市交通、城市群交通以及都市圈交通特征研究 \ 79

超大规模的广域时空交通知识聚合 \ 80

面向交通治理的跨媒体交通情景智能感知与深层理解 \ 81

复合交通网络拓扑结构特性与网络分层解析 \ 83

中国标准智能网联汽车与智慧城市系统工程研究 \ 84

面向智慧城市的智能出行系统集成与测试评价技术 \ 85

城市交通全方式出行本征获取与需求优化技术 \ 86

基于出行本征的多方式出行资源动态配置与调度技术 \ 87

站城融合规划与设计战略研究 \ 89

基于城市高强度出行的道路空间组织关键技术 \ 91

城市路网可靠性监测与道路空间组织技术集成 \ 93

南水北调受水区城市水源优化配置及安全调控技术研究 \ 94

南水北调中线受水区城镇水厂工艺分析和多部门水质信息系统集成研究 \ 96

山东受水区水量需求及水源优化配置研究 \ 97

饮用水全流程水质监测技术及标准化研究 \ 98

饮用水安全保障技术集成与技术体系构建研究 \ 99

饮用水特征嗅味物质识别与控制技术研究与示范 \ 100

饮用水安全保障技术体系综合集成与实施战略 \ 101

饮用水安全保障技术体系评估与标志性成果集成研究 \ 103

水体放射性核素在线监测仪器—饮用水安全领域示范应用研究 \ 104
江苏省城乡统筹供水安全监管技术体系运行示范 \ 105
宜兴市城市水系统综合规划研究 \ 106
常州地区水源水质评估技术研究 \ 107
城市供水全过程监管平台整合及业务化运行示范 \ 109
城镇供水系统规划关键技术评估与标准化 \ 112
城镇供水行业的水质监测技术集成与应用 \ 113
城市供水水质分析移动实验室标准方法研究 \ 114
城市地表径流减控与内涝防治规划研究 \ 115
城市水污染治理规划实施评估及监管方法研究 \ 118
重点流域水源水特征污染物的可处理性评估 \ 119
适应突发污染风险管理的原水水质风险识别与监管研究 \ 120
城市市政管网规划建设运行安全标准规范 \ 121
再生水城市利用模式、风险管控与保障策略 \ 124
沿海典型区域非常规和常规水资源协同配置技术集成示范 \ 125
地表补源水对地下水的水质影响机制研究 \ 126
雄安新区城市水系统构建与安全保障技术研究 \ 129
城市及城市群市政基础设施系统构建战略 \ 132

部委委托项目

基于生态文明理念的城镇化发展模式与制度研究 \ 134
2020年后新型城镇化趋势和阶段性特征分析 \ 135
中国特色新型城镇化与城镇发展研究 \ 138
区域发展战略与城市高质量发展研究 \ 140
超大型城市群区域特性分析 \ 142
全球城市区域的理论、方法和中国实践研究 \ 143
长江经济带战略研究 \ 146
长三角巨型城市区域发展研究 \ 147
长三角城市创新能力评价体系与发展路径研究 \ 149
碳达峰碳中和背景下京津冀协同发展面临的机遇挑战和对策研究 \ 151
《城市总体规划实施评估办法（试行）》执行情况和修订建议专题研究 \ 153
城市总体规划强制性内容实施监督机制研究 \ 156
城市总体规划年度评估指标体系研究 \ 158
城市开发边界划定研究 \ 159
城乡规划标准中涉及城市规模划分内容的适用性及实施对策研究 \ 161
省级空间规划编制办法研究 \ 162
县域发展和县城规划研究 \ 164
新城新区规划建设评估技术 \ 165
资源环境承载能力和国土空间开发适宜性评价技术方法研究 \ 168

中国人居环境建设研究与技术服务 \ 171

城乡人居环境建设规划研究 \ 173

"十四五"黄河流域城市人居环境建设规划研究 \ 176

加强超高层建筑管理的指导意见专题研究 \ 177

城市雕塑建设管理研究 \ 178

存量空间城市设计方法研究 \ 179

城市修补更新的长效机制研究 \ 181

城市更新专题研究工作 \ 183

推进城市更新、优化城市空间布局的总体思路和制度体系研究 \ 184

城市更新体制机制与示范 \ 186

城市更新试点全过程跟踪指导 \ 187

旧商业区更新改造政策路径研究 \ 188

城市体检数据采集与智能诊断技术研究 \ 189

城市老旧住区更新改造配套设施标准适宜性研究 \ 192

城市体检方法与成果转化路径研究 \ 193

新型城镇化背景下我国社区建设治理的趋势和对策 \ 195

活力街区建设研究 \ 197

《全国城镇住房发展规划（2016—2020年）》规划文本拟定 \ 198

进城农民住房问题研究 \ 199

非住宅改建租赁住房研究 \ 200

保障性租赁住房规划编制及评价研究 \ 201

城市危旧房改造研究 \ 202

城镇居民"住有所居"的量化指标研究 \ 203

历史古城保护改造与修复模式研究 \ 205

全国"十三五"历史文化名城名镇名村保护设施建设规划 \ 206

历史文化名城管理机制研究 \ 207

历史文化名城名镇名村体检评估指标体系与方法研究 \ 208

大运河文化带布局和新型城镇化研究 \ 209

中国历史文化名镇名村数字博物馆建设 \ 210

中国传统村落数字博物馆和传统村落管理信息系统开发建设 \ 211

历史文化遗产智慧化监督管理研究 \ 214

城乡历史文化保护传承立法前期研究 \ 216

城乡历史文化保护传承体系第三方评估指标、标准与机制研究 \ 218

历史城区整体保护和有机更新策略研究 \ 221

历史地段保护利用方法研究 \ 223

老工业地段更新利用模式与机制研究 \ 224

老房子、老街区历史文化价值的评估和保护利用机制研究 \ 225

历史建筑保护利用创新技术研究及示范应用 \ 226

历史建筑活化利用、修缮技术指南与全生命周期管理制度研究 \ 229

全国改善农村人居环境"十三五"规划 \ 230

小城镇生活圈辐射带动农村研究 \ 232

农村人居环境设施建设投融资体制机制政策研究 \ 233

四类村庄建设指南编制研究 \ 234

中国乡村活力评价数据库建设规范研究 \ 236

农民参与乡村建设机制研究 \ 237

县域推进村镇建设进展评估和典型案例研究 \ 238

城乡格局变化对乡村建设的影响与对策研究 \ 240

全国特色景观旅游名镇名村建设指导意见和指南研究 \ 243

全国城市生态保护与建设规划 \ 244

低碳生态城市规划方法导则研究 \ 245

城市生态建设工作第三方评估试点研究 \ 247

绿色城乡建设指标体系和绿色城市政策和技术体系研究 \ 248

重大绿色技术创新及其实施机制（一期、二期）\ 249

城乡建设绿色低碳发展评估研究 \ 251

县城绿色低碳建设跟踪评估与经验总结 \ 253

绿色低碳城市试点研究 \ 256

中新天津生态城经验总结 \ 258

城市生态基础设施体系专项研究 \ 259

韧性城市建设研究 \ 260

低碳韧性城市发展与适应气候变化——气候变化背景下的流域治理研究 \ 263

环首都国家公园规划研究 \ 265

全国绿道网络建设发展规划（2015—2020年）\ 266

城市交通基础设施智能监测与评估集成系统 \ 267

城市交通现代化治理关键问题与应用技术研究 \ 269

TOD城市大数据监测分析平台前期研究 \ 270

城市轨道交通建设规划审查要点研究 \ 272

"十四五"城市基础设施建设规划实施保障机制研究 \ 273

城市地下综合管廊建设实施管理研究 \ 275

建设工程消防审验政策实施成效评价 \ 278

城市信息模型（CIM）基础平台建设理论与制度标准系列研究 \ 281

城市黑臭水体卫星遥感监测 \ 285

地方委托项目

推进京津冀协同发展首都城市立法问题研究 \ 287

大国首都发展与治理的经验启示研究 \ 289

首都地区功能体系与空间布局优化研究 \ 291

北京市国土空间规划督察制度研究 \ 292

北京100个特色旅游小镇创建标准及实施方案规划 \ 294

铁路领域TOD发展模式研究 \ 295

海淀区"十三五"时期"一城三街"发展建设的目标、重点和措施研究 \ 296

"十三五"期间昌平旅游及文化产业融合发展研究 \ 297

国家战略下的浙江空间布局优化提升研究 \ 298

浙江省湾区未来城市、未来社区规划建设研究 \ 300

浙江省城市微更新、微改造的模式和实施路径研究 \ 301

浙江省美丽城镇建设评价报告 \ 302

创新房地产业发展机制　提升城市竞争力研究 \ 304

房地产与城市化的关系研究 \ 305

湖南省城市发展新动能研究 \ 306

澳门总体规划编制技术指引 \ 308

深圳市气候适应型城市建设规划及实施方案研究 \ 310

致谢 \ 313

科研项目

国家级项目

城镇群类型识别与空间增长质量评价关键技术研究

2017年度华夏建设科学技术奖一等奖

项目来源：科技部"十二五"国家科技支撑计划课题（城镇群空间规划与动态监测关键技术研发与集成示范项目）
项目起止时间：2012年1月至2016年5月　　**主持单位**：中国城市规划设计研究院
院内承担单位：城乡规划研究室、城镇水务与工程研究分院、历史文化名城研究所、城市交通研究分院
院内主审人：杨保军　　　　　**院内主管所长**：殷会良　　　　　**院内项目负责人**：王凯
院内主要参加人：陈明、张兵、张莉、全波、徐颖、王婷琳、王玉虎、周璇、莫霾、王巍巍、陈志芬、邹亮、杨开、康新宇、于鹏、史旭敏
参加单位：中国科学院地理科学与资源研究所

研究背景

课题是科技部"十二五"国家科技支撑计划课题"城镇群空间规划与动态监测关键技术研发与集成示范"项目（2012BAJ12B00）的6个课题之一，是国家中长期科学发展规划纲要的重点研究领域。

城市群是我国城镇化的主体形态，是国家重大的空间发展战略。然而，各地区在推动城市群发展进程中也存在着一定的盲目性，突出表现在许多地区不顾自身的发展条件，仅从政府的主观意愿出发，对城市群进行追求和打造，导致区域空间发展的混乱和无序。此外，经济发展模式粗放、生态环境退化、安全事故多发、历史文化资源损毁严重，也是我国城市群发展中面临的突出问题。

针对上述问题，科技部在"十二五"科技支撑计划中，对城市群的类型划分与质量评价，进行立项研究，希望建立城市群内涵与类型的科学界定标准，建构城市群空间增长质量评价体系，并就城市群空间安全、历史文化遗产保护等关系城镇群空间增长质量的重点关键内容进行空间规划技术攻关，从而推进城市群的健康与可持续发展。

研究内容

研究团队从经济社会发展和规划建设的角度，在充分借鉴国内外同行研究成果的基础上，开展了如下研究：

一是建立了科学界定城市群的标准。研究根据经济发展水平、城镇化水平、人口规模、人口密度和经济密度等指标，分别提出中心市、外围县、都市区、联合都市区、都市连绵区等的相关界定标准，提出都市区是"至少有三个相互邻接县级单元且其中至少有一个中心市，或至少有一个高等级中心市"的区域，城市群就是"联合都市区及以上的地域组合单元"。并依据此概念，对我国2010年的城市群进行了识别与判断，确定了全国20个城镇群的边界及范围。

二是对我国典型城镇群发展质量进行了综合评价。研究采取熵值法、主成分分析法、德尔菲法三种方法，从经济发展绩效、生态环境变化、公共服务水平、交通设施水平、风险及灾害易发性等5个方面，对我国13个有代表性的城镇群进行了发展质量的综合评价。

三是对我国2030年的城市群布局，进行了定量分析和预测。以人口预测数据为基础，通过构建柯布—道格拉斯函数和经济发展预测指标体系，对我国2030年的城市群布局、主要经济和人口发展规模，进行定量分析。

四是形成了城镇群历史城镇保护状态的评估体系。基于城镇群历史城镇的区域节点、区域线路和区域网络三个层次进行定性与定量评价指标体系的构建，探索了历史城镇群体的保护状态评估一般规则与技术指标，构建了具有测度与标准的评估方法框架。

五是定量研究了高铁网络，对我国京津冀、长三角、珠三角等13个典型城市群的空间一体化水平、场强格局、时空距离等的影响，提出了未来在城市群改善高铁网络结构的建议。

技术创新点

突出了城市群质量评价成果的集成创新。充分利用GIS数据、经济社会统计数据、遥感影像数据、生态环境等多个领域的数据，对城市群质量进行全方位的评价，形成对我国城市群空间增长质量评价的系统性方法。

实现了城市群规范学术概念与政策内涵的有机统一。一方面，重新系统地梳理了中心市—外围县、都市区、联合都市区、都市连绵区等规范的学术概念和界定标准；另一方面，将上述学术概念与城市群"政策空间"合理对接，使学术研究与政府的宏观决策能够更加紧密地协同。

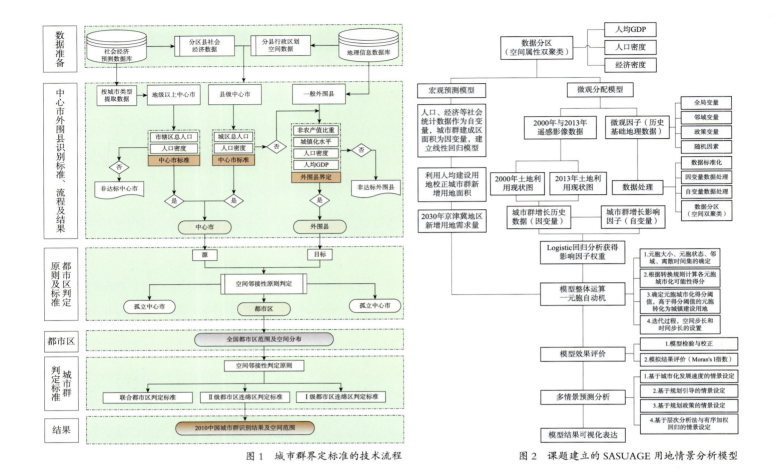

图1 城市群界定标准的技术流程

图2 课题建立的SASUAGE用地情景分析模型

应用及效益情况

课题构建的城市群空间演化情景分析与模拟预测模型,对京津冀城市群2030年的空间扩展结果进行多情景分析和模拟预测,在住房和城乡建设部牵头编制的《京津冀城乡规划(2015—2030)》中得到应用。

城镇群历史城镇的动态监测的方法和手段,在大运河沿线城市(杭州、嘉兴、湖州、绍兴、宁波)建立的动态监测与保护管理平台上实现了应用,取得了良好的成效。

课题成果应用于《海口市城市综合防灾规划》编制中,对强化城市安全管控、优化用地和防灾设施的空间布局、建设科学的城市综合防灾体系发挥了重要作用。项目所采用的技术方法为城市用地布局和项目选址中避让高风险地区、从源头降低城市灾害风险提供了有力的技术支持。

根据课题成果整理的《中国城市群的类型和布局》一书,获得第五届中国出版政府奖图书奖提名奖(2021年)。中国出版政府奖是我国新闻出版领域的最高奖,每三年评选一次。本次参评的千种图书,是全国500多家出版单位从近三年已正式出版发行的图书中择优报送的。经过严格的评选程序,全国共有60本图书获得政府奖,120本图书获得提名奖。《中国城市群的类型和布局》在激烈的竞争中脱颖而出,成为全国规划行业唯一获此殊荣的专业图书。

(执笔人:陈明)

国土空间演变情景分析与动态模拟关键技术

2016 年度中规院优秀科研奖二等奖

项目来源：科技部"十二五"国家科技支撑计划课题（国土空间优化配置关键技术研究与示范项目）
项目起止时间：2012 年 1 月至 2014 年 12 月　　**主持单位**：中国城市规划设计研究院　　**院内承担单位**：城乡规划研究室、信息中心
院内主审人：马林　　**院内主管所长**：殷会良　　**院内项目负责人**：陈明
院内主要参加人：李克鲁、石亚男、翟健、徐辉、肖莹光
参加单位：北京航空航天大学、中国科学院地理科学与资源研究所、武汉中地数码科技有限公司、湖南省国土资源规划院

研究背景

《国家中长期科学和技术发展规划纲要（2006—2020）》提出，要重点研究水土资源与农业生产、生态与环境保护的综合优化配置技术，开展针对我国水土资源区域空间分布匹配的多变量、大区域资源配置优化分析技术，建立不同区域水土资源优化发展的技术预测决策模型。

在省级空间规划编制的过程中，如何在区域尺度上实现空间资源的优化配置，提高规划编制的科学性，是规划必须解决的技术难题。为加强空间规划研究的系统性、综合性，推动省级空间规划的技术集成与应用示范，科技部"十二五"国家科技支撑计划课题设立了"国土空间优化配置关键技术研究与示范"项目，"国土空间演变情景分析与动态模拟关键技术"（2012BAB11B03）课题是该项目的 6 个课题之一。课题在研究影响省级国土空间资源配置重大情景要素基础上，以驱动力模型为核心，结合用地适宜性评价分析，旨在形成不同情景组合、不同规划期限内的省域空间用地布局方案，为科学编制省级国土空间规划提供支撑。

研究内容

研究结合国家空间规划体制改革和"多规合一"的发展趋势，以湖南省域为案例，从"三生"空间的协调、不同情景对用地格局变化的影响、各类用地的优化调整等方面，进行了深入的分析和研究：

一是研究了省级"三生"空间的协调问题。课题以湖南省为例，分析了主体功能区规划、省域城镇体系规划、土地利用总体规划、退耕还林规划、矿产资源规划等，在规划依据、技术标准、用地分类和政策分区等方面的矛盾和冲突，对推进"三生"空间、"地上"与"地下（采矿）"空间的协调，提出了规划对策和建议。

二是研发了适合省级空间尺度的驱动力模型。通过将最小二乘法（PLS）确定的用地总量预测数据和多感知神经网络模型（MLP）确定的用地空间分布概率数据，输入 CA-Markov Chain（元胞自动机—马尔可夫链）模型中，从而模拟和计算未来建设用地、水域、草地、农业、未利用地等各类用地的数量规模和空间布局。

三是基于驱动力模型，对不同情景下的省级空间用地变化，进行了预测与模拟。课题研究了人口、经济和城镇化的不同增速、不同规模的退耕还林、水资源不同开发强度、交通路网不同密度、矿产资源不同开发强度等各类情景组合下，湖南省 2015 年、2020 年和 2030 年，建设用地、农业用地、生态用地、矿产资源用地和水域等的不同规模和空间布局。

四是研究了省域空间资源的优化配置。通过对建设开发适宜性、生态敏感性、耕地适宜性、矿产资源开发适宜性等分析，确定了湖南省建设用地、生态用地、耕地、矿产资源开发用地等的优化目标，并在空间和区位上，对各类用地之间的转化规模和地类变更，提出了具体方案。

五是对经济与人口数据的空间化进行了研究。针对地区生产总值和人口的分布非均质特点，针对湖南各区县单元不同的产业类型、人口密度和空间分布，在允许的精度要求下，通过转化为基于空间单元的空间信息，实现与土地利用、自然环境背景等自然要素数据的综合集成。

技术创新点

研发了适合省级空间尺度的驱动力模型。该模型结合了 Markov 和元胞自动机理论两者的优点，在土地利用变化模拟方面比 GIS 方法拥有更强的精度优势，又比 CLUE-S 等模型更适于大尺度的用地模拟。

形成了更贴合实际的情景分析和多方案空间配置研究。通过矿产资源开发情景对"地上""地下"要素进行一体化研究，对退耕还林情景进行空间布局研究，对水资源开发情景进行时序分析，使情景分析和开发偏好的组合更符合资源开发和保护的实际决策需求。

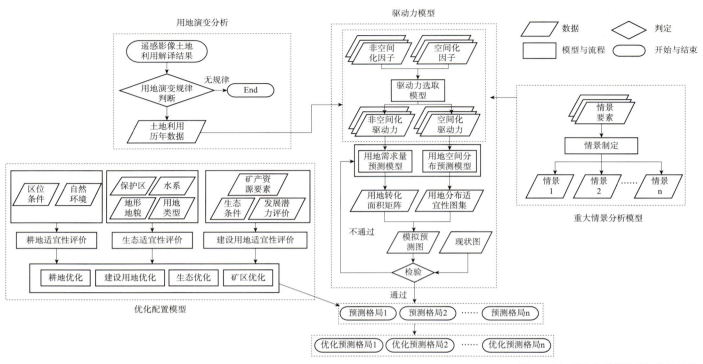

图1 省级国土空间情景模拟技术路线

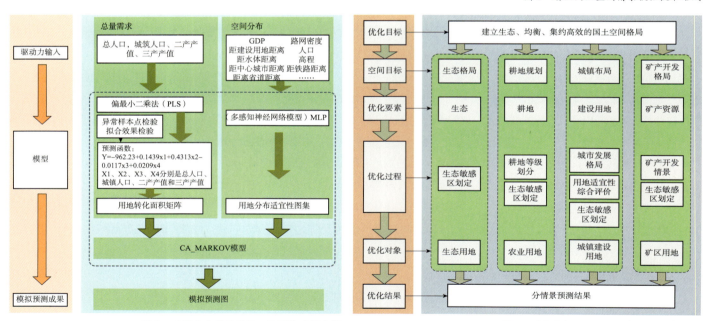

图2 以驱动力模型为核心的用地空间分析

图3 国土空间优化配置分析模型技术线路

应用及效益情况

研究提出的《省级国土空间情景预测分析技术指南（送审稿）》和《省级国土空间优化配置技术指南（送审稿）》报送全国国土资源标准化技术委员会备案，成为省级空间资源分析的重要参考。

课题研发的国土空间变化驱动力分析、空间优化配置工具、情景分析与动态模拟系统等三个工具，在湖南省国土厅所属的国土资源规划院信息平台上进行安装，在湖南国土空间规划中得到应用。

结合课题成果梳理，2017年在商务印书馆出版了《基于省域视角的国土空间规划编制研究和情景分析》学术著作，为规划行业从业人员了解学术前沿发挥了积极作用。

（执笔人：陈明）

中国县（市）域城镇化研究

2021年度华夏建设科学技术奖一等奖 | 第十二届钱学森城市学（土地住房）金奖

项目来源：中国工程院咨询研究项目　　**项目起止时间**：2016年7月至2019年12月　　**主持单位**：中国城市规划设计研究院
院内承担单位：规划研究中心、上海分院、深圳分院、西部分院、城市交通研究分院
院内主审人：杨保军　　**院内主管所长**：殷会良　　**院内项目负责人**：李晓江、张娟
院内主要参加人：刘航、闫岩、罗彦、吕晓蓓、陈怡星、王继峰
参加单位：深圳市数字城市工程研究中心、东南大学

研究背景

"中国县（市）域城镇化研究"是中国工程院多年来关于我国城镇化系列研究的重要成果。2013年在开展中国工程院重大咨询项目"中国特色新型城镇化发展战略研究"过程中，本项目团队研究发现县域城镇化在国家城镇化进程中具有基础性地位与重要作用。推进县域城镇化的建议得到国务院领导高度重视。

2016年，中国工程院正式批准立项，成立由中国城市规划设计研究院牵头，4位院士参加，4位院士任顾问，土地利用、城乡聚落、建筑风貌、财政税收、产业经济、城乡交通等多领域专家共同组成的综合团队，历时2年实施项目研究，深度开展全国104个典型县（市）调研，取得了一系列研究成果和技术创新。

本项目首次提出县（市）域城镇化在国家新型城镇化格局中的重要地位和作用，探索出适应国情特征的中国特色城镇化道路，补充完善了国家新型城镇化战略方向，填补了我国新型城镇化研究的一个重要空白。项目成果向中共中央、国务院汇报，为国家制定新型城镇化战略、编制相关国家规划、出台有关政策文件、开展全国新型城镇化监测与评估工作等提供了重要支撑保障。

研究内容

（1）全图景解析我国县（市）域城镇化的演变机理。基于多元大数据，建立人口迁移、产业与经济变化、社会变迁、城乡关系演变和文化分异等综合城镇化分析模型，提出"城乡双栖""城乡通勤""工农兼业"等就地城镇化理论框架

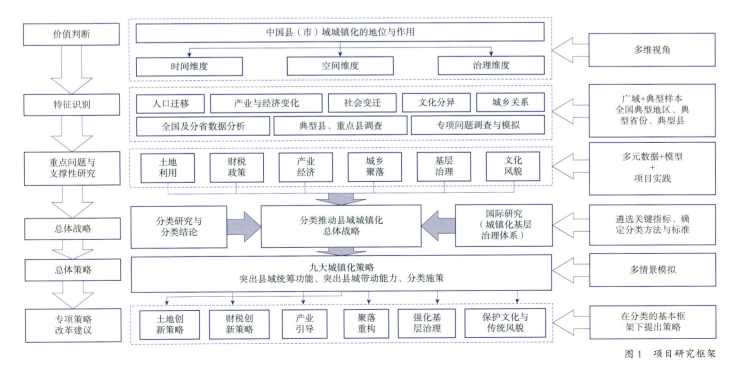

图1　项目研究框架

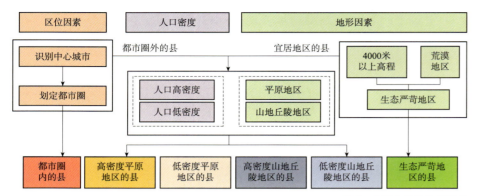

图2 县域分类的技术逻辑

和研究方法。

（2）全方位探索新时期国家城镇化发展的新模式。构建以土地利用演变弹性系数为代表的指标体系，建立县（市）域城乡聚落体系分类、分型、分异研究模型，通过国际比较研究解析与时间序列相耦合的政策干预机制，提出"集聚—均衡"发展的三种城镇化模式。

（3）全维度建立支撑县（市）域城镇化发展的系统实施路径。建立多学科领域交叉融合研究框架，构建县（市）域土地利用演变的圈层特征模型、财政与GDP耦合关系模型、产业经济发展潜力模型等，系统性提出县（市）域城镇化发展解决方案。

（4）分区分类提出县（市）域城镇化发展差异化改革建议。根据区位因素识别"受中心城市辐射带动的都市圈内的县"，在全国尺度识别出都市圈内的县、高密度平原县、低密度平原县、高密度山地丘陵县、低密度山地丘陵县、不宜居地区的县六类县域单元，提出多元差异化的城镇化模式、策略和改革建议。

技术创新点

（1）构建了中国县（市）域城镇化研究的理论和技术框架。开展多学科多领域系统性研究，建立交叉融合的县域城镇化理论和技术框架，从国家和地方层面建立县（市）域发展的目标与指标体系，从国内实践和国际经验视角建立分区域、分类型、多因子评价模型，提出以慢变量、稳定性因素为基础的全国县（市）域分类识别关键技术，探索中国县（市）域城镇化新模式和新路径，体现重大战略研究方法的科学性。

（2）建立了覆盖全国的县（市）域数据库并进行长期跟踪监测。基于手机信令、POI、工商企业、交通路网监测等多元大数据，开展典型案例研究，对全国不同区域、类型、发展阶段的104个县（市）单元进行现场调研、数据采集、问卷与访谈，获取丰富的一手资料，建立了覆盖全国的县（市）域数据库，数据具有真实性、唯一性和融合性。

（3）建立了"评估—校核—反馈—模拟"持续性研究方法。提出与城镇化模型相匹配的"多指标评估—多数据校核—多案例反馈—多情景模拟"持续性研究方法，通过长时段、持续性微观层面的跟踪调查与实践案例，不断修正和完善宏观层面的理论和模型。

（4）提出了我国县（市）域城镇化发展的系统性、差异化的解决方案。基于对县（市）域城镇化基础性地位与重要作用的认识，提出具有中国特色的推进县（市）域城镇化的综合性方案和实施路径，推进公共产品供给、财税体制改革、土地制度改革、地域特色风貌塑造、空间规划体系建立、治理体系构建等多领域、深层次改革，分区分类差异化指导县（市）域城镇化发展。结论具有独创性、实用性和前瞻性，补充完善了国家新型城镇化战略方向，受到党中央、国务院及相关部委的高度重视，具有很强的公共政策属性。

应用及效益情况

该项目产出1个综合报告、4个子课题报告、2个专题报告，发表8篇学术论文，并于2019年出版同名著作《中国县（市）域城镇化研究》（中国建筑工业出版社，北京，ISBN 978-7-112-23291-8）。

（1）项目成果提出的重大战略性判断和创新性政策建议纳入中国工程院上报国务院的年度政策建议报告，并向中共中央、国务院主要领导汇报项目主要结论和政策建议，得到有关领导高度重视。

（2）项目成果为国家相关规划编制提供重要支撑，项目核心观点被《中华人民共和国国民经济和社会发展第十四个五年规划和2035年远景目标纲要》《全国国土空间规划纲要（2021—2035年）》《全国城镇体系规划（2017—2030年）》（研究稿）等国家规划采纳。

（3）项目成果为国家发展和改革委员会、住房和城乡建设部等国家有关部门和地方政府制定县（市）域城镇化政策提供研究基础，相关研究结论得到采纳。

（4）项目成果数据库已应用于全国新型城镇化监测与评估平台建设，支撑开展城镇化模型跟踪研究，结合全国人居环境质量、城市体检、安全韧性城市等一系列指标，持续监测县（市）域城镇化发展状态与政策实施成效。

（执笔人：张娟）

基于资源环境视角的城市规模结构战略研究

项目来源：中国工程院　　　　　**项目起止时间**：2021年1月至2023年11月
主持单位：中国城市规划设计研究院　**院内承担单位**：信息中心、深圳分院、上海分院、西部分院
院内主审人：王凯　　　　　　　　**院内主管所长**：张永波　　　　　　　　　**院内项目负责人**：李晓江
院内主要参加人：彭小雷、张永波、胡京京、吕晓蓓、罗彦、刘昆轶、王文静、陈婷、吴春飞、尹俊、何舸、黄斐玫、胡文娜、孙若男、翟丙英、谭琦川、胡从文、张尊昊、牛宇琛、王青子、何佳惠、秦奕等

研究背景

超特大城市及其所在的城市群和都市圈地区，是我国国家发展战略的核心地区与主要载体。当前超特大城市面临的最重大挑战就是"城市病"问题。党中央和广大人民群众关注超特大城市，不仅仅在于科学认识城市的规模合理问题，更在于能否切实解决好"城市病"问题。因此对城市规模与结构的认识，应当从城市病这一重大命题出发，深入剖析其内在机制规律，结合来自工程实践的实证性研究，以寻求城市规模结构的解题之道。

研究内容

本课题重点探讨四个方面的问题：①如何科学认识超特大城市的规模与结构？应当打破行政单元，准确界定空间层次，准确识别城市病问题的关键地区——中心城区；②如何解析城市资源环境的复杂性与特殊性？应当建立地理分区—都市圈（城市连绵区）—中心城区的多层次资源环境体系；③如何深入认识城市规模与资源环境城市病的相关关系，以及具体影响？应当基于实践进行实证研究；④在有限条件下仍应当充分认识"双碳"目标对城市的影响，探索发达城市群地区实现双碳目标的有效策略。

主要研究内容包括：①超特大城市的空间特征认识与识别；②国土分区与分区资源环境特征及影响分析；③城市规模结构与资源环境"城市病"问题的相关性——基于市域层面的实证研究；④"双碳"目标对城市结构规模的影响——基于城市群的实证研究；⑤国际大都市"城市病"治理经验；⑥发展策略与政策建议。

通过研究，本课题从超特大城市"城市病"治理的角度，提出四项发展策略和八点政策建议。

四项发展策略主要包括：①认识国土资源禀赋差异，应重视水资源约束，提倡基于自然的解决方案；②着力中心城区"城市病"治理，提升美好生活品质，积极推动超特大城市在经济增长的同时实现资源环境消耗相对减少；③通过划定发展边界、功能疏解、市域人口产业布局优化等手段实现区域协同发展，以系统保障区域生态安全；④从产业转型、城乡建设领域改造、国土空间开发等方面推动超特大城市绿色低碳的全方位转型。

八点政策建议主要包括：①倡导基于自然的生态文明价值观，城市发展与资源环境消耗脱钩，落实"双碳"目标，推动城市高质量发展三大发展理念；②建立法律法规体系，加快出台有利中心城区疏解的法律法规，尽快健全完善绿色低碳的法律法规体系；③完善各类标准规范，提高标准，加快城市"双碳"标准体系建设；④实施刚性约束的目标/指标考核与评估，超特大城市率先实行污染排放总量与强度双管控，率先设立碳减排约束指标；⑤发挥规划管控作用，加快制定都市圈区域规划，加快加强市域范围内"三区三线"管控；⑥推进体制机制建设，健全都市圈协同发展机制，创新绿色低碳发展机制，加强行政监督和执法管理能力；⑦实施治理行动，加强水资源循环利用效率，开展大气环境治理专项行动，工程治污的同时实施生态修复；⑧提升治理能力，提高公众参与积极性，加强国际交流与互鉴，提升环境治理科学化水平。

技术创新点

主要创新点包括：①打破行政单元，科学认识超特大城市的规模与结构；②从多个空间层次认识城市资源环境的复杂性与特殊性；③深入认识城市规模与资源环境城市病的相关关系；④在有限条件下认识"双碳"目标对城市的影响；⑤提出城市规模结构与资源环境的相互关系及其不同空间层次的应对策略，以及城市发展所应当秉持的基本理念及政策保障机制。

应用及效益情况

课题部分内容以《粤港澳大湾区碳排放空间特征与碳中和策略》为题，发表于《城市规划学刊》2022年第1期，并入选中国知网高影响力论文。

（执笔人：何舸）

中国城市建设现状评析与问题凝练

项目来源：中国工程院
主持单位：东南大学、中国城市规划设计研究院
院内主审人：王凯
院内项目负责人：李晓江、郑德高

项目起止时间：2017年2月至2018年10月
院内承担单位：上海分院
院内主管所长：孙娟
院内主要参加人：孙娟、马璇、张亢、张一凡、袁鹏洲

研究背景

本专题隶属于中国工程院重大咨询研究项目《中国城市建设可持续发展战略研究》，项目共包括七个课题，本专题为课题一内部两个子专题之一。研究紧密围绕我国"新型城镇化"背景下城市建设中的突出问题和战略需求，分析和总结国内外城市建设的问题与经验，深入剖析当前社会经济发展对城市建设带来的新需求、新愿景，从建立科学与人文并重的、具有可持续发展价值的体系入手，提出中国城市建设可持续发展的核心战略选择。

研究内容

根据项目总体设置要求，课题一的核心目标在于改变过去碎片分层化的做法，在整体性思维指导下，高度凝练中国城市快速建设中出现的核心问题，聚焦阻碍城市统筹发展的原因，建构城市建设的人文价值体系和科学评价体系，为城市转型提供可持续发展的方向、方法和路径。

一是围绕五大分项——城市空间发展、环境资源保护、基础设施建设、交通发展模式优化、安全减灾防灾，以类型学为指导，以实证调查数据及各类统计数据为基础，通过比较分析、数理模型、统计分析等具体方法，对不同地域、规模、发展阶段的中国城市物质建成环境的不可持续问题进行分类提炼，总结核心矛盾。

二是对国内外可持续相关政策、规划、实践的学习整理，包括联合国、欧盟、美国、日本以及中国等，分析可持续发展的价值导向、目标维度、具体要求，对比不同国家地区之间的共性与差异，学习经验、反思问题。

三是以中华智慧的整体性思维为指引，凝练出供需平衡性不足、系统协调性欠缺、价值永续性断裂三大问题，从单一问题上升至关联、因果的逻辑关系，为后续课题从整体出发解决问题提供基础。

技术创新点

一是系统性的凝练问题及核心矛盾。基于中国城市建设的现实困境探讨中国城市建设的核心问题，是对改革开放三十多年中国城市建设情况的全面总结与解析。重点针对多年来中国城市快速建设中出现的空间发展失衡、资源生态破坏明显、基础设施建设滞后、建筑供需与价值的双失衡、交通品质低、城市安全隐患众多等现实困境，在整体性和系统性思维指导下，凝练出中国城市建设不可持续发展中的"供需不平衡、系统不协调、价值不永续"的核心问题。

二是创新构建了"问题—机制—原因—评价"的框架。在核心问题的基础上，从考核机制、评价标准、主体合力等层面剖析城市建设发展核心问题背后的机制体制原因。

三是结合政策效果的评价导向，提出从理念、总量、行为三大层面可持续发展的考量和评析框架。为价值体系的构建提供基本导向，并与课题七政策建议形成一致的评价逻辑闭环。

应用及效益情况

基于研究提出《中国城市建设"坚持不懈落实可持续发展"的对策建议》院士建议稿，提交有关部门。

一是推进可持续政策的跨部门立法。

二是建立全周期全成本的评估与考核机制，加强政策落实的引导与监测。

三是建立绿色信用体系，推广绿色社区试点。推广绿色社区试点。

（执笔人：张亢）

中国城市建设可持续发展总体战略与实施路径研究

项目来源：中国工程院重大咨询研究项目（中国城市建设可持续发展战略研究）
项目起止时间：2017年2月至2019年5月
主持单位：同济大学、中国城市规划设计研究院
院内承担单位：上海分院
院内主审人：王凯
院内主管所长：郑德高
院内项目负责人：李晓江、孙娟
院内主要参加人：林辰辉、吴乘月、朱雯娟、郑德高、张菁、陈阳、陈锐、王玉、闫雯、张佶、董淑敏、赵哲、刘培锐、陆乐、高艳

研究背景

21世纪以来，我国在城市建设可持续发展方面，虽然取得了一系列成果，但问题也逐渐凸显。我国城市建设可持续发展存在顶层设计、政策配套缺失、公众认识不足等突出问题。为缓解甚至解决上述问题，避免继续制约和影响我国城市建设可持续发展的进程和质量，开展本课题研究，为我国城市建设可持续发展目标和总体战略提供支撑。

研究内容

一是城市建设可持续发展的内涵。深度剖析我国城市建设可持续发展政策现状，识别城市建设可持续发展的主体、要素、功能，进而将城市建设可持续发展框架表示为一个由城市建设的主体、要素及功能组成的三维空间，形成城市建设可持续发展框架与保障体系。

二是城市可持续发展的国际经验。研究国外城市可持续发展建设在有关规划的制定、实施、保障机制建立等方面的成功经验，识别政府导向性、政府＆资金导向型、问题导向型、战略导向型四大战略类型，提炼保障战略切实落地与顺利实施的多样手段与措施，以及详细的行动项目库、科学的评估准则、对"人"可持续发展的高度重视、明确的责任主体、多样化的引导措施等五个战略特征。

三是城市建设可持续发展战略保障体系的构建。通过分析我国城市建设可持续发展有关政策的基本理念、实施路径，探索当前存在的突出问题，比较国际上代表性城市的发展策略和实施体系，构建"四原则—三主体—五维度"的城市建设可持续发展战略保障体系。首先，要提高城市政府在可持续方面的治理能力，必须统筹政府、市场和公众三大主体共同参与，实现城市共治共管、共建共享。其次，需要从法律、行政、经济、技术、文化五个维度着手，探寻各维度上政府、市场、公众所能发挥的作用。最后，围绕以城市为建设单元的特点和可持续发展的要求，提出遵循区域协调、目标协同、成果导向、闭环管理四项原则。

技术创新点

总结出目前我国城市建设可持续发展实施问题：政出多门，缺乏协调机制；运动式推进，缺乏长效机制；法律法规体系支撑不足；经济外部性考量不足；社会认知不足，参与度低。明确城市建设可持续发展战略需要由政府、市场、社会三大主体共同参与治理，并从法律、行政、经济、技术、文化这五个维度着手，探寻各维度上政府、市场、公众所能发挥的作用。

课题的重要特点是构建了三个主体、五个维度、四项原则的保障体系，明确我国城市建设可持续发展实施保障体系的四大要点，一是建立"政府主导—市场推动—公众参与"的城市协同治理机制，发挥三大主体推进城市可持续发展的能力；二是完善战略实施的"法律—行政—经济—技术—文化"保障机制，实现多元化保障机制的建立；三是坚持"区域协调＋目标协同＋成果导向＋闭环管理"实施保障原则，提高保障可靠性；四是建立系统化的"目标—行动"体系，明确行动指向，提高行动效率。将可持续发展的价值观针对城市建设明确方向，聚焦城市建设的典型领域和有限维度。

应用及效益情况

课题比较国际上具有代表性的城市建设发展策略和实施体系，基于"四元协同"的中国城市建设可持续发展理念和目标，构建城市建设可持续发展战略保障体系，认为城市建设可持续发展需要三大主体（政府、市场、公众）从五个维度（法律、行政、经济、技术、文化）出发，遵循四项原则（区域协调、目标协同、成果导向、闭环管理）为城市建设可持续发展战略的实施提供稳定的保障。

（执笔人：吴乘月）

城市新区绿色规划设计技术集成与示范

2022年度中国城市规划学会科技进步奖二等奖

项目来源：科技部"十三五"国家重点研发计划课题（城市新区规划设计优化技术项目）
项目起止时间：2018年7月至2021年9月　　　　　　主持单位：中国城市规划设计研究院
院内承担单位：上海分院　　　　　　　　　　　　　院内主审人：杨保军
院内主管所长：孙娟　　　　　　　　　　　　　　　院内项目负责人：郑德高
院内主要参加人：朱子瑜、林辰辉、吴浩、翁婷婷、罗瀛、陈阳、陈振羽、魏维、陈海涛、吴乘月、高靖博、魏钢、申晨、韩靖北、高艳
参加单位：上海同济城市规划设计研究院有限公司、中建工程产业技术研究院有限公司、中德联合集团有限公司、青岛西海岸交通投资集团有限公司、上海张江（集团）有限公司

研究背景

课题为科技部"十三五"国家重点研发计划"绿色建筑及建筑工业化"专项下的"城市新区规划设计优化技术"项目课题。本课题由中国城市规划设计研究院牵头，由上海同济城市规划设计研究院有限公司、中建工程产业技术研究院有限公司、中德联合集团有限公司、青岛西海岸交通投资集团有限公司和上海张江（集团）有限公司等共同参与。

课题以保证城市新区的绿色、可持续发展为目标，针对我国不同地域类型、不同发展阶段的国家级新区，将城市新区划分为新区、片区、组团、街坊四种尺度，研究不同尺度、不同地区的城市新区绿色规划技术，梳理构建了由单一系统到集成方向的绿色规划技术体系，并在雄安新区、成都天府新区、青岛西海岸新区和上海浦东新区等国家级新区的规划设计与低碳项目中进行落地应用。在新的"双碳"目标下，研究有利于推动城市新区低碳转型，对于形成一套覆盖新区发展全过程、可复制、可推广的城市新区规划技术体系具有重要意义。

研究内容

课题划分为四个研究任务，包括雄安新区的绿色技术集成示范（子课题1）、不同类型新区绿色规划技术集成示范（子课题2）、不同类型低碳城市新区示范（子课题3）、不同类型的城市新区绿色规划集成技术体系（子课题4）。

课题研究重点形成了"一部规划标

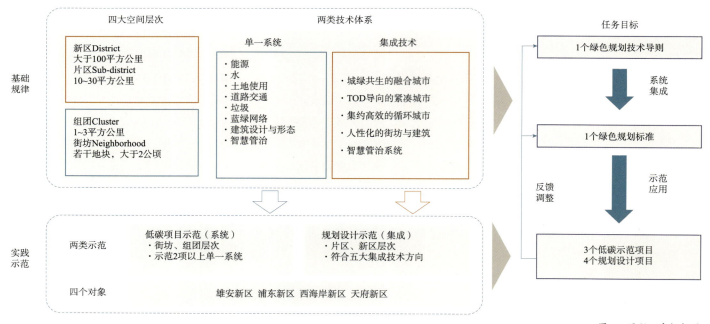

图1　课题研究框架图

准""一部技术导则"和"两类项目示范"。

1."一部规划标准":形成基于碳排放核算的绿色规划集成技术体系

课题基于不同系统之间的协同效能,以消费端减碳维度的碳排放核算为基础,综合考虑各系统规划设计技术的应用规模和减碳效应,构建由"集成方向—关键技术—核心指标/形态引导"组成的城市新区规划减碳技术集成体系。并编制完成《城市新区绿色规划设计标准》,填补了"双碳"目标下绿色规划标准的空白。

标准从城市碳排放核算入手,提出影响城市新区碳排放的五大集成技术维度,包括城绿共生、TOD导向、资源集约高效、宜居街坊和智慧管理。基于碳排放核算,明确规划减碳关键维度,提出规划减碳对策和关键指标。针对不同地域类型包括供暖地区、非供暖地区、平原地区、沿海地区,以及起步期、成长期、成熟期等不同发展阶段的城市地区,因地制宜地运用绿色规划技术,实现技术标准尽快转化应用,具有技术领先性。

2."一部技术导则":形成全阶段适用、全系统覆盖的低碳技术导则

课题形成《低碳城市新区绿色规划技术导则》,作为规范我国现阶段低碳项目建设的重要技术依据。导则从城市新区层面的规划、设计、建设、运营进行介入,结合新区发展定位和所在地域的气候、环境、自然资源、经济发展及历史文化特点,从土地利用与空间形态、道路交通、绿色能源、节水与水资源利用、生态空间、建筑规划与设计、智慧管理七个系统进行综合考虑、统计规划,并通过技术导则的形式对每个系统的技术进行引导和管控。

3."绿色规划示范":推进新区层面绿色规划技术的在地化应用

为了保证绿色规划技术示范的普适性,课题绿色规划示范项目覆盖不同地域类型、不同地形特征、不同能源结构、不同生命周期。项目以新区、片区尺度为主,重点进行规划技术的集成示范,选取雄安新区、青岛西海岸新区、浦东新区、天府新区进行绿色规划技术的在地化应用,形成适应不同特征新区的绿色规划优化策略。

不同规划设计项目根据自身特征,选择五大集成方向的某一维度进行重点示范,其中天府新区鹿溪智谷核心区重点示范城绿共生的融合城市技术集成,西海岸新区中德生态园重点示范集约高效的循环城市技术集成,浦东新区张江西北片区重点示范TOD导向的紧凑城市和人性化街

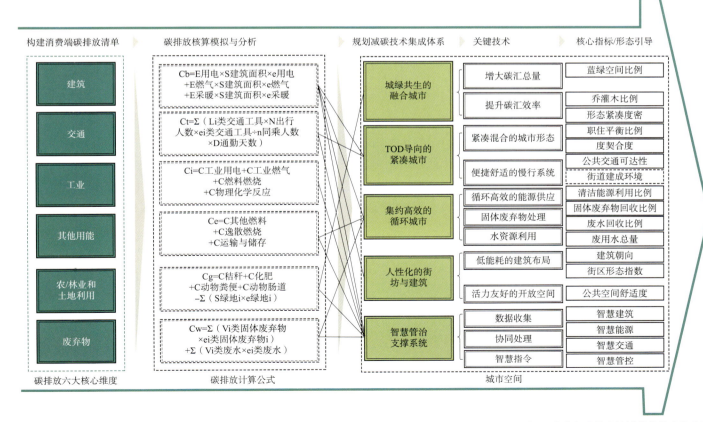

图 2　城市新区绿色规划集成技术体系图

坊与建筑技术集成，雄安新区起步区为五大集成方向的综合性示范。

4."低碳项目示范"：推进街区层面低碳建设技术的全过程实践

低碳示范项目以组团、街坊尺度为主，选取西安幸福林带建设工程、中建·滨湖总部区、中德生态园被动房推广示范区、青岛西站换乘中心作为低碳示范项目，进行分系统的实践示范，并在项目规划建设过程中，对低碳技术体系提出动态反馈与修正。

低碳城市新区示范工程重点对街区尺度的三大类技术进行示范，包括低碳街区规划优化设计技术、低影响开发规划协调技术、能源负荷预测与供需匹配技术。

技术创新点

本课题主要形成三点研究创新。

一是通过构建合理空间尺度的规划减碳单元，研究集成性的减碳技术体系。打破绿色规划技术按系统构建的传统方式，基于不同系统之间的协同效能，综合考虑各系统规划设计技术的应用规模和减碳效应，形成五大技术集成方向。

二是基于碳溯源明确定量化指标，提出针对性的减碳对策。研究形成《城市新区绿色规划设计标准》T/CECS 1145，明确规划减碳关键维度，提出规划减碳对策和关键指标，填补了低碳规划标准的空白。

三是研究明确不同地域类型、不同发展阶段新区的减碳重点。针对不同地域类型包括供暖地区、非供暖地区、平原地区、沿海地区，以及起步期、成长期、成熟期等不同发展阶段的城市地区，因地制宜地运用绿色规划技术，并形成持续性反馈，优化绿色规划技术体系。

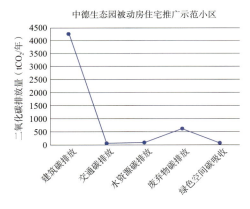

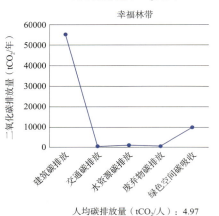

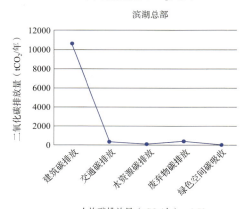

图3 低碳城市新区示范项目碳排放监测图

应用及效益情况

课题研究成果在规划设计项目和低碳示范项目两个层面得到充分应用，当前这些示范项目均进入建筑及竣工阶段，并已逐渐成为当地及全国重点的示范地区。

在课题规划设计和低碳示范项目运用基础上，课题对于绿色规划集成技术在其他项目中应用进行了进一步的推广探索，实现了20余个规划设计项目的绿色规划技术在地化应用。

课题形成三个主要社会效益：一是引导新区发展思路向绿色低碳转型，使城市新区成为城市化地区实现经济、技术可行的低碳发展路线样本；二是促进城市规划、建设、管理向绿色低碳转型，形成一套覆盖新区发展全过程、可复制、可推广的城市新区规划设计标准；三是优化城市治理体系，引导低碳绿色的生产、生活方式。

课题实现两个主要经济效益：一是运用规划减碳方法，带来直接经济效益。在规划建设运营城市全生命周期的前端制定合理的减碳策略，发挥城市规划在城市发展中的战略引领和刚性控制作用，以更低的成本降低城市碳排放量。二是通过示范项目减碳，带来一定可换算收益。本次课题应用的规划设计项目和低碳示范项目均实现不同程度的碳减排，降低了碳排放成本，带来了直接的经济效益。

（执笔人：翁婷婷）

城市新区绿色发展规划目标与规划控制体系研究

项目来源：科技部"十三五"国家重点研发计划子课题（城市新区规划设计优化技术项目）
项目起止时间：2018年8月至2021年6月　　**主持单位**：中国城市规划设计研究院　　**院内承担单位**：上海分院
院内主审人：杨保军　　**院内主管所长**：孙娟　　**院内项目负责人**：林辰辉
院内主要参加人：郑德高、孙娟、林辰辉、陈海涛、吴乘月、胡魁、高艳

研究背景

在新时代生态文明的背景下，亟需一套可复制、可推广的规划"目标—指标"体系指导城市新区的绿色健康可持续发展。

研究内容

课题针对我国城市新区规划中"目标—指标"体系构建方法存在的缺乏底线条件、绿色低碳体现不足、目标不可评估评价以及过程性不足等问题，通过对国内外新区案例、绿色新区评价体系、新区规划方法的研究，形成了绿色新区规划"目标—指标"体系的构建方法。

课题提出了准确性、评估性、人文性、地方性等确定规划目标的原则，明确了"先决条件+指标评分"的体系构建；明确了以新区的资源承载能力和国土空间开发适宜性、经济社会条件、交通设施条件以及基础设施条件等规划选址为先决要素；提出了确定城市子系统和指标项的原则和方法，明确目标要体现战略导向；"目标—指标"体系更加凸显绿色低碳要求；"目标—指标"体系应层层关联，数据可获取、评测；"目标—指标"体系的设定应考虑地域性等方法，并形成了9大城市系统及52项指标项构成的指标体系。

研究提出，针对不同阶段的发展重点，应动态调整指标项，形成一套贯穿城市新区规划目标制定、方案布局、建设实施和运营监测阶段的"目标—指标"体系。

技术创新点

课题对现有的"目标—指标"体系构建方法进行了技术优化，为今后新城新区规划在"目标制定"环节提供有效的技术指引。课题共有三个创新点。

一是强化关联，让"目标—指标"体系层层深入。相对于现有的城市新区规划，本次研究提出构建"目标—指标"体系，着重加强"目标—子系统—指标项"之间的逻辑关联。通过构建层层关联的"目标—指标"体系，对指标项进行定量计算，不仅可以对总目标进行监测评估，还增强了绿色规划目标的科学性和权威性，更好地指导规划的编制和实施。

二是增加先决条件，保证底线要求。在指标系统中引入"先决条件"，在对各子系统的评价中前置底线条件，对于不满足先决条件的子系统实行"一票否决"，符合先决条件的再进行指标评分，保证在目标评估中保持规划的底线要求，客观地反映城市新区在指标体系评估中的表现。

三是增加时间维度，形成分阶段评价。在"目标—指标"体系中增加时间维度，通过调整指标项、变化权重比例等方法，对城市新区在规划、实施、运营等全过程进行监测，形成绿色低碳水平的分阶段评价。

应用及效益情况

基于研究成果，课题组参与编写了《城市新区规划设计方法优化技术指南》中"目标制定"章节，已通过专家评审。形成了研究专著《城市新区发展规律、规划方法与优化技术》中的"城市新区规划目标评价与规划方法优化"章节。

（执笔人：陈海涛）

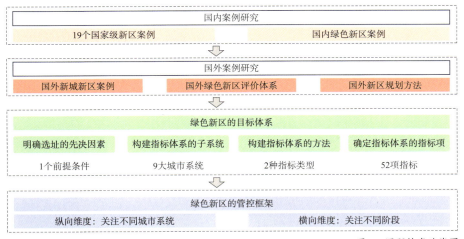

图1　课题技术路线图

城市地下空间规划关键技术研究

项目来源：科技部"十二五"国家科技支撑计划子课题（城市地下空间开发应用技术集成与示范项目）

项目起止时间：2012年1月至2016年5月	主持单位：中国城市规划设计研究院	
院内承担单位：城镇水务与工程研究分院	院内主审人：杨明松	院内主管所长：张全
院内项目负责人：谢映霞	院内主要参加人：邹亮、胡应均、陈志芬	

研究背景

城市地下空间开发是《国家中长期科学和技术发展规划纲要（2006—2020年）》重点领域"城镇化与城市发展"中"城市功能提升与空间节约利用"优先主题的重要研究内容；在《中华人民共和国国民经济和社会发展第十二个五年（2011—2015年）规划纲要》"节约集约利用土地"中明确"鼓励深度开发利用地上地下空间"。

我国城市在地下空间开发利用中缺乏系统规划，因此，必须做好统筹规划，为城市地下空间的开发利用确立科学性、导向性、系统性、法治性的政策指导和法规约束。

研究内容

1. 地下空间资源评估与需求预测理论方法研究

课题通过分析自然、社会经济和规划建设条件对地下空间资源开发的影响，归纳总结出地下空间资源调查评估的要素集合及包含地下空间资源工程难度适宜性和价值评估两大类的指标体系；根据地下空间资源评估要素的刚性与弹性特点、项目所在地的自然和社会经济条件、基础数据获取的难易程度以及设计方案的需求，提出了应采用的与之适用的评估方法及评估单元划分方法。

课题综合考虑经济、社会、科技的发展水平及城市各系统的衔接及与城市地面用地功能相协调，构建了地下空间需求预测方法，包括对城市功能和设施地下化转移的必要性分析，进而对需要开发的地下空间功能类型、开发时序以及不同时期地下空间资源开发量的预测。在需求分析的基础上，以通过地下空间的开发利用缓解城市发展中出现的矛盾和问题、提高城市整体的运行效率、改善居民生活品质为目标，考虑影响地下空间需求的内部因素和外部因素，同时，还参照和适当借鉴同类城市地下空间开发利用的经验，建立了地下空间需求预测指标体系。

2. 地下空间规划指标体系研究

课题以城市地下空间的可持续发展为总目标，以资源子系统和功能子系统的可持续发展为分目标构建了城市地下空间规划指标体系，各分目标之下设置主题层和指标层，包含4个递阶层次，共17个指标；并建议应用模糊综合评价方法来进行规划指标评价。

3. 地下空间规划管理与开发实施策略研究

课题通过分析我国城市地下空间开发实践中存在的规划、管理、运营等方面的问题，提出了关于地下空间建设运营管理的建议，包括完善城市地下空间规划体系，通过法律法规建设和制度建设完善地下空间的公共政策，完善国家层面立法和地方政府规章、法规，针对地下空间具体项目的公益性或商业性特点选择合适的运作理念，通过建立完整的地下空间开发利用产业链、引进多种适宜的投融资和运营模式，实现地下空间设计、建设、运营的良性开发。

技术创新点

课题针对地下空间规划设计工作的整个流程，建立了包括地下空间资源评估、需求预测、规划设计等环节在内的指标体系，为提高地下空间规划的科学性提供了有力的技术支持，出版了《地下空间资源评估与需求预测方法指南》。

应用及效益情况

除应用于本项目的示范工程《丹阳市地下空间开发利用规划》项目以外，研究成果还在后续的《河北雄安新区地下空间专项规划》《济宁市地下空间利用专项规划》《北京大兴国际机场临空经济区地下空间规划》《大红门地区地下空间开发利用专项规划》《青岛市中心城区地下空间开发利用专项规划》等项目中得到应用，以上规划设计项目均已完成并获得批复。

（执笔人：邹亮）

既有城市住区规划与美化更新、停车设施与浅层地下空间升级改造技术研究

项目来源：科技部"十三五"国家重点研发计划课题（既有城市住区功能提升与改造技术项目）
项目起止时间：2018 年 7 月至 2021 年 8 月
主持单位：中国城市规划设计研究院
院内承担单位：住房与住区研究所、城市交通研究分院
院内主管所长：卢华翔
院内项目负责人：李迅
院内主要参加人：余猛、周博颖、叶竹、葛文静、张璐、张震、许定源、汤文倩
参加单位：华南理工大学建筑设计研究院有限公司、中国建筑科学研究院有限公司、同济大学

研究背景

我国已进入城镇化的下半场，2023年中国城镇化率达到 66.16%，人民群众对住房的期盼，已从"有没有"逐步转向"好不好"，而我国既有城市住区量大面广，存在房屋老旧、道路狭窄、设施老化、生活环境恶劣等较多问题，严重制约了既有住区人居环境品质，改造需求迫切。

既有城市住区更新是实施城市更新行动的重要内容，目前缺少系统性、有针对性的更新改造规范及指引。自 2017 年起，国家大力推动老旧小区改造，陆续推动试点并出台多项支持政策。2020 年，国务院办公厅发布《关于全面推进城镇老旧小区改造工作的指导意见》（国办发〔2020〕23 号），进一步明确了城镇老旧小区改造的时间表、改造内容和工作机制等要求，这意味着以老旧小区改造为代表的既有城市住区更新，上升到更高的关注和实践层面。但目前我国综合性的居住区规划设计标准和方法仍主要适用于新建住区，对既有城市住区空间局限条件下的改造方法和机制缺乏针对性地指导，需要国家层面的综合性规范和标准加以指导，明确基本型和可选择性的改造内容及技术深度。

研究内容

课题针对既有城市住区功能提升和美化更新改造的需求，解决既有城市住区规划升级与美化更新、停车设施升级改造、浅层地下空间升级改造、绿色低碳改造等关键技术问题，提出既有城市住区更新规划设计新方法、开发既有城市住区美化更新模拟工具、编制既有住区全龄化配套设施更新技术导则与既有城市住区环境更新标准、提出停车泊位容量提升方法，提出保障更新实施的政策建议等，实现既有城市住区居住品质的提升。

1. 既有城市住区规划升级技术研究

研究既有城市住区规划升级关键技术，编制技术导则。基于既有城市住区内居住人群的结构性差异，提出老龄化住区、外来人口集中住区等住区分类更新方法，研究配套公共服务设施的适应性提升和存量空间挖潜等关键技术，形成既有城市住区更新规划设计新方法。

2. 既有城市住区美化更新技术研究

梳理影响既有城市住区风貌的构成因素，研究既有城市住区风貌保护和提升技术，开发既有城市住区美化更新模拟工具。提出既有城市住区中的建筑、服务设施、市政设施、道路系统等方面美化更新关键指标，编制既有城市住区环境更新技术标准。

3. 既有城市住区停车设施升级改造技术研究

针对不同类型既有城市住区的居住人群特征、停车设施现状、停车需求特点等开展调研分析，结合零散空间利用、周边泊位共享等手段，提出既有城市住区泊位容量提升方法，研究既有城市住区停车设施升级改造技术。

4. 既有城市住区浅层地下空间升级改造技术研究

针对既有城市住区浅层地下空间用地紧张、情况复杂等问题，研究浅层地下空间利用规划设计方法。研究地下空间改造安全控制关键技术，形成既有城市住区浅层地下空间升级改造关键技术，研发应用于浅层地下空间改造过程中的施工设备。

5. 既有城市住区绿色低碳改造技术研究

聚焦绿色低碳转型发展需求，研究既有城市住区全要素、全空间、全过程的绿色低碳改造方法体系。开展绿色低碳技术在既有住区更新改造中的适宜性分析，形成针对不同地域的、可选择菜单式的绿色低碳改造技术使用说明书。

6. 既有城市住区更新政策与机制创新研究

研究更新改造技术背后的落实实施政策与机制。研究形成多项配套政策包，包

括多措并举探索资金平衡的可持续路径、更新管理制度和相关标准规范、健全共建共治共享的协商决策机制等。

7. 既有城市住区综合改造示范

开展1项2平方公里规模以上既有居住区环境品质和基础设施综合改造示范，工程应用课题研究多项技术成果，形成综合示范。开展1项2平方公里规模以上健康城区改造示范工程，改造内容涉及停车设施、海绵化、健康化、智慧化等多项内容，改造后居民满意度提高。

技术创新点

1. 系统集成，形成实用性强、推广性高的既有城市住区更新改造方法体系

基于既有住区更新技术方法相对零散、实施中难以统筹等问题，进行集成创新，构建了一套面向既有住区、适用性强、推广性高的既有城市住区更新方法体系，涵盖空间优化挖潜、环境美化更新、停车设施升级、地下空间改造等关键领域，并转化成2套技术标准和1项新方法，标准名称为《既有住区全龄化配套设施更新技术导则》T/CSUS 19—2021《既有城市住区环境更新技术标准》T/CECS 871—2021。

2. 创新提出了既有住区更新实施路径——提供全要素、全过程落地实施保障，解决了既有住区更新实施落地难的问题

基于既有住区更新实施落地难，统筹技术研发和技术应用，充分考虑了每项技术相关的政策、经济和社会因素，进行了相应的机制研究。构建了既有住区更新从"前期筹备—分项技术方法—落地指引—保障机制—后评估"全生命周期的更新实施方法路径。涵盖更新规划技术清单（集成创新）、停车泊位容量提升系统方法（集成创新）、浅层地下空间升级改造技术方法（设备试制）。

3. 适应城市发展新阶段，创新提出考虑更新改造全过程的社会、经济、生态等方面的改造成本和潜力价值的项目审批方法及依据

基于既有住区体检、研究更新改造的投入及产出，研究其背后社会、生态和经济价值，综合判断既有住区改造的可行性与综合价值，形成既有城市住区更新潜力评估技术方法。研发停车和工程施工设备，有效降低成本。研究提出提高更新改造项目落实实施效率的政策机制，降低投融资、审批和协商的时间成本。

4. 针对现实急迫需求，研发推进实施的实用工具

研发了专门适用于狭小空间的浅层地下空间施工设备——"微型高压旋喷钻机"（获得河北省科学技术成果证书，6项专利），不仅有效解决了既有住区更新实施落地难和浅层地下空间施工过程中的安全性控制难等问题，也极大地降低了成本。

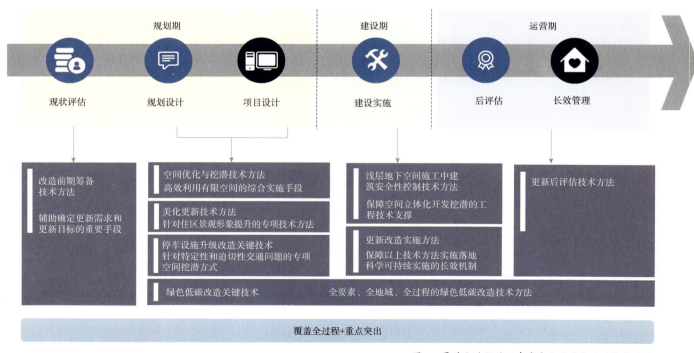

图1　覆盖全过程的既有城市住区更新改造技术体系

开发了既有城市住区美化更新模拟工具，有效提升了美化更新过程的可视化、可读性和交互性，为多元主体搭建沟通平台，为推动共建共治共享、提高决策效率奠定良好基础。

应用及效益情况

1. 技术综合应用于众多示范工程，推广应用评价高

课题研究技术应用于"海口三角池环境品质和基础设施综合改造示范工程"和"上海金杨新村街道健康社区示范工程"。海口三角池片示范工程成为庆祝海南建省办经济特区三十周年精品工程和海口城市更新首批综合性示范项目，并得到了人民日报客户端的专题点赞。上海金杨新村改造后居民满意度在90%以上，健康化改造获得既有住区健康改造铂金级标识证书，后续也获得了搜狐、上海浦东等网站的报道。课题研究成果还在绍兴、玉溪、天津、遂宁、鄂州、上海、乌鲁木齐、唐山、珲春、白山、宝鸡、天水共12个城市住区更新工程中应用。

2. 形成既有住区更新的2项标准规范

总结既有住区更新技术和实施方法，编写2项标准导则。《既有住区全龄化配套设施更新技术导则》是我国全龄化更新领域较早的标准规范文件，专家评价其对既有住区更新具有重要指导意义。《既有城市住区环境更新技术标准》专家评价其编制对于推动我国既有城市住区环境更新具有重要作用。

3. 研发施工设备、模拟软件，申请及获得专利6项

开发施工设备1项——微型高压旋喷钻机，目前已授权实用新型专利3项，申请发明专利3项。研发"既有城市住区美化更新模拟工具软件V1.0.0.1"，获得软件著作权1项，可广泛使用于不同类型与规模的城市住区以及街区更新项目，在多个示范工程项目中得到了较好应用。

4. 研究形成更新规划设计方法体系，参与出版2本著作

课题研究形成"既有城市住区更新规划设计方法体系"，参与编写住房和城乡建设部市长研修学院教材，"城市更新与老旧小区改造丛书"系列的《城镇老旧小区改造实用指导手册》和《既有城市住区功能提升改造技术指引与案例》。

5. 为住房和城乡建设部的老旧小区试点文件的编写工作提供了重要技术支撑

依托课题研究成果内容，伴随式服务住房和城乡建设部城市更新及老旧小区改造工作，为住房和城乡建设部老旧小区试点文件的编写工作提供了重要的技术支撑。

（执笔人：周博颖）

社区养老设施及场地规划技术研究

2020年度北京市科学技术进步奖二等奖 | 2017年度华夏建设科学技术奖三等奖

项目来源：科技部"十二五"国家科技支撑计划子课题（国家社会养老综合信息服务平台建设研究及应用示范工程项目）
项目起止时间：2012年1月至2015年6月
主持单位：中国城市规划设计研究院
院内承担单位：城市设计研究室
院内主审人：戴月
院内主管所长：朱子瑜
院内项目负责人：蒋朝晖、魏维
院内主要参加人：何凌华、魏钢、顾宗培、袁璐
参加单位：天津大学

研究背景

在我国社会老龄化日益严重的背景下，国家提出了90%的老年人居家养老、7%社区养老、3%机构养老的"9073"养老模式，即形成以居家养老为基础、社区服务为依托、机构养老为支撑的养老服务体系。

为解决养老服务体系建设中在缺标准、缺技术、缺产品等问题，科技部设立"十二五"国家科技支撑计划子课题"国家社会养老综合信息服务平台建设研究及应用示范工程"项目，以"十二五"国家科技支撑计划"社区适老性规划、建筑设计技术研究与示范"课题为"9073"养老模式提供技术解决方案，中国城市规划设计研究院、天津大学承担了子课题"社区养老设施及场地规划技术研究"。

研究内容

随着老龄化程度逐渐加深，我国养老需求迫切，研究针对养老设施配套不足、落实困难，养老设施配建标准不清且缺少协调，规划指标与工程建设缺乏技术支撑等难点问题，开展课题研究，主要研究内容包含以下三个方面：

1. 研究提出养老设施级配指标体系

通过对典型地区的老年人生活状况开展实态调研，结合国际先进理念提出老年人生活圈概念。综合分析各种社会养老资源在社区养老基本组群中的人口规模需求、使用频率、服务范围、服务层级等，建立适应不同规模的社区养老设施及场地的级配指标体系，形成指导各类各级养老设施建设的关键量化指标，解决级配指标与行政区划不衔接的问题，为养老设施的分类设置提供重要的技术支撑。

2. 研究形成社区养老设施规划设计关键技术

对社区养老设施空间配置标准、集成设计技术、避难空间设计技术、可持续发展技术、智能化系统配置技术等开展深入研究，填补了当前我国社区养老设施相关技术空白，推动了社区养老设施的合理建设与良性运营。

3. 研究形成社区室外环境（场地）适老性配置技术

引入国外无障碍及通用设计理念和先进技术，研究室外环境的适老性规划、设计技术，形成社区室外环境空间关系、道路适老性、场地适老性、绿地适老性的配置及关键技术；提出社区室外环境无障碍系统的适老性和通用设计技术；形成老年宜居社区原型规划设计案例。

技术创新点

（1）首次系统地提出我国养老设施级配指标体系，改变社区养老设施建设长期缺乏依据的状态。

（2）提出基于科学实验验证的适老环境设计参数及关键技术，形成国家标准、专利与项目示范，为国家政策落实提供技术保障。

（3）研究成果突破该领域技术瓶颈，支撑我国社区养老设施级配体系逐步完善，改善社区适老化环境。

应用及效益情况

《社区养老设施及场地规划技术研究》有助于推动我国养老政策落实及适老环境建设，提升老年人居住品质，促进其健康自立，减少家庭社会负担，改善民生。研究成果为中央城镇化工作会议文件起草提供了支持，为国家标准《城市居住区规划设计标准》GB 50180—2018和《城市公共服务设施规划标准（报批稿）》GB 50422的编制提供了技术和数据支撑。学术成果发表提高了我国适老环境科研国际学术地位。示范工程对全国形成带动作用。

（执笔人：魏维）

我国老年康养建筑及环境的战略研究

项目来源：中国工程院　　**项目起止时间**：2020年5月至2021年6月　　**主持单位**：中国城市规划设计研究院
院内承担单位：绿色城市研究所、科技促进处、北京公司、城市设计研究分院、遥感应用中心
院内主审人：董珂　　**院内主管所长**：董珂　　**院内项目负责人**：汪科
院内主要参加人：董珂、鹿勤、谭静、周勇、翟宁、薛海燕、付冬楠、魏维、王雅雯、李昕阳、杨凌艺、姚小虹
参加单位：住房和城乡建设部建筑节能与科技司、中国中建设计集团

研究背景

第七次全国人口普查数据显示，我国60岁及以上老年人占比达18.7%，已步入深度老龄化社会，呈现未富先老的特征。为积极应对我国人口老龄化趋势，推进健康中国建设，中国工程院于2020年设立重点咨询研究项目"我国老年康养事业发展战略研究"。其中，我国老年康养建筑及环境战略研究是该项目下设的第六子课题，旨在通过城乡外环境、社区、居家、机构四个层次推进我国适老化环境建设，保障我国老年康养事业的有效空间供给。

研究内容

课题对我国养老政策进行了系统梳理和分析，从四个层次详细研究了我国适老化环境现状并提出了具体的建设策略。

专题1"养老政策研究"。2000年以来我国养老政策的历史变迁及不同阶段政策发展特点、当前政策存在的"堵点""痛点""断点"以及国际国内养老政策机制经验等。

专题2"城乡适老化外环境研究"。研究了城乡适老化外环境的现状问题及国际国内建设经验，从鼓励紧凑混合的功能布局、营造安全便捷的出行环境、提供丰富多样的设施服务、打造公平活力的公共空间、构建系统连续的无障碍体系五个方面提出城乡适老化外环境建设的任务和策略。

专题3"社区养老环境研究"。研究了社区层面养老环境建设现状问题及国际国内建设经验，从补齐社区养老设施建设短板、扩大社区养老服务的优质供给、推动医养结合服务合作机制建设、加大社区养老政策支持力度四个方面提出社区养老环境建设的任务和策略。

专题4"居家养老环境研究"。研究了居家层面养老环境建设现状问题及国际、国内建设经验，从社区公共空间改造、家庭户内设施适老化改造、适老信息化改造三个方面提出居家养老环境建设的任务和策略。

专题5"机构养老环境研究"。机构层面养老环境建设现状问题及国际国内建设经验，从加大养老机构建设力度、推动机构养老设施微环境适老化设计与改造两个方面提出居家养老环境建设的任务和策略。

技术创新点

关键技术包括：以空间为基础，对我国老年康养建筑及环境进行分层次研究，提出城乡外环境、社区、居家、机构四个层次的适老化环境建设任务；探索"互联网＋适老化"融合创新，提出鼓励新技术在适老化环境建设和改造中的为老服务及应用，研究服务于老年人的智慧型城市和社区、智慧建筑、智能家居等建设模式；通过对国际和国内先进地区养老政策机制和环境建设改造的经验对比研究，提出我国适老化环境建设的目标和建设策略。

创新点包括：基于需求层次理论，提出将老年需求从低级到高级分为五个层次：老有所医、老有所养、老有所属、老有所乐、老有所为，并结合我国城镇化特征和趋势，提出老年便利型城市、老年友好型城市、老年尊重型城市三个阶段目

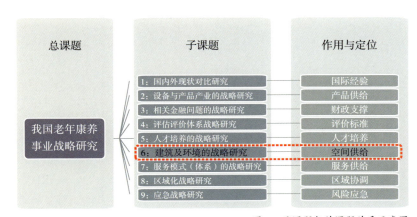

图1　子课题与总课题关系示意图

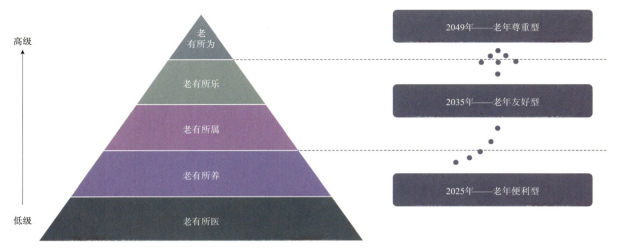

图2　老年需求层次及分阶段建设目标示意图

标，有序推进我国老年康养建筑及环境建设；提出加强公益性养老服务设施的用地保障，将城镇街道作为养老服务体系建设基层实施管理主体两条具体实用的政策建议。

应用及效益情况

城镇和乡村是推进我国老年康养事业健康发展的空间载体，推进老年康养建筑及环境建设，关系到2亿多老年人的民生福祉，是城镇化中后期人居环境高品质建设的重点内容之一。课题成果可应用于指导我国城乡外环境、社区、居家、机构等各空间层次的适老化环境建设和改造。课题组通过在核心期刊发表文章、出版专著、撰写政策建议等途径，积极推广研究成果，其中，撰写信息专报：《关于加强公益性养老服务设施用地保障的建议》《关于城镇街道作为养老服务体系建设基层实施管理主体的建议》《关于推进积极健康老龄化，推动老年康养设施与城乡环境建设的建议》《关于建设老年友好型城市的用地政策和管理制度创新建议》；出版专著1部：《城市社区居家适老化改造研究与实践应用》；撰写中规智库年度报告1篇：《实施积极应对老龄化国家战略，保障老年康养设施与环境有效落实》。

（执笔人：董珂、薛海燕）

面向公共服务应用的城市场景认知表达

项目来源：科技部"十三五"国家重点研发计划子课题（面向城市公共服务的高效融合与动态认知技术和平台项目）
项目起止时间：2020年1月至2023年3月　　　　　**主持单位**：中国城市规划设计研究院
院内承担单位：信息中心　　　　　　　　　　　**院内主管所长**：张永波
院内主审人：马林　　　　　　　　　　　　　　**院内项目负责人**：李昊
院内主要参加人：戚纤云、黄庆、赵晓静、孔德博、赵越

研究背景

随着全球城市化进程的加快，城市人口急剧增加，城市管理和公共服务面临巨大挑战。

物联网、大数据、云计算和人工智能等技术发展迅速，为实现智慧城市提供了基础技术支撑。现阶段通过探索应用新的技术手段，对城市中各类场景进行感知、认知和可视化表达，能够有效提升公共服务的精准性和效率。

本课题为应对中小城市场景的多样性和复杂性，通过指标体系构建和可视化等方式，实现对城市中人、车、物、空间等事物的特性、关系与规律进行认识理解，对城市规律进行可理解表达。

研究内容

面向城市公共服务应用的场景认知指标体系：选取交通出行、居住人口、生态安全、产业经济、文化旅游、设备等六大场景类型下的20种复杂场景认知，以人为核心、以空间为主体、以物为对象，构建面向微观、中观、宏观多维度的多场景城市认知指标体系。在微观场景，选取居民出行行为、社区居民行为、社区完整程度、社区商业态势、文化文旅POI、社区设备运行等场景认知，聚焦城市最小参与单元。在中观场景，选取公共交通、区域人口流动、产业经济园区、文化旅游园区等场景认知，聚焦区域人口、文化、经济发展。在宏观场景，选取城市综合态势、城市人口结构、城市韧性程度、城市产业经济、城市旅游文化、城市设备运行等场景认知，聚焦城市整体结构。通过动态指标采集、清洗、抽取、转化，将异构数据进行数据融合分析，形成60项包含时间、空间属性的指标。

城市公共服务应用场景认知的可视化表达方法：将认知建模形成的模型类知识，转化为能够被用户理解的直观认知。实现不少于20种复杂场景中时变态势的过程分析。通过以时间、空间两大维度对指标进行叠加分析对比，实现一套评估、建设、更新的闭环系统。

技术创新点

关键技术包括：城市场景认知指标体系构建：通过融合LibCity深度学习城市时空数据规律挖掘算法库，支撑指标数据采集和认知体系构建。场景认知可视化表达：融合GIS可视化、2D可视化、时空可视化和交互式可视化技术，对空间分布进行热力图、点图、区域图展示、过滤和钻取等。

创新点包括：选取了宏观、中观、微观多层次多类别的城市场景认知指标，进行多源异构数据混算和可视化展示，完整反映城市整体运行态势。动态指标采集、指标表示、认知解释和指标预测，以时空两大维度进行指标叠加分析对比，对城市规律进行可理解表达。

应用及效益情况

本课题选取了海口、景德镇两座中小城市作为应用示范地，总结了一套多层次多类别的城市场景认知指标体系，形成了一条多源异构数据可视化技术路径，建设了海口城市体检平台、景德镇城市体检平台，并取得了一项软件著作权。

通过课题的相关应用示范，构建科学的场景认知指标体系和数据可视化技术，辅助提升城市治理的精准性和科学性，增强城市综合治理能力。基于实时数据监测和分析，优化公共服务资源的配置，提高服务效率和质量。通过产业经济数据分析，优化资源配置和产业结构，提升城市经济活力和竞争力，促进产业转型升级。通过文化旅游数据分析，优化文化资源管理和活动规划，推动文化产业发展，促进经济文化的融合，增强城市的综合竞争力。

（执笔人：黄庆）

我国村镇规划建设和管理研究前期调研

项目来源： 中国工程院　　　　　　　　　　　　**项目起止时间：** 2013年1月至2013年12月
主持单位： 中国城市规划设计研究院　　　　　　**院内承担单位：** 院士工作室、村镇规划研究所
院内项目负责人： 邹德慈
院内主要参加人： 李晓江、王凯、蔡立力、靳东晓、曹璐、谭静、魏来、王璐等

研究背景

我国是历史悠久的农业国家，量大面广的村庄、集镇和小城镇等，是我国人口、社会、经济的重要载体。改革开放至今，村镇建设的成绩显著，村镇基础设施建设不断加强，村镇人居住环境持续改善。我国村镇规划与建设发展的情况复杂，东、中、西部小城镇的发展速度和质量各不相同，山区、丘陵和平原地区的小城镇发展路径、模式差异巨大。长期以来，我国比较重视城市的发展，村镇建设与发展相对落后，城镇化与村镇建设发展领域的科技基础比较薄弱，在农村城镇化的进程中还存在着许多问题。在当前城镇化格局下，大中城市受到管控而镇村建设管理体系尚不健全，大量粗放的、不尽合理的建设需求在镇村空间得以释放，现代农业发展问题、环境污染问题，以及公共服务供给不足与过剩并存、规划编制水平不高、建设管理不健全等问题仍未得到有效解决。为此，中国工程院拟计划启动村镇规划建设与管理相关研究工作，并发起主题为"我国村镇规划建设和管理的问题与趋势"的香山科学会议第478次学术讨论会。

研究内容

研究梳理我国村镇规划与建设管理的总体情况，指出村镇规划"量大质不优"的问题，并针对村镇建设发展提出三个方面的问题：

1. 村镇发展问题：村镇发展模式粗放，小城镇发展乏力，公共服务供给不足

根据统计，至2011年，我国建制镇人口增加了54.8%，建设用地增加了144.3%。村庄人口减少了27.8%，但建设用地反而增加了7.6%。

小城镇发展乏力，小城镇人口占总城镇人口的比例呈下降趋势，2011年年底，建制镇平均人口规模仅为0.84万人/个，当年小城镇人口占全国城镇总人口的比例已下降至23%，远远低于发达国家。

村镇公共服务供给不足，以市政公用设施为例，2011年全国建制镇和乡的单位土地市政设施投资密度分别只有城市的1/9和1/36。

2. 村镇建设问题：村镇建设照搬城市模式，缺乏对传统格局、自然环境和本土多样性的尊重和延续

在村镇建设过程中，盲目照搬城市模式。用城市建设的理论和标准指导乡村规划和村庄整治建设，结果出现了大量"兵营式"的村镇规划，"千村一面、千镇一面"的问题日渐突出。村镇建设不注重科学选址，缺乏对传统格局、自然环境和本土多样性的尊重和延续，不仅对周边自然环境造成破坏，甚至会危害村镇的安全。

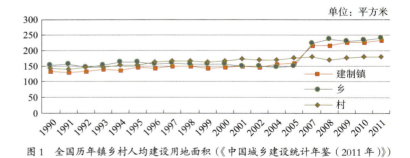

图1　全国历年镇乡村人均建设用地面积（《中国城乡建设统计年鉴（2011年）》）

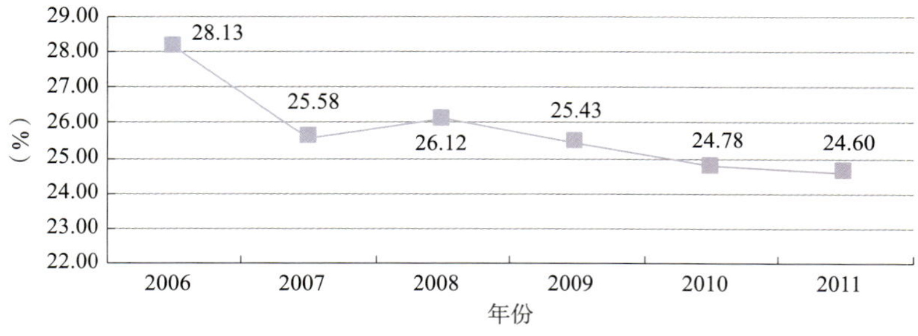

图2　历年全国小城镇人口占城镇总人口比例（《中国城乡建设统计年鉴（2011年）》）

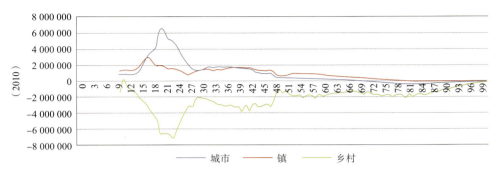

图3　2010年第六次全国人口普查统计中各年龄段人口增量分布图（以第五次全国人口普查为参照）

3. 村镇管理问题：村镇建设管控与引导不力，缺乏技术指导

（1）缺乏生态污染治理技术和污染管控，破坏严重，环境承载力接近饱和。

在当前城镇化热潮下，大中城市受到严格管控而小城镇的建设管理体系尚不健全，大量粗放的、不尽合理的建设需求在村镇得以释放，乡村环境污染问题日趋突出。

（2）房屋建设质量差，监管不力，影响生产生活安全。根据住建部的统计，2007年全国共有农村住宅271.2亿平方米，其中约有13.3亿平方米的农民住房处于危险的使用周期。2008年汶川地震的严重后果与农村住房质量有着直接的关系。

（3）缺乏绿色建筑技术指导，造成能源浪费。目前对农村绿色建筑技术的探索尚存在空缺，造成很多浪费。如国家电网在"十一五"期间投资约500亿来解决老少边穷地区的用电问题，而如果采用绿色建筑设计，用这笔钱给农民安装太阳能伏打电池系统，则既可以减少农户的电费，也可以节省国家电网的资源。

4. 村镇治理问题：自上而下的村镇建设管理模式不符合我国农村社会的自治传统

传统乡村社会是以家族制为基础的士绅自治，但我国目前乡村治理中行政化倾向还是压倒了自治化倾向。县、乡镇政府习惯于把村委会看作自己的下级机构，习惯于采取行政命令的方式，这种治理方式直接反映在村镇的建设与管理中，导致村民的建设需求往往与管理部门的要求违背。

针对以上问题，课题回顾了我国城乡关系的历史阶段，提出从清政府时代起，我国城乡关系的发展大致可以划分为四个阶段：城乡分治阶段（明清时期到新中国成立初期）、城乡对立阶段（新中国成立初期到改革开放）、城乡关系恶化阶段（改革开放到2002年）、城乡对话阶段（2002年至今）。总体来看，2002年之后国家进入政治经济全面改革时期，城乡统筹、新型城镇化等理念被提出并得到广泛实践。国家和城市政府加强了自上而下的资源配置，对于乡村的管控明显得到加强。2005年，党中央提出了建设社会主义新农村的重大历史任务，城市政府大量资金开始有计划地投入村镇建设。2010年，城市资本下乡掀起高潮，现代农业、休闲农业获得空前的发展机遇。2012年，新型城镇化概念的提出，则是对我国城镇化发展理念的重大突破，城镇化的目标从追求片面速度到提升城镇化质量，农村和小城镇也因此得到更多的重视。

由此，研究提出我国村镇的三个核心价值。

（1）村镇是我国人口承载的重要空间载体。首先，根据城镇化课题组的判断，2030年前后我国城镇化率将保持在65%，这就意味着村庄仍然是5.2亿~6亿人的安居家园。其次，估计到2030年，量大面广的小城镇仍将是我国大量城镇人口的最终居所。再次，受住房与生活成本高的影响，大城市难以成为进城务工人员安家立业的首选场所。2012年我国进城务工人员群体内部年龄结构明显"老龄化"，农村劳动力年轻时外出务工，中年以后回乡照顾家庭、养老，小城镇和乡村将成为他们的重要安居地之一。

（2）村镇是社会的"蓄水池"。村庄作为中国社会的基本细胞，在社会发展过程中发挥着"蓄水池"的重要作用。进城务工人员可以用自己在城市务工所创造的收入返乡生活，也可以在外部环境发生变化时回到农村，来维持自己和家庭的基本生活。2008年金融危机，全国约有2千万进城务工人员失业返乡，乡村作为"蓄水池"避免了因金融危机引起的社会危机。

（3）村镇是中华文化延续的重要空间载体，是国土保全的重要屏障、海内华人的文化之根。作为传统农业国家，农村是中国传统文化的延续与体现，众多地方方言、风俗、手工艺品、传统节庆等文化元素都是通过农村得到传承与体现，传统村落还是广大华侨、港澳台同胞寻根问祖的归属地。此外，根据国际惯例，争议领土内如果有某国的国民长期居住生活，可作为领土权属的重要判别依据，边境地区的村落对国土保全意义重大。

同时，课题对村镇建设发展过程中涌现出的若干新现象、新热点问题进行了分析，对其可能产生的正、负面效应及未来发展趋势作出判断。这些新现象包括：资本下乡、农村新型社区、农村集体建设用地流转及入市、农村公共服务均等化。

技术创新点

研究立足于对东、中、西部乡村地区广泛深入的调研，对我国村镇规划建设和管理研究的现存问题作出剖析。从历史维度，对我国的城乡关系进行了阶段性划分，进而明确了村镇建设发展对于国家新型城镇化发展的重要意义，提出了当前村镇在大城乡关系中的三个核心价值。同时，课题高度关注在乡村领域的新问题与新变化趋势，为后续启动工程院重大咨询课题"村镇规划建设与管理"，梳理明确的相关研究方向作了充分的理论与实践储备。

应用及效益情况

2013年11月26日至28日，在北京召开了以"我国村镇规划建设和管理的问题与趋势"为主题的香山科学会议第478次学术讨论会，来自国内多部门、多学科的40多位专家学者围绕我国村镇发展的形势与问题、村镇发展模式与新型城镇化战略、村镇建设的科学规划与管理三个中心议题进行了广泛交流和深入讨论，为新时期的村镇发展建言献策。研讨会形成的核心关键如下：

（1）乡村问题关键，能否妥善解决事关中国现代化的成败和社会的稳定。

（2）乡村问题复杂，涉及经济、社会、环境、公共服务、建设管理多方面。

（3）村镇规划建设与管理理论滞后，不仅要关注技术与方法，更要探讨"立场、视角与价值取向"。

（4）社会治理模式的亟待改变，简单的自上而下不解决问题。

（执笔人：曹璐）

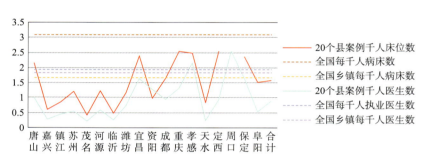

图4　全国20个县调研：乡镇医疗水平与全国平均水平比较图

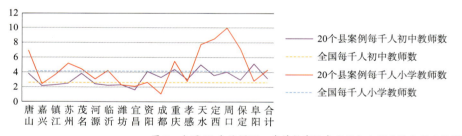

图5　全国20个县调研：乡镇教育服务水平与全国平均水平比较图

基于空间结构量化分析的村落规划方法与技术

2022 年度中国自然资源学会国土空间规划论坛优秀论文一等奖

项目来源：中国博士后科学基金项目　　**项目起止时间**：2015 年 5 月至 2017 年 4 月
主持单位：中国城市规划设计研究院　　**院内承担单位**：村镇规划研究所　　**院内主审人**：王凯
院内主管所长：陈鹏　　　　　　　　　**院内项目负责人**：冯旭　　　　　　**院内主要参加人**：冯旭

研究背景

国土空间规划制度建立之前，涉及乡村空间的规划种类众多，呈现出"条块化"管理模式。其中，住建系统自改革开放以来，开展了大量的乡村规划实践和理论研究工作，在指导乡村人居环境建设方面发挥了巨大作用。不过，随着乡村空间发展由增量转向存量，乡村建设由上级政府主导的设施配置转向下部需求驱动的规建管一体化，部分内容已经无法适应我国乡村经济社会发展的现实。在此背景下，必须回归乡村人居环境建设及可持续发展服务的初衷，从乡村空间承载的时代目标出发，思考乡村规划方法技术的改革方向。

研究内容

本项目以城镇开发边界以外的乡村空间为研究对象，包括两部分研究内容。

第一部分，通过对新中国成立后宏观政策影响下的"三农"政策、城乡关系的梳理，探究不同阶段推动乡村规划发展的外部环境、内在动力及理论思潮，以此作为思考未来乡村规划目标与任务的基础。以城乡资源分配为依据可将我国乡村规划发展分为五个阶段：城乡二元分治阶段（1949—1980 年），通过区域土地规划提升农业生产水平；改善城乡关系阶段（1981—1993 年），通过乡镇域总体规划统筹指导乡村工业化背景下的居民点分级建设；城市加速发展阶段（1994—2003 年），通过在县域开展城、乡规划体系融合探索，引导城乡空间的合理利用；城市反哺乡村阶段（2004—2011 年），通过县域村镇体系规划及新农村建设实践，落实城乡统筹理念下的乡村建设及农业农村多功能发展任务；城乡融合发展阶段（2012—2018 年），通过县域乡村建设规划指导乡村一、二、三产业融合发展所需的空间优化与项目建设需求（图 1）。

在未来一段时期"农业生产精准供给、乡村空间精明收缩、乡村社会精细治理"的"三农"政策导向下，我国乡村将以提升农业生产能力、培育乡村多元功能、提高生态与人居环境质量为目标，成为宜居宜业宜养、传承中华农耕文明的核心载体。乡村规划，应在充分把握乡村空间特征与基层诉求的基础上，通过建立合理的分级事权、规划编制流程与技术方法，引导城镇开发边界以外的乡村地区进行科学、合理的空间资源要素配置，推动乡村的多功能发展、有效实施乡村振兴战略。

第二部分，围绕县、乡镇、村三级乡村规划与治理核心层级，探究如何在乡镇级乡村规划中，实现上位政府的乡村发展目标（总体规划）与基层村民的利益诉求（详细规划）之间的平衡，完成乡村规划与治理的一体化目标。依据研究成果，县域层级通过提取县级各项空间规划中的"三区三线"空间管控与专项发展内容，体现上位政府（由省至县逐级细化）的空间发展意图；村庄层级聚焦刚性管控以外的范围，通过村委会组织、专业技术人员辅助、村民集体协商的形式，制定体现基层村民空间利用诉求的村域土地利用方案；乡镇级在细化县域乡村"基础规划"、整合下辖村庄"土地利用方案"的基础上，经过功能聚类与边界优化，形成乡镇级乡村"总体规划"，用以支撑乡镇域各类涉农空间规划，并且指导各个村庄"土地利用方案"的调整，形成村域"详细规划"或实用性村庄规划。上述编制流程与技术方法，为解决乡村空间复合性与用地排他性的规划技术难题，实现上、下协同的乡村治理机制提供了有效方案（图 2）。

应用及效益情况

本课题研究成果具有全面性与前瞻性，因研究对象瞄准乡村空间，在进入国土空间规划时代后，本课题成果直接形成了国土空间规划体系下乡村规划制度的政策建议。此外，本课题也广泛应用于县、镇、村三级规划技术服务、示范基地建设工作中，并形成了相关专利、获得了自然资源学会论文奖励，并牵引出一项国家自然科学基金课题，并出版一本风景园林、城乡规划领域"十四五"规划系列教材。

（执笔人：冯旭）

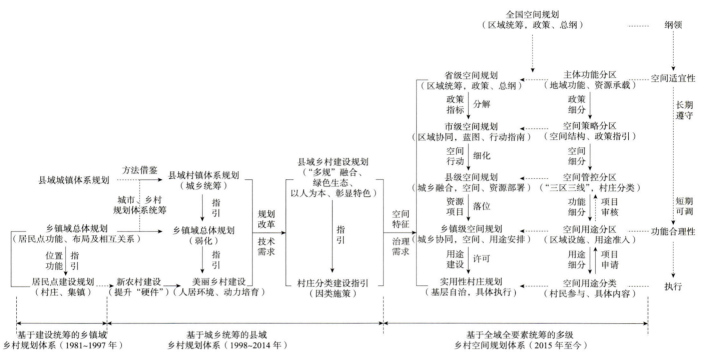

图1 乡村规划演变历程及全域全要素规划时代的分级传导特征

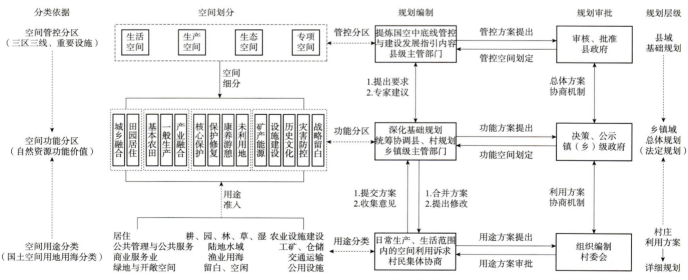

图2 县、镇、村三级乡村规划的编制流程、分级事权与空间划分逻辑

村镇规划、建设与管理

2018 年度华夏建设科学技术奖二等奖

项目来源：中国工程院	**项目起止时间**：2014 年 1 月至 2015 年 12 月	**主持单位**：中国城市规划设计研究院
院内承担单位：院士工作室、村镇规划研究所	**院内主审人**：陈锋	**院内主管所长**：王庆
院内项目负责人：邹德慈	**院内主要参加人**：王凯、靳东晓、曹璐、谭静、魏来、冯旭、蒋鸣、许顺才、卓佳、李浩、马克尼等	

研究背景

改革开放三十多年来，城市的现代化突飞猛进，相比较而言，农村和农业的现代化仍处在起步阶段。对比中央提出 2035 年基本实现社会主义现代化的目标，农村和农业的现代化是当前及今后 20 年的攻坚领域。在中央提出加快推进城乡发展一体化、乡村振兴和走城乡融合发展之路的背景下，城乡规划、建设和管理也必须适应整个国家发展模式的转型，从城乡分治、重城轻乡走向城乡一体、关注乡村。

中国工程院重大咨询项目《村镇规划建设与管理》（2014—2017 年）隶属城乡规划领域，是工程院重大咨询项目《中国特色新型城镇化发展战略研究》的延伸。该项目旨在通过对我国城镇化进程中乡村地区发展滞后的问题分析，找准制约瓶颈和主要矛盾，树立系统性思维，做好整体谋划和顶层设计，进一步提高农村改革决策和乡村规划建设管理的科学性，促进中国城乡关系的平衡协调和村镇的健康发展。项目下设综合报告和农村经济与村镇发展、村镇规划管理与土地综合利用、村镇环境基础设施建设、村镇文化特色风貌与绿色建筑四个子课题，由邹德慈、崔愷、孟伟、石玉林四位院士分别牵头，多家单位共同参与。

研究内容

本次研究立足于对河北南部、苏南、深圳等东中西十余个地区的调研，从经济、土地、环境、文化、乡村治理等多个角度，指出当前村镇建设发展的六大问题：乡村经济发展乏力，社会结构失衡，社会主体老弱化；耕地被占和耕种结构扭曲并存，宅基地扩张与闲置并举；城乡基本公共服务差距明显，农村人居环境亟待改善；乡村风貌屡遭破坏，乡愁记忆难以维系；村镇规划管理制度缺失，技术支撑不足；村镇建设政策和资金分散，未能形成合力。根据课题若干大数据分析及实证调研成果，研究总结了当前村镇建设发展的规律和若干模式，预测了我国不同地域、不同空间尺度下的村镇空间集聚趋势，并结合国内外相关理论与实践经验成果，提出了推进我国村镇规划建设与管理改革的思路和建议。

1. 改革思路

重新审视乡村的价值与意义，在国家现代化进程中，乡村地区承载着生态保护、文化传承、人居环境改善、就业和健康农产品供给等重要功能。以制度创新促进乡村现代化，建立城乡一体的基本制度与设施供给，系统认识乡村空间的丰富与多元，以超前的战略眼光，建立绿色、优质、特色、永续发展的规划建设与管理体制，切实针对乡村地区的发展特征与诉求，建立符合乡村建设发展的规划编制理论、方法与技术手段，促进乡村地区的繁荣、美丽和宜居。

2. 具体建议

（1）加快制定《乡村建设法》，对乡村实施土地、规划、建设的一体化管理。

（2）创新乡村规划的编制体系、编制方法、编制技术和编制内容，推广乡村规划师制度，将乡村规划服务从短期逐渐转向中长期跟踪服务。

（3）发展乡村设计和新乡土建筑，鼓励设计师下乡，传承和创新传统建造工艺，发展适合现代生活的新乡土建筑和乡村绿色建筑技术。

（4）以全国村庄人居环境信息系统为基础，形成国家有关乡村的统一数据平台。在县市逐步推进城乡全域地理信息系统、农村宅基地和农房信息系统的建立，为地方进行村镇规划编制和管理提供现代化的技术平台。

（5）环境治理方式由以"治"为主，向"治""用""保"相结合转变，实行全过程治理与循环利用相结合。建立城乡一体的环境保护机制。建立全覆盖、网络化的省、市、县三级环境保护监管体系。发展适合乡村的环境整治技术，加强乡村环境整治的分区和分类指导。

（6）优化乡村空间格局。推动县城和重点镇的城市化，打造就地就近城镇化的重要载体和县域生活圈的中心；建立以县城和重点镇为中心、一般乡镇为纽带、中心村为重点、一般村为基础的村庄格局。加大对村镇特色产业和特色风貌的培育，建成一批产业特色鲜明、人文气息浓厚、生态环境优美的特色村镇。完善保护和管理机制，切实保护历史文化名镇、名村和传统村落。加大对贫困村的扶持力度，着重推进贫困村的基本生产生活条件改善和易地扶贫搬迁工作。整治空心村，科学制定空心村综合整治的中长期战略及规划。

（7）投资于农民，增加对乡村文化教育投入，促进增量优质教育资源向乡村倾斜，建构多层级细分专业的乡村职业教育体系，建立乡村居民的学习激励机制，广泛发展乡村社区学校，发展乡村艺术，传承和弘扬乡村传统文化，提高乡村居民的综合素质，促进乡村人力资本积累，为乡村地区现代化夯实社会基础。

技术创新点

本课题研究的技术创新点包括：

一是本次研究强调从经济、土地、环境、文化、乡村治理等多个角度系统性地研究村镇规划建设与管理的特征和问题，总结规律和趋势，提出改革的思路和建议。

二是课题对改革开放以来我国的农村人口和居民点用地变化、耕地和农业劳动力变化进行了时空耦合分析。

三是课题系统总结了古代乡村治理传统，从正式治理和非正式治理两个视角解释传统中国乡村治理特征；全面建构乡村治理理论基础，创新提出未来的乡村治理框架。

四是课题强调应在村镇建设和发展过程中，重视精神文化的重要价值和意义，提出以"地缘""血缘""业缘"和"情缘"为基础构建乡村文化，以文化的复兴和新兴文化创新引领乡村风貌建设。

五是针对村镇环境存在的污染问题，课题首次从乡村污染产生原因、污染治理技术及技术指导文件、乡村基础设施处理设施建设和运行维护等多个角度出发，梳理了乡村环境污染的全过程治理方案，形成了切实可行的村镇环境整治建议，为我国乡村振兴战略和农村人居环境整治三年行动方案的实施提供技术支撑。

综合本次研究成果，具有以下特点。

注重研究的系统性和多专业协同。从经济、土地、环境、文化、乡村治理等多个角度梳理村镇规划建设与管理的特征和问题，总结村镇规划建设与管理的规律和趋势，提出推进我国村镇规划建设与管理改革的思路和建议。

注重实践调研与理论的结合，研究通过大量实证调研，将各地乡村建设管理方面的经验进行系统总结与反思，并将国外已有的乡村建设管理实践与国内已有创新进行横向比较，从而提炼出相对国内建设管理情况更具有实操性的政策建议。

具有历史观和系统观，突破传统技术范畴，从制度视角将乡村规划管理上升到国家治理和政府管理范畴，梳理了古代的乡村治理制度，从动力、主体、理念、路径、体制机制、实施效果等多个维度出发，构建了"以人为本"的乡村治理框架。

强调文化在村镇建设和风貌引导中的重要作用和意义，提出了以地缘为基础、以血缘为纽带、以业缘为导向，最后凝聚为情缘的中国乡村文化培育的"四缘"架构，并提出以"文化驱动"助力健康的村镇建设和形成地域特色风貌的思路。

注重村镇建设的地域性和差异性，研究借助大数据分析方法与多地实证调研，对我国东中西不同地区未来乡村聚集模式和发展趋势进行预判；针对不同区域村镇生活污染特征，创新提出6套城乡统筹农村生活污染控制与生态建设模式，为我国村镇环境问题分区控制和分类指导提供技术支撑。

应用及效益情况

在课题启动初期，召开了以"我国村镇规划建设和管理的问题与趋势"为主题的第478次香山科学会议，在课题研究过程中，召开了中国工程院第219场中国工程科技论坛"村镇规划建设与管理国际论坛"等多个高规格、高水平的论坛，邀请知名专家和学者围绕村镇规划建设和管理问题展开讨论、发表观点。科学会议相关成果形成了8位院士署名的中国工程院院士建议《关于推进"我国村镇规划建设与管理改革"的建议》，报送国务院。

中科院地理资源所农业地理与乡村发展研究室团队的重要咨询报告《应高度重视粮食产量重心北移问题》得到重要批示，结合课题开展的"耕地保护预警关键技术开发及示范应用"和"快速城镇化地区土地利用转型与优化配置研究"分别获2014年和2015年度国土资源科学技术二等奖。

结合本次研究成果，中国城市规划设计研究院团队为住房和城乡建设部搭建了针对传统村落保护的大数据平台——传统村落数字博物馆工作；开展皖南传统村落保护试点工作，指导了歙县县域乡村建设规划的编制工作，相关成果作为住建部县域乡村建设规划试点示范项目向全国推广。

中国建筑院团队结合研究成果，相继完成了贵州省黔西南州万林峰新区"蔓藤城"规划、江苏昆山阳澄湖文博园规划与西浜村昆曲学校设计、江苏昆山锦溪镇祝家甸村人居环境整治和砖窑改造设计。

中国人民大学团队的项目研究成果应用于中国人民大学研究生课程"乡村规划理论与方法"的教学实践之中，并建立了巴林左旗后兴隆地村"乡村规划教学研究基地"，研究团队提出的"流动人口市民化"相关建议得到重要批示。

（执笔人：曹璐）

村镇规划管理与土地综合利用研究

2018 年度华夏建设科学技术奖二等奖

项目来源：中国工程院　　　　　　　　**项目起止时间**：2014 年 1 月至 2015 年 12 月　　　　**主持单位**：中国城市规划设计研究院
院内承担单位：村镇规划研究所、院士工作室　　**院内主审人**：陈锋　　　　　　　　　　　　　　　　**院内主管所长**：靳东晓
院内项目负责人：王凯　　　　　　　　**院内主要参加人**：邹德慈、曹璐、谭静、魏来、冯旭、王璐、蒋鸣、陈鹏、许顺才等

研究背景

长期以来乡村地区在规划、建设、管理领域缺乏理论支撑，研究和实践存在诸多不足。以乡村为对象进行系统性的研究尤为缺乏。村镇规划建设管理的改革首先要尊重我国村镇的发展规律，自然山水、传统乡土文化、多样的乡村经济和我国特有的农村土地制度深刻地影响了村镇的空间格局，这些因素构成了我国农村和城市的本质差别。在尊重这一差别的前提下，充分考虑区位、资源禀赋和政策等影响我国乡村当前和长远发展的若干因素，因地制宜、因势利导地推进乡村的现代化，是村镇规划建设管理改革的大背景。本研究是中国工程院重大咨询课题"村镇规划建设与管理"的子课题。

研究内容

研究通过对东莞、重庆、深圳、江阴、北京等十余个城市的走访调研，总结了各地在村镇规划建设管理和土地创新利用方面的成败经验，在规划编制体系创新、规划编制技术与编制内容创新、规划建设管理机制创新、农村集体建设用地创新利用等方面进行了系统总结和反思，提出了当前村镇规划建设与管理的三个问题。

一是村镇规划指导思想、方式方法与内容不适应新型城乡关系构建与农村发展要求，部分村镇规划不能尊重客观规律，不能满足乡村实际建设发展需求。村镇规划技术手段陈旧、基础数据匮乏，降低了规划编制实效性，导致大量投资浪费。

二是村镇规划管理体制与管理模式不符合乡村基层治理体系特征与建设管控现实，导致违法建设频发。乡村地域广阔，监管难度较大，管理人才匮乏，相关法律法规不完善，主干法陈旧，部分标准规范缺失。更重要的是，当前自上而下的村镇规划管理模式不符合乡村基层民主自治体系的特点，过多的刚性管控方法不适用于乡村地区的规划。此外，乡村地区管理事权重叠、多规冲突严重，也导致了大量的"符合规划的违法建设"问题。

三是乡村地区土地的供给模式与利用格局亟须调整。当前，乡村地区土地利用模式粗放，农村生产生活空间利用率低，以珠三角为代表的部分经济发达地区农村对租赁经济过度依赖，不利于培育真正具有活力的农村经济，不利于为具有良好发展前景的产业和切实的公共服务需求供给土地。

本次研究系统分析了日本、韩国等国家的村镇规划建设与管理经验，比较我国当前乡村建设管理困境，提出了两个重要的改革创新方向：一是尽快完善当前村镇规划法规体系，针对问题设定多层次的专项法规，并借鉴日本经验划定"城市化区域"和"城市化调整区域"，以土地用途管制与空间开发管制对地域空间建设实行管理。二是尽快形成"以一项综合性规划为基础，多个专项规划辅助的乡村综合规划体系"，同时注意乡村规划和城市规划的差异性，减少刚性内容，更多借助公众参与过程，形成全体村民的共同行为准则，使乡村规划得以落地实施。

研究对未来村镇发展态势作出了四项判断。

一是城乡长期共存，农村适度集聚。自中西部向东部人口流动的总体趋势不变，中西部经济欠发达地区的乡村人口缩减态势仍将持续，东部地区和大城市周边城乡人口呈现双增长的态势，城乡长期共存的格局不会发生根本性转变。现代农业的迭代将进一步释放农村剩余劳动力和土地资源潜力，增加人们的居住空间选择，支持镇村适度集聚，并吸引部分人群选择农业与非农就业双栖。小城镇发展历经衰落，正面临新的发展机遇。在新型城镇化和互联网经济的推动下，将有部分小城镇突破现有城镇体系的等级关系，成为新的人口和产业聚集中心。

二是东中西地区的城乡集聚模式分化，小城镇发展趋势分化加剧。一些区位条件优越、产业基础雄厚的小城镇，将在人口规模和空间规模上进一步扩展，建设标准、公共服务和市政设施建设水平也将逐步向城市看齐，并进一步融入大城市连绵区，成为城市的重要功能组团，甚至越级为小城市或中等城市。东部沿海地区以精耕细作为特点的高附加值现代农业产业持续快速发展，"小而美"的特色产业成

为地区产业发展的引领者。东北和西北部将进一步提升"大农业"模式，大规模机械化耕作方式支持村镇在部分区位交通优势地区进一步集聚。中部地区人地矛盾突出，农村地区将以多元增长路径促进适度集聚，农村的空心化态势仍将加剧，县城和部分重点镇是未来人口集聚的主要载体，也是非农产业集聚的主要平台。西南部地区因为特殊的自然、人文资源带来特色化的村镇空间聚集模式，一些生态承载力相对较高、文化旅游资源富集的地区正逐渐成为人口适度集聚的新增长空间。

三是更多新功能、新业态进入乡村地域。经济新常态下，一方面，低技术门槛的制造企业将生产环节向周边乡村地区扩散，另一方面，具有技术迭代能力的乡镇制造业向资本密集型、技术密集型产业转型。总体而言，小城镇作为小微企业制造业中心的地位趋于下降，乡村内部分化加剧。环境保护和降碳减排的标准不断提升，乡村低效污染企业将持续退出，并推动地区产业整合提效和多元化发展。城市资本大规模进入乡村地区，许多新的功能植入乡村地区，诸多新空间增长点将带来原有县域镇村体系的大幅调整。

四是基本公共服务供给将成为基层村镇建设重点。村镇地区公共服务均等化，是当前村镇规划与管理的核心责任之一。近些年来，农村公共服务需求不断提升，并影响村镇空间格局整合重构。未来乡村公共服务供给将从单一政府主导模式转为政府主导、民间力量与资本广泛参与的多元化的公共服务供给机制。

结合以上趋势判断，课题提出以下六项政策建议。

一是加快制定《乡村建设法》，明晰农民建房管理、乡村公共服务设施和基础设施管理维护等系列和乡村建设相关的职责，将乡村地区的学校、幼儿园、卫生院、敬老院等公共设施纳入基本建设程序并实施监督管理；恢复农村建筑工匠资质许可制度，建立农房质量安全管理制度和农村建筑工匠管理制度；加强农村建筑从业人员培训和管理；加快相关行业标准的修编和完善工作。

二是明晰县、镇、村三级管理职权，完善村镇基层规划建设管理机构职能，细化农房建设管理监督流程，推广村干部兼村庄建设协管员的经验，试点重点镇设立县级规划建设管理部门的派出机构。

三是根据城市化地区和非城市化地区的差异制定乡村规划管理规则。城市化地区应加强对乡村地区的面域综合性管控，根据城市公共服务供给体系设定乡村服务设施配套清单，片区内所有村镇建设用地布局及各项建设行为均需要服从规划管理部门的管控要求。非城市化地区强调对乡村地区的分区分类引导和村镇差异化发展，各类乡村建设行为管理应弱化刚性管理内容，将政策引导和协商式管理相结合。

四是以县为单元统筹构建乡村规划编制体系，加强中观层面的村镇规划综合指导作用，侧重乡村地区的动力机制研究、建设模式研究、建造技术选型和重大项目建设指引；镇级规划加强对乡镇域内的各项村镇用地、建设项目空间布局研究；村庄规划应根据现实情况，合理安排定位村内各项公共服务设施与基础设施，细化村庄各项改造要求。

五是以乡村自治为基础，创新规划编制与管理方式。推广乡村协作式规划管理模式，明确村民的主体性地位，建立村庄建设利益相关人商议决策，规划专业技术人员指导，政府组织、支持、批准的村庄规划编制机制，将村庄规划的主要内容纳入"村规民约"付诸执行。鼓励设计师下乡，创新"驻村规划师"等新的规划编制委托形式，在乡村规划编制中突出乡村设计内容，探索新乡土建筑创作，传承和创新传统建造工艺，推广地方材料并提升其物理性能和结构性能，发展适合现代生活的新乡土建筑和乡村绿色建筑技术。

六是以新技术手段支持村镇规划编制与管理。逐步建立城乡统一的地理信息规划管理公共平台，完善全国村庄人居环境信息系统，在县市尽快建立完整全面、多部门共享的村镇电子信息数据库，逐步建立城乡全域地理信息规划管理公共平台，统筹协调多部门乡村建设管理行为。利用新技术手段对村镇各项建设行为实现多部门联合监管、联合执法，缓解村镇规划管理人力资源配置压力，提高村镇规划管理效率。

技术创新点

研究立足于对东、中、西部乡村地区广泛深入的调研，对近中期镇村发展趋势作出判断，并结合对日韩等国家乡村规划建设管理的深入研究，提出契合中国国情的镇村规划管理及土地综合利用政策改进建议。研究关于在城市化地区和非城市化地区制定差异化乡村规划管理规则，以县为单元统筹构建乡村规划编制体系等建议尚属首创，相关实践探索已有序开展。

应用及效益情况

结合本次研究成果，中国城市规划设计研究院团队为住房和城乡建设部搭建针对传统村落保护的大数据平台——传统村落数字博物馆工作；并尝试以乡村自治为基础，创新规划编制方式，开展皖南传统村落保护工作，编制的歙县县域乡村建设规划作为住房和城乡建设部试点示范项目向全国进行推广。

（执笔人：曹璐）

村镇发展模拟系统和智能决策管控平台关键技术
——典型地区技术综合应用示范

项目来源：科技部"十三五"国家重点研发计划子课题（县域村镇空间发展智能化管控与功能提升规划技术研发项目）
项目起止时间：2018 年 12 月至 2022 年 12 月
主持单位：中国城市规划设计研究院　　　　**院内承担单位**：信息中心
院内主管所长：张永波　　　　**院内主审人**：徐辉　　　　**院内项目负责人**：耿艳妍
院内主要参加人：孟凡伍、关戴婉静、胡文娜、王伟英、李宏玲、张海荣、李晓霞、马琰、史英静、丁鑫、国秋花

研究背景

在大数据技术和智能运算技术的快速发展背景下，课题旨在将传统数据与智能采编技术获取的新型数据进行融合共享的基础上，研究大数据思维指导下的村镇发展预测模拟技术和智能算法指导下的村镇发展智能化决策管控技术，重点攻破集成数据采集、处理、模拟、预测、决策、实施、反馈等重要环节于一体的智能化综合集成平台搭建技术，指导我国县域村镇发展与建设工作的智能化、高效率，提升村镇发展的现代化治理能力，为绿色宜居村镇建设和县域村镇健康有序发展提供技术支撑。

研究内容

集合村镇发展预测和模拟技术以及村镇发展智能化决策管控技术，将搭建的村镇发展模拟系统和智能化决策管控平台在 5 个典型村镇地区进行综合应用示范，构建示范应用数据库，完成数据采集、监测评估、预测模拟、管控决策、成果实施、动态反馈的全流程应用。

1. 村镇发展示范应用数据库的设计

依据村镇发展模拟系统和智能化决策管控平台的数据要求，设计村镇发展示范数据库。数据库的设计要兼顾各村镇类型的特点。数据库设计原则上与平台统一标准，可无缝对接平台。同时，设计要有利于数据录入、存储、查询、计算的实现。

2. 村镇发展示范数据采编与数据库建设

示范村镇数据库的建设结合信息资源规划，并依据项目本身对数据的建设要求，主要包括基础数据库和大数据中心。基础信息数据库包括人口、产业、经济、用地、基础设施、公共服务设施、生态环境等。除了基础数据库之外，构建支持海量数据存储的大数据中心。主要包括：手机信令数据库：需要依据解析的手机信令，进行数据库构建；互联网数据库：依据关键字等，从互联网抓取数据，这些数据是非结构化数据与结构化数据相结合的存储方式；遥感数据库：依据遥感影像，建立遥感数据库，遥感数据库采取非结构化存储；统计数据库：采用结构化关系型数据库存储；物联网数据库：采用大数据存储方式。

3. 平台应用示范地实施、反馈与改进

根据数据基础和前期研究基础，选取北京市密云区、安徽省黄山市黟县、江西省景德镇市浮梁县、重庆市石柱县、巫山县等作为应用示范地。分别收集各典型村镇地区的基础数据和新型数据，构建相应的基础数据库和大数据中心，根据各地实际情况分别验证村镇发展模拟系统和智能化决策管控平台涉及的模型方法技术等的可行性和可靠性，根据示范应用结果，采用问卷、调查等方式反馈使用意见，配合完成模型参数调整、技术逻辑优化等平台改进工作，提升技术综合平台的适用性、可靠性、开放性、可扩展性。

技术创新点

采用物联网监测和社会大数据方式，创新村镇层面数据获取方式。国家实施大数据战略，要求推进用数据决策，提高政府治理能力。在乡村振兴的背景下，针对村镇区域规划和发展相关数据严重缺乏的问题，开展数据融合创新。研究村镇规划和发展关键影响因子，并研发各因子的物联网监测技术、社会大数据、传统数据获取技术，拓展村镇层面数据获取方式，为规划和发展相关决策提供基础资源。

应用及效益情况

本研究旨在多个典型村镇地区应用智能化决策管控平台和村镇发展模拟系统，构建示范数据库，实现数据采集与信息挖掘。研究成果有望在智能化信息化村镇发展决策中广泛应用，具有重要科学经济价值。

（执笔人：耿艳妍）

特色村镇规划设计技术和导则指南研发

项目来源：科技部"十三五"国家重点研发计划课题（特色村镇保护与改造规划技术研究项目）
项目起止时间：2019年11月至2023年3月　　**主持单位**：中国城市规划设计研究院　　**院内承担单位**：上海分院
院内主审人：靳东晓　　**院内主管所长**：孙娟　　**院内项目负责人**：王凯
院内主要参加人：李海涛、闫岩、马璇、张振广、朱小卉、胡雪峰、韩旭、朱明明、赵书、牟琳、韦秋燕、程俊杰
参加单位：东南大学、重庆大学、西安建筑科技大学、同济大学、湖南省建筑设计院有限公司、福州市规划设计研究院

研究背景

当前我国村镇特色不够彰显的问题比较突出，大量具有特色资源的村镇由于各种原因没有得到很好的保护传承和发掘利用。虽然国家和地方层面陆续出台一些相关标准，但全国性的指南或者导则往往只能提出原则性的指引，各地编制的地方指南导则，或流于原则性指引，或由于对地方特色的把握缺乏科学性而难以有效传承彰显地方特色。因此，建立既能有地方针对性和科学性，又能为全国快速推广提供指引的塑造彰显村镇特色的标准体系，成为当务之急。

研究内容

在对既有村镇规划设计标准、规范、导则评估的基础上，结合项目其他课题的研究和大量规划设计实践，以空间基因理论为指导，以空间基因传承为核心，以特色村镇地区为单元，建构了1+1+N的中国特色村镇规划技术与导控体系，研发了特色村镇规划技术方法和典型地区规划设计导则，并开展了应用示范。

一是系统梳理评估了国家和省市层面100余项村镇规划建设标准、规范、导则文件，总结存在的主要问题。

二是以空间基因理论为指导，结合实践，研发了空间基因识别提取和传承应用技术，形成《特色村镇空间基因传承与规划设计方法指南》（以下简称《指南》）团体标准。

三是以《指南》为指导，结合各地区村镇规划建设管理的实际，聚焦特色村镇空间基因传承和地域特色彰显，研发了针对特色村镇地区的一系列特色村镇空间基因传承与规划导控地区导则，包括1个地区导则编制通则和7个典型地区导则。

四是在福建大樟溪流域和雄安新区安州镇开展了2个地区的工程应用示范。

技术创新点

（1）首次构建了城乡规划领域的总分结合、具有开放性的规划导控体系。破解了既往"一个标准管全国"或者只适用于局部地区等传统标准规范编制工作的困局，是我国城乡规划领域首个采取总分结合的系列导则。该体系兼具"普适性"和"在地性"，1个方法指南和1个编制通则具有普适性，N个具体特色村镇地区的技术导则具有在地性；强调"规范性"与"开放性"，兼顾"有限目标"与"持之以恒"，方法指南和编制通则规范了地区导则的编制所采用的技术方法和内容，具体地区导则可以由众多不同技术单位根据方法指南和编制通则不断编制，是开放性的，久久为功，可以不断新增。

图1　技术路线图

特色村镇空间基因的层次和类型 表1

空间层次	基因类型	类型内涵	内容要点
地景层次	聚落山水田野关系（三生空间关系）	村镇聚落、山水、田园、荒野等之间的组合关系	·生产生活生态三生空间的序结构、形态、功能 ·聚落选址
	聚落之间关系	特色村镇地区聚落之间的关联协同关系，如因集市贸易、文化信仰、水利、防御、交通等需求而形成的聚落体系	·镇、村居民点体系的空间结构 ·历史文化线路（廊道）交通线路、服务设施布局等
	农业水利景观	田、园、林、渠、渔、养殖等农业生产空间要素的组合关系，如方田林网、桑基鱼塘、圩田系统、陂塘系统等	·农业景观 ·水利景观
	地形肌理	不同地形要素之间的空间组合关系，如丘陵河谷、峰林平原、平原林盘、湖荡群等	·地理景观
聚落层次	聚落格局与形态	村镇聚落的空间格局与空间形态，如以祠堂为核心的内聚型布局，团状、带状、散点形态聚落等	·村镇空间结构、空间组织 ·村镇用地规模、尺度 ·村镇用地形态、边界
	公共空间网络	包括街道网络、水系网络、广场、公园等，如江南水乡古镇常见的水陆双棋盘网络	·街巷网络 ·水系网络 ·绿地网络
	标志性空间	村镇聚落中具有较强识别性的空间，包括标志性建筑、构筑物、建筑群和广场、街道、树木等，如宗祠庙宇、水口园林、风水塔、古桥等	·标志性建筑（构筑物） ·标志性场所（建筑群、广场、大树等）
	人文空间	能够展示地方特色历史文化、具有共同记忆或人文温度的空间，包括文物古迹、历史建筑等历史文化遗存，也包括居民日常聚会的开放空间等	·历史文化遗存（建筑、桥梁、园林等） ·居民日常生活聚集空间（祠堂、庙社、大树、广场等） ·节庆仪式空间（线路）
	街坊肌理	街坊内建筑与非建筑空间形成的构成关系，与建筑密度、建筑高度、建筑群空间组织密切相关，包括细密肌理、粗疏肌理、规则肌理、不规则肌理等多种类型	·建筑密度、高度 ·宅基地面积、形态和划分方式
聚落或建筑层次	色彩材质	村镇聚落主要的色彩构成和建材材质，包括四季环境色彩和建筑色彩，如绿树粉墙黛瓦、碧树红瓦黄墙等，以及石头院落街巷	·四季环境色彩 ·建筑色彩 ·建设材质
	方位朝向	村镇聚落街巷、建筑的方位和朝向，包括随机的和规则的两种类型，方位和朝向往往与自然地理、文化习俗密切相关	·聚落整体的方位朝向 ·街巷和居民住房的方位朝向
建筑层次	宅院街巷关系	村镇聚落中住宅、庭院与街巷的组合关系，如封闭的合院、开放庭院以及无院直接临街等	·宅院、建筑的开放性
	建筑形式	建筑要素的空间组合关系，如合院、窑洞、双坡顶等	·建筑格局 ·建筑风格

（2）首次系统性提出特色村镇空间基因识别提取和传承应用技术方法，包括特色村镇空间基因提取和传承的"认知—场景—解析—凝练—评估—转译"六步法，基于特色场景、空间要素、组合规则和作用机制的空间基因转译技术，空间基因在各类空间规划（总体规划、详细规划、专项规划）中的应用要点，以及13类空间基因的导控要点，均为首次系统性提出，是对空间基因理论的进一步深化，也是对彰显我国村镇特色所作出的新的技术探索。

应用及效益情况

课题示范工程项目取得良好效果，指导了相关村镇地区规划编制，改善了村庄环境，推进了乡村振兴工作。研究成果应用在《太湖生态岛国土空间规划》《大连长海县生态岛概念规划和城市设计》《宁波市国土空间规划（2021—2035）》以及其他众多国土空间规划、村镇规划、城市设计项目中，发挥了技术支撑作用。

（执笔人：韩旭）

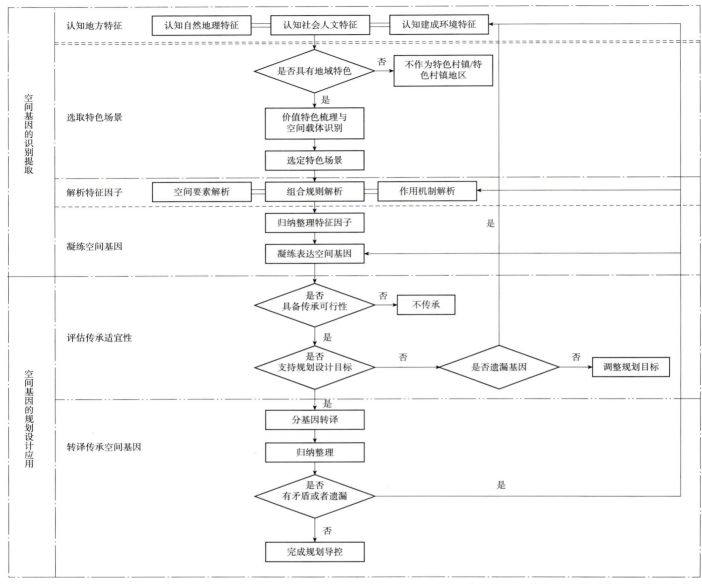

图2 特色村镇空间基因识别提取和传承应用方法流程图

特色村镇的科学内涵、谱系划分和数据库建设子课题（基因图谱调查：东北、华北平原地区）

项目来源：科技部"十三五"国家重点研发计划子课题（特色村镇保护与改造规划技术研究项目）
项目起止时间：2019年11月至2023年3月　　**主持单位**：中国城市规划设计研究院　　**院内承担单位**：上海分院
院内主审人：靳东晓　　　　　　　　　　　**院内主管所长**：孙娟　　　　　　　　　　**院内项目负责人**：闫岩
院内主要参加人：朱小卉、胡雪峰、赵书、程俊杰、牟琳、韦秋燕、马小晶

研究背景

特色村镇传承着中华民族的历史记忆，在快速城镇化背景下，由于缺乏对当地村庄特色的挖掘，大量新建村和改造村已丧失了当地长期积累的地域特色，村镇风貌显得"平平无奇"，甚至还出现"千村一面"和"千镇一面"的景象。为此，亟需探索既有地方针对性和科学性，又能为全国特色村镇提供空间指引的技术方法。

研究内容

本课题在中国特色村镇谱系分类的基础上，以东北、华北平原地区的特色村镇地区为单元，以空间基因理论方法为技术手段，进行典型区系特色村镇普查，凝练空间基因，形成空间基因图谱。

华北平原鲁南尼山丘陵区西南麓地区位于枣庄市北部，以山亭区为主。在地景、聚落、建筑三个空间层次分别凝练出山水林田村关系、聚落体系、聚落形态、公共空间、宅院组合、色彩材质等8个空间基因。

东北平原辽西山地河谷特色村镇地区，地景层次凝练出"缓坡梯田、河谷平田""枝状廊道，营屯格局""山地带村，河谷团村"空间基因，聚落层次凝练出"线性序列，小同大异""鱼骨宽街""以庙为心"空间基因，建筑层次凝练出"松散大院，轴线延伸""围坡混合，矮小紧凑""石头干砌，厚重质朴"空间基因。

技术创新点

子课题将课题四提出的空间基因识别提取技术方法，应用到两个特色村镇地区，并不断反馈修正，为课题四技术方法提供了实证，为全国特色村镇地区数据库提供了地方样本。

一是探索了特色村镇地区空间基因的分层次识别方法，将村镇地区分为地景、聚落、建筑3个空间层次，8个空间基因，均为首次提出。

二是采用ArcGIS、Depth Map等空间分析软件，运用核密度分析、热点分析、空间句法分析等空间方法，探索空间基因识别提取过程中的定量解析方法和技术手段。

图1　鲁南尼山丘陵西南麓地景层面空间基因图谱

图 2　鲁南尼山丘陵西南麓聚落层面空间基因图谱

图 3　鲁南尼山丘陵西南麓建筑层面空间基因图谱

应用及效益情况

基于研究成果，课题形成研究报告《华北平原和东北平原特色村镇地区村镇调查及基因图谱绘制》，完成调研报告 2 篇，完成华北平原鲁南特色村镇地区、东北平原辽西北山地河谷特色村镇地区特色村镇数据库建设，发表学术论文《特色村镇空间基因识别的定量解析方法研究——以枣庄市北部特色村镇地区为例》《安徽省传统村落聚落格局空间基因图谱构建研究》。课题研究成果在枣庄市相关国土空间规划等项目中得以运用，指导了规划建设。

（执笔人：胡雪峰）

传统村落适应性保护及利用关键技术研究与示范

项目来源： 科技部"十二五"国家科技支撑计划课题（传统村落保护规划与技术传承关键技术研究项目）
项目起止时间： 2014年1月至2017年12月　　　　　　**主持单位：** 中国城市规划设计研究院
院内承担单位： 历史文化名城研究所、深圳分院　　　　**院内主审人：** 朱子瑜
院内主管所长： 张兵　　　　　　　　　　　　　　　　**院内项目负责人：** 张兵
院内主要参加人： 郝之颖、范钟铭、周建明、邓东、杨开、杜莹、王军、钱川、张帆、王玲玲、陶诗琦、罗彦、夏青、张凤梅、李陶
参加单位： 湖南大学、中国建筑设计研究院

研究背景

本课题为科技部"十二五"国家科技支撑计划课题。传统村落作为全人类共同的文化遗产，其保护和技术传承一直被国际社会高度关注。现阶段，我国传统村落面广量大，地域分异明显，具有高度的复杂性和综合性，传统村落保护规划和技术传承面临尖锐问题亟待解决：如传统村落价值认识与体系化构建不足、村落适应性保护及利用技术研发短缺、村落民居结构安全性能低下、传统民居营建工艺保护与传承关键技术亟待突破，不同地域和经济发展条件下传统村落保护和利用急需示范等。在此背景之下，中国城市规划设计研究院在科技部"十二五"国家科技支撑计划课题"传统村落保护规划与技术传承关键技术研究"项目的总体引导下，与湖南大学、中国建筑设计研究院联合开展"传统村落适应性保护及利用关键技术研究与示范"（2014BAL06B01）课题研究，推进我国传统村落保护与发展有关方面的技术攻关。

研究内容

本课题基于传统村落在理论认知、技术方法、管理策略以及示范引导等多方向展开，研究内容由七项子课题共同构成。

研究任务一： 传统村落的价值综合评估关键技术研究。系统整理和研究我国传统村落价值及其核心构成要素，在对我国不同地域的典型传统村落进行调查分析的基础上，形成对传统村落价值体系的系统性认识。这种认识的系统性体现在三个方面：第一，全面认识传统村落在选址、格局、历史环境、建筑、非物质文化遗产、社会组织等方面的价值；第二，充分认识在地域上相对集中、具有共性文化特质的传统村落群的整体价值；第三，深入认识传统村落与周边城镇的相互关系中所蕴含的历史文化价值。广泛分析评估我国不同地域的典型传统村落，研究构成传统村落价值各项指标的多元要素，构建具有较强科学性和覆盖度的传统村落价值综合评估的方法和主要指标。

研究任务二： 传统村落分类与界定关键技术研究。通过对我国不同地域传统村落的调研，对影响传统村落形成与发展的自然、人文、经济、社会等诸多因素进行全面系统的研究，对典型地区传统村落的影响和决定因素进行重点剖析，为传统村落的分类与界定提供支撑和依据。开展传统村落分类方法与界定指标研究，综合考虑传统村落的价值特色、发展提升模式、传承利用方式等角度，研究制定传统村落的分类逻辑，并确定不同类型传统村落的界定指标，对全国传统村落进行类型划分，构建全国尺度的村落分类界定标准。

研究任务三： 传统村落保护及利用规划关键技术研究。在传统村落价值评估的基础上，进一步研究在有效利用传统村落和传统村落健康发展方面的重点任务，明确传统村落保护及利用规划的强制性内容。针对传统村落保护利用规划的各项强制性内容，充分借鉴国内外相关领域的经验教训，并针对我国国情，提出适用于我国传统村落保护及利用的相关技术措施和要求。

研究任务四： 传统村落空间格局和社会组织的保护及利用技术。在研究传统村落保护及利用的相关技术措施基础上，将重点对于传统村落空间格局和社会组织的保护及利用技术进行深入研究，以应对快速城镇化进程中传统村落社会和空间可持续发展的重大问题。传统村落社会组织的价值特色和适应性研究。分析传统村落现有的社会组织系统的结构关系及其空间分布关系，研究传统村落社会组织如何有效运行的相关机制。分析传统村落存在的社会问题及其原因，现代生活、生产方式对原有村落格局和建筑风貌的影响，以及城乡如何通过统筹协调，资源互补来解决这些问题。提出保护和利用传统村落社会结构的具体方案和策略。

研究任务五： 传统建筑适应性保护及利用关键技术。从建筑年代、建筑结构、文化价值、保存完善程度、居住舒适度等

方面，研究分析传统村落中的传统建筑的价值和适应性评估的指标体系。开展不同地区传统村落不同年代建筑的综合调查，建立传统建筑调查分析技术规程；研究建立传统建筑调查基础数据，构建传统建筑调查基础数据库，开发传统建筑价值和适应性评估系统。传统建筑适应性保护关键技术。根据传统建筑价值和适应性评估的不同评估水平研究提出保护、修复和原址重建的不同建筑保护策略，研究传统建筑保护规划技术；针对传统建筑密集特点，探索建筑群之间的共生机理，研究传统建筑保护和修复技术。

研究任务六：传统村落规划管理与辅助决策关键技术研究。建立传统村落适应性保护及利用动态监测数据库。在传统村落价值级别评估和价值类型识别指标体系的基础上，对与传统村落保护及利用相关的保存状况、数量规模、建设变动等核心要素进行定量、定性、定期记录并进行动态监测，形成村落基础数据库及三维模拟模型。

研究任务七：典型传统村落适应性保护及利用规划关键技术集成示范。课题研究将价值评估、分类界定、保护引导、建筑利用等关键技术进行应用示范，推动技术的实际验证与推广宣传，以江西峡江县湖洲村、湖南省邵阳市崇木凼村作为集成应用示范地。

技术创新点

（1）首次对我国传统村落历史文化价值形成系统性认识，建立起我国传统村落的历史文化价值综合评估技术体系，为传统村落历史文化价值的识别、适应性保护和管理提供了必需的核心技术基础。

（2）研究以全国已公布的四批4153个中国传统村落（截至2016年12月）为研究对象，进行传统村落属性数据、空间数据入库与分析，以传统村落空间状态

总体研究为基础，首次建立了传统村落属性分类方法，并制定基于属性的传统村落分类界定方法与指标，在此基础上构建了传统村落综合分类技术方法，并制定了综合分类方式与指标体系。

（3）开创性制定了我国传统村落适应性保护及利用规划编制的技术指南，构建了传统村落适应性保护及利用的规划管理决策系统，为我国量大面广的传统村落的科学管理和适应性保护利用提供了有效的技术工具和手段。

应用及效益情况

（1）将传统村落的价值综合评估技术、保护及利用规划编制技术、格局与环境分析模拟技术应用于江西峡江县的湖洲村、何君村、福建晋江市的灵水村、山东青岛市崂山的青山渔村、西藏拉萨市吞达村等传统村落的保护发展与规划编制中，有效指导了以上传统村落的保护利用，协

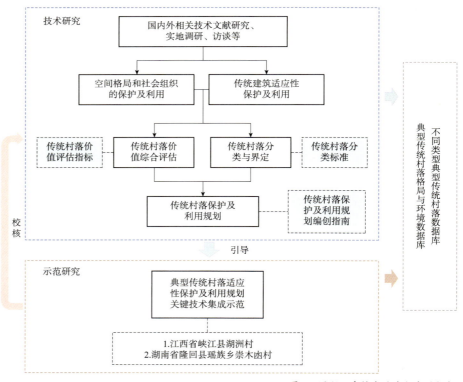

图1 课题研究技术路线与成果框架

助推动了湖洲村、何君村、吞达村、灵水村的中国传统村落申报。

（2）利用传统建筑保护修复、功能提升和利用技术将现代建造方法与美学观念引入湖南隆回县崇木凼村，为当地民居更新、厨房卫生间等建设提供了新的参考样板，对于推动当地建设方式起到了重要作用，有效改善了村民的居住条件，并对村落居民建筑修缮、使用、更新的理念和认知有了较大的提升。

（3）课题研究的传统村落的价值综合评估方法及标准、分类界定技术方法及标准、《传统村落保护及利用规划编制技术指南》等技术文件为全国各地区的传统村落保护利用与发展提供了有效指导。传统建筑保护修复、功能提升和利用技术有效应用于传统村落的建筑实施工程中，对于改善传统建筑使用性能具有广泛的推广应用前景。

（执笔人：杨开）

遗产地生态保护与社区发展协同研究

项目来源：科技部"十三五"国家重点研发计划课题（自然遗产地生态保护与管理技术项目）
项目起止时间：2016年7月至2021年12月　　**主持单位**：中国城市规划设计研究院　　**院内承担单位**：风景园林和景观研究分院
院内主审人：唐进群　　**院内主管所长**：贾建中　　**院内项目负责人**：陈战是
院内主要参加人：于涵、李泽、邓武功、程鹏、杨芊芊、宋梁、王笑时
参加单位：同济大学、上海交通大学、黄山风景名胜区管理委员会、原住房和城乡建设部城乡规划管理中心

研究背景

由于我国人口众多，分布广泛，与欧美等国家的自然遗产地相比，我国在自然遗产范围内存在大量的乡村社区，而在自然遗产地周边的乡村社区数则更多。这些乡村社区和自然遗产地唇齿相依、休戚相关，其生产生活和发展建设对于自然遗产地的保护和管理成效都具有非常重要的影响作用。

当前我国自然遗产地与其内部及周边地区乡村社区保护与发展之间矛盾尖锐、乡村社区生产生活活动导致遗产地OUV（突出普遍价值）和自然生态环境退化、自然遗产地保护与乡村社区发展协同性不足等问题。而由于生态影响机制，土地等产权背景、管理机构和管理模式等方面都与国外有着巨大的差异，我国的自然遗产地社区管理无法照搬国外经验。

"坚持人与自然和谐共生"是习近平生态文明思想的基本内涵之一。同时，实施乡村振兴战略是党的十九大提出的重大决策部署，是决胜全面建成小康社会、全面建设社会主义现代化国家的重大历史任务。因此，促进和实现自然遗产地保护和乡村协同发展不但符合国际自然保护的主流理念，而且对于在自然遗产地所在区域内贯彻习近平生态文明思想、实施乡村振兴战略都具有极为重要的现实意义。

研究内容

1. 构建了自然遗产地乡村社区对OUV表征要素脆弱性干扰评价技术方法

系统剖析了中国世界自然遗产地价值以及与社区影响的关系。研究构建了山岳型世界自然遗产地生态脆弱性评价技术方法，并以黄山为对象进行验证；对黄山自然遗产地OUV表征要素脆弱性进行了分析评价；对黄山自然遗产地生态脆弱性时空格局进行了分析评价；以黄山为例明确了山岳型遗产地乡村社区活动对遗产地态生脆弱性影响的关系。

2. 提出了自然遗产地生态保护与乡村社区发展协同的技术方法

本研究系统研究了自然遗产地与乡村社区协同发展的理论与实践基础；阐明了我国自然遗产地与乡村社区协同发展的机理基于协同机理的中国自然遗产地与乡村社区协同发展案例研究；提出了中国自然遗产地保护与乡村社区发展协同的方法。

3. 构建了自然遗产地生态保护与乡村社区发展协同规划的技术体系并开展应用示范

本研究首次全面系统阐明了乡村社区发展对自然遗产地影响的程度、机理和类型；系统剖析遗产地乡村社区空间和社会经济发展特征；阐明了自然遗产地乡村社区规划的体制背景和问题；构建了新国土空间规划体系下的自然遗产地规划框架与乡村社区规划衔接方法；提出乡村社区规划的理念，规划方法和分类引导措施；在黄山世界遗产地乌泥关村开展生态保护与社区发展协同规划示范。

4. 系统提出了自然遗产地乡村社区适应性管理技术方法并应用示范

本研究系统剖析了中国自然遗产地乡村社区管理的现状；回顾了国际自然遗产地社区适应性管理理论与实践；提出了中国自然遗产地乡村社区适应性管理模式与方法；提出了中国自然遗产地乡村社区适应性管理步骤；在黄山世界遗产地翡翠新村开展适应性管理示范。

5. 凝练出具有对自然遗产地社区管理指导意义导则和指南

《自然遗产地社区生态环境监测导则》根据自然遗产地与社区协同发展需要，明确了生态环境现状监测内容和指标体系，包括土地利用调查监测、自然美学和地质监测、生物群落监测、生物多样性监测、环境的调查与监测、社会环境指标监测6类监测方法和对应的监测技术，并规定了样本来源、样本的代表性、数据记录、数据审核和管理、安全管理5方面的质量保证与安全管理要求。

《自然遗产地保护与社区发展协同规划导则》提出了规划调查与评价主要内容和技术方法，对自然环境和社区发展状况的调查提出了要求；对自然遗产地战略性

规划中的社区规划提出了引导，规定了社区居民社会调控规划、社区经济发展引导规划、社区居民点分类规划引导的具体要求；对单个社区居民点实施性规划提出了引导，规定了社区遗产价值保护规划、社区居民点空间布局规划、社区风貌与环境规划、社区道路交通规划、社区基础设施规划的引导要求；此外，对国土空间规划、林地保护规划、水土保持规划等其他主要社区相关规划的协调与衔接提出了引导。

《自然遗产地社区适应性管理指南》提出了遗产地社区识别冲突，统一认识、能力建设，转变生计，深化合作，分享收益、权责共担，共谋发展、试点放权，共治决策不同管理阶段的目标要求；在社会调查方面，明确了利益相关者调查、社区传统生态智慧调查、政策公开与社区征询的要求；在宣传教育方面，明确了培养遗产保护意识、提高社区参事议事能力、培养社区自我组织能力的方法；在生计管理方面，提出了规范社区可持续生计、创新生态补偿手段、提供生态保护就业机会的方法；在产业引导方面，提出了转变传统发展方式、支持绿色生态农业、支持社区可持续旅游发展、提供技术和金融帮助的管理方法；在利益分配方面，提出了建立保护协议和反哺机制、支持社区股份制经营管理、授予资源特许使用权和经营权、协调社区权责利分配的管理方法；在体制机制方面，提出了构建共治管理体制、设立社区联席制度、协商制定保护管理措施、建立健全协同监督机制的管理方法。

6. 扩展研究并提出自然保护地与乡村社区协同发展的规划技术方法

本研究提出了"协同发展"理念下自然保护地总体规划的技术方法；提出了"协同发展"理念下自然保护地详细规划（村庄规划）的技术方法。

技术创新点

第一，首次构建了我国山岳型遗产地OUV生态脆弱性评价技术方法。

研究结合我国山岳型遗产地的特点构建山岳型世界自然遗产地与OUV生态脆弱性评价指标体系和方法，包括研究区自然遗产OUV表征要素识别；研究区自然遗产地与OUV生态压力源分析与选择；基于PSR模型的遗产地与OUV生态脆弱性评价指标体系构建；生态脆弱性指标的数据准备与计算方法；自然遗产地与OUV生态脆弱性评价方法；自然遗产地及OUV生态脆弱性评价与数据整理、图表绘制等7个步骤，为我国山岳型遗产地OUV生态脆弱性评估提供了依据。

第二，首次基于国情提出了"三方面、三步走"的自然遗产地保护与乡村社区发展协同的方法。

研究总结国际自然遗产保护与社区发展的协同理论与实践经验，建立基于BCPS（Biocultural Community Protocols）研究框架和模型，构建了遗产地保护与乡村社区发展协同的目标、框架与路径；提出了促进自然遗产价值识别与认知协同、优化利益相关者沟通与民主治理机制、建立自然遗产地社区可持续多元产业三个方面的协同方法。明确了自然遗产多层次价值体系的宣传与认知、自然遗产地治理体制与社区参与机制优化、以可持续旅游为核心的社区多元产业发展协同的3个步骤。

第三，首次构建了衔接国土空间规划体系的自然遗产地保护与乡村社区发展协同的规划技术体系。

结合国家最新改革思路和要求，研究提出了涉及乡村社区的发展规划、国土空间规划、自然遗产地规划和其他部门专业规划的4个序列遗产地社区规划框架，分别由不同主体组织编制，形成互相衔接的规划编制关系。提出系统分析遗产价值和要素的分布状况、合理居民点空间布局规划、完善深化空间管制的依据等7个方面的技术方法。同时提出针对5个类型的社区提出针对性的规划重点策略。针对战略层面规划、实施层面规划等不同类型的规划如何实现保护和发展协同提出了具体技术方法。

第四，首次系统提出了"四方面、五阶段"的自然遗产地乡村社区适应性管理技术方法。

本研究提出了适应性管理应遵循的原则，即遗产价值保护为先、系统整体优化、子系统动态平衡、遵循系统客观发展规律、价值认知的开放包容、激励社区主动参与、多方参与规划联动。提出了实施中国自然遗产地乡村社区适应性管理的方法，包括遗产价值认知协同方法、传统生态智慧协同方法、社区多元产业协同方法、管理体制机制协同方法四个方面的适应性管理方法，并提出识别冲突，统一认识；能力建设，转变生计等多个适应性管理阶段和相关的管理技术方法。

应用及效益情况

第一，研究成果应用于多个世界自然遗产和自然保护地规划设计项目，获得广泛认可。

研究成果在世界遗产申报、世界遗产预备清单申报，以及涉及世界遗产地或预备清单项目的自然保护地总体规划、详细规划等项目上得到充分实践。上述项目共涉及可可西里、峨眉山、金佛山等规划应用地10个，共计13个规划设计和咨询项目，如《峨眉山风景名胜区总体规划》《青海可可西里世界自然遗产地总体规划》等。应用成果获得了遗产地或自然保护地管理方的高度认可，部分规划在编制过程中相关理念和方法融入管理机构制定管理政策当中，取得了良好的实施效果。

第二，研究成果应用实现了黄山世界遗产示范地发展阶段的提升。

管理示范前黄山世界遗产示范地的村庄规划缺乏遗产保护视角，遗产保护和社区协同发展的理念和方法应用不足；遗产管理阶段非常不均衡，社区发展较快，而OUV的保护与社区-政府关系明显滞后等问题。规划和适应性管理示范后，遗产OUV保护水平得到提升，社区—政府关系大幅改善，社区接受了遗产旅游这一新的经济增长点，度过单一民宿发展的瓶颈期，迎来产业发展新契机。此外，相关措施为管理机构建立社区规划和管理的政策和机制提供了支撑。通过示范促进了遗产地整体发展的提升，得到了遗产专家、管理机构、地方政府和当地村民的一致认可。

第三，研究成果应用促进了武陵源遗产地保护和社区管理水平的提升，获得国际认可。

本研究成果指导了武陵源世界自然遗产地方政府和管理机构开展社区管理工作，整体促进了武陵源世界遗产地保护管理效能的提升。此外研究成果应用促进了社区深度参与世界遗产可持续旅游，取得了良好的效果，获得了联合国教科文组织世界遗产专家的高度评价。上述应用同时提升了武陵源世界遗产的保护水平。2020年12月8日，IUCN发布《世界遗产展望（第三版）》，武陵源世界自然遗产的保护展望从第三档"重点关注"成功晋级第二档"较好"。

（执笔人：于涵）

文化生态保护区空间结构与演变机制研究

项目来源：国家自然科学基金委员会　　　　　**项目起止时间**：2016年1月至2020年5月
主持单位：中国城市规划设计研究院　　　　　**院内承担单位**：文化与旅游规划研究所
院内项目负责人：周建明　　　　　　　　　　**院内主审人**：徐泽
院内主要参加人：罗希、岳凤珍、石亚男、刘畅、郑童、鲍捷、孙依宁

研究背景

中华传统文化是中华民族之"根"，非物质文化遗产是中华传统文化的精华。为践行《保护非物质文化遗产公约》，国家"十一五"时期提出在全国范围内建设民族民间文化生态保护区，2007年首个国家级文化生态保护区宣布设立。国家级文化生态保护区是指以保护非物质文化遗产为核心，对历史积淀丰厚、存续状态良好，具有重要价值和鲜明特色的文化形态进行整体性保护而批准设立的特定区域。

文化生态保护区是我国首创的保护地域类型，然而在实践探索过程中，对文化生态系统的构成要素、影响作用及空间规律缺乏系统完整的解读，理论研究基本处于空白，保护措施缺乏科学支撑。反映到实践层面，文化生态保护区的保护措施往往只能根据经验，机械地从非物质文化遗产、物质文化遗产、自然遗产和环境（自然的和人文的）等几个维度分别提出保护措施，而缺乏系统的、综合的、基于发展过程和作用机理理论支撑的保护建议。以上理论层面的缺失和实践层面的需求，成为本课题立项的缘起。

研究内容

本研究从文化生态地域系统视角切入，以文化生态保护区内非物质文化遗产及其特定的文化形态、与地域文化相互关联的文化生态因子以及它们之间的相互作用为研究对象，采用定性和定量结合的研究方法，宏观、整体、系统地研究文化生态保护区内文化生态地域系统的要素组成及相互作用，探寻文化生态保护区空间结构及演变机制。

1. 前期理论研究成果的分析整理

对21个国家级和4个典型省级文化生态保护实验区的非物质文化遗产类型特征、存续状态与空间关联性变量进行模拟测定，建立文化生态系统时空演变定量模型，研究其演变机制和演化规律。重点跟踪分析课题组承担的青海热贡、湖南武陵山区、山东齐鲁文化、云南大理、云南迪庆、广东梅州、江西赣州7个国家级文化生态保护区，新疆喀什、北京、山东菏泽、广东雷州4个省级文化生态保护区的建设效果。针对非遗活态传承性要求与快速演变趋势的矛盾冲突，围绕非遗整体性保护与赋存环境变化中的空间结构，特别是非遗整体性保护的核心地域——社区生态和文化传播廊道保护方面进行研究。

2. 文化生态保护区建设效果的实效性验证

文化生态保护区的设立是中国政府文化主管部门对非物质文化遗产整体性保护的一项创新实践。为了验证研究成果的实效性，课题组对最具地域、民族文化生态特征以及当地政府特别重视文化生态保护区建设的5个样本（青海热贡艺术、四川羌族文化、湘西武陵山区、象山海洋渔文化和山东菏泽曹州文化）进行了文化生态系统特征与演化过程及相互作用的定量研究；同时跟踪关注国内外学术界对非物质文化遗产与文化生态保护的相关学术成果与实践经验。

3. 文化生态保护区的新技术应用

研究开发文化生态保护区智慧应用集成平台建设，运用大数据、空间地理信息等新一代信息技术，多方位监测文化生态保护区在非物质文化遗产保护监测评估，文化生态保护区社会经济变化与世居居民生产生活方式变化对非物质文化遗产保护传承等方面的综合发展情况，以逐步形成全面感知、广泛互联的文化生态保护区智能管理和服务体系。主要包括文化生态保护区非物质文化遗产活态保护与传承的线上展示与社会共识、建立非物质文化遗产活力指标体系、社区村落文化生态功能单元监测评估、文化生态保护区的保护监测、非物质文化遗产传承方式及活动组织服务等。

4. 规范标准、软著和专利的整理与申请

共申报国家发明专利6项、软件著作权3项。包括专利《文化生态系统的空间特征分析方法及装置》《文化景观监测方法及设备和储存介质》《空间景观识别分析方法及装置》《文化生态因子的识别与提取方法及设备和存储介质》《区域文化生态系统健康性测定技术》《文化生态系统健康性检测方法及设备和储存介质》，软著《文化生态保护区文化类型区划的景观识别方法（算法）系统V1.0》

《文化生态保护区文化类型区划的景观识别方法（算法）系统 V1.0》《文化生态区工业化城镇化发展指数与非物质文化遗产保护传承能力关系分析软件 V1.0》。

5. 撰写出版相关研究成果

出版了国内第一本文化生态保护区专著《文化生态保护区理论与实践》和国内第一本保护区建设行业指导手册《文化生态保护区建设工作指导手册》，撰写论文14篇。

6. 典型样本的实地跟踪调研

结合研究内容与文旅部工作计划，对文旅部公布的7个国家级文化生态保护区进行实地跟踪调研，联合文旅部非遗专家委员会、中国艺术研究院的有关领导和专家，编制标准与指导手册。

技术创新点

项目的技术创新点包括：首次给出了文化生态系统相关的术语体系和科学内涵，揭示了文化生态地域系统的形成机理与演化模式，建立了文化生态地域系统结构、特征、功能、时空演变规律、健康性等内容的测试检测方法，系统制订了科学的文化生态地域系统建设保护工作程序，为文化生态保护区规划编制和建设成效验收提供了依据。

1. 首先给出文化生态系统相关的术语体系和科学内涵，提出了包括文化生态因子、景观特征表述、系统结构功能等识别检测技术

针对文化生态保护属多学科交叉领域，多专业借用名词术语不统一的现状，研究团队通过多年来对大遗址、历史文化名城、文化生态保护区等多类型遗产地的比较研究，提出了文化生态系统的健康性定义，建立了文化生态系统健康性检验指标体系与文化生态系统健康性的评价机制。首次系统提出了包括非物质文化遗产、文化类型、物质载体、空间环境的文化生态地域系统架构，开发了文化生态地域系统结构、特征、功能、时空演变规律等解析技术，采用地理信息系统技术（GIS）辅助空间分析地形、视域、水文、缓冲区、网络等综合空间叠加分析方法，采取文化生态地域系统的空间分析图纸绘制方法，研究文化生态地域系统时空演化过程。

2. 揭示了文化生态系统演化模式与机理，建立了文化生态系统健康性测度评估技术

文化生态系统保护工作目前难以突破的瓶颈是系统构成要素及其相互作用机制相关研究不够清楚，研究团队通过对7处国家级文化生态保护区的调查和研究，深入开展了文化遗产濒危度与文化生态系统健康性研究，从生态学的角度建立了文化生态系统健康性的理论框架体系；引入生态安全格局的成熟理论，揭示了文化生态系统健康运行的机理与演化模式，建立了空间与环境评价因子、经济发展评价因子、社会文化评价因子和运营管理评价因子等指标预测体系，为保护技术的研发提供了科学依据和理论支撑。通过前沿的生态系统评价方法，对文化生态健康性进行科学的量化分析，使区域文化生态现状评估有了可靠的依据，从而能掌握好治理的力度，真正实现资源的合理配置和永续利用，为我国的区域文化生态保护工作提供了学术支撑。

3. 研发了文化生态系统保护工作的几项关键技术，为文化生态保护区规划编制和建设成效验收提供了依据

项目团队通过总结多年来关于各类遗产地保护研究与实践工作，研发了文化生态系统保护工作的几项关键技术。针对文化形态的整体性保护要求，创新性提出健康文化生态地域系统的特征要求与关键技术：首次提出了非物质文化遗产项目的濒危度系统分析指标与方法，首次从景观生态学的角度提出了文化生态系统健康性模型；借鉴景观生态安全格局的理论，研发了文化生态保护区景观识别度分析技术，对文化生态的五种空间组分进行甄别，对文化生态系统内在因素相互作用进行研究，以期达到对文化生态更有效的保护；研发了文化生态系统空间特征分析工具，利用 GIS 技术对文化生态保护区各类要素进行空间定位，分析其空间特点，确定重点保护区域，并将以 GIS 为基础平台建立的风景名胜区综合管理信息系统应用于文化生态保护区的日常事务及保护监管工作，为文化生态保护区规划编制和建设成效验收提供了依据。

应用及效益情况

中规院项目团队自2011年承接青海热贡国家级文化生态保护实验区规划编制以来，始终重点关注并持之以恒进行文化生态相关研究与实践探索，走在我国乃至国际相关领域前列。项目研究成果应用于多项规划实践并被主管部委吸收进相关行业标准之中。2011年完成首个文化部批准的文化生态保护实验区——青海热贡文化生态保护实验区总体规划，并成为国家同类规划编制蓝本，发挥行业引领作用；先后承担7个国家级、4个省级文化生态保护实验区总体规划，持续深耕保护区规划编制和科研工作达12年，全国首个通过评审的《热贡文化生态保护区总体规划》被主管部委列为行业技术标杆，助力7处国家级保护区通过建设验收。2021年项目组又承担了武陵山区（湘西）国家级文化生态保护区建设规划，首创将保护规划扩展为统筹保护与发展的实施规划案例。

经济效益方面，承接文化生态保护

区类型项目12个。据地方财政统计，项目应用创造直接与间接经济效益达百亿元以上，通过促进文化活化利用、推动文化产业发展，促进地方发展方式的转型升级。如《青海省黄南州国家级文化生态保护区总体规划》通过实施的非遗生产性保护带动群众脱贫致富效果显著，2011年至2020年，热贡文化从业人员从1.31万人增加到3.38万人，文化产业收入从2.4亿元增长到12.6亿元；《山东省潍水文化生态保护试验区总体规划》培育全市传统工艺类企业和家庭作坊约1850个，非遗相关产业年产值逾250亿元，占全市GDP近4.3%。

社会效益方面，项目应用促进优秀传统文化的保护传承，使非物质文化遗产在保护中获得发展，在创新中不断传承，推动非遗融入现代生产生活，同时增进文化认同与社会凝聚力，增强文化自信与文化影响力，对于增进民族团结，维护边疆稳定，实现民族和谐具有重要意义。此外，项目通过文化生态系统的健康性修复保护技术，对规划项目当地文化生态环境起到了重要的积极作用。

（执笔人：孙依宁）

文化城市建设与关键技术研究

项目来源：科技部"十三五"国家重点研发计划课题（政府间国际科技创新合作重点专项项目）
项目起止时间：2017年9月至2021年6月　　　　主持单位：中国城市规划设计研究院
院内承担单位：文化与旅游规划研究所、信息中心　　院内主审人：彭小雷
院内主管所长：徐泽　　　　　　　　　　　　　　院内项目负责人：周建明
院内主要参加人：刘畅、丁拓、郑童、宋增文、冯雨乔、罗启亮、徐辉、郭磊、李佳俊、马诗瑶等
参加单位：挪威科技大学、德国莱布尼茨生态及区域规划研究所、欧洲城市联盟组织、中国科学院地理与科学与资源研究所、哈尔滨工业大学、北京理工大学等

研究背景

本项目针对我国快速城市化过程中的文化遗产破坏、城市特色削弱、优秀传统文化的物质载体和自然与人文环境退化等问题，从特色文化城市建设的目标诉求出发，围绕科技创新研发和技术成果转化，以中欧国际合作作为媒介，借鉴引进了多项可应用于我国文化城市建设的新理念和新标准，自主研发了一批基于前沿数字技术的创新发明，并在我国10余个城市和地区开展了探索性应用实践，整理出一套兼具理论系统性与技术可行性的成果集合，为我国文化城市建设及我国的新型城镇化创新发展提供了重要支撑。

研究内容

本项目围绕三大主要任务展开。任务一：文化城市的理论体系架构和其建设内涵评价体系借鉴研究；任务二：文化城市建设关键技术研发与整体性搭建；任务三：新型技术方法的探索性应用及文化城市建设的示范与指南。

本项目构建了从理论整合与创新到技术引进与研发再到实践应用与转化的总体框架，并依托中欧政府间国际科技合作平台，持续对研发与应用成果进行广泛交流汇报，形成了一套兼顾"国际化"与"本土化"的系统性方法论与成组关键技术体系。

技术创新点

（1）中欧互鉴的文化城市内涵及其匹配性关键技术的首次引进与研发。首次引入了"文化城市行为空间""文化城市社会语义"两个基于人本视角的分析评价方法，为文化城市的文化研究和建设效果评价提供了新的工具。优化并应用了文化区域网络测度模型、NLP文化语义挖掘技术、动态人流—时空大数据分析等工具，集成了文化城市建设关键技术平台，获得10余项专利与计算机软件著作权（以下简称软著）。

（2）文化景观、文化生态与文化城市关联性分析技术的整体性研发。课题组利用灰色系统理论，建立文化景观、文化生态与文化城市关联性模型，利用动态卫片、海量信息数据等高效算法，首次将"数据"作为新型分析要素引入文化城市关联系统的各个环节。集成了文化景观识别模块、文化舆情监控模块、动态时空人流分析模块、文化空间数字协同模块等内容的文化城市大数据中台已连续运行四年时间，并持续对全国重点地域进行周期性采样或数据录入，为文化城市建设提供长期可靠的技术服务。基于该关联性分析的创新研发成果已应用于涵盖"区域—城市—片区—场地"等多重空间尺度的文化城市建设项目，涉及13个不同城市和地区，取得了地方政府、业内专家和社会群众的广泛认可。

（3）数字技术、信息技术、空间技术在文化城市建设领域的系统集成应用。利用交叉学科和国际技术搭载优势，探索性地整合了包括人工智能算法、数字媒体技术、视觉采集技术、互联网底层数据采集技术、智能交互感知等前沿技术手段，实现了从"工具革新"到"数据扩容"再到"方法升级"一整套技术创新路径。为城市管理者提供了文化城市发展的动态观测工具，构建了文化城市建设的系统工作框架，为城市规划设计领域的传统工具和方法升级提供了优质范例。

应用及效益情况

项目孵化了6项文化城市建设关键技术，并将各技术分别进行了案例实证研究和项目实践应用，形成了包括多篇论文专著、1套指标评价体系、1部行业指南、1个智慧应用集成平台、10余项发明专利与软著、2处联合工作基地等在内的多项成果，构建了包括理论架构、数据库、分析方法、案例示范在内的一批可用于当前文化城市规划、运维、治理的创新型实用型分析工具。

（执笔人：丁拓）

京津冀城市群地区景观格局演变规律研究

项目来源：科技部"十三五"国家重点研发计划子课题（京津冀城市群生态安全保障技术研究项目）

项目起止时间：2016年7月至2020年12月　　主持单位：中国城市规划设计研究院　　院内承担单位：城镇水务与工程研究分院

院内主管所长：张全　　院内主审人：龚道孝　　院内项目负责人：莫罹

院内主要参加人：王巍巍、徐秋阳等

研究背景

京津冀城市群地区水资源、土地资源较为短缺，人口集聚、城市建设、工农业生产等发展迅速，该区域受到资源短缺、人类活动胁迫等因素的强烈影响，生态用地的数量、质量和连通性等不断降低，造成生态系统服务功能的明显下降，从而对区域生态安全造成较大危害。

研究内容

本课题拟刻画京津冀城市群地区不同区域的城镇化类型和强度，评价城市群对区域景观格局的影响及其程度。研究内容包括：

1. 京津冀城市群地区近40年来的景观格局和生态用地演变特征

通过整理和分析近40年来的统计数据、遥感影像、规划资料等，分析京津冀城市群地区的生态用地及景观格局数量和质量变化。

2. 京津冀城市群地区的城镇化特征

基于人口、土地、经济、社会等不同方面评价京津冀城市群的城镇化发展的特征，包括从经济扩张、交通网络、基础设施等方面评价空间扩张程度；从人口密度、交通密度、主导产业等方面评价社会经济聚集程度；对城镇化地区进行分区，并分析其不同城镇化驱动力，如人口驱动、土地驱动、资源驱动、产业驱动等。

3. 京津冀城市群地区不同城镇化地区对生态景观格局的胁迫作用

基于前述研究，评价城镇化及社会经济对生态景观格局的胁迫作用，如人口密度、城市扩张、产业结构等要素对资源及生态景观格局的胁迫作用。

技术创新点

本研究以遥感数据结合社会经济调查为支撑，引入景观稳定性等指标建立了京津冀城市群地区的景观格局评价方法，对城镇化发展背景下的区域生态景观格局演变特征进行了解析。

基础数据采用经 ArcGIS 10.2 校核纠正的中科院遥感所解译的1980年、2000年和2010年三年的京津冀土地利用数据。景观稳定性在景观生态学中是一个复杂与重要的论题，尚没有统一的概念，其研究与表征方法也各异。由于景观指数能够高度浓缩景观格局信息，定量反映其结构组成和空间配置，因此本研究选择景观指数构建了适用于衡量区域尺度景观稳定性的模型。

$$S = \frac{C}{P \times T}$$

式中，S代表景观稳定性（Landscape Stability），C代表蔓延度指数（CONTAG），P代表斑块密度（PD），T代表总边缘对比度指数（TECI）。

结果表明，近三十年京津冀建设用地不断增加，虽然水域湿地、耕地及林草的总面积在波动，但显然这三十年间它们的分布呈现更加破碎化的状态。

研究引入区域交通网络结构和空间可达性的因子，构建了京津冀城市群可达性模型，结合京津冀城镇群景观稳定性空间分布特征的分析，可见城镇群集中对景观稳定度影响最大。

应用及效益情况

部分研究成果在中国城市规划设计研究院编制的《河北省国土空间规划（2020—2035年）》中得到落实和应用，发挥了一定的指导意义。主要体现在：通过对京津冀城市群地区景观稳定度的评价，得到景观破碎化程度高、景观稳定度相对较差的地区，为河北省生态安全格局保护和修复重点区提供了依据和支撑；结合京津冀城市群社会经济发展对生态环境胁迫度的相关性研究，为构建河北省国土空间保护和利用格局及制定分区差异性管控要求提供了支撑。

（执笔人：莫罹）

国家级新区绿色低碳路线图规划案例应用

项目来源：科技部"十三五"国家重点研发计划子课题（研究我国城市建设绿色低碳发展技术路线图项目）
项目起止时间：2018年7月至2022年9月　　**主持单位**：中国城市规划设计研究院　　**院内承担单位**：城镇水务与工程研究分院
院内主管所长：龚道孝　　**院内主审人**：洪昌富　　**院内项目负责人**：魏保军
院内主要参加人：胡应均、范丹、邹亮、李婧、张春洋、张中秀、刘荆、范锦

研究背景

为应对气候变化，当前国际社会普遍关注绿色低碳、环境友好等可持续发展问题，已有不少于30个国家或地区设立了净零排放或碳中和的目标，我国政府也承诺力争2030年前实现碳达峰、2060年前实现碳中和。而我国城镇化与工业化进程使得我国能源消费屡创新高，"双碳"工作面临巨大压力。国家级新区是我国重大发展和改革开放战略任务的综合功能区，在完成国家赋予新区的定位与要求的过程中，需要在发展理念上与国际接轨，探索与实施绿色低碳发展的路径。

研究内容

本课题设定的目的是将项目研究的结论在国家级新区规划中进行试用，并与其他课题进行的城市、社区、建筑等试用一起，共同验证项目所确定的城市建设绿色低碳发展技术路线图的有效性。

本课题研究认为，只从建筑角度分析低碳规划或实施方案，对国家级新区是不够的，需要从全领域、全要素进行研究。本课题梳理了国外城市或区域低碳发展的技术路线、实施策略，也梳理了我国河北雄安、南京江北、重庆两江、上海浦东等新区规划中的低碳内容，对项目所确定的我国城市建设绿色低碳技术路线图的要点进行了归纳与总结，提出了国家级新区低碳转型规划技术路线及实施绿色低碳发展规划的技术指引。

本课题结合国内外城市低碳发展思路及2030年前我国实现碳达峰的愿景，提出了国家级新区低碳技术理论框架。该框架涵盖土地利用、城市产业、城市能源、交通及物流、市政供应、绿色社区与建筑、生态环境、智慧信息、低碳生活九个主要领域，提出了集约利用土地资源、发展小城镇、产业结构调整、建设低碳社区、清洁能源替代、发展循环经济等123项策略构成的策略技术包。

本课题以青岛西海岸新区及中德生态园规划为例，从用地空间布局规划、能源规划、市政基础设施规划三方面，对低碳发展路径进行了试用。课题也对西海岸新区在绿色建筑方面就建筑能耗强度及节能目标对技术路线图进行了验证。

结果表明，项目确定的城市建设绿色低碳发展技术路线图对指导国家级新区规划是适宜的。

技术创新点

1. 提出了城市或新区低碳规划技术体系

该体系包括规划技术路线及低碳技术框架两部分内容。规划技术路线涵盖基线情景分析、新区发展情景模拟、碳排放预测、规划目标及规划方案等八部分内容（图1）。低碳技术框架涵盖了九个重点技术领域、123项技术策略（图2），是新区或城市落实绿色低碳发展的技术包。

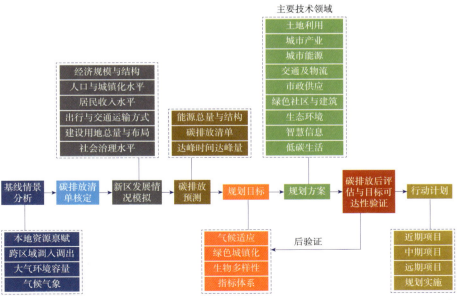

图1　国家级新区低碳规划技术路线

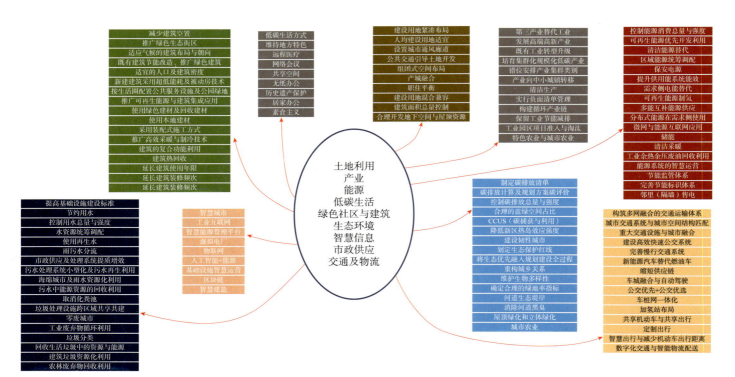

图2 国家级新区低碳规划重点领域与技术策略

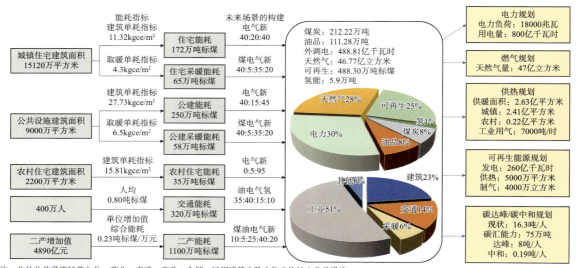

图3 低碳规划指标体系在青岛西海岸新区规划中的试用

2. 构建了国家级新区实施绿色低碳发展规划指标体系

该指标体系包括产业与经济、能源供应与消费、用地空间结构与布局、道路交通、环境与基础设施等七项一级指标，能源总消费量、二氧化碳总排放量等57项二级指标，设定了约束性指标13项。该指标体系在青岛西海岸新区进行了试用（图3）。

3. 提出了国家级新区实施绿色低碳发展规划技术指引

该指引包括总则、发展条件、目标指标体系、土地利用与空间形态、低碳产业、低碳能源供应体系等15节内容，可用于指导新区或城市编制低碳发展实施方案。

（执笔人：魏保军）

农村住宅能耗现状及用能强度指标研究

项目来源：科技部"十三五"国家科技重点研发计划子课题（研究我国城市建设绿色低碳发展技术路线图项目）
项目起止时间：2018年7月至2021年6月　　**主持单位**：中国城市规划设计研究院　　**院内承担单位**：城镇水务与工程研究分院
院内主管所长：龚道孝　　**院内主审人**：张志果　　**院内项目负责人**：洪昌富、王鹏苏
院内主要参加人：高均海、唐君言、胡晓凤、李宗浩、李宁

研究背景

建筑节能是贯彻国家可持续发展战略的重要组成部分，建筑节能有利于发展国民经济，其中，有效利用资源，降低大气污染，减轻温室效应，改善人居环境，也是我国实现"2030年碳达峰，2060年碳中和"宏伟目标的重要组成部分。

研究内容

1. 农村住宅基本信息及能耗现状调研与分析

根据项目组确定的调研地点，对我国不同气候区的农村住宅基本信息及能耗现状展开调研。基本信息主要包括建筑面积、高度、围护结构、用能设备、居住人数和电力、燃气、可再生能源等分项能耗情况。基于能耗调研数据，分析不同地区农村住宅能耗现状，并开展国内外农村住宅能耗对比。

2. 农村住宅用能需求及节能潜力分析

针对我国不同气候区，研究气候特征、室内环境营造等因素对农村住宅能耗的影响。综合运用理论分析、数据实测等研究方法，研究不同气候区农村住宅的用能需求。在此基础上，从农村发展规划、能源结构、农村住宅本体各用能系统特点等多方面，深入挖掘农村住宅的节能潜力。

3. 农村住宅用能强度指标研究

基于农村住宅的用能需求以及各种节能措施的量化分析结果，研究节能措施的不同组合和不同实施力度对农村住宅能耗的影响，从需求侧研究我国不同发展阶段下各地区农村住宅的用能强度指标。

4. 农村建筑节能技术路线和实施路径研究

基于农村住宅能耗预测和节能措施潜力分析，按照建筑能耗总量和强度双控目标要求，提出农村建筑发展规划指引，优化农村能源结构，明确农村建筑节能技术路线和实施路径。

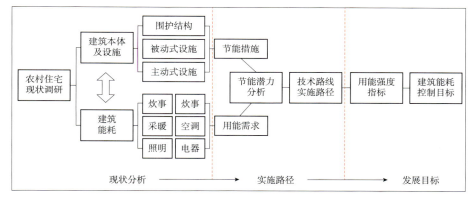

图1　子课题研究技术路线图

技术创新点

能耗总量约束下的农村建筑能耗指标及控制措施研究。基于农村建筑节能措施潜力分析结果，确定符合农村建筑能耗指标约束的最佳节能技术组合，提出符合能耗总量控制要求的农村建筑用能强度指标，并配合农村发展规划指引和政策研究，提出农村建筑节能技术路线和实施路径。

应用及效益情况

本子课题通过调研国内外农村建筑能耗现状，确定了我国农村的用能强度指标，并通过分析各类农村建筑的用能需求和节能潜力，采用能耗模拟的方法，量化了各项节能措施的实际效果。通过高、中、低三种节能控制模式的情景假设，预测了未来40年我国农村用能强度指标值，并与供给侧建筑用能总量预测结果进行了协调分析，验证了农村用能强度指标预测值的合理性。在对未来节能情景进行假设的基础上，按照"建筑性能一步到位，设备性能逐步提升"的指导思想，并结合国外先进发达国家的农村建筑节能降碳工作经验，提出了与用能强度对应的建筑节能技术路线与实施路径，为我国实现"2030年碳达峰，2060年碳中和"宏伟目标提供了建筑领域的工作路线参考。

（执笔人：洪昌富）

城市生态空间分布与降雨径流影响机理研究

项目来源： 国家自然科学基金委员会　　**项目起止时间：** 2014年1月至2017年12月
主持单位： 中国城市规划设计研究院　　**院内承担单位：** 城镇水务与工程研究分院
院内主管所长： 张全　　**院内主审人：** 谢映霞　　**院内项目负责人：** 任希岩
院内主要参加人： 谢映霞、熊林、王家卓、荣冰凌、司马文卉、于德淼、沈旭、李栋

研究背景

我国提出生态文明建设国家战略以来，在城市生态系统和生态空间保护修复工作中开展了大量的探索。但是，由于城镇化的快速发展，近年来国际国内众多城市不同程度地面临着较为严峻的城市内涝问题。城镇化创造了一种新的水文环境。沥青和混凝土取代了土壤，建筑物取代了树木，汇水区和雨水管道替代了自然流域，人工建设空间取代了自然生态空间。这样的规划设计与建设主要造成两个后果：一是导致了雨洪和内涝；二是影响水质，尤其是暴雨地区的城市面源污染进入水体的总量将增大。城市生态空间体系建设是在城市中通过合理增加绿地率和绿化覆盖率，强化城市水系统及滨水空间的生态作用，加强单元生态小区建设，合理布局绿地、湿地、水面等城市生态空间，整体和系统地强化城市生态空间功能，其中对于降雨径流的调控作用更加强化其生态功能的作用。强化城市生态空间体系建设，可以在一定程度上改善现有的城市降雨地表径流过程，改善城市水文学过程。

研究内容

专题1：对我国城市规划南北方的城市生态空间（水域和绿地）进行了分析，对比了国际代表性城市的城市生态空间比率。对国外城市采用改善土地利用情况，优化生态空间来降低城市降雨径流进行研究。对比我国城市建设中生态园林城市等的建设标准，比较得出我国南北方适合的城市生态空间推荐阈值。

专题2：对我国典型的快速城镇化的北方历史城市——北京，进行土地利用变化的研究，识别生态空间在近30多年的变化规律；对我国典型的快速城镇化的南方新兴城市——深圳，进行土地利用变化研究，识别生态空间在近30多年的变化规律。对比土地利用变化和降雨空间分布变化，研究水域、林地、绿地等与降雨空间分布的关系和影响，研究水域、林地、绿地与降雨径流的关系和影响。

专题3：选择城市中具有代表性的地区，北京昌平区未来科学城北区和深圳南山区总部基地，构建城市单元和小流域尺度的降雨径流模型，对建设用地中的绿地、水域对城市降雨径流机理的影响因素进行研究。研究3平方公里城市单元的降雨径流机理特征。

技术创新点

关键技术包括：采用FRAGSTAT研究了我国北方具有历史并且在改革开放后近35年发生快速城镇化的北京市的土地利用变化情况，城镇用地发展变化情况，广义城市生态空间和狭义城市生态空间的变化情况。采用历史同期比对的方法研究了北京市的降雨空间变化。在平方公里级的城市单元中，构建了包括城市绿地、河道、排水管网、湿地和雨洪滞蓄设施的可持续排水模型，研究了不同降雨重现期下的城市降雨径流变化特征。构建城市地表径流变化和平方公里级的可持续排水模型响应关系，将不同的降雨径流条件和不同的生态空间分布方案进行组合，进行模拟分析。提出在源头应采用分散的低影响开发方式构建适合城镇化特征的降雨径流机理，在过程和末端需要构建一定规模的基于生态空间的调蓄设施，才能调整原有基于人工管网排水系统的双层排水系统的水文条件。

创新点包括：将快速城镇化条件下的土地利用剧烈变化的长系列数据进行城市间对比分析、将土地利用分类进行景观指数分析、将上述变化与降雨空间变化进行分析。构建平方公里级的可持续排水模型研究不同城市生态空间的降雨径流机理变化。

应用及效益情况

城市生态空间变化的长系列分析可为北京市和深圳市未来自然资源资产保护提供决策依据，可为两个城市未来制定绿色发展计划提供技术支撑，对两个城市未来城市生态空间的保护具有积极意义。可直接服务于国土规划、资源规划和城市规划工作。

平方公里级的可持续排水模型的构建方法可直接应用于我国海绵城市建设中，同时可对北京市昌平区和深圳市南山区提供直接经济价值。

基于城市生态空间的降雨径流影响机理模型的构建方法可为我国海绵城市建设规划设计提供直接的应用和直接的经济价值。

（执笔人：任希岩）

城镇生态资源高分遥感与地面协同监测关键技术研究

项目来源：科技部"十三五"国家重点研发计划课题（城乡生态环境综合监测空间信息服务及应用示范项目）
项目起止时间：2017年7月至2021年9月
主持单位：中国城市规划设计研究院
院内承担单位：遥感应用中心
院内主管所长：刘斌
院内项目负责人：季珏
院内主要参加人：师卫华、柳絮、李波茵、安超等
参加单位：生态环境部卫星环境应用中心、中国自然资源航空物探遥感中心、重庆市风景园林科学研究院、二十一世纪空间技术应用股份有限公司

研究背景

快速城镇化过程中，城市发展与生态环境的矛盾日益突出，频发的重污染天气、黑臭水体、土壤重金属污染、城市热岛效应加剧、重点生态功能区生态系统功能退化等问题，已严重威胁到城市生态安全和社会经济可持续发展，影响着人们的生活环境，同时制约着城市的高质量发展。面对严峻的形势，在城镇复杂的地表环境下，对各类生态资源进行高精度智能化的监测已成为人居环境质量监测、生态资源监管中的重点和难点问题。近年来，高分遥感技术在生态资源监测方面发挥了重要的作用。国内外已有大量针对性研究，在技术方法、管理应用等方面取得显著进展。但面对城镇地表复杂、生态资源监测要素多、监测手段多样等问题，现有技术方法的监测精度仍不能满足管理的需求，仍需突破数据融合、算法模型、精度评价等关键问题。

研究内容

项目针对城镇地表的典型生态资源，重点突破地表温度高精度反演、城镇园林绿地智能识别分类、城镇森林覆盖和类型提取、裸露土壤污染遥感识别、生态系统服务功能参数本地化等技术难点，建立集监测算法模型体系、协同监测技术体系、指标体系、标准规范体系、空间信息服务产品体系、监测系统平台为一体的城镇生态资源监测的技术体系，为城镇生态资源监测和管理工作提供技术支撑和空间信息产品的智能化生产体系，提升城镇生态资源监管的科学化和精细化水平，促进我国住房和城乡建设领域生态资源监测技术的应用发展。具体研究内容包括：

1. 城镇生态资源高分遥感与地面协同监测技术体系。

（1）提出基于地面协同样本数据的深度学习语义分割算法模型，通过改进Deep U-Net网络模型，实现城镇园林绿地信息智能提取精度优于85%，较传统基于像元的遥感绿地提取技术有重大突破，精度提升20%以上。

（2）发展基于分裂窗算法全国通用的高分五号卫星城市地表温度集成反演方法，均匀地表下平均协同反演精度优于1K，有效提升地表温度反演精度。

（3）提出基于"源—途径—受体"的潜在污染场地裸露土壤污染风险评估指标体系，实现大范围的潜在污染场地裸露土壤污染的快速评估，填补国内外研究空白；同时基于地面实测数据等，提出基于无人机高光谱数据的重金属元素污染风险筛选模型，风险识别精度可达88%以上。

（4）提出基于U-Net网络改进的城镇森林覆盖分布提取模型，深度融合高分二号数据的光谱及纹理特征信息，优化模型较传统分类方法精度更高，精度优于85%。

（5）提出适用于重点生态功能区城乡接合部的生态要素和生态系统服务功能模型，通过提高传统核心驱动数据和关键参数的时空分辨率，提升监测过程及结果的时空分布特征精细化程度，监测精度优于85%。

2. 城镇生态资源高分遥感与地面协同监测指标体系

根据住建、环保业务需求，本研究从城镇生态资源监测的城市热环境、城镇绿化环境、城镇土壤环境、重点功能区生态功能四个方面，参考《国家园林城市系列标准》（建城〔2016〕235号印发）、《城市体检指标体系》（2021）、《土壤环境质量建设用地土壤污染风险管控标准》（GB 36600—2018）、《全国生态状况调查评估技术规范——生态系统服务功能评估》（HJ 1173—2021）等标准，设计了城镇生态资源综合监测指标体系框架，并研究遥感监测模型，用于支撑行业重点工作。

3. 城镇生态资源空间信息服务产品的设计与生产

基于生态资源高分遥感与地面协同关键技术模型，研发城市地表温度、城市热岛效应、城镇绿地专题信息等12种空间信息服务产品，并基于课题研发的监测模

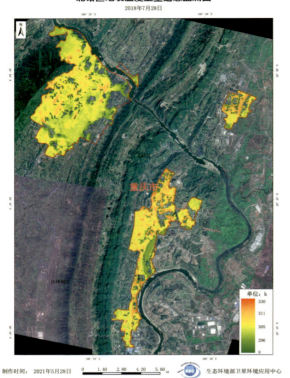

图 1 城镇地表温度

图 2 城镇公园服务水平

图 3 城镇绿地信息

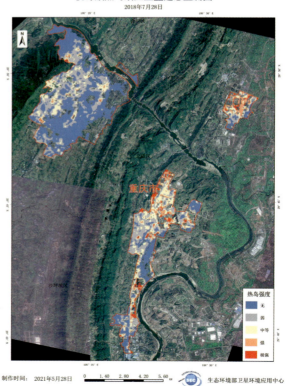

图 4 城镇热岛效应

型开发智能化的生产工具。在内蒙古杭锦旗、重庆市北碚区、秦巴山重点功能区等地完成长时间序列的空间信息产品生产，服务于城镇生态资源的监管。

4. 城镇生态资源高分遥感监测系统研发

研究突破多尺度遥感数据资源管理与多元遥感处理算法集成技术，设计系统集成框架、数据接口定义及规范等，实现城镇生态资源的软件模块研发、插件式集成，形成了"B/S+C/S"混合架构的支撑平台系统，服务于课题示范地生态资源管理和行业监管。

技术创新点

本研究着眼于我国城镇地表环境生态资源要素监测的急迫需求，从研究目标和方法上区别于同类研究、同类技术。现有的城镇生态资源监测技术研究大多针对单个生态资源领域、侧重于离散的区域研究，缺少针对城镇尺度、多个生态资源要素的综合监测技术的系统研究；多数研究采用国外高分遥感数据，不利于国内的推广应用，更难以满足开展环境遥感业务持续化、稳定化运行的需求。本研究：

（1）率先建构了基于国产高分系列卫星的生态资源高分遥感监测技术体系。研究面向城镇生态资源管理和人居环境质量监测的迫切需求，创新提出了高分遥感与地面协同的遥感监测技术方法体系，监测对象是首次覆盖城镇人居环境和生态环境管理的所有重点地表生态资源要素，数据源是首次全面面向国产的高分卫星和地面观测数据，建构的技术体系是首次包含监测模型、监测指标、信息产品生产等在内的可规模化业务应用的技术体系，对行业监管具有非常强的支撑作用。

（2）突破了城镇生态资源高分卫星与地面观测协同监测系列技术。突破了复杂城镇地表下城市温度高精度反演技术。均匀地表下平均协同反演精度首次优于1K。突破了城镇园林绿地高精度智能提取技术，较传统基于像元的遥感绿地提取技术精度提升20%以上。创新提出了基于"源—途径—受体"的潜在污染场地裸露土壤污染风险评估指标体系。实现大范围的潜在污染场地裸露土壤污染的快速评估；同时基于地面实测数据等，提出基于无人机高光谱数据的重金属元素污染风险筛选模型，风险识别精度达88%以上，填补国内外相关研究的空白。

应用及效益情况

1. 城市示范应用

自2017年立项以来，项目技术成果已在重庆市北碚区、内蒙古鄂尔多斯市杭锦旗锡尼镇等典型城镇区域开展示范应用。基于示范区的国产高分辨率卫星影像数据和地面观测数据，通过遥感监测模型分析得出示范区的生态资源分布特征，制作形成城市地表温度监测、城镇森林要素分布、污染场地污染风险遥感评估等12项遥感监测专题图和12种空间信息服务产品，并发布多期城市地表温度、土壤污染和重点功能区遥感监测服务专报，为示范区的城乡综合管理工作提供服务，为相关政策的制定提供依据。这些成果得到示范区相关单位肯定，提升了示范区生态资源管理、城市规划建设和城市综合管理工作的科学性。

2. 行业应用

（1）参与编制并已发布的《城市园林绿化监督管理信息系统工程技术标准》（CJJ/T 302—2019）为园林绿化行业首部信息化监测的技术标准，该标准多处加入本课题研发的技术指标及监测方法。编制的《城镇生态资源高分遥感与地面协同监测技术导则》，进一步规范和指导了城镇生态资源遥感监测和地面协同监测的技术流程，对提升城镇生态资源监管工作的精细化、标准化水平具有指导意义。

（2）形成《城镇生态资源综合监测技术体系报告》和《城镇生态资源综合监测指标体系报告》，提出的城镇园林绿化覆盖率、城镇公园服务半径覆盖率的指标设计和遥感监测技术方法已在住房和城乡建设部的城市体检、国家园林城市创建工作中进行应用。相关成果为城市绿地系统规划、改善城市生态质量提供参考，对进一步提高城市绿地的生态效益，提高城市土地的利用率及城市绿地系统建设具有一定的技术指导意义。

（3）支撑住房和城乡建设行业城市体检和园林绿化遥感调查与测评工作。在2018年以来的城市体检的指标体系中，本研究提供了3项可基于遥感监测的指标及评价方法。在2017年以来各地园林绿化遥感调查与测评工作中，本研究提供了绿地率、绿化覆盖率等6项指标的遥感测评方法，为100个以上城市的园林绿化遥感调查与测评提供了支撑。

（4）支撑了生态环境行业土壤污染防治、城市环境监管、"十三五"环境目标管控方面的重点工作。

（执笔人：季珏）

"气候变化对我国重大工程的影响与对策研究"课题之专题4"沿海城市及工程安全"

项目来源：中国工程院咨询项目
主持单位：中国城市规划设计研究院
院内主管所长：张全
院内主要参加人：徐一剑、张全、方煜、王家卓、蒋国翔、周详
项目起止时间：2014年1月至2014年9月
院内承担单位：城镇水务与工程研究分院
院内项目负责人：邹德慈、邵益生

研究背景

我国沿海地区是人口密集、经济发达的重要地区，土地面积占全国的13.6%，人口占全国的43.8%，GDP占全国的60.1%，并布局了核电站、港口等重大工程设施。我国"面朝大海"的发展战略与格局趋于明晰，并呈现出"区域发展沿海化"和"沿海城市临海化"的趋势，面临着全球气候变化的诸多挑战。

研究内容

1. 气候变化对我国海岸带的影响及其机理

1）未来气候变化预估

根据预测研究，以1986~2005年为基准，2081~2100年全球平均气温将上升0.3~4.8℃，全球平均海平面将上升26~82厘米。到2050年和2100年，我国的平均气温将分别上升2.3~3.3℃和3.9~6.0℃，高于全球平均水平。

全球变暖最直接的影响是导致海平面上升，未来我国沿海海平面上升值的区域差异很大，相对于1990年，2050年将上升7~61厘米，上升幅度最大的为长江三角洲和珠江三角洲，未来100年最大值可能达到100厘米。

2）海平面上升影响预估

全球变暖及其导致的海平面上升，会引发或加剧如下海洋灾害。

（1）风暴潮。全球变暖将导致风暴潮、浪潮等海洋灾害的强度和频度逐步提高。与海平面上升的影响相叠加，将极大增加风暴潮灾害的破坏性。

（2）海岸侵蚀。海平面上升将使岸线后退、沿海平原低地的淹没和沼泽化更为严重，使近岸波浪作用增强。加之风暴潮强度和频度的增加，海岸侵蚀将会加剧。

（3）咸潮入侵。气候变化引起的降水异常、生产生活用水量的迅速增长，以及跨流域调水会使入海径流减少，海平面上升将使河口盐水楔上溯，加剧咸潮入侵，对城市供水安全产生威胁。

（4）海水入侵。海平面上升会加重海水入侵和地下水盐渍化，影响人畜饮用水和生产用水，造成良田荒芜。

2. 气候变化对我国沿海城市及工程的影响预估

1）我国沿海低地淹没影响

海平面上升对沿海城市和工程最直接的影响是淹没沿海低地。我国沿海地区的三大主要脆弱区为珠江三角洲地区、长江三角洲及江苏和浙北沿岸地区、黄河三角洲及渤海湾和莱州湾地区。

预计当出现百年一遇的潮位时，我国沿海2050年、2080年的可能淹没面积分别为9.83万平方千米、10.49万平方千米，分别占国土总面积的1.02%和1.09%，占沿海地区面积的7.5%和8.0%。其中三大主要脆弱区，2050年、2080年的可能淹没面积为8.45万平方千米，9.02万平方千米，淹没损失为30.9万亿元、68.6万亿元（2010年价），分别相当于2010年全国GDP的3/4和1.7倍。

随着沿海地区入海发展的态势继续，围海造田面积会不断增加，则可能淹没的国土面积将更大。由于沿海城市发展的临海化，经济重心将进一步向临海区域倾斜，则可能遭受的灾害和损失会更为巨大。

2）全球气候变化对我国沿海城市及工程的主要影响

（1）海岸工程标准。海平面上升，将直接导致现有的海岸工程标准降低。如果再考虑风暴潮出现频率和强度增加的因素，则现有的标准将进一步降低。我国沿海地区，能抵御百年一遇风暴潮灾害的海堤较少，一些港口码头的标高已不适应海平面相对上升产生的新情况。

（2）城市排水防涝。全球气候变化导致的城市短历时强降雨增加，沿海风暴潮频率与强度增加，以及下游高潮位顶托加剧等因素的共同作用，使沿海城市管网和泵站的排水能力减弱，原有设计标准降低，城市排水的难度将进一步加大，从而加剧城市内涝灾害的发生。

（3）核电站。海平面上升对沿海核电工程的设计、防护以及安全运行都将产生重大影响。由海平面上升和风暴潮引发的洪水越发频繁，使核电站遭受洪水的风险加大。台风的强度和频率增加，可能导致核电站产生通信中断、厂外电力供应中断等问题。气温和海水温度的升高使反应堆冷却水升温，将导致发电效率降低。

（4）港口。我国现有港口设施的高程设计无法应对海平面上升的挑战，适航性将受到影响，暴露于洪水中的风险将加剧。海平面上升破坏海岸区侵蚀堆积的动态平衡，将引起航道淤塞，甚至使之报废。

3. 应对气候变化的策略建议

面对全球气候变化、海平面上升给我国沿海城市和工程带来的威胁，建议应对策略如下。

1）总体应对策略

总体上，沿海地区应重点加强气候变化对海平面上升的影响评估和脆弱性区划，实施海岸防护、生态保育与适度开发并重策略。对于已开发利用区域，根据经济社会发展程度，采取防护、后退和顺应等适应性措施，并应以防护为主。对于未开发利用区域，应在风险评估的基础上，进行适度的开发与合理的避让。在保存相对较好的自然岸段和重要生态保护区海岸的滨海地区，合理布局，预留滨海生态系统后退空间，实现人与自然的和谐统一。

通过加强海岸带的规划与管理，强化规划对海岸带开发活动的空间管控，使得沿海城市发展向正确的空间发展方向，控制向海洋发展的合理规模，形成合理的产业结构布局，实现科学、有序的发展。在发展中应避免"过度临海化"和"过度工程化"的倾向。"过度临海化"和"过度工程化"实际上加剧了应对海洋灾害的脆弱性，存在着更大的风险。我国海岸带的管理主体众多，建议在宏观层面进行部门间协调，加强海岸带的统一规划与管理，以协调海岸带开发建设、生态保护与应对自然灾害能力建设。

2）沿海城市具体应对措施

（1）完善和提高海岸防护工程标准。根据对全球气温上升及我国海平面上升的科学预测，研究修订海岸防护设施的建设标准，包括提高海堤工程标准及制订沿海防护林标准。

（2）加强海岸防护体系建设。对现有的海堤进行加高加固，提高达标率，并在需要的位置新建达标海堤，形成完善的工程体系；加强生物防护体系的建设，培育和保护沿海防护林，与沿海堤坝防护工程体系互补，构建起坚固的海防线。

（3）加强地面沉降防治。通过区域水资源规划，推行节约用水，提高用水效率，控制用水需求，严格控制地下水的开采，防止地面沉降；采取规划规避和工程防治等措施，切实控制地面沉降，减缓相对海平面的上升。

（4）加强城市洪涝防治。进行洪水风险评估，在沿海地区开发建设时进行合理的空间避让及竖向设计，对低洼地区进行整治和改造，推行低影响开发模式，修建各类雨洪调蓄设施，提高挡潮闸的建设标准和设计工程水位，提高沿海、沿江泵站的抽排水能力。

（5）建设监测预警体系。完善海平面上升监测网络，完善海洋灾害监测预警系统，构筑统一的信息平台，加强立体化监测和预报预警能力，强化应急响应服务能力。

3）核电站和港口等重点沿海工程具体应对措施

（1）对于现有工程，首先对其进行脆弱性分析和风险评估。及时修订历史数据系列，考虑气候变化因素，对潮位、风力、风暴潮、洪水等的设计重现期进行修订，对港口、核电站安全相关的设计参数进行调整，提高防护的设计标准，并按标

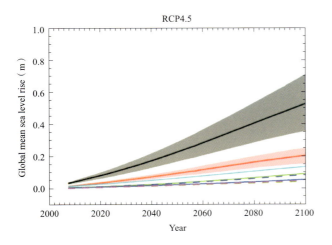
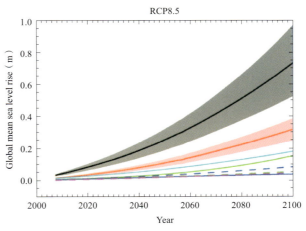

图 1　未来全球海平面上升预估结果

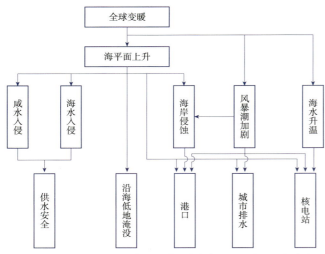

图2 全球变暖对沿海城市与工程影响逻辑关系图

准进行加固。

（2）对于新建工程，除按修订后的设计标准进行修建外，首先应在选址上考虑未来气候变化带来的潜在影响，尽量避开海岸带的脆弱区和高风险区。

技术创新点

（1）总结提出我国沿海城市发展呈现出"区域发展沿海化"和"沿海城市临海化"的趋势，并指出国家空间战略与全球气候变化之间存在的冲突。

（2）系统总结了全球气候变化及海平面上升对我国海岸带造成的风暴潮、海岸侵蚀、咸潮入侵、海水入侵等的影响及其机理。

（3）预估了海平面上升对我国沿海地区将造成的淹没损失，以及气候变化对我国沿海城市及核电站、港口等重大工程的影响。

（4）提出了我国沿海城市应对气候变化的总体策略，以及海岸带规划管理、防护标准、海岸防护体系、地面沉降防治、洪涝防治、监测预警应急、核电站与港口等方面的应对措施。

应用及效益情况

本课题的研究成果作为专著《气候变化对我国重大工程的影响与对策研究》重要的一部分内容出版。作为《第三次气候变化国家评估报告》的特别报告，有力地支撑了国家应对气候变化的相关工作，也为广大科研人员与管理人员提供参考借鉴。

课题提出的"防护、后退、顺应"的应对气候变化总体策略，以及在发展中应避免"过度临海化"和"过度工程化"的倾向，为我国沿海城市制定发展战略与规划决策提供了支持。

课题关于海岸带规划管理、海岸防护、洪涝防治、重大沿海工程防护等方面的研究成果，为沿海城市开展应对气候变化的相关规划与行动提供了技术支持。

（执笔人：徐一剑）

气候变化对沿海城市规划的影响

项目来源：中国工程院
主持单位：中国城市规划设计研究院
院内主管所长：张全
院内主要参加人：徐一剑、吕红亮、徐丽丽、周详、魏正波

项目起止时间：2015年7月至2018年3月
院内承担单位：城镇水务与工程研究分院
院内项目负责人：邹德慈、邵益生

研究背景

在全球气候变化的大背景下，我国沿海城市规划如何适应海平面上升以及各种气候灾害频发的挑战，我国沿海城市应对气候变化应采取什么样的发展战略，我国沿海城市规划应对气候变化应应重点关注哪些内容，沿海城市规划管理的体制机制如何作出适应性变化，是现实中迫切需要回答的问题。

研究内容

1. 我国沿海城市气候变化风险评估及脆弱性区划

以63个沿海城市为研究对象，分生态环境脆弱区、气候变化影响高风险区、生态系统重点保护区及社会经济重点保护区四个部分，从孕灾环境、致灾因子、生态敏感及社会暴露等角度切入，构建城市脆弱性评价模型，建立相应的指标体系，赋予各个评价指标不同的风险级，进行定量化评价，进而完成脆弱性区划及风险特征的聚类分析。

风险评估及脆弱性区划结果表明：极高脆弱性的地区分布在江苏、上海和广东；天津和山东呈现出高脆弱性；中等脆弱区主要分布在浙江、福建和海南；广西属于低脆弱区；极低脆弱区分布在辽宁和河北两省沿海城市。

2. 我国沿海城市应对气候变化的发展战略

我国总体上向海发展的大趋势不变，但考虑到气候变化的深刻影响及生态环境的制约因素，我国向海发展的速度应适当放缓，向海发展的规模应严格控制，向海发展的模式应从简单外延扩张的追求数量型向内涵提升的注重质量型转变。

我国沿海城市应对气候变化的总体目标是建设适合我国国情的沿海气候弹性城市，使之具有足够的抵抗气候变化能力，以及较强的恢复能力，在遭受气候灾害时城市社会经济系统不发生崩溃。

我国沿海城市应对气候变化应坚持"规划引领、陆海统筹、主动适应、积极减排、适度冗余、增加弹性"的原则。

我国沿海城市应对气候变化的重点任务包括城市规划管控、空间发展方向、城市空间布局、填海填岛管控、规划设计标准、海岸防护设施、城市基础设施和监测预警应急等八方面的内容。

3. 我国沿海城市规划体系应对气候变化的调整建议

为有效应对气候变化，建议我国沿海城市在规划编制体系方面作出相应调整。在法定城市规划体系中增加海岸带综合规划这一新的综合专项规划，成为联结陆域的城市规划与海洋规划之间的纽带。

建议将海岸带综合规划作为城市总体规划的重要组成部分，与城市总体规划同步编制，相互协调，其主要内容纳入城市总体规划。城市总体规划指导海岸带综合规划，海岸带综合规划为城市总体规划提供支撑。

4. 沿海城市应对气候变化的城市规划内容建议

建议我国沿海城市开展应对气候变化的新型城市规划，遵循"突出陆海统筹、强调流域管理、基于生态系统"的原则。在沿海城市各级各类城市规划的各个阶段，应加入以下的气候变化内容。

（1）气候变化风险评估

沿海城市在编制城市规划之前，应进行气候变化风险评估。风险评估包括两方面内容：一是识别沿海城市面临的气候变化主要风险，二是识别气候变化对沿海城市各系统的主要影响。

（2）海岸带开发利用

加强海岸带生态空间管制，划定海岸生态敏感区、海岸禁建用地、海岸建设后退线等，并在规划管理图则中明确其位置，作为建设项目规划管理的硬性规定。

（3）风暴潮防御体系

充分考虑气候变化和海平面上升带来的影响，提高沿海风暴潮防护设施的设计标准，预留足够的平面与立体防御空间。软硬防护相结合，用沙滩喂养、生物防护等软防护，降低大坝高度。与空间规划结合，实现多功能开发利用。

（4）城市洪涝防治体系

充分考虑气候变化和海平面上升因素，进行洪水风险评估，绘制洪水风险图。合理设计城市竖向。推行低影响开发模式，提高洪涝行泄调蓄能力。提高挡潮闸规划设计标准，增加泵站抽排能力。

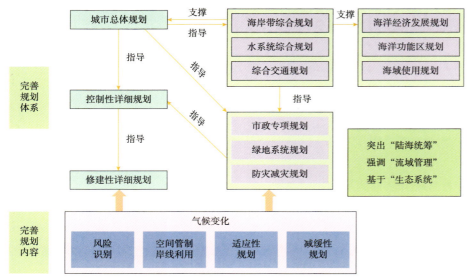

图1 沿海城市应对气候变化的规划体系与规划内容完善建议

技术创新点

（1）开展了我国沿海城市气候变化风险评估及脆弱性区划，划定了我国沿海城市的气候变化高风险高脆弱区域。

（2）提出了我国沿海城市应对气候变化的发展战略，包括应对的目标、原则，以及强化城市规划管控、控制空间发展方向、提高规划设计标准等八项重点任务。

（3）提出了我国沿海城市为应对气候变化，在规划体系与规划管理方面的调整建议，包括增加海岸带综合规划、加强海岸带综合管理体系建设等。

（4）提出了我国沿海城市应对气候变化的城市规划内容建议，包括气候变化风险评估、海岸带开发利用、风暴潮防护体系等十方面的具体内容。

应用及效益情况

课题提出的我国沿海城市面临的气候变化挑战、应对能力问题及相关应对策略，总结形成专报向国家有关部门上报，为国家应对气候变化、社会经济发展和沿海城市规划等相关决策提供支撑。

课题研究成果作为专著《气候变化对中国沿海城市工程的影响和适应对策》重要的一部分内容出版，供广大科研人员与管理人员借鉴。

课题研究成果中关于我国沿海城市应对气候变化的规划内容建议，确定了沿海城市规划应对气候变化需要研究的内容，为相关规划开展气候变化风险评估、海岸防护，以及供排水、能源、交通等基础设施与生命线系统等方面的规划编制工作提供了支撑。

课题研究成果中提出的规划体系与规划管理调整建议，为我国沿海城市完善应对气候变化的规划体系与规划管理提供了支持。

（执笔人：徐一剑）

（5）供水安全保障体系

建设节水型社会，开展供水系统节能减排，加强城市备用水源地和应急供水设施建设，提高城市安全供水和应急供水保障能力，提高城市供水系统应对气候变化、干旱缺水、抵御咸潮入侵的能力。

（6）海绵城市建设

构建海绵城市建设生态格局。统筹发挥自然生态功能和人工干预功能，通过构建天然"大海绵"与建设城市人工"小海绵"，增强城市水系统韧性。

（7）能源供应系统

根据城市所处的气候条件、资源禀赋、用能特点等，构建城市能源安全供应体系。加强城市供电、供热、供气设施应对极端天气的保障能力。构建城市能源梯级开发利用体系，提高可再生能源比例。

（8）交通运输系统

提高交通设施标准及应对极端天气能力。优化城市布局结构，加强交通需求管理。实施公共交通优先，提高公交设施密度。改善街区尺度，提升慢行交通分担比例。推广新能源交通工具，完善清洁交通能源供应设施。

（9）城市建筑系统

在建筑设计、建造以及运行过程中充分考虑气候变化的影响。加强建筑节能减排和综合防灾减灾。

（10）城市绿化系统

加强城市绿地、河湖水系、山体丘陵、农田林网等各自然生态要素的衔接连通，充分发挥自然生态空间改善城市微气候的功能。提升园林绿地系统，减缓热岛效应，增加城市碳汇。

5. 我国沿海城市应对气候变化的规划管理建议

根据我国沿海城市应对气候变化的发展战略及城市规划内容建议，提出在气候变化背景下我国沿海城市应对气候变化的规划管理的内容与体制机制建议，强化规划对海岸带开发活动的空间管控，使得沿海城市发展朝着正确的空间发展方向，实现科学、有序的发展。

完善应对气候变化的规划管理体制；构建海洋综合管理法律体系；设立海洋综合管理专门机构；建立海岸带区域协调机制；创新海岸带规划管理制度；形成海岸带规划公众参与机制。

基于大数据的安全韧性城市规划技术研究

项目来源：科技部"十三五"国家重点研发计划课题（安全韧性城市构建与防灾技术研究与示范项目）
项目起止时间：2018年7月至2021年6月
主持单位：中国城市规划设计研究院
院内承担单位：信息中心
院内主审人：孔彦鸿
院内主管所长：徐辉
院内项目负责人：徐辉
院内主要参加人：贾鹏飞、陈志芬、孙若男、胡文娜、师洁、石亚男、翟健、张淑杰、余加丽、丁鑫、沈哲焱
参加单位：北京师范大学

研究背景

结合国际上韧性城市案例分析，我国韧性城市建设起步较晚。"十三五"期间，韧性城市的研究开始逐渐增多。第一，《国际城市规划》《上海城市规划》《规划师》和《城市与减灾》等专业期刊组织以"韧性城市"为主题的专集，集中刊登学术界的最新研究成果。在中国知网以"韧性城市"和"弹性城市"为关键词搜索，发现2016年和2017年的文献数分别是2015年的3倍和4.57倍，呈现井喷式增长。第二，国家有关方面开始关注并资助韧性城市的研究。从2016年7月习近平总书记在唐山地震四十周年祭中提到的"两个坚持，三个转变"，到2017年10月党的十九大报告中提出要"推进国家治理体系和治理能力现代化"，再到2019年1月习近平总书记在省部级主要领导干部坚持底线思维着力防范化解重大风险专题研讨班上强调要强化"坚持底线思维，增强忧患意识，提高防控能力，着力防范化解重大风险"等，充分体现了新时期国家领导人和各级政府对实施国家安全命题的要求。

研究内容

课题从基于多源大数据城市安全韧性要素空间分析方法、平灾结合下城市安全韧性规划编制体系方法、城市安全韧性辅助规划决策平台与示范三个角度凝练形成了三大成果。从城市防灾与韧性保障的角度，形成了城市安全韧性规划技术。在城市综合防灾规划的基础上，选取北京南中轴地区做研究示范形成安全韧性规划。

成果一：基于多源大数据城市安全韧性要素空间分析方法

针对安全韧性应对—恢复—适应关键特征，分别从建筑系统、空间结构、基础设施、社会组织四方面提取城市安全韧性特征要素，探究城市安全韧性要素面对不同灾害"应对、恢复、适应"特征融入前期规划建设、平时稳定运行、灾时应急救援、灾后恢复重建4阶段全周期过程中。面对城市自然灾害、事故灾难、公共卫生事件等灾害要素，借助物联网技术，分别从人口、用地、安全、生态四方面探究安全韧性要素动态监测技术方法，从而完善系统平台中现状、规划、管理、新型网络数据库。借助城市风险评估技术方法，借助多源大数据信息，分别从灾害因子危险性、承灾体脆弱性、承灾体应对能力、承灾体恢复能力、承灾体适应能力开展城市多角度灾害风险评估，形成城市—区县—社区—网格多尺度指标库。

成果二：平灾结合下城市安全韧性规划编制体系方法

提出安全韧性规划目标、安全韧性空间格局、空间管控技术方法。为实现容灾备灾和防护隔离功能更强空间系统，以多功能性、冗余度、多尺度为目标，借助泰森多边形空间分析，分别从安全分区、防灾轴线、避难空间、生态空间、避难通道、救援通道六方面研究城市安全韧性空间规划技术。为实现避难、救援、救治等设施的全覆盖和快速可达，提高城市应急救灾均衡性，分别从房屋建筑、重点区域、公共设施三方面研究安全韧性设施规划技术。房屋建筑安全韧性规划集中在抗震防灾民用建筑、改造加固的老旧房屋、具有强韧性的重要公共建筑；重点区域安全韧性规划集中在优化高危产业空间、高密度人口集聚地、城中村改造；公共设施安全韧性规划集中在应急避难场所全覆盖、公共卫生设施全覆盖、消防救援设施全覆盖。

成果三：城市安全韧性辅助规划决策平台与示范

研究遵循全周期管理理念，从现状到恢复，构建城市安全韧性空间数据集。数据集涵盖现状数据、规划数据、管理数据及互联网开放数据，确保多源性与实时性。针对不同空间尺度，从都市圈到生活圈，研究集成了城市级至网格级的安全韧性特征要素评估指标，强化了规划的细致度与适用性。技术方法上，结合数理统计、空间分析与机器学习等经典模型，与总体规划、详细规划、专项规划的安全韧

性分析相结合，提炼出集成安全韧性相关模型算法。这些模型算法不仅提高了规划的精确性，也为防灾空间特征分区、高风险区域空间聚类提供了科学依据。此外，研究还以安全韧性规划评估为例，集成了房屋建筑、重点区域、公共设施等方面的数据，形成辅助规划方案模块。这些模块有助于实现规划的高效实施与动态调整，确保城市在面对灾害时能够快速响应并恢复，提升城市整体的安全韧性。

技术创新点

首次提出融合多源数据的城市安全韧性要素空间分析方法，实现传统数据与新兴数据对于城市安全的互补性评估覆盖

研究了多灾种下城市安全韧性要素空间分析方法，突破了以往规划前期分析过程中偏于静态、对空间行为数据特征分析不足等问题；城市安全韧性要素识别与提取，充分融合城市安全大数据资源，有利于特征要素"平灾结合"安全韧性建设规划；基于大数据资源的城市安全韧性动态监测与体检评估，更新了综合防灾规划中风险评估技术方法，充分将物联网监测信息、人口—建筑—企业多源信息资源、GIS空间分析融入进来，为规划编制工作提供了强有力支撑；社会组织安全韧性研究工作，最大限度强调多种灾害之间依赖性、协调性和系统性，分析结果有效完善了从响应到适应，从短期到长期规划，特别是在公共空间与设施韧性提升策略方面形成新的结果。

科学提出新时期城市安全韧性规划编制技术手段，突破综合防灾规划框架，从总体规划、分区规划、详细规划层面提出增强韧性策略

建立了城市安全韧性规划编制体系方法，突破了已有公共安全规划与综合防灾规划思路，丰富了国土空间规划体系，从防灾减灾思路转化为提升城市防灾要素安全韧性特征。安全韧性空间规划内容的建立，有利于实现容灾备灾和防护隔离功能更强的空间系统；安全韧性设施规划内容的建立，有利于实现避难、救援、救治等设施的全覆盖和快速可达，提高城市应急救灾的均衡性；应急救援行动规划内容的建立，有利于从组织机构、信息系统和重建策略上引导灾时和灾后的救援与恢复重建过程的有效衔接。规划编制研究结果有利于实现各个片区相互关联，实现系统联系紧密，城市功能性更加重要，为"平灾结合"安全韧性城市规划建设奠定前期基础。

初步搭建城市安全韧性辅助规划决策平台与示范，有效将安全领域的多渠道数据—多参数模型—多目标场景做到有效集成

城市安全韧性辅助规划决策平台通过集成点、线、面的多维数据，构建了一个全周期的"应对—恢复—适应"安全韧性特征数据集框架。该框架以时间、空间、专业三个维度为基础，有效解决了政府在信息获取、社会共识形成、多部门数据整合以及静态规划思维上的局限。平台的指标库超越了传统灾害损失评估，更加注重承灾体的应对与恢复能力。通过极值标准化处理，解决了指标单位不一致的问题，使得区域、城市到社区不同空间尺度的综合防灾能力可以进行比较。模型库着重开发了基于安全韧性特征分区的公共设施空间布局技术方法，利用泰森多边形理论的评估模型，考虑了可达性与公平性，优化了设施布局。同时，结合了POI、公交地铁交通、职住人口等数据，进行了多角度、多层次的定量评估，以最大限度地融入人口空间分布和周边设施信息，从而全面提升城市安全韧性。

应用及效益情况

从科学技术来看，形成基于大数据技术的城市安全韧性规划方法、城市安全韧性空间管制与布局优化控制指标及成套技术方法，从城市管理科学方面完善了目前的防灾减灾技术，健全了智慧城市规划建设管理工作。特别在基于多源大数据城市安全韧性要素空间分析方法，平灾结合下城市安全韧性规划编制体系方法，城市安全韧性辅助规划决策平台与示范三项成果方面得到了较好凝练。

从产业预期来看，研究成果能够更好地应对安全突发事件，未来每个城市和部分县域建立起安全韧性城市的监测、评估信息平台，并编制完成相关的专项规划，该部分产业直接体现在信息化工程投资建设和后期运营及咨询服务方面。该项信息化工程涉及智慧感知、数据采集、网络供应、云计算等硬软件环境，因此能促后续进相关行业发展。从应用方面来看，研究成果在北京市南中轴安全韧性项目、雄安新区综合防灾规划等重点城市地区项目中进行示范。

从生态效益来看，该课题成果研究能够促进城市与自然环境的相互关系，对于科学有序利用空间资源提供良好的规划技术支撑。

（执笔人：徐辉、贾鹏飞）

城市低影响排水（雨水）系统与河湖联控防洪抗涝安全保障关键技术

项目来源："十三五"国家重点研发计划课题（城镇安全风险评估与应急保障技术研究项目）
项目起止时间：2016年7月至2019年6月　　主持单位：中国城市规划设计研究院
院内承担单位：城镇水务与工程分院　　院内主管所长：张全　　院内主审人：任希岩
院内项目负责人：孔彦鸿　　院内主要参加人：刘广奇、周广宇、徐丽丽
参加单位：长江水利委员会长江科学研究院、中国科学院遥感与数字地球研究所、浙江贵仁科技股份有限公司

研究背景

近年来，暴雨等极端天气对社会管理、城市运行和人民群众生产生活造成了显著的影响，提高城市排水防涝安全保障水平、保护人民群众生命财产安全已经迫在眉睫。

在此背景下，项目开展了基于低影响开发设施（LID）、传统城市排水系统与流域河湖水系联合调控进行防洪抗涝安全保障的技术研究，项目一方面研究上述各子系统之间的相互关联与影响，另一方面开展复杂系统联合调度研究，并在鹤壁、杭州、武汉等城市开展实地应用，切实指导各类型城市提高防洪抗涝应对水平和能力。

研究内容

研究城市分析下垫面与径流变化的相关性和城市低影响开发对城市排水系统的影响，构建城市低影响排水监测与评价技术体系；建立复杂下垫面影响下的城市内涝预测模型，预测低影响开发及河湖联控后城市内涝风险的演变趋势，优化城市河湖水系调控技术方法，建立城市低影响开发、排水管渠系统与河湖联控排水防涝的决策支持系统和多维仿真引擎，集成城市低影响设施、传统排水系统与排水防涝为一体的风险预警、风险评价、系统调度与控制等技术，搭建城市排水防涝综合管控系统平台并在典型城市进行应用，主要研究内容如图1所示。

技术创新点

项目首次提出了低影响开发对河湖水系蓄排涝水能力的关联关系模型，创新了城市典型下垫面高分辨率遥感快速提取与分析技术（精确度达到85%以上）。建立了基于低影响开发的城市排水系统监测与评价技术方法，首次提出了城市低影响设施在空间和尺度上的布局模式对内涝风险的影响。构建了低影响排水与河湖水系耦合进行联合调控的决策支持平台，实现了城市低影响开发、市政管渠系统以及内河水系设施（排江泵站、排涝河湖）联合

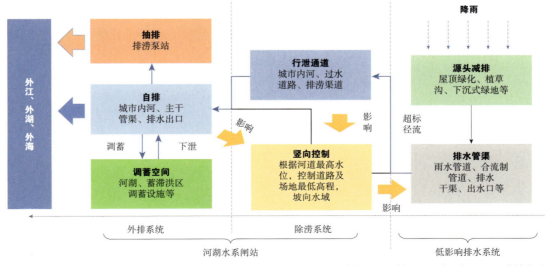

图1　城市低影响排水与河湖联控防洪抗涝模式图

调度，实现了城市内涝风险预测、风险评价、实时管控、优化调度的全过程管控体系，在杭州、鹤壁等城市的应用示范取得良好效果。

应用及效益情况

在项目示范地河南省鹤壁市，实地部署了城市排水防涝综合管控系统，包括降雨量、LID设施、市政排水管道、河道水质流量在线监测设备116套，开发了系统平台，可根据气象预报、在线雨量监测数据，精准推送防汛预案。2021年7月20日，河南特大暴雨鹤壁最大小时降水量51.1毫米，经过海绵城市建设和内涝综合管控平台应急调度，城区除个别地下车库进水外，主城区未造成洪涝灾害。

在项目示范地杭州市滨江区，项目成果城市排水防涝安全监控系统已整合进入滨江区政府"云上治水"平台。城市排水防涝综合管控系统平台通过搭建全流域排水防涝模型、接入实时雨水工情监测数据，构建了一套具备感知、决策、预警、调度、控制能力，可以全面监管辖区排水防涝安全的系统平台。

本课题的研究，支持制定国家标准、团体标准、地方标准共计5项，构建了与国际接轨的包含低影响开发、管渠系统和河湖水系联合调控进行系统治涝的技术方法，并陆续在10余个城市进行应用，为我国开展内涝治理、建设韧性城市提供技术支持。

（执笔人：刘广奇）

海绵城市建设与黑臭水体治理技术集成与技术支撑平台

项目来源：科技部"十三五"国家水体污染控制与治理科技重大专项课题
项目起止时间：2017年1月至2021年12月
院内承担单位：城镇水务与工程研究分院
院内主管所长：龚道孝
院内主要参加人：任希岩、周方、白静、周飞祥、桂萍、牛晗等
主持单位：中国城市规划设计研究院
院内主审人：孔彦鸿
院内项目负责人：张全
参加单位：中规院（北京）规划设计有限公司、中国市政工程华北设计研究总院有限公司、北京建筑大学、亚太建设科技信息研究院有限公司、上海市政工程设计研究总院（集团）有限公司、浙江贵仁信息科技股份有限公司、天津静泓投资发展集团有限公司

研究背景

随着我国城镇化进程不断加快，城镇水资源短缺、水环境污染、内涝灾害频发、生态环境恶化等问题日益凸显，已经成为制约城市高质量发展的重要因素。党的十八大以来，党中央、国务院高度重视水安全与水环境问题，将水安全保障和水环境保护作为生态文明建设的重要内容。习近平总书记强调要大力增强水忧患意识、水危机意识，明确提出要建设自然积存、自然渗透、自然净化的"海绵城市"。

针对我国海绵城市建设起步较晚，相关技术研究储备不足，存在规划设计、建设运维、监测评估标准体系不健全，技术适应性不充足，运行维护不到位，集成技术缺乏系统性、可推广性等现状问题，及水体水质季节性返黑返臭、面向水体质量长效保持和工程实施过程中技术参数不明确、工程整治完成后运维管理与效果评估严重不足等技术问题，为了形成我国海绵城市建设和城市黑臭水体治理的系列技术文件，科技部、住房城乡建设部在2017年国家水污染控制重大专项中设立了"海绵城市建设与黑臭水体治理技术集成与技术支撑平台"独立课题，开展技术集成工作。

研究内容

以支撑和服务于海绵城市建设和黑臭水体整治两项国家战略性任务为导向，针对整体规划、方案设计、工程实施、运行监管、评估考核工作中面临的技术难题，系统梳理总结并集成海绵城市规划设计、建设和运营维护的关键技术，建立相关集成技术及工程技术案例库；通过典型海绵城市建设技术应用实证，开展海绵城市建设分析模型构建技术研究和经济技术评估方法研究，编制海绵城市规划设计手册；研究制定各类海绵城市设施的验收评价标准和成片海绵城市区域验收评估技术指南；研究提出海绵城市建设全生命周期监测评估技术方法，提出海绵城市运行管理机制；梳理总结城市黑臭水体治理工程技术，研究开发不同技术组合及模拟模型，形成城市黑臭水体治理集成技术；选择典型城市，开展黑臭水体污染源动态解析、治理技术方案编制及经济技术评估方法研究，形成技术方案编制技术指导手册；开展城市黑臭水体整治工程实施与验收评估技术方法研究，建立相应的评估和管理指标体系；研究并构建适合城市黑臭水体治理整体打包的投融资模式；结合行业管理需求，分别开发"国家—省—城市"三级海绵城市信息管理系统、城市黑臭水体治理信息及评估监管系统，构建网络平台并建立保障可持续运行的管理体制与协调机制。

课题开展了海绵城市规划设计、建设和运营维护的关键技术研究和技术应用实证，提出海绵城市建设全生命周期监测评估技术，研究成片海绵城市区域的验收评估技术，开展海绵城市建设经济技术分析，提出海绵城市运行管理机制；提出黑臭水体污染源动态解析和整治技术方案编制方法，开发城市黑臭水体整治技术组合与模拟模型，建立不同特征的城市黑臭水体整治集成技术，研究黑臭水体治理和城市水环境质量提高的评估和管理指标体系，构建适用于黑臭水体整治整体打包的投融资模式，开展黑臭水体治理经济技术评估；建立海绵城市建设、黑臭水体治理的关键技术与案例数据库，构建国家海绵城市建设和黑臭水体治理监管平台，研究保障业务化运行的管理体制和协调机制。通过课题研究，形成以下成果：

1. 集成技术2套

（1）形成海绵城市建设集成技术1套，技术长清单1份

形成涵盖规划设计、建设运维、监测评估的技术长清单1份。从海绵城市建设工作实际需求和规建管程序出发，形成了包括海绵城市建设技术指南、海绵城

建设相关模型应用条件和关键参数率定成果，海绵城市建设施工图审查要点，海绵城市相关设施施工验收和运行维护标准，海绵城市建设技术标准体系及相关标准修订建议等内容的成套技术。

（2）形成城市黑臭水体治理集成技术1套，技术长清单1份

构建涵盖污染源动态解析、规划设计、评估考核到长效监管全过程的城市黑臭水体治理与水质长效保持成套技术的长清单1份。其中，按城市黑臭水体治理工程实施流程，成套技术主要包含城市黑臭水体整治方案编制技术、整治工程实施技术、水体监测预警与运维技术、水体验收评估与监管技术四个子技术系列。

2. 技术标准

课题研究过程中，编制完成了标准规范手册8部，并已被颁布实施或被相关管理部门采纳。

（1）《海绵城市规划设计手册》（待出版），已作为北京、杭州等地方主管部门培训材料进行发布，并在海绵城市示范城市专项规划修编和各类型项目中得到应用。

（2）《城市黑臭水体整治技术方案编制技术指导手册》（T/CECA 20004—2021），技术措施与管理对策已在天津、江苏、江西等地黑臭水体整治工程中应用。

（3）《海绵城市监测技术指南》，该技术指南由中国城镇供水排水协会发布实施，并由住房和城乡建设部指定作为各城市开展实施效果评估的参考依据，在国家海绵城市建设2019年、2020年的自评估工作中得到广泛采纳和应用，并进一步提升为国标《海绵城市建设监测标准》。

（4）《海绵城市监管技术指南》（建议稿），通过行业主管部门组织的专家评审，并作为常德、鹤壁海绵城市建设指导文件进行应用。

（5）《成片海绵城市区域验收评估技术指南》（T/CECA 20017—2022）已颁布。

（6）《城市黑臭水体整治工程实施技术指南》（已出版），并通过国家行业主管部门组织的评审。

（7）对《室外排水设计规范》（GB 50014）提出落实海绵城市建设技术要求的修改建议清单，在《室外排水设计标准》（GB 50014—2021）中得到采纳并已经颁布实施。

（8）提出《室外排水建设规范》研编内容，并通过行业主管部门组织的专家评审。

3. 业务化平台建设

国家海绵城市建设监管平台，是一个集建设监管与经验推广于一体的全国性共享平台，主要包含海绵城市统计评价、技术库、案例库、产品库、数据库和信息填报六个模块。监管平台实现了城市一级的海绵城市基本信息填报、技术文档和案例项目资料上传入库，省级和国家统计信息及评价等功能，实现了国家海绵城市建设试点及其他城市优秀案例、本科研课题集成的海绵城市建设集成技术系列和技术长清单信息共享。国家黑臭水体治理监管平台，进一步完善原监管平台的信息填报模块，新增信息采集功能；增加黑臭水体整治评估模块，对已进入整治评估阶段的黑臭水体全过程采集水质分析检测报告及结论、公众调查报告、完工证明材料、整治工程实施记录及水体整治前后效果对比资料、长效机制建立和履行情况等；强化统计分析功能，实现国家—省—市三级对黑臭水体基础信息、季报信息、月报信息、周报报送信息、监督核查信息、治理情况等统计评价。

技术创新点

突破了3项关键技术：

1. 海绵城市建设中不同历时降雨特征下雨峰、雨量控制评估关键技术

提出典型年的降雨筛选方法，针对合流制排水体制溢流问题、分流制排水体制区域的雨水初次冲刷污染问题，筛选中、小降雨的典型过程方法，针对排水和内涝问题提出大雨和大暴雨降雨过程分析方法。根据长短历时降雨特征，通过地表下垫面低影响开发设施调整、排水管网提标改造、设置调蓄空间，大区域在以上基础上再进行河湖联调等组合方式，不同历时特征下降雨径流雨峰的控制评估和降雨径流过程的雨量径流总量控制评估方法。

2. 海绵城市建设片区建设效果评价关键技术

明确了评价对象为城市建成区的海绵城市建设片区，构建了片区效果的评价流程。针对片区海绵效果，建筑小区、停车场与广场、公园与防护绿地项目有效性，路面积水与内涝及径流污染控制、水体质量控制、生态格局与岸线保护，系统运维、公众满意度等14个一级指标及其项下细分指标提出了具体的评价要求。明确了海绵城市评价指标的数据获取、核实、综合评价的方法。

3. 城市黑臭水体治理及水质保持污染源识别与动态解析关键技术

构建了基于城市黑臭水体特征的污染源识别与分类方法，对污水直排、合流制溢流、分流制雨水、底泥、岸带垃圾、上游或直流来水等11类污染源进行识别；重点关注底泥内源污染夏季释放、雨季的降雨污染、干湿沉降污染的季节性变化等方面，形成基于不同污染源的时空规律的污染负荷量化方法；基于污染物汇入、迁移、扩散和转化规律，结合天津前进渠技

术实证，建立污染源削减控制与水质响应关系数值模拟方法。

应用及效益情况

1. 海绵城市建设技术（应用）实证

对杭州市不低于25%建成区达到75%降雨就地消纳和利用提供技术指导与支持。在规划设计、建设施工、监测评估和模型应用等方面开展多种项目技术实证，实现技术应用实证项目29个，实证区面积达到5.2平方千米，并协助杭州市2021年成功入选国家系统化全域推进海绵城市建设首批示范城市。

2. 黑臭水体治理技术（应用）实证

在天津静海、江苏淮安等城市，开展了水体污染源控制技术、水动力改善技术、水生态系统恢复技术、水体旁路治理技术和其他问题技术等16项城市黑臭水体治理工程技术产品效能应用实证，经过天津市静海前进渠、淮安市洪泽区和平沟与洪新河三个治理技术应用实证，城市水体ORP、水体DO、透明度等指标均达到《城市黑臭水体治理工作指南》指标要求，达到城市黑臭水体整治工程实施与验收评估技术指南的考核要求，技术产品与应用实证的河道长度达到11.5千米。

此外，课题成果在北京、上海、天津、武汉、厦门、南宁、珠海、遂宁、池州等国家海绵城市试点中得到充分应用和借鉴，各城市根据课题成果形成了地方相关系列标准和技术指南。

支撑了住房和城乡建设部《关于开展海绵城市建设试评估工作的通知》（建办城函〔2019〕445号）提出的任务，实际应用于全国600多个城市海绵城市建设评价过程，并作为第二批国家级海绵城市建设试点城市验收及绩效考核工作的主要考核标准及依据。课题成果在2021年国家系统化全域推进海绵城市建设示范城市申报的实施方案编制中得到广泛应用。

支撑了《城市黑臭水体治理攻坚战实施方案》的编制，支撑了黑臭水体治理60个城市的技术方案制定和整治工程推进等工作，全面支撑了2018~2020年国家黑臭水体整治工程效果评估工作。

课题形成的海绵城市规划、评估和运行管理集成技术，城市黑臭水体整治和监控集成技术，以及海绵城市和黑臭水体治理综合监管平台，直接支撑了水专项标志性成果"城镇水污染控制与水环境综合整治整装成套技术"的技术集成。

课题成果也在全国"十三五""十四五"海绵城市建设推进工作和截至2020年全国2914条黑臭水体治理工作中得到有效广泛应用和综合实施。

（执笔人：周方）

试点区域多尺度海绵城市建设空间布局技术及海绵城市监测与管理平台方案构建

项目来源：科技部"十三五"国家水体污染控制与治理科技重大专项子课题（天津海绵城市建设与海河干流水环境改善技术研究与示范项目）
项目起止时间：2017年1月至2021年6月　　　　主持单位：中国城市规划设计研究院
院内承担单位：城镇水务与工程研究分院　　　　院内主管所长：龚道孝
院内主审人：任希岩　　　　　　　　　　　　　院内项目负责人：吕红亮
院内主要参加人：吴岩杰、于德淼、熊林、李智旭、肖月晨、张中秀、唐宇、李晓丽、白静、刘云帆

研究背景

当前基于目标效果导向的海绵城市建设空间布局优化技术研究和应用仍处于起步阶段。2016年天津市成功申报成为第二批国家海绵建设试点城市，建设期内试点区项目变化频繁，对试点建设目标可达性带来巨大挑战，同时也为海绵建设指标在多个管控层级之间的传导效应研究提供了研究基础。在此背景下，本课题对试点区域多尺度海绵城市建设空间布局优化技术和海绵监测与管理平台构建方案进行了深入研究。

研究内容

完成试点区域多尺度海绵城市建设空间布局优化技术研究。在试点片区层面，研究建立影响因子指标体系，采用将容积法和模型计算法相结合的方式，将目标指标分解至各排水分区，解决指标指导性不强、落地可行性较差的问题。在典型地块层面，通过分析LID-BMPs技术适配性，构建了措施初选决策库，结合试点区设计降雨、实测降雨、地表产汇流条件、本底污染物浓度和污染物削减能力，对不同地块内不同布局方案下的降雨径流和径流污染物控制过程进行模拟和计算，利用径流控制目标、成本的多目标优化方法，提出不同典型地块下的LID-BMPs空间优化方案。在中尺度（排水分区/管控单元）层面，以地块内LID设施组合研究结论为基础，建立以海绵管控单元为依托的"中尺度"海绵城市建设与典型地块内LID耦合模型，研究地块设施调整与片区目标变化的传导性，并通过建立以中尺度为依托的海绵城市建设管控软件，实现了对建设过程中的片区海绵城市建设方案优化。

完成试点区海绵监测与管理平台构建方案研究。从建设需求角度出发，研究形成了覆盖建设、验收、移交和运营维护全生命周期的项目平台管理方案；结合监测管理需求，构建了以排水分区为单元的海绵城市监测管理体系；构建了海绵模型评估方案，形成了方案设计阶段自动审查评估技术；构建了公众反馈与部门决策支持方案，为公众和相关部门的信息交互提供服务。

技术创新点

关键技术包括：形成适合高地下水位弱透水区域的LID-BMPs及空间布局优化关键技术。研究通过对解放南路地区海绵城市建设在试点区层面、排水分区层面（中尺度）、地块层面的指标和海绵设施组合方式的研究，提出了在试点区层面进行约束指标管控、确定海绵设施空间布局的总体原则和技术方法，在排水分区层面进行布局优化调整的技术措施，以及在地块层面进行LID—BMPs组合优化的技术方法。

创新点包括：创新构建了耦合不同空间层级的中尺度规划实施指引技术，率先将成本—效益多目标优化方法应用于地块LID-BMPs空间布局方案设计，并创新开发了易用性强、具备动态反馈特征的海绵城市规划建设管理决策工具。

应用及效益情况

多尺度空间布局优化技术在天津市海绵城市试点城市建设的过程中，对于试点片区层面、中尺度的管控分区层面以及典型地块层面均得到了较好的应用，对天津市成功通过海绵城市建设试点城市验收起到了关键作用。同时，本课题产出了片区系统化实施方案、区域海绵指标管控优化软件、地块项目设计方案等成果，应用于《天津市海绵城市建设技术导则》编制。

海绵城市监测与管理平台构建方案研究成功应用在天津市海绵城市试点区解放南路片区和生态城片区，辅助两个试点片区平台搭建。通过平台对监测数据收集、存储和处理，减少了城市在水安全、水环境方面面临的风险。

（执笔人：吴岩杰）

海绵城市建设技术防洪排涝效果评价方法研究

项目来源：科技部"十三五"国家重点研发计划子课题（我国城市洪涝监测预警预报与应急响应关键技术研究及示范项目）
项目起止时间：2018年1月至2021年6月　　**主持单位**：中国城市规划设计研究院
院内承担单位：城镇水务与工程研究分院　　**院内主管所长**：龚道孝
院内主审人：莫罹　　**院内项目负责人**：陈利群　　**院内主要参加人**：周长青

研究背景

全球变化背景下，极端天气事件频发，城市暴雨洪涝增多趋强。近十年，我国年均受暴雨洪涝灾害影响严重的城市达160个以上。开展城市洪涝灾害研究，对于保障国家水安全，支撑经济社会可持续发展具有重要科学意义和适用价值。

该课题的主要目的在于提出城市洪涝灾情全过程快速定量评估方法，提出城市洪涝风险识别、评估与区划技术，建立海绵城市洪涝防治关键技术及效果评价体系，以及城市洪涝灾害风险管理与应急综合管理技术体系。

研究内容

专题1"城市内涝成因及对策研究"

确定我国城市内涝发生的基本特征；确定不同类型城市内涝成因及内涝防治对策。总结我国海绵城市建设核心技术体系，重点调研海绵城市建设中城市内涝防治的技术与方法，形成总结报告。

专题2"基于海绵城市的城市内涝治理技术研究"

研究低影响开发设施、城市调蓄水体、城市管网对内涝的防治作用；研究低影响开发设施、城市管网、内涝调蓄设施的内涝防治的组合技术。选取典型城市，对滞蓄排技术防洪效果进行定性定量评价，提出典型城市防洪治涝排水的措施建议。

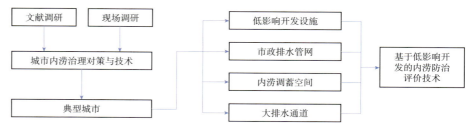

图1　技术路线图

技术创新点

专题研究提出海绵城市建设多层级、定性、定量的内涝评估技术方法，包括构建了基于海绵城市建设方案的定性评估方法，建立了源头低影响开发设施排水防涝技术参数，提出了与内涝成因复杂程度相匹配内涝治理定量评估模型。

关键技术包括：构建多尺度源头低影响开发设施内涝减缓评估技术。基于监测、模型评估，建立项目级、排水分区级低影响开发设施的城市内涝治理效果评价技术。源头低影响开发设施（植草沟、雨水花园、透水铺装、绿色屋顶等）降雨径流监测表明，源头设施通过峰值削减和径流时间的延长，显著地减缓了项目汇水区域内涝问题，实现了"小雨不积水、大雨不内涝"。以监测数据为基础，建立城市低影响开发设施内涝评估模型，结果表明源头低影响开发设施对排水分区内涝有明显的减缓作用。

创新点包括：提出基于低影响开发设施的城市内涝防治综合评价技术，建立了基于定性评估、模型评估的综合评估技术方法。定性评估海绵城市内涝控制方案合理性，内涝控制系统有机衔接性；建立了源头低影响开发设施内涝削减的快速评估技术；针对较为复杂成因的内涝积水点，建立海绵城市排水防涝模型，系统评估海绵城市建设内涝防治成效。

应用及效益情况

本课题研究成果在北京、常德、济南、深圳等典型城市进行深入应用，运用课题研究成果建立了集监测、评估、模型、技术导则等于一体的海绵城市评估技术；在其他示范城市则应用评估技术对海绵城市建设进行了评估，提出了海绵城市建设建议。

本课题组积极开展技术咨询服务，在常德、深圳等城市开展海绵城市建设全过程技术咨询，为推进海绵城市建设提供技术支持。为进一步推广本课题的研究成果，课题组出版了《南方典型海绵城市规划与建设——以常德市为例》《城市洪涝灾害综合防控体系研究》等专著2部。

（执笔人：陈利群）

城市旱灾风险评估、应急供水规划及抗旱应急预案制度关键技术

项目来源：科技部"十三五"国家重点研发计划子课题（旱情判别与应急抗旱关键技术及装备研发项目）

项目起止时间：2018年12月至2022年3月　　　主持单位：中国城市规划设计研究院
院内承担单位：城镇水务与工程研究分院　　　院内主管所长：龚道孝
院内主审人：任希岩　　　　　　　　　　　　院内项目负责人：李帅杰
院内主要参加人：粟玉鸿、范锦、雷木穗子、李宗浩

研究背景

旱情判别与旱灾风险评估技术正向基于多元数据应用和基于物理机制的数学模型方向发展，我国尚未形成能够在不同区域适用的判别技术与评估技术集成体系；国内外城市旱灾应急管理领域的研究主要集中在灾前保护、灾中响应和灾后恢复三个方面，目前国内正按照长效措施、应急措施、响应与恢复三类措施推动韧性体系发展，综合通过长效机制和应急保障体系建设，提升城市对旱灾的适应与应对能力。综上，本课题梳理城市旱灾相关技术发展现状，对核心技术问题进行分析，提出有效系统集成城市旱灾风险评估、应急供水规划以及抗旱应急预案编制等三项关键技术的研究目标，形成各有着重的技术体系，且在各类技术间可递进应用的关键技术。

研究内容

1. 城市旱情的判别方法

通过对比国内外旱情判别的技术方法和发展趋势，提出能综合表现旱情特征和旱灾风险的指标体系。基于城市旱灾信息获取关键技术，提出城市旱灾信息筛选方法，研究城市旱情综合判定的技术方法。

2. 城市旱灾风险评估技术

基于旱灾快速诊断与判别技术等研究成果，筛选能够表征城市旱情的特征指标；根据灾害风险系统各要素互相作用的机制，以实验调查、统计模型、机理模型、情景模拟等方法，定量评估城市旱灾风险，开展城市旱灾等级划分研究。

3. 应急供水规划和雨水利用规划

基于风险管理理念，构建以防灾减灾效益最优为目标的城市应急供水规划技术体系，并选择我国干旱区代表城市开展应急供水与雨水利用规划应用示范，借助于风险评估技术，科学地为城市制定应急水源、应急供水工程、雨水利用措施等系统化规划方案，提高城市应急供水保障率。

4. 城市抗旱应急预案制定的关键技术研究

结合城市在居民生活、生态系统维护、经济职能正常运转等三个层次的保障需求，针对应急供水规划及工程措施的响应、分级供水保障以及城市抗旱防灾功能长效发展等机制的制定，开展关键支撑技术研究。

技术创新点

关键技术包括：提出城市旱情信息筛选方法和判别技术，制定城市旱灾判别指标体系，构建城市旱灾风险评估标准；引入旱灾损失风险曲线评估技术，提炼用于旱灾发展期间的风险源与风险承受体动态系统量化分析方法体系，绘制旱灾损失风险曲线簇；引入稳健性分析方法，通过以效益目标和高可靠性为综合约束条件的规划方案编制研究实践，寻求适用于我国干旱地区的城市应急供水规划编制技术；基于城市不同安全保障要求，运用旱灾风险管理理念，分别对应急预案的防灾工程与非工程措施分级响应、城市功能分类保障等关键机制的支撑技术开展研究。

创新点包括：通过旱灾风险基本概念和旱灾风险识别研究，结合水分变异程度、干旱发展过程、干旱空间差异等指标，提出城市旱灾信息筛选方法，研究城市旱情综合判定的技术方法；引入旱灾损失风险曲线评估方法，针对变化中的旱灾风险源和风险承受体进行不确定性意义下的动态系统量化分析，绘制旱灾损失风险曲线簇；引入稳健性分析工具，通过以效益目标和高可靠性为综合约束条件的规划方案编制研究实践，寻求适用于我国干旱地区的城市应急供水规划编制技术；基于城市不同安全保障要求，对城市抗旱应急预案编制支撑技术开展研究，运用旱灾风险管理理念，分别对应急预案的防灾工程与非工程措施分级响应、城市功能分类保障等关键机制的支撑技术开展研究。

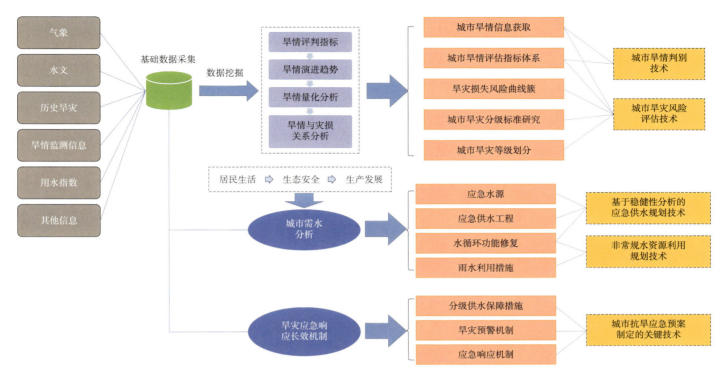

图1 技术路线图

应用及效益情况

本课题在旱灾风险评估指标体系、应急供水技术方法、雨水资源利用管控技术以及雨水利用设施布局方法、应急预案的编制技术等方面，形成适应于我国干旱地区城市所需的风险评估、规划体系以及应急管理等整套的集成技术，技术成果有效填补了当前领域的体系空白，完善了以"防灾—抗灾—救灾"为核心的旱灾全过程管理体系。本课题在我国鄂尔多斯市开展示范应用，有效利用城市多元化数据，为城市提供了旱灾风险区划、应急配水管线体系以及应急响应规程等示范成果。课题经过专家组验收，评定为适用于我国城市现状和未来的发展需求，具有广阔的应用前景。

（执笔人：李帅杰）

面向自然灾害应对的雄安防灾能力提升策略研究

项目来源：国家自然科学基金委员会
主持单位：中国城市规划设计研究院
院内主审人：孔彦鸿
院内项目负责人：王凯
参加单位：清华大学
项目起止时间：2017年11月至2018年11月
院内承担单位：城镇水务与工程研究分院
院内主管所长：龚道孝
院内主要参加人：陈志芬、王成坤、王川涛、高均海、殷会良

研究背景

2017年4月1日，中共中央、国务院决定设立河北雄安新区。这是继深圳经济特区和上海浦东新区之后又一具有全国意义的新区，是"千年大计、国家大事"。规划建设雄安新区，是疏解北京非首都功能一个非常重要的举措，具有重要的现实价值和深远的历史意义。雄安新区位于京津冀地区核心腹地，由河北省保定市所辖雄县、容城、安新3县组成，在建设、运行、发展阶段将面临从农村到城市的巨大转变，必然带来较大的自然孕灾环境变化。伴随着人口迁移和聚集，人口密度、建筑密度、经济密度增大，承灾体复杂性增强，将面临更多、更不确定的自然灾害影响，需要对雄安新区自然灾害防灾能力提升进行系统研究。本项目作为国家自然科学基金委员会管理科学部2017年第4期应急管理项目"安全韧性雄安新区构建的理论方法与策略研究"的子课题1，基于对雄安新区未来发展多情景及自然灾害影响不确定性的识别和分析，建立新区自然灾害用地和基础设施布局空间管制、防灾标准制定、综合救援设施布局的优化方法，提出新区自然灾害安全韧性策略，并研究安全韧性策略与新区城市防灾规划的有机融合方法。项目研究成果将为雄安新区规划、建设、运行全过程的自然灾害应对和安全韧性能力提升提供技术支持。

研究内容

1. 自然灾害风险识别与评估

地震：新区位于华北平原北部地震活动相对较弱地区，核心区内抗震设防烈度为Ⅶ度，新区所在地区构造活动强度一般，适宜城市建设。历史记载到的最大地震影响烈度为Ⅶ度，由1679年三河—平谷8级地震和同年的雄县5.8级地震造成。新区应考虑牛东断裂、徐水南断裂的影响，以及当地土质较软对地震波的放大作用。

洪水：据统计，近三百年来，流域共发生洪水11次（1653年、1654年、1668年、1801年、1871年、1890年、1917年、1939年、1956年、1963年、1996年），造成极大损失。新区所在大清河流域洪涝灾害频发。全球气候背景下，新区面临年平均气温升高，年降水总量下降趋势，由此造成水资源短缺风险。极端气象灾害频发，预测2025~2033年极端降水总量所占比重将增加近10%；2071~2100年，极端降水贡献率将比1961~1990年增加15%~30%，京津冀地区面临洪涝灾害高风险。

其他自然灾害：雄安新区蓝绿空间占比70%，未来将面临森林火灾风险。同时，根据历史灾害资料显示，新区还面临风灾、冰雹、雷暴等自然灾害风险。

风险评估：采用FEMA的综合风险评估方法，对新区主要自然灾害进行综合打分，结果表明洪水、地震是新区高风险自然灾害。随着新区大规模生态空间建设，芦苇火灾、森林火灾等野火风险不容忽视。

2. 洪水灾害韧性布局策略研究

从流域特征和区域安全保障，构建流域—新区—建设区三级洪涝滞蓄空间体系。流域层面，保障流域蓄滞空间骨架；新区层面，构建雨洪调节系统和水生态净化系统；城市层面，集成自然水渠、坑塘、雨水花园，减缓内涝，雨洪利用。基于未来气候变化趋势，考虑极端暴雨洪水风险和水资源短缺风险，在韧性原则指导下营建城市，变单一的洪水控制为综合的雨洪管理，在保障防洪排涝安全的同时，实现水资源的高效利用。

3. 抗震防灾标准优化研究

我国采用小震、中震、大震三水准抗震设防思想，分别对应重现期为50年、475年、2500年定义多遇地震、基本地震和罕遇地震，基本地震动参数约为罕遇地震动1/2。美国采用2500年重现期作为罕遇地震，并以罕遇地震的2/3作为基本地震动。日本全国采用的抗震设防标准基本相同，基本地震动峰值加速度0.3~0.4g。我国抗震设防标准低于美国和日本。因此，有必要研究雄安新区抗震设防标准。

选择我国城镇建筑中典型的框架和剪力墙结构两种类型，分别考虑设防标准从

图 1　城市雨洪利用空间结构图

Ⅶ度提高到Ⅷ度、Ⅷ度半情景，模拟分析各情景的经济投入和减灾效益。从经济投入分析，抗震设防标准从Ⅶ度提高到Ⅷ度、Ⅷ度半，框架结构建筑的结构造价每平方米分别增加 203 元、630 元，相当于结构造价增加 8%、25%；剪力墙结构建筑的结构造价每平方米分别增加 142 元、299 元，相当于结构造价增加 6%、12%。从抗倒塌性分析，Ⅶ度设防情景，模拟建筑中框架结构抗倒塌能力偏低，Ⅷ度和Ⅷ度半设防抗倒塌性均有较大提升。采用美国联邦应急管理署（FEMA）方法从减灾效益分析，当遭遇Ⅷ度地震影响时，抗震设防烈度为Ⅶ度情景，模拟建筑中框架结构和剪力墙结构建筑的经济损失分别为 13%、10%，修复时间 180 天、23 天；抗震设防烈度为Ⅷ度，模拟建筑中框架结构和剪力墙结构建筑的经济损失约 2%~6%，修复时间约 3~15 天。

4. 消防站优化布局

随着我国消防救援体制改革推进，消防救援向全灾种、大应急转变，消防队伍肩负城乡火灾、自然灾害等事故灾难救援任务。因此，优化消防站布局，有利于提升消防安全和自然灾害综合救援能力。立足新区特点，分析多重因素。深入分析新区火灾风险及自然灾害风险识别与评估结果，面向综合救援需求布局消防站。结合新区规划发展变化，充分考虑区域交通组织结构提升、城市窄路密网空间结构以及城市智慧交通系统建设对交通可达性的影响，分区模拟消防车行车速度。兼顾政府公共财政在消防救援多个环节的投资分配，考虑保留现状设施基础上不同投资规模的消防救援效率。在上述分析基础上，建立位置集合覆盖模型，确定覆盖全域所需消防站的最小数量 N，利用最大集合覆盖模型从现状消防站数量 M 到 N 逐一遍历计算，研究不同消防站数量的覆盖率变化。

美国消防标准提出消防站 5 分钟可达覆盖率 90% 原则，我国消防站建设标准明确按照消防队接警后 5 分钟到达辖区边缘为原则布局，与美国标准一致。项目选取与雄安新区容城组团具有相似结构的城市模拟片区，利用 GIS 空间分析和优化模型计算，结果表明，在保留现状 2 座消防站的基础上新增 4 座消防站，即共规划建设 6 座消防站，可实现消防救援 5 分钟覆盖率 90%。但若要实现 100% 覆盖率，则需要新增 9 座消防站，即共规划建设 11 座消防站。

技术创新点

1. 基于震害模拟，综合分析不同设防标准的成本和减灾效益，优化抗震设防标准

针对我国城镇建筑典型的框架和剪力墙结构两种类型，利用 PKPM 软件进行建筑结构设计测算结构造价，采用美国联邦应急管理署（FEMA）分析方法，通过计算机模拟，考虑新区抗震设防烈度为Ⅶ度、Ⅷ度、Ⅷ度半，遭遇不同地震灾害影响情景，综合分析模拟建筑的结构抗倒塌系数、经济损失和修复时间，结果表明，将雄安新区抗震设防烈度提高到Ⅷ度，增加可接受的经济投入，可获得较好的减灾效益。

2. 立足消防安全和自然灾害综合救援需求，提出新区消防站优化建设新模式

基于新区自然灾害风险和规划发展，考虑不同路段差异化行车速度的交通可达性，在保留现状设施基础上新增设施，通过位置集合覆盖模型和最大集合覆盖模型组合计算，提出雄安新区兼顾费用效益和安全底线的消防站优化建设模式。

应用及效益情况

（1）形成研究报告《雄安新区典型建筑及基础设施抗震设防水准与减灾效益分析》。报告从提高抗震防灾标准的投资成本、抗倒塌性、减灾效益三个方面，进行不同抗震设防标准的投入产出效益定量分析。结果表明，将新区整体抗震设防烈度从Ⅶ度提高到Ⅷ度，生命线系统提高到Ⅷ度半，能在可接受的成本下，极大地提高城市的抗震防灾能力和灾后恢复重建能力。项目团队及时对接《河北雄安新区总体规划》，为规划编制提供支撑和建议。2018 年 4 月 20 日，中共中央和国务院批复的《河北雄安新区规划纲要》第九章第三节明确提出："提高城市抗震防灾标

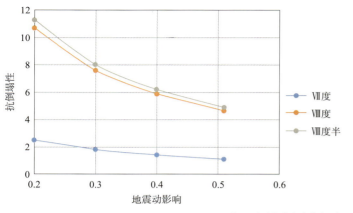

图 2　抗倒塌性能分析图

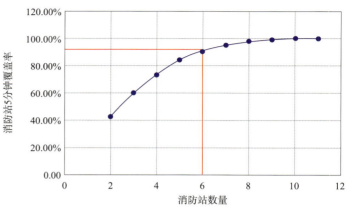

图 3　消防站建设数量与覆盖率分析图

减灾效益分析表　　　　表1

结构类型		框架		剪力墙	
设防烈度		Ⅶ度	Ⅷ度	Ⅶ度	Ⅷ度
造价变化		0	203元/m²	0	142元/m²
Ⅷ度地震情景	经济损失	13%	2.30%	10%	6%
	修复时间	180天	3天	23天	15天
Ⅸ度地震情景	经济损失	100%	22%	18%	22%
	修复时间	180天	41天	52天	41天

准。新区抗震基本设防烈度Ⅷ度。"

（2）形成《关于提高新区抗震防灾标准、建设新区抗震韧性城市的建议》，为新区安全发展建言献策。针对《河北雄安新区规划纲要》关于提高抗震防灾标准的要求，以及新区建设用地功能复合、地上地下立体开发、生命线系统庞大复杂等特点，建议进一步细化工程抗震防灾标准，制定适宜新区发展的工程抗震设计指南，开展新区存量建筑提高抗震防灾标准的工程、技术、措施等研究，建立新区抗震韧性定量化评价机制，采用多种工程抗震设防技术多措并举，实现新区抗震基本设防烈度Ⅷ度的目标，建设新区抗震韧性城市。2018年9月20日报送至河北雄安新区管理委员会，受到河北雄安新区管理委员会有关领导的关注。

（3）项目提出的新区消防站优化建设新模式应用于《河北雄安新区消防专项规划》，指导新区建立面向消防安全和自然灾害综合救援需求的消防安全体系，基于城市智慧交通和窄路密网空间布局，兼顾费用效益和安全底线优化消防站布局。项目关于优化抗震设防标准的研究为雄安新区制定抗震设防标准提供科学依据，容东、容西、雄东、启动区等新建片区均执行"新区抗震基本设防烈度Ⅷ度"的要求。

（执笔人：陈志芬）

基于避难人口预测的城市应急避难场所选址规划模型研究

项目来源：国家自然科学基金委员会
主持单位：中国城市规划设计研究院
院内主管所长：谢映霞
院内项目负责人：陈志芬
参加单位：中国地震应急搜救中心

项目起止时间：2012年1月至2014年12月
院内承担单位：城镇水务与工程研究分院
院内主审人：朱思诚
院内主要参加人：王家卓、邹亮

研究背景

我国是受地震灾害影响最严重的国家之一，几乎所有的省、自治区、直辖市在历史上都遭受过5级及以上地震的影响，大陆地区位于7度及以上的地区面积占全国大陆总面积达到51%，其中Ⅶ度及以上地区面积达到18%。我国大陆地区2860座主要城镇中，位于Ⅶ度及以上地区的城镇1614座，占大陆地区城镇总数的55.43%，其中Ⅷ度及456座，占比15.94%。随着城镇化进程加快，人口不断向城镇集中，未来我国Ⅶ度及以上地区内集中的人口总量将不断加大，地震灾害导致的人口和房屋损失也将随之增大，导致大量避难人员需要救助安置。因此，迫切需要做好应急避难场所选址规划和建设工作，提升城市安全韧性能力。本项目受国家自然科学基金青年基金资助，研究避难人口预测方法，并基于避难人口预测建立应急避难场所优化模型，提出模型规划使用技术流程。

研究内容

1. 基于地震灾害案例调查，分析避难过程随时间变化特征，建立应急避难场所层次结构

项目调研收集了汶川、玉树地震及日本灾后避难过程案例及应急管理经验，分析了地震灾害避难过程随避难时间推移表现出的层次性特征。

第一阶段，地震灾害发生后至1天左右，避难者从建筑内快速到达附近的避难场所紧急避难，通过邻里会面、集合，形成避难人员群体等待进一步救助和安置，物资需求主要为干粮和纯净水。

第二阶段，随着时间推移，越来越多的避难者将涌向避难场所，为了防止就近而来的避难者高度集中后引起混乱，需要对避难者进行组织和管理。对于较小规模的避难场所，需要组织避难者尽快转移、疏散到更具规模的避难场所进行短期避难，时间约一周。这一阶段的物资需求除干粮和纯净水外，还需要帐篷、被褥、卫生防疫物资等。

第三阶段，地震一周后，紧急救援工作基本结束，主要基础设施系统功能恢复，政府工作重心转为恢复重建，绝大多数避难者返回家中，仍有少部分人员，如房屋严重破坏或担心余震、次生灾害影响的避难者仍需中长期避难，避难时间可达一个月以上。这一阶段，避难者对避难生活的品质要求提高，需要熟食、水果及卫生盥洗、娱乐交流等物资和设施设备。与此同时，政府开始选址新建临时安置房，并逐步将避难者转移至临时安置区进行更长时间的固定安置。

基于避难需求的层次特征分析，建立了临时、短期、中长期三级应急避难场所层次结构，且应急避难场所的层次结构特征具有嵌套、多样流等特征，即高等级的避难场所同样具有较低等级避难场所功能，避难人员可以在紧急避难阶段就获得中长期避难服务。

2. 基于建筑震害矩阵及城市规划用地指标分析，建立了避难人口快速预测的简便方法

地震灾害避难人数与避难比例和总人数有关，而避难比例与建筑的地震破坏情

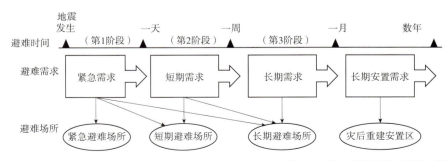

图1 应急避难场所层次结构示意图

况有关。传统的避难人口经验预测方法需要预测不同破坏程度建筑的面积，并统计城市人均居住面积等指标，计算过程复杂，且不适用于城市小尺度空间单元避难人口预测。本项目提出了基于震害矩阵的建筑震害避难率指标，梳理了用地类型、建筑高度与建筑易损性结构分类的关系表，建立了如下避难人口比例预测模型：

建筑震害避难率表　　表1

易损性结构	震害情景（地震烈度）	建筑震害避难率 E（%）			
		6度设防区	7度设防区	8度设防区	9度设防区
A类	6	0.00	0.00	0.00	0.00
	7	3.50	1.40	0.70	0.00
	8	17.53	8.84	3.50	3.50
	9	31.67	26.35	13.98	6.95
	10	59.48	49.85	38.00	26.07
Ⅰ类地区 B类	6	5.46	3.80	2.47	1.03
	7	10.99	7.31	4.56	1.67
	8	23.57	16.02	9.91	4.01
	9	42.47	30.74	19.63	9.27
	10	67.26	55.29	38.89	22.86
Ⅱ类地区 B类	6	6.29	4.37	2.81	1.16
	7	13.09	8.55	5.27	1.93
	8	27.07	18.30	11.25	4.58
	9	46.50	33.92	21.73	10.39
	10	69.42	58.21	41.60	24.94
Ⅲ类地区 B类	6	7.61	5.27	3.44	1.38
	7	15.83	10.52	6.59	2.34
	8	31.40	21.71	13.66	5.47
	9	51.16	38.39	25.31	12.07
	10	71.62	61.86	45.86	27.80
C类	6			18.51	
	7			41.29	
	8			58.57	
	9			63.56	
	10			68.11	
D类	6			33.92	
	7			52.67	
	8			63.55	
	9			68.13	
	10			71.75	

$$P(I) = Q_A \cdot E_A^I + Q_B \cdot E_B^I + Q_C \cdot E_C^I + Q_D \cdot E_D^I$$

其中，P（I）为研究区域的避难人口比例，A、B、C、D为尹之潜划分的建筑易损性结构。Q_A，Q_B，Q_C，Q_D分别为A、B、C、D类易损性结构建筑的建筑面积占研究区域总建筑面积的比例。E_T^I（T=A、B、C、D）为不同易损性结构分类的建筑震害避难率。规划人员可结合城市规划指标通过查表方式便可快速简便预测城市、街区、小区及地块等不同尺度单元避难人口比例。

项目还基于尹之潜全国不同气候区、不同建筑易损性结构的平均震害矩阵计算了的建筑震害避难率表，结果表明按照规范设计建造的建筑，当遭遇相当于设防标准的地震灾害情景时，避难人口比例约0~13.66%；当遭遇相当于超设防标准1度的大震灾害情景时，避难比例约为3.5%~27.8%；但未经正规设计的建筑，一旦遭遇相当于Ⅶ度、Ⅷ度的地震灾害情景时，避难人口比例将分别达到40%、60%左右。

3. 建立应急避难场所三级层次选址优化模型，优化避难场所布局及避难组织

考虑应急避难场所层次结构特征，对城市临时、短期、中长期应急避难场所进行整体优化，以三个阶段避难疏散总距离最短为目标，满足每个阶段的避难人口均在可达距离内到达避难场所、各级应急避难场所在不同阶段的服务人数不超过容量限制、总的建设成本不超过投资上限等约束条件，建立三级层次选址优化模型。

借助GIS空间分析工具，以地块作为避难单元，地块中心点作为需求点。各避难单元的人数为需求点的需求量。考虑紧急避难阶段人口分布的时空差异性，以地块白天和夜间人口的最大值作为紧急避

图 2　应急避难场所选址优化结果图　　　　图 3　应急避难场所最短疏散路径图

难阶段的避难人口。选取学校、公园、广场、体育操场等适宜的用地作为设施备选地，并进行安全性、适宜性分析，以剔除危险源影响区域、不适宜区域的设施备选地块中心点作为设施备选点，提取需求点与设施备选点的最短路径距离。将需求点、设施备选点、路径距离等参数输入选址优化模型进行求解，实现对应急避难场所位置、数量、等级、服务人数、疏散路径的整体优化。

技术创新点

（1）首次提出了避难人口预测的简便方法，便于规划人员利用用地类型、建筑高度等规划指标，通过查建筑震害避难率表与建筑易损性结构分类表可快速进行地震灾害避难人口预测，并给出了建筑震害避难率常数表和建筑易损性结构分类表。

（2）建立了应急避难场所三级层次选址优化模型，并提出了基于城市规划空间数据利用模型进行应急避难场所优化布局的技术路径。

应用及效益情况

项目共发表学术论文 6 篇，其中 SCI 一区论文 1 篇，核心期刊论文 3 篇，会议论文 2 篇。

（执笔人：陈志芬）

基于交通流breakdown的城市快速路行程时间可靠度机理解析、建模和应用研究

项目来源：国家自然科学基金委员会	**项目起止时间**：2014年1月至2016年12月
主持单位：中国城市规划设计研究院	**院内承担单位**：城市交通研究分院
院内主管所长：殷广涛	**院内主审人**：全波
院内项目负责人：郝媛	**院内主要参加人**：马林、杨少辉、顾志康、李潭峰、王继峰、卞长志、付凌峰

研究背景

行程时间可靠度是衡量道路网络交通性能的重要指标，也是出行者出发时间选择和路径选择的重要因素。路网中可能导致交通拥挤发生的影响因素是造成行程时间不可靠的"风险"，这些影响因素大致可以分为两类，第一类为交通供给变化引起的不可靠，第二类为交通需求的随机性引起的不可靠，这些因素的作用方式本质上是影响了道路交通拥挤发生的时机和拥挤的程度、范围、持续时间，非常适合用交通流breakdown现象进行解释和刻画。

研究内容

基于交通流breakdown的行程时间可靠度模型，其核心是通过研究在交通流自身随机性和各种扰动因素共同作用下交通流breakdown的发生条件、发生概率和在路网中的演化过程，来研究对行程时间可靠度的影响。项目从"机制解析—模型构建—标定验证"这三个部分开展研究。

1. 行程时间可靠度问题的机制解析

外部的交通扰动和交通流自身的随机性是引起交通流不稳定、交通流breakdown发生、行程时间不可靠的根源。该部分主要分析交通流随机性特征和交通状态差异，探索各类交通扰动在交通流中的传播过程并提取影响交通流稳定性的关键参数，研究交通流breakdown现象发生条件和演化过程，构建交通流随机性、扰动特征、交通流breakdown、行程时间可靠度之间的逻辑关系框架，为模型构建奠定理论基础。

2. 基于交通流breakdown的行程时间可靠度模型

基于交通流跟驰理论，将描述交通状态、交通流动态随机性特征、交通扰动特征的变量转化为描述交通流breakdown发生条件和演化过程的表征变量，分别研究典型扰动作用下的交通流breakdown概率模型和行程时间变异性模型，建立针对典型扰动的路段及行程时间可靠度模型。在此基础上，结合网络交通流的动态特征和典型扰动的分布特征，建立路径级行程时间可靠度模型。根据对模型关键参数的敏感性分析，构建交通流breakdown概率、行程时间可靠度与路网规划设计和交通运行管理的反馈机制框架。

3. 参数标定与模型验证

一方面，该部分通过快速路20s检测数据及其不同时间间隔的集计数据、车辆轨迹数据建立模型参数标定的流程和方法；另一方面，从结构标定和预测标定两个角度对比实测数据与模型输出数据的匹配效果，从定性和定量两个方面验证模型的有效性。

技术创新点

以交通流breakdown演化过程的衍生变量和交通流breakdown概率作为输入变量，建立行程时间变异性模型和行程时间可靠度模型，为行程时间可靠度模型研究提供了新方法和新视角。

通过对交通流breakdown概率的建模，来研究交通扰动在交通流随机性特征作用下的演变过程，解释了交通流不稳定、行程时间不可靠的本质，为快速路路网规划设计和交通运行管理奠定了基础。

应用及效益情况

本项目研究小组申请授权发明专利2项，申请授权软件著作权2项，相关理念和研究成果已逐步应用到本单位承担的城市交通规划、交通管理项目中，为快速路设施规划和设计、交通运行管理策略的制定提供理论依据。项目研究成果的不断推广应用对于提高交通运行效率和出行可靠性、降低交通出行成本、缓解交通拥堵问题、提升我国城市交通的管理水平有重要现实意义。

（执笔人：郝媛）

城市交通、城市群交通以及都市圈交通特征研究

项目来源： 国家自然科学基金委员会
主持单位： 中国城市规划设计研究院
院内主管所长： 赵一新
院内项目负责人： 殷广涛

项目起止时间： 2016年5月至2018年4月
院内承担单位： 城市交通研究分院
院内主审人： 孔令斌
院内主要参加人： 马林、黎晴、李潭峰、王继峰、陈莎、卞长志、郝媛

研究背景

本课题是2016年第1期应急管理项目"新常态下城市交通理论创新与发展对策研究"课题的组成部分。2014年，《国家新型城镇化规划（2014—2020年）》发布，按照规划目标，以城市群为主体形态，推动大中小城市和小城镇协调发展。在这个时期，城市群、都市圈、大中小城市呈现出差异化的城镇空间和交通布局模式，要使交通满足新常态发展下的各种要求，必须在功能定位、发展目标、建设方式、交通结构和管理政策等方面进行反思、转变和突破，这就成为本项目研究的目标。

研究内容

本课题作为《新常态下城市交通理论创新与发展对策研究》的分课题，对合理引导和差异化指导城市、都市圈、城市群交通发展有重要的理论意义和应用价值。

报告明确界定了都市圈和城市群的不同内涵，提出都市圈是通勤圈，是一日生活圈；城市群是经济圈，是相互之间有较强的产业关联、资源一体化优化配置的区域。都市圈长距离的交通需求主要是通勤交通，城市群长距离的交通需求主要是商务出行和货物运输。

针对城市群交通，报告提出加快区域与城市一体化、多模式的综合交通体系建设，构筑与功能中心耦合布局、面向区域的多层次枢纽体系，引领中心城功能疏解，促成新城功能发育，引导开放性、多中心空间体系形成。

针对都市圈交通，报告指出都市圈交通特征最根本的是中心和外围的关系，中心和外围构成完整的城市功能，联系最为主要的是通勤交通。都市圈交通定义的核心在于通勤功能的区域化，难点在于中心辐射通道的通行能力的提供以及辐射通道和中心地区的客流换乘组织。

针对城市交通，报告指出城市交通的根本在于城市活动的组织方式，源头在于空间布局，问题凸显在交通方式结构不合理，挑战在于高密度、高强度、高流量，困难在于出行行为选择的转变，难点在于公共交通系统的提质和交通需求管理政策的共识。大城市交通策略应关注加强城市空间布局与交通的协调发展，从源头上减少交通需求的强度；应关注优先发展公共交通，大力发展轨道交通，保障公共交通路权；应关注加强交通需求管理，合理调节交通需求的时空分布。

针对中小城市交通发展，应重点做好如下几个工作：一是稳固绿色交通方式在中小城市出行中的主导地位；二是应鼓励中小城市公共交通发展，但发展目标不宜过高；三是鼓励中小城市维持集约化空间形态，控制出行时耗；四是规范和引导电动自行车有序发展；五是重点加强高铁及城际枢纽的规划和建设；六是交通设施供给应满足城市规模扩大后的层次化需求；七是从基本公共服务均等化的角度统筹谋划城乡客运发展。

技术创新点

明确了城市群交通、都市圈交通、城市交通的内涵，研究提出城市群、都市圈、城市交通三种交通的本原在于服务于某种功能的空间组织，功能体系和空间组织是研究交通的本原问题，派生的交通需求和交通供给是交通系统构建和运行的基本要素，交通政策是交通供需关系的顶层设计；解决了实践中认识不清的状况，对于准确把握现状问题起到重要的作用。以案例分析和理论研究相结合，总结分析了城市群、都市圈、城市的功能体系和空间组织特征，系统研究了各自的交通需求特征和供给特征，提炼了四类交通的基本特征和背后的机理，把握住了当前交通的焦点。

应用及效益情况

完成了三项政策建议，包括"关于城市群综合交通体系发展的政策建议""关于重视都市圈交通的政策建议""关于中小城市交通发展的政策建议"，对政府的政策制定起到了有力的支撑作用。

（执笔人：殷广涛）

超大规模的广域时空交通知识聚合

项目来源： 科技部"十三五"国家重点研发计划课题（城市交通智能治理大数据计算平台及应用示范项目）
项目起止时间： 2019年1月至2022年12月　　**主持单位：** 中国城市规划设计研究院　　**院内承担单位：** 城市交通研究分院
院内主管所长： 殷广涛　　**院内主审人：** 吴子啸　　**院内项目负责人：** 赵一新
院内主要参加人： 伍速锋、王庆刚、王森、康浩、曹雄赳、王芮、刘燕、田思晨、李宁、王洋
参加单位： 清华大学深圳国际研究生院、同济大学、中山大学、深圳市城市交通规划设计研究中心股份有限公司

研究背景

课题针对城市交通复杂巨系统规律认知和高性能检索应用需求，面向超大规模的跨媒体交通数据，研究基于时空轨迹的交通实体间关系抽取与融合技术、基于知识图谱的"人—车—城市空间"画像与推理技术、基于图计算的知识检索技术等，通过构建城市级大规模交通知识图谱，实现个体活动、网络状态变化、交通政策影响以及交通事件影响等复杂规律的深度挖掘和知识提取，为多场景推演预测提供价值稠密的交通知识体系。

研究内容

专题1"面向城市交通智能治理的交通知识图谱设计及标准化体系设计"：以城市人群的活动和出行为主线，研究多源异构交通大数据的知识表达；重点研究面向交通智能治理的交通知识图谱设计与构建标准，研发基于图数据库的城市交通复杂巨系统知识规范化表达方法、基于文本数据的细粒度知识表达技术，满足交通治理的应用场景需求。

专题2"多源异构数据的信息抽取与融合技术"：基于地图匹配、公交上下车站点识别等时空轨迹识别算法，重点研究交通主体与活动/出行间的关系，以及出行/活动与交通工具、交通服务和设施、环境等相关实体的关联关系识别；重点研究交通实体的消歧和共指消解等技术，实现对不同数据源中相同交通实体的识别。

专题3"城市交通知识推理与城市画像技术"：研究基于知识网络的全方位"人—车—城市空间"多层次交通实体特征聚合补全技术、基于时序知识关联规则推理的交通知识挖掘技术，重点研发交通知识推理与城市画像模型，从知识图谱中推理完整的城市画像，实现城市画像的全方位感知。

专题4"基于图计算的城市交通知识检索"：基于图数据库研发交通知识高效检索算法，为智能研判与态势推演等模型提供标准化的知识图谱程序模块。重点研发个人活动/出行规律挖掘模型、城市生长演化特征聚合模型、交通事件的因果及关联关系检索模型。

技术创新点

课题以信息抽取、信息融合、知识推理、知识检索等知识图谱的构建和智能分析过程为主线，研究超大规模的广域时空交通知识表达和智能分析技术，构建亿级交通实体的大规模交通知识图谱，支撑城市交通"短期状态迁移—中长期态势演化"的敏捷预测与可靠推演。

（1）攻克了复杂治理场景下广域时空交通知识图谱设计与构建技术：标准化界定了城市交通知识图谱的设计和构建流程，利用具有自主知识产权的国产图数据库，融合了涵盖动态出行特征数据、静态设施空间数据、非结构化文本数据等22种多源异构时空数据，首次构建了超大规模城市复杂交通巨系统的知识图谱，并成功应用于治理业务。

（2）构建了城市交通复杂巨系统的知识表达和智能分析技术：基于构建的亿级交通治理知识图谱，完成了集交通治理知识表达、知识抽取与融合、城市画像与推理、多阶与隐性特征检索的全流程智能分析技术，对城市级海量规模数据复合关联关系高效抽取和融合，并从复杂数据中推理隐性关系、补全缺失画像信息、挖掘隐性规律、高效检索特征。

应用及效益情况

助力城市交通规划与治理。课题研究成果支持了国家多项政策文件的制定，支撑了深圳、宣城等城市的交通治理与改善项目。

促进知识图谱技术在行业推广。在IEEE知识图谱国际会议、国际信息检索大会SIGIR20、COTA国际交通科技年会、中国城市交通规划年会等会议上宣讲城市交通知识图谱相关研究成果。在清华大学、同济大学、北京交通大学、北京工业大学等高校本科、研究生课程教育中进行授课。

订立标准，实现知识图谱构建和应用标准化。基于研究成果编制形成了国内外交通领域首个知识图谱应用标准《城市交通治理知识图谱设计导则》。

（执笔人：赵一新、伍速锋、王庆刚）

面向交通治理的跨媒体交通情景智能感知与深层理解

项目来源：科技部"十三五"国家重点研发计划项目子课题（城市交通智能治理大数据计算平台及应用示范项目）
项目起止时间：2019年1月至2022年12月　　　　　　　　　**主持单位**：中国城市规划设计研究院
院内承担单位：城市交通研究分院　　　　　　　　　　　　**院内主管所长**：殷广涛
院内主审人：吴子啸　　　　　　　　　　　　　　　　　　**院内项目负责人**：付凌峰
院内主要参加人：戴彦欣、吴克寒、刘燕、殷韫、廖璟瑒、凌伯天、田欣妹、王楠、田思晨

研究背景

"面向交通治理的跨媒体交通情景智能感知与深层理解"，源自科技部"十三五"国家重点研发计划项目子课题"城市交通智能治理大数据计算平台及应用示范"项目，旨在围绕交通治理应用场景，提出数据体系需求并指导平台业务功能设计，突破视频数据结构化与应用技术，提出将跨媒体多源异构数据融合的技术方法体系。

研究内容

课题以构建交通系统全息感知体系为目标。面向城市交通治理的迫切需求，从场景模板设计、视频结构化语义解析、跨视域关联分析与信息融合、结构化分析引擎等层面开展研究，突破基于大数据的城市交通全息感知关键技术，构建个体属性全息化、活动链条完整化、价值信息多元化的交通系统感知体系。

具体研究内容包括：

任务1：面向城市交通治理需求，提炼典型应用场景，提出数据体系需求并指导平台业务功能设计，通过跨媒体数据与交通专业沉淀数据融合拓展观测广度。

任务2：借助计算机视觉、机器学习、人工智能、深度神经网络（如：SSD、YOLO V3等模型）等技术开展视频图像结构化语义解析、交通元素多维度时空关联分析等关键技术研究，建立高精度、细粒度的交通个体与群体活动空间

	道路	公路	停车	公交	出租车	自行车	共享出行	危（货）运	长途客运	机场铁路	高速公路
设施状态	施工、管控、信号灯、积水	施工积水	停车场泊位利用、装态；充电桩状态	线路、站点、时刻表	停车点	停车站停车桩	停车点充电桩	货源状态	车站时刻表	时刻表	施工、封闭、积水、结冰
交通检测	交叉口路段交通检测	交通流量监测	出入口流量	专用车道检测	客流检测			道路检测	车辆数	到达出发客流	班次数	到达出发客流	主线检测出入口
车辆轨迹	卡口监测	卡口检测	停车收费数据、停车网约订单	车辆GPS	IC卡、车载WIFI、定制公交网约订单	出租车GPS	网约计价器	GPS轨迹	服务订单	停取车服务订单	车辆GPS	货单信息	车辆GPS	售票信息	班次时刻	售票	出入口收费ETC
行业管理	勤务指挥事故处理违章记录			调度排班事故数据	网约调度	自行车调度	车辆调度	调度排班（驾乘）事故数据	调度排班事故数据		
信息发布	诱导屏信息	诱导屏信息	停车诱导信息	到站信息	可用车信息	可用车信息	可用车信息		车站显示屏信息	车站视屏信息	诱导屏信息
视频监控	道路监控电子警察卡口车牌识别	道路监控	出入口车牌识别场内监控	车内监控场站监控	车内监控				车内监控场站监控	车内监控场站监控	场站监控	出入口车牌识别、道路监控
数据权属	市公安交警大队	市公路局	市城市管理局	市公交公司	市公交公司	市公交公司	所属公司	市交通局	市交通局	机场、火车站	省高速公路

 人的活动（手机数据）　　＄ 社会经济　　◇ 土地利用　　☁ 气象环境

图1　城市交通智能计算数据资源目录

模式解读方法，搭建百万路级视频结构化分析引擎原型。

任务3：研究跨媒体社会空间属性提取、多源交通数据融合等关键技术，基于多源语义一致性融合数据的交通知识学习与智能感知方法，实现复杂交通系统的复合时空社会维度特征表达和理解。

任务4：研究物理视觉对象在数字视频图像空间的重构模型，建立视频图像处理技术评测体系，结合数据质量诊断，保障多源异构数据的高质量融合和多维钻取，对数据采集方案及数据质量进行持续、科学的分析评价。

技术创新点

革新交通治理数据资源框架。面向交通治理更加精细化、动态化、协同化的要求，课题成果突破视频慢行交通检测技术瓶颈，构建人、车轨迹溯源数据感知体系，城市道路—街道—公共空间内人、车运行轨迹特征提取系统，形成革新的数据资源框架设计，实现从"碎片化特征提取"到"链条化知识形成"的数据组织模式。

提炼48项城市交通智能计算的共性关键技术。针对交通治理场景多样、难以复制推广的问题，成果提炼形成48项城市交通智能计算关键技术，提出数据资源框架、数据组织规范、治理应用指标及数据计算技术标准，形成可复制的技术模板和标准化交通治理应用。

应用及效益情况

课题编制形成《面向交通治理需求的数据组织标准与智能分析技术导则》，可以有效解决目前交通治理中数据与业务呈垂直分配从而导致大量冗余的现状，为城市交通治理提供更清晰精准的数据采集方向，提升数据价值密度。

（执笔人：付凌峰）

复合交通网络拓扑结构特性与网络分层解析

项目来源：科技部"十三五"国家重点研发计划子课题（城市多模式交通供需平衡机理与仿真系统项目）
项目起止时间：2019年3月至2021年12月　　**主持单位**：中国城市规划设计研究院　　**院内承担单位**：城市交通研究分院
院内主管所长：赵一新　　**院内主审人**：马林　　**院内项目负责人**：殷广涛
院内主要参加人：叶敏、伍速锋、吴子啸

研究背景

城市复合交通网络由多种交通方式组成的网络联结而成，其系统结构复杂，在网络的规模和特性等方面都表现出复杂网络的性质。复杂网络是大量真实复杂系统的抽象，它能够刻画复杂系统内部的各种相互作用或关系。基于复杂网络理论，可将复合交通网络抽象为复杂网络形式，从而研究复合交通网络拓扑结构及其特性，为提高复合交通网络的运行效率提供参考。本子课题研究利用复杂网络相关理论，阐述了多模式交通网络拓扑结构的抽象方法，对复合交通网络拓扑结构的宏观特性进行了系统研究，为多模式交通网络均衡模型的构建及承载能力分析奠定了研究基础。

研究内容

1. 城市复合交通网络拓扑结构抽象方法

本子课题以大尺度空间范围下城市复合交通网络为载体，运用复杂网络的相关知识，基于多模式交通换乘节点联结效应，移植复杂网络理论和复合交通网络结构拓扑方法，系统地阐述了城市交通网络拓扑结构的抽象方法。基于原始映射法，对小汽车网络、公交网络、轨道交通网络分层次进行拓扑结构构建，形成各模式子网络的抽象模型。综合考虑流量和行驶时间两种因素，通过复合加权为网络的连边赋权，基于各模式子网络的拓扑模型，建立起不同子网络之间的联系，进而建立综合考虑城市道路交通网络、地面公交网络和轨道交通网络的协同运营的城市多模式加权交通网络。

2. 复合交通网络拓扑结构宏观特性研究

本子课题从小世界特性、无标度特性和鲁棒性三个方面研究了城市复合交通网络拓扑结构的宏观特性，从节点度与度分布、中介中心度、接近中心度等方面分析与研究了复合交通网络统计特征，揭示了骨干网络、分支网络以及单一出行网络的拓扑结构差异性及容错性。

3. 复合交通网络拓扑结构强度与网络分层解析

子课题选取某典型城市复合交通网络，根据城市交通网络各个子交通网络的特性和换乘枢纽特征，基于复杂网络理论生成的该城市交通网络拓扑结构，并对该复合交通网络进行拓扑结构宏观特性分析。研究该网络多模式换乘节点的节点度、中介中心度和接近中心度特征，研究拓扑边在维系网络连通性方面的能力。

根据复合交通网络统计特征，对复合交通网络进行拓扑强度分析，主要通过平均节点强度、加权平均路径长度以及加权聚类系数三个方面来分层解析加权城市复合交通网络、小汽车子网络与路面公交子网络，对多模式交通网络与单一模式网络复杂特性进行对比研究。

技术创新点

传统针对城市交通网络拓扑特性的研究局限于某种单一的交通模式，因此无法反映城市交通网络多模式的特点，本研究针对城市多模式复合交通网络，运用复杂网络理论，引入拓扑学，剖析城市交通系统中各个子网络运行特性，并以此为基础构建城市多模式交通网络拓扑结构模型，实现了多模式交通网络结构的抽象表达。通过综合考虑路段拥堵状况、运行时间、节点间地理距离、道路交通量、地面公交、轨道交通的断面客流量等因素，构建了加权多模式复合交通网络模型，并以此为基础，研究城市复合交通网络的拓扑结构宏观特征、拓扑结构强度以及拓扑结构协同表达方法，为不同复合交通网络性能对比、网络时空演化规律及网络特征值更新等研究奠定了重要基础。

（执笔人：叶敏）

中国标准智能网联汽车与智慧城市系统工程研究

项目来源：中国工程院	项目起止时间：2019年3月至2021年3月
主持单位：中国汽车工程学会、中国城市规划设计研究院	院内承担单位：城市交通研究分院、雄安研究院
院内主管所长：赵一新	院内主审人：殷广涛
院内项目负责人：杜恒	院内主要参加人：戴继锋、殷会良、彭小雷、王宇、钮志强、石琳

研究背景

本研究旨在落实科技强国、网络强国、数字中国和智慧社会的战略部署，通过新一代信息技术的应用，建设智能基础设施和感知体系。智能网联汽车有助于提升交通安全和效率，减少环境污染，优化城市资源配置，满足人民对美好生活的需求。课题分析了智能网联汽车与智慧城市的融合发展，提出了关键技术和应用策略。

研究内容

1. 智慧城市背景下，智能网联汽车发展趋势与功能需求研究

探讨如何利用新一代信息技术推动城市交通系统智能化，实现高效、安全、绿色的交通。研究智能网联汽车在智慧出行服务中的作用，重点强调其在提升交通服务水平和减少环境污染方面的贡献，并分析自动驾驶和车路协同技术在实际应用中的需求和发展方向。

2. 适应智能网联汽车的智慧城市空间组织模式研究

研究全域覆盖的物联网和智能感知设施的规划与建设内容。探讨如何通过部署和优化城市感知体系，实现城市运行的智能协同，使城市具备全面感知和自适应能力。此外，研究新能源供给系统的建设内容，以满足智能网联汽车的能源需求，推动绿色交通的发展。

3. 中国新一代智能网联汽车与智慧城市融合发展战略研究

明确智能网联汽车的发展定位，并研究其在城市交通中的应用。重点研究公共交通辅助驾驶和共享车辆服务的发展，逐步提高智能网联汽车在私人小汽车中的比例，提升交通效率。同时，分析资源环境约束下的城市交通问题，提出解决策略，并探讨智能网联汽车在交通安全、环保和效率方面的功能需求。

4. SCSTSV深度融合技术，雄安新区新型城市建设与智能共享汽车示范应用建议

研究建设北斗地基增强系统和动态高精度地图系统关键技术，推动智能网联汽车与智能基础设施的协同发展。提出智能共享汽车的示范应用建议，包括智能停车设施、智能物流系统和智能公交服务，以优化交通资源配置，提高公共交通服务水平。

技术创新点

1. 智能城市建设中智能应用体系设计

完成了智能城市建设中的智能应用体系设计，涵盖城市管理、公共服务和民生应用的智能化和协同发展。通过物联网、大数据和人工智能技术，实现城市运行的智能化管理，提升公共服务效率和居民生活质量。

2. 智能基础设施建设与智能应用体系开发双核驱动

提出了智能基础设施建设和智能应用体系开发的双核驱动策略，全面部署物联网和智能感知设施。通过智能交通系统、智能电网和智慧城市管理平台的建设，推动城市系统的全面智能化，提升城市管理和服务水平。

3. 基于智能基础设施与应用系统的城市空间组织模式

研究了基于智能基础设施和应用系统的城市空间组织模式，优化城市资源配置。通过智能交通枢纽、智慧社区和智能物流系统的设计，实现城市运行的高效协同，提升城市的运行效率和服务水平。

4. 智能网联汽车与智慧城市融合发展战略

制定了智能网联汽车与智慧城市融合发展的战略，明确了智能网联汽车在城市交通中的应用路径和发展方向。通过推广公共交通辅助驾驶、共享车辆服务和私人智能网联汽车，提高城市交通效率，减少环境影响。

应用及效益情况

通过全面推进交通设施数字化和智能化，建设北斗地基增强系统和动态高精度地图系统，提升交通管理效率，减少拥堵和事故率。推动智能化载具研发，开发环境感知和信息交互模块，加快高精度定位和轨迹预测技术，提升自动驾驶技术安全性。实现交通运行管理全面智能化，构建智能交通云系统和动态路网控制系统，优化交通资源配置。

（执笔人：杜恒）

面向智慧城市的智能出行系统集成与测试评价技术

项目来源：科技部"十三五"国家重点研发计划课题（面向智慧城市的智能共享出行平台技术及应用项目）
项目起止时间：2019年8月至2023年7月
主持单位：中国城市规划设计研究院
院内承担单位：城市交通研究分院、雄安研究院、深圳分院
院内主审人：彭小雷
院内主管所长：赵一新
院内项目负责人：戴继锋、杜恒
院内主要参加人：王宇、钮志强、殷会良、高广达、蔡燕飞、李春海

研究背景

智慧城市、智能交通和智能汽车的深度融合是未来发展的重要方向，可显著提高交通的安全与效率。本课题旨在构建中国标准的智慧城市—智慧交通—智能汽车（SCSTSV）体系架构与集成技术，以满足城市道路环境下智能共享出行的需求。课题聚焦智能驾驶和智能泊车问题，通过建立智能共享出行平台，实现软硬件一体化测试，并在雄安新区进行应用示范。此课题的研究目标是通过多传感器感知技术和数据驱动平台，推动智慧城市与智能交通系统的深度融合。

研究内容

智慧城市—智慧交通—智慧汽车体系构架。强调智慧城市、智能交通和智能汽车的深度融合。智慧城市提供出行需求和交通感知，智能交通系统通过智能检测设备和传统路测设施，对智能车辆的感知信息进行融合，提升交通效率。该体系以"需求—场景—功能—技术"的发展路径为核心，构建安全、绿色的交通系统。

智慧城市—智慧交通—智慧汽车集成技术。集成技术的目标是明确智能网联汽车的定位，助力城市交通的可持续发展。通过数据驱动，建立城市级数据信息平台，推动智能基础设施建设与智能应用体系开发。推广智能网联汽车需突破技术挑战，制定合理的数据标准和相应政策。细化出行场景与城市空间的结合，形成智能出行场景库。

城市空间组织与出行场景规划技术。基于智慧城市的交通需求特征分析，研究交通态势演化进程的模型，探讨不同交通模式下的出行需求。通过智能基础设施与应用系统，优化公共交通与共享交通设施布局，实现"门到门"的智能出行服务，并逐步实现交通管理的全面智能化。

测试场景构建及联合仿真技术。针对自动驾驶需求，构建开放式多传感器感知数据集，包括4D雷达融合感知数据集和路侧多模态感知数据集。通过多传感器数据的复杂性分析和验证，提升自动驾驶系统在复杂场景下的感知能力和决策能力。

智能出行平台的测试评价技术。研究多传感器时空在线集成配准技术，设计高精度的时空在线集成配准算法，并通过实车测试验证其有效性。通过对自动驾驶智能性的多维度评价，构建综合评价体系，提高智能出行平台的测试评价水平。

技术创新点

SC、ST、SV融合架构设计：提出了智慧城市、智能交通和智能汽车的深度融合体系架构。该架构整合了城市交通感知、智能检测设备和传统交通基础设施，实现了系统间的信息互联与协同优化。通过构建智能城市信息中枢，实现智慧城市、智慧交通和智能汽车之间无缝连接与协同。

多传感器感知数据集：开发了面向自动驾驶的多传感器感知数据集，包括4D雷达融合感知数据集和路侧多模态感知数据集。通过多传感器数据的复杂性分析和验证，提升了自动驾驶系统在复杂环境下的感知与决策能力，为自动驾驶算法的训练和测试提供高质量的数据支持。

时空在线集成配准技术：研究了多传感器时空在线集成配准技术，提出了高精度的配准算法。通过对多传感器数据的时空在线集成，实现了数据的高精度配准和实时融合。实车测试验证了该技术的鲁棒性与精度，提高了智能车辆的环境感知和定位精度，为智能驾驶提供了可靠的技术保障。

智能出行平台评价技术：开发了智能出行平台的综合评价体系，涵盖了自动驾驶系统的多维度性能评价。通过对自动驾驶智能性的全面评估，建立了从感知、决策到执行的全流程测试评价方法，为智能出行平台的优化和改进提供了科学依据，确保智能出行系统的安全性和可靠性。

应用及效益情况

面向智慧城市的智能共享出行场景构建及服务应用以雄安新区规划技术和试点应用为重要依托，提出建立智能化需求响应型的公交系统。通过大数据、云计算、智能驾驶等技术手段，基于对公交出行需求的感知和动态撮合，实现公交调度方案的自动生成和实时优化，提供地块到地块的公交服务，构建以公交为核心的"出行即服务"系统。

（执笔人：杜恒）

城市交通全方式出行本征获取与需求优化技术

项目来源：科技部"十三五"国家重点研发计划课题（城市智慧出行服务系统技术集成应用项目）
项目起止时间：2019年12月至2022年11月　　**主持单位**：中国城市规划设计研究院　　**院内承担单位**：城市交通研究分院
院内主管所长：赵一新　　　　　　　　　　　**院内主审人**：赵一新　　　　　　　　　**院内项目负责人**：伍速锋、殷韬
院内主要参加人：廖璟珺、曹雄赳、王芮、王洋、白颖、王庆刚、刘燕
参加单位：浙江大学、北京嘀嘀无限科技发展有限公司、北京高德云图科技有限公司、苏州智能交通信息科技股份有限公司

研究背景

针对当前出行需求存在的特征分析系统性弱、需求预测准确率低及缺乏主动式的需求引导等问题，重点对城市交通出行需求进行研究，以"解析出行特征、预测短时需求、引导出行选择"为主线，为交通资源的优化配置、一体化出行服务等提供支撑。

研究内容

专题1"智慧出行服务新模式与出行本征数据体系构建"：智慧出行服务新模式、交通出行服务典型应用场景、全方式出行本征数据体系构建。

专题2"多方式出行本征构建技术"：出行特征的提取及因素辨识、出行本征构建等。

专题3"多尺度空间出行需求短时预测"：多方式出行量短时预测、多方式换乘预测等。

专题4"出行选择主动引导激励技术"：出行选择激励机理解析、出行激励的作用效果建模、出行激励策略设计等。

专题5"交通出行需求优化支持系统"：交通出行需求优化支持系统开发、出行需求引导策略评估技术等。

技术创新点

关键技术：①全方式出行本征辨识与挖掘技术：建立出行本征数据指标集，以兴趣点、兴趣区等为基本空间单元，提取并构建交通需求的关键特征集；②多尺度短时交通需求预测技术：构建时空多图动态扩散卷积网络模型，将公交车、网约车、共享交通等多种交通方式在15分钟内的短时需求精度提高至90%以上；③交通需求主动引导与激励技术：利用激励措施，对交通需求进行合理的正向引导，引导交通出行方式、出行时间和出行空间的转移，实现削峰填谷的作用。

创新点：①城市交通全方式出行本征自动提取与构建技术：构建涵盖空间属性、出行特征和出行偏好的本征指标体系，并通过决策树、神经网络等方法，建立基于时间周期的动态出行本征概率图模型，对指标集中的各个指标之间的概率关系进行建模、识别和推理，挖掘重点片区、栅格、交通小区和街道等不同空间尺度的出行偏好成因；②提出"管理促服务，出行即服务"为核心的智慧出行新模式：政府引导的全要素融合运行新机制、数据驱动的一站式智慧出行新范式、云—网—端一体化智慧出行服务新体系。

应用及效益情况

智慧出行新模式的研究成果在苏州、南宁、北京等城市应用，提高了交通工具效率，降低了交通营运成本，节省了乘客出行时间。

（执笔人：伍速锋、殷韬、廖璟珺）

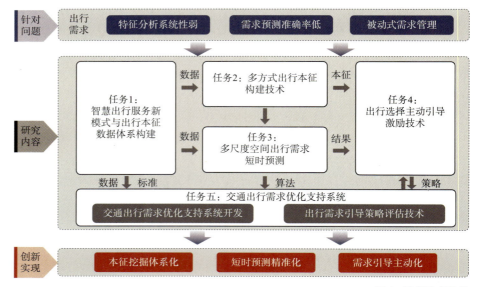

图1　课题技术路线

基于出行本征的多方式出行资源动态配置与调度技术

项目来源：科技部"十三五"国家重点研发计划子课题（城市智慧出行服务系统技术集成应用项目）
项目起止时间：2020年10月至2023年2月　　**主持单位**：中国城市规划设计研究院　　**院内承担单位**：上海分院
院内主管所长：孙娟　　　　　　　　　　　　**院内主审人**：李海涛　　　　　　　　　**院内项目负责人**：蔡润林
院内主要参加人：游世凯、邹歆、王晨、张聪、陈震寰、肖林、袁畅

研究背景

随着我国城市化进程的深入推进，人民群众的出行需求与日俱增，并呈现多样化的发展态势。为解决传统交通管理中存在的交通出行资源配置效率低、交通需求响应实时性差、各种交通方式间缺乏协同等问题，本课题对城市交通资源优化配置及协同调度进行研究，为上级课题实现一体化出行服务提供支撑。

研究内容

研究主要攻克两项关键技术：一是交通供需失衡节点判别与致因挖掘技术，即基于实时感知的多方式运行状态信息及实时预测的交通出行需求信息，研究面向百米级别城市空间单元的交通供给需求失衡水平评价方法，实现交通资源失衡空间单元及交通方式的精准甄别；二是公共和共享交通出行资源动态配置和调度技术，即基于供需失衡定量评价结果，研究面向公共交通、共享交通的资源优化配置技术，每15分钟输出针对具体交通方式的资源调配优化建议方案，进而实现多方式交通供需匹配与高效调度。

技术创新点

既有的交通资源配置多为针对单一出行方式的静态优化，且在实际操作中更多

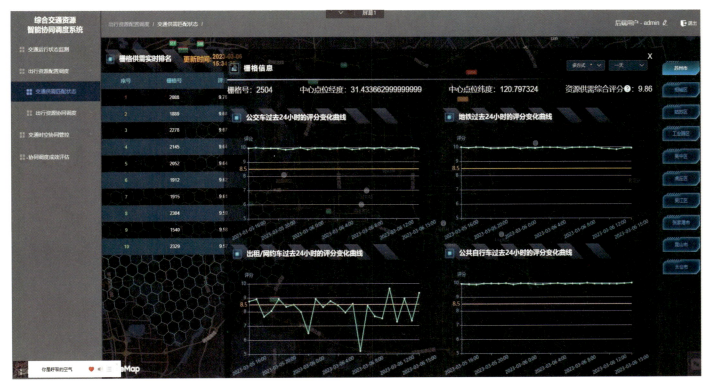

图1　交通资源智能协同调度系统操作界面

图2 多方式出行资源配置与调度模块功能设计

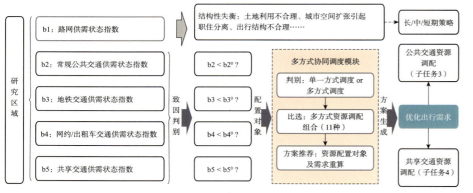

图3 多方式协同调度模块衔接失衡致因挖掘与资源调配

依赖人工经验判断，缺少以面向服务的多方式资源协同为前提的动态资源配置与调度技术。为此，本课题建立了交通供需失衡节点判别与致因挖掘技术、公共和共享交通出行资源动态配置和调度技术，实现了定量识别交通供需失衡单元、精准甄别出行资源优化配置对象、统筹配置多方式需求与资源、分方式调度方案动态更新，实现了面向服务的"交通供需失衡单元评估—失衡方式甄别—多方式配置方案比选—分方式调度方案建议"的全流程交通资源动态优化。

应用及效益情况

研究以2023年智能交通系统世界大会为背景，面向苏州工业园区搭建了交通资源智能协同调度系统模块，在实际应用中有效保障示范区域轨道、公交、网约车、共享单车等出行方式的资源配置与需求失衡度小于15%。

（执笔人：邹歆）

站城融合规划与设计战略研究

项目来源：中国工程院重大咨询研究项目（中国"站城融合"发展战略研究）　　**项目起止时间**：2019年9月至2021年8月
主持单位：中国城市规划设计研究院、中铁第四勘察设计院集团有限公司、同济大学建筑与城市规划学院
院内承担单位：上海分院　　　　　　　　　**院内主审人**：孔令斌
院内主管所长：孙娟　　　　　　　　　　　**院内项目负责人**：李晓江
院内主要参加人：蔡润林、葛春晖、尹维娜、罗瀛、何兆阳、尹泺枫、余淼、杨敏明、胡雪峰、董韵笛、袁畅

研究背景

本项目是中国工程院重点咨询研究项目《中国"站城融合"发展战略研究》下的课题一。

站城融合发展的重要意义在于它对城市发展和高铁建设所产生的"1+1＞2"的相互促进作用。

本次课题紧密围绕我国站城地区发展面临的逢站必城、盲目推进、规模失当等现实问题，希望通过梳理未来发展趋势与诉求，结合国内外已有经验教训，形成站城融合发展的认知逻辑和规划设计的战略性指引，为我国城镇密集地区的站城发展提供借鉴。

研究内容

第一章：站城融合研究背景与综述，重点阐明了研究开展的背景，进而结合国际对比，从城市视角梳理了铁路发展的阶段、多方面总结了国际铁路系统的差异，并从五个方面对国内铁路车站周边发展实践进行了反思。

第二章：铁路网络和枢纽的发展规律和趋势，聚焦铁路系统，重点阐述我国铁路枢纽总图的技术逻辑、大型铁路车站的选址要求、铁路枢纽分工与布局形式，并从四个方面提出我国多网融合时代铁路网络和枢纽发展趋势。

第三章：站城融合发展的内在逻辑，聚焦推动站城融合的新需求，从区域、城市、人群三个方面阐述未来新需求变化，揭示推动站城融合的发展逻辑。

第四章：站城融合关键问题辨析，聚焦站城融合相关概念，重点界定站城融合的新研究视角与内涵，并辨析了站城融合发展的趋势性、过程性、差异性，以及与TOD、上盖综合开发概念之间的异同。

第五章：既有车站地区发展的实证剖析，聚焦实证研究，选取我国四十多个大城市车站及周边地区，通过分析评价，梳理站城融合存在的问题、总结站城融合发展的基础条件与催化动力条件。

第六章：国际站城融合经验启示，重点结合欧洲与日本铁路站城发展，从交通组织、价值取向、功能布局、地域个性、未来技术、开发与实施机制等方面梳理适合于国内的国际经验。

第七章突出人群差异化需求的站城规划设计战略，聚焦设计方法，从功能与空间、建成环境、站城交通三个方面提出站城地区规划设计整体策略。

第八章结语，总结研究内容，对未来提出展望。

技术创新点

第一，改变了传统研究中从站城空间关系切入的单一视角，课题从"铁路—区域—客群—城市"的多维视角构建站城融合的认知框架和发展的内在逻辑，界定了站城融合的内涵，辨析了站城融合具有多因素共同影响的过程性、趋势性、差异性。

第二，传统案例研究中重点关注站城空间形态的国际差异，课题开展了城市视角下国际铁路系统发展的比较研究，深入探讨站城空间形态与旅客乘候车差异背后的铁路发展历程、铁路网络与车站布局结构、运行服务模式、客流整体特征差异。

第三，通过国内外铁路站城的发展实例，实证分析了站城融合是"铁路—区域—客群—城市"多因素共同作用的演进过程，存在不同阶段和差异化的空间形态，并归纳了站城融合的核心特征及发展条件。

第四，课题从"开发模式、空间形态、集散模式、空间关系、乘客出行"等方面梳理了国内铁路站城发展的反思，并从"价值取向、交通组织、功能布局、地

图1　站城融合的多维认知框架

	从"站城分离"到 "站城步行尺度内融合"	从"单体巨型车站"到 "复合集约车站"	从"宏大空间尺度"到 "人本交往场所"	从"小汽车可达最优"到 "绿色交通可达最优"
传统站城模式	 松散的周边开发	 单体宏大车站	 宏大空间形象	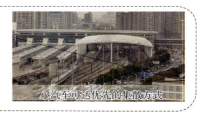 小汽车可达优先的集散方式
站城融合模式	 步行距离内紧凑的开发	 复合集约车站	 人本尺度、交往场所	 绿色交通可达优先的集散方式

图2 未来站城融合模式的发展趋势

影响站站城融合模式的铁路系统核心指标的国际比较　　　　　　　　　　　　　　　　　　　　　　表1

国家或地区		人口 （万人）	面积 （千 km²）	铁路年旅客发送量 （亿人次）	铁路年客运周转量 （亿人·km）	平均运距 （km）	人均乘次 （次/人/年）	铁路网密度 （km/千 km²）	高铁网密度 （km/千 km²）
英国		6684	244.4	18.4	718.2	39	27.5	67	0.5
法国		6725	638.5	12.7	965.4	76	18.8	43	4.3
西班牙		4713	506.0	6.4	288.5	45	13.5	31	6.5
意大利		5972	302.1	9.0	565.9	63	15.0	56	3.0
瑞士		858	41.3	6.4	215.6	34	74.1	34	74.1
德国		8309	357.6	29.4	1002.5	34	35.4	110	4.4
荷兰		1735	37.4	3.9	193.5	50	22.4	82	2.4
日本	全部	12617	378.0	95.0	2719.4	29	75.3	53	7.9
	新干线			4.2	993.4	239	3.3		
长三角（三省一市）		22714	346.3	7.4	2412.3	343	3.3	34	17.3
京津冀		11308	219.0	3.3	1415.8	439	2.9	47	10.7
珠三角（广东）		11521	180.0	3.9	953.8	264	3.4	26	12.0
中国		140005	9647.3	36.6	14146.6	402	2.6	15	4.0

域个性、未来技术、机制体制"等方面归纳了国际站城融合经验启示。

第五，课题基于突出"人本需求"、保障"门户功能"、贯穿"生态双碳"的总体理念，按照"圈层与类型"的总体方法，提出了站城功能与空间、站城交通、站城建成环境的规划设计战略性指引。

应用及效益情况

课题组发表了4篇学术论文，并撰写了中国工程院《中国"站城融合"发展战略研究》总报告。课题成果有力支撑了国家出版基金项目丛书《站城融合之综合规划》的撰写，以及中国国土经济学会团体标准《铁路客站站城融合发展规划设计指南（报批稿）》的编制。

此外，课题还有力支撑中规院内苏州南站、苏州北站、杭州西站、嘉兴南站、慈溪南站、宁波西枢纽等十多个铁路枢纽相关规划设计项目的编制工作。

（执笔人：蔡润林、何兆阳）

基于城市高强度出行的道路空间组织关键技术

项目来源：科技部"十三五"国家重点研发计划项目　　**项目起止时间**：2020年11月至2024年4月
主持单位：中国城市规划设计研究院　　**院内承担单位**：城市交通研究分院
院内主审人：马林　　**院内主管所长**：赵一新
院内项目负责人：殷广涛
院内主要参加人：王继峰、郝媛、李岩、卞长志、赵洪彬、王芮、吴克寒、钱剑培、付凌峰、廖璟珺、刘乃钰、赵莉、王雨轩、赵鑫玮、于鹏、姚伟奇、赵珺玲、黎晴、陈莎、叶敏、杨嘉、刘冉、谢昭瑞、高广达、张晓田、李国强、刘乃钰、凌伯天
参加单位：青岛海信网络科技股份有限公司、东南大学、公安部交通管理科学研究所、山东大学、武汉理工大学、北京四维图新科技股份有限公司、武汉市规划研究院（武汉市交通发展战略研究院）、中国石油大学（华东）、公安部道路交通安全研究中心

研究背景

当前我国大城市的中心城区出行强度高，交通拥堵严重，在居住区、商业区、办公区等核心功能区尤为突出，普遍存在道路空间利用率不高、路网可靠性和韧性不强、调控和监管能力不足等问题。针对城市高强度出行的道路空间调控、设计技术方法尚不完善，在特征辨识精度、资源配置效率、方案协同性、风险预警准确率和监管能力方面均有欠缺，亟须建立精准化、智能化、一体化的道路空间组织技术体系。

研究内容

项目针对城市高强度出行下路网效能和可靠性提升迫切需求，聚焦"道路时空资源与交通行为交互机理"科学问题，重点解决城市高强度出行和资源约束条件下道路空间高效组织技术难题，突破出行特征高精度识别、交通行为精准调控、交通设施与空间组织一体化设计、道路空间风险联动防控、路网可靠性监测和评估等关键技术，构建国家城市道路网可靠性监测平台，为大城市路网运行监管和综合治理提供技术支撑。

为建立城市道路空间组织综合解决方案，按照整体逻辑主线清晰、输入输出互为支撑、流程形成闭环的思路，项目划分五个课题，分别是：基于全要素感知的高强度出行特征辨识与数据中台搭建、城市高强度出行时空调控及路网资源动态配置、安全效率协同导向的道路交通设施与空间组织一体化设计、城市地下交通空间安全防控及交通联动组织、城市路网可靠性监测与道路空间组织技术集成。

通过项目研究，解析高密度聚集条件下道路管控方式与个体交通行为选择映射机理，实现全要素感知的高强度出行特征

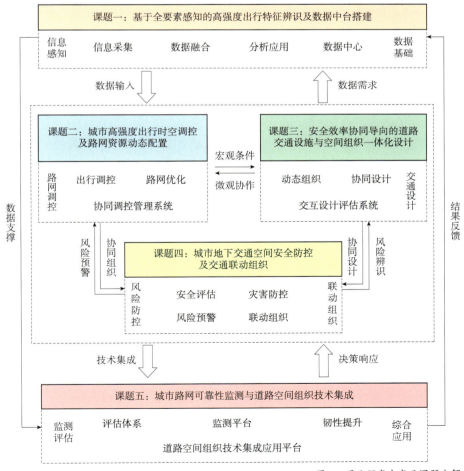

图1　项目研究内容及课题分解

辨识，研制道路设施网络与出行行为协同调控管理系统；形成安全效率协同导向的道路设施与空间组织一体化设计方法与装置，研制交通工程设计和风险评估系统，攻克城市地下、地上道路空间安全衔接与组织关键技术；建立城市道路网可靠性和韧性评估体系，研发城市高强度出行道路空间组织技术集成应用平台，实现综合应用验证；编制相关标准规范或技术规程。

技术创新点

1. 基于全要素信息感知数据，实现城市道路交通痛点源头识别、特征精准辨识

研发5种交通个体信息采集新型装备，实现行驶轨迹级追踪精度，相较行业现有水平均有所提升。数据中台高效汇聚30种城市交通数据源，开发32种有效性判别规则和12种修复方法，全面提升数据质量。在问题识别方面，路网瓶颈点段识别技术基于拥堵传播机理实现了源发性拥堵点段的识别，安全隐患点段识别技术构建更加全面的指标体系，辨识交通隐患。

2. 首次构建国家城市路网可靠性监测平台，推动国家—城市两级联动的路网监测与综合治理新模式

响应国家层面监管需要和城市层面评估诊断要求，以路网可靠性监测评估为突破，为提升城市道路设施规建管水平提供了有力的技术支撑。以指标普适性和实用性为导向，凝练路网可靠性评价指标，开发四项评估工具，助力精准解决城市交通问题。

3. 突破"片区、走廊、节点"多层次一体化的需求调控与资源配置协同优化应用难题，形成提升路网通行效能的成套技术

围绕实际场景需求，突破道路空间组织技术成果集成应用的技术瓶颈，构建了"问题诊断—策略方案—综合评估"综合解决方案，并研发集成应用平台。在方案评估方面，研发面向大规模城市路网的多智能体仿真模型，以及面向栅格级空间的道路时空资源利用评估技术。

4. 攻克地下交通空间施工与地上道路空间组织联动的风险预警防控技术难题，提升道路设施韧性水平

首次建立地下空间安全风险等级与地面许可通行能力映射模型，揭示了地下空间灾变对地上交通影响机制。突破灾变经验数据与灾变理论数据的融合分析方法，提出"经验+理论"的风险融合分析方法，大幅提高地下空间施工诱发地上交通安全风险预警准确率。提出基于地下空间安全风险预警的精准交通组织技术及临灾状态应急交通组织技术，显著提升城市地下地上交通空间安全风险联动防控能力。

应用及效益情况

项目成果在青岛市、武汉市面向城市交通真实场景开展了综合应用验证工作，对缓解拥堵、提升道路空间通行效能起到了明显改善效果，对提升主管部门专业化治理能力，保障城市交通高效有序运行提供了技术支持。项目研发设施装备和软件产品以及获得的知识产权、发明专利等，在市场、行业和学术等领域进行了推广，获得了良好的社会经济效益。

（执笔人：王继峰）

图2 高强度出行下道路空间组织技术集成应用平台

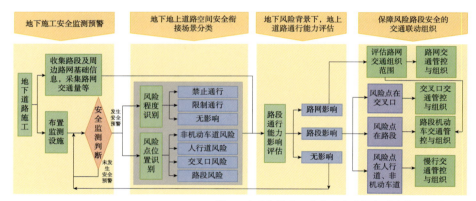

图3 地下空间施工安全风险防控与道路交通联动组织

城市路网可靠性监测与道路空间组织技术集成

项目来源：科技部"十三五"国家重点研发技术课题（基于城市高强度出行的道路空间组织关键技术项目）
项目起止时间：2020年11月至2023年10月　　主持单位：中国城市规划设计研究院　　院内承担单位：城市交通研究分院
院内主管所长：赵一新　　　　　　　　　　院内主审人：马林　　　　　　　　　院内项目负责人：王继峰
院内主要参加人：郝媛、李岩、卞长志、赵洪彬、王芮、钱剑培、付凌峰、廖璟瑒、刘乃钰、王雨轩、赵鑫玮、赵珺玲、黎晴、陈莎、叶敏、杨嘉、刘冉、谢昭瑞、高广达、张晓田、李国强、刘乃钰
参加单位：北京四维图新科技股份有限公司、山东大学、武汉市规划研究院（武汉市交通发展战略研究院）

研究背景

当前我国大城市交通缓堵和风险防范的压力日益加大，在城市实际工作中大量存在着城市道路设施规划设计、组织管理、运行监测、效果评估等环节各自为政、缺乏协同的突出问题。为保障城市道路网络设施健康有序运行和提升国家城市道路网监管水平，亟须对道路设施监测和综合治理问题开展技术攻关。

研究内容

针对城市路网评估监测体系不健全、道路设施与管理技术脱节等问题，本课题重点开展以下研究：一是建立城市道路网可靠性和韧性评价指标体系及评估方法，构建国家—城市联动的道路网可靠性监测平台；二是提出城市道路网韧性诊断和综合提升技术方法，编制相关规划设计技术规程；三是研制城市高强度出行条件下的道路空间组织技术集成应用平台，在青岛、武汉开展综合应用验证。

本课题研究形成了2个软件平台、4项发明专利和1项技术规程，为城市道路网运行监管和综合治理提供了技术支撑。

技术创新点

（1）面向国家监管需要和城市交通评估诊断要求，从结构可靠性、运行可靠性、容量可靠性三个维度建立了评价指标体系，开发了监测平台和评估工具，对全国36个主要城市进行了评价和诊断，为提升城市交通精细化治理提供有效支撑。

（2）以"灾害评估——风险评价——韧性提升"为主线制定了《韧性城市道路网络规划导则》，填补了韧性理念在城市道路规划方面的空白，有力支撑城市韧性道路网络设施建设与运维。

（3）建立了城市道路空间组织"问题诊断——方案生成——综合评估"的技术集成体系和应用平台，形成了与城市功能及出行行为特征相匹配的道路空间组织一体化技术体系，提高了城市道路网设施和管理的协同治理能力。

应用及效益情况

组织开展了项目成果在青岛、武汉的综合应用验证，围绕效能提升和韧性提升两大应用场景，构建了全链条、一体化的道路空间组织综合解决方案。经过验证，该成果对缓解交通拥堵、减少出行延误、降低灾害损失方面能够产生明显的效果，具有应用推广的良好前景。

（执笔人：王继峰）

图1　课题研究内容与预期成果

南水北调受水区城市水源优化配置及安全调控技术研究

项目来源：科技部"十二五"国家水体污染控制与治理科技重大专项课题（多水源格局下城市供水安全保障技术体系构建项目）
项目起止时间：2012年1月至2015年12月　　主持单位：中国城市规划设计研究院　　院内承担单位：城镇水务与工程研究分院
院内主审人：杨明松　　　　　　　　　　　院内主管所长：谢映霞　　　　　　　　院内项目负责人：张全
院内主要参加人：张志果、邵益生、孔彦鸿、龚道孝、张桂花、林明利、程小文、常魁、周长青、莫罹、边际、牛璋、韩超、李宗来、陈利群、祁祖尧、何琴、顾薇娜、黄悦、吴学峰、周广宇、周飞祥、蒋艳灵、姜立晖、王巍巍、李萌萌、张全斌、张思家等
参加单位：中国水利水电科学研究院、河北省城乡规划编制研究中心、河北省城乡规划设计研究院、保定市供水总公司

研究背景

南水北调是事关国计民生、优化我国水资源配置格局的重大战略性工程。东线、中线一期工程已分别于2013年12月和2014年12月正式通水。东线一期工程设计年抽江水量89亿立方米，供水范围涉及江苏、安徽、山东3省的71个受水城市。中线一期工程多年平均调水95亿立方米，受水区覆盖北京、天津、河北、河南四省145个城市。通水后，受水区城市如何用好南水北调水成为党中央、国务院和社会各界普遍关心的问题。

为降低南水北调工程对受水区城市水源及供水系统可能造成的不利影响，确保受水区城市供水安全，"十二五"期间，国家"水体污染控制与治理"科技重大专项设置了"南水北调受水区城市水源优化配置及安全调控技术研究"课题。以解决远距离调水过程中的风险控制、进入水源地后的水质稳定保持、现有供水工艺技术本身的升级改造以及对多水源适应性等一系列问题。

研究内容

1. 基于多维决策属性的受水区城市受水量消纳能力评估技术研究

结合南水北调通水后水资源条件的改变，考虑地理位置、气候因素及居民的用水习惯等因素，尤其是新型城镇化、节水、水价等核心影响因子，构建了多因素、多条件、多口径、多方法综合分析与系统集成的需水预测技术方法。开发了SD系统动力学需水预测模型，涵盖了社会经济、水资源、环境共三个子系统，包含30多个变量。综合运用指标法、用地法、比例法、趋势分析法和灰色系统模型等多种预测方法进行相互校核，合理预测了不同阶段、不同省市的城市用水需求。

在此基础上，根据南水北调受水区的水资源条件，社会经济状况、用水特点等，通过实地调查与专家推荐的方法，选取了13个评价因子构成了南水北调受水区消纳能力评价指标体系，采用专家打分和AHP层次分析法结合确定权重完成了受水区消纳能力的现状评价。以水资源紧缺程度和政府决策作为关键驱动力，分别设置了理想发展、水资源胁迫、不均衡发展和地下水持续超采四种情景，采用情景分析的方法进行了外调水消纳能力预测。用水消纳能力的定量评估，为调水方案的制定提供了基础依据。

2. 基于受水区城市供水设施适应性的水源优化配置技术研究

通过对南水北调中线长距离输水过程中水质变化监测，分析水厂接纳的南水北调水质特征，跟踪研究南水北调中线通水后典型水厂水处理工艺运行情况，系统评估水厂适应性；通过水源水质差异分析、管网管垢及微生物特征分析、典型管道水质适应性实验模拟，综合评估水源切换后城市供水管网水质适应性，供水设施适应性评估结果为水源优化配置中确定水质约束条件提供依据。

基于城市供水设施适应性评估结果，以城市用水系统为基本对象，针对受水区城市水源结构复杂、不同水源水质差异大、城市用水水量与水质保障率要求高的特点，开发了南水北调受水区城市多水源优化配置模型及软件。从配置范围上，将宏观的面向规划的流域/区域水资源配置与具体城市水厂到用户调度运行模拟相结合，实现了从流域/区域水源到具体用户，涵盖水源—调蓄—水厂—用户等主要城市供水单元的完整配置；从配置方法上，将基于优化的水资源配置与基于规则的区域分水方案相结合，建立了以配水规则为基础供输水过程模拟，以供水保障率、供水成本为主要优化目标，通过不同水库调度等可调规则及配置成果对比优化配置规则，建立了方案优化和基于规则模拟相结合的配置方法；从配置对象上，将以水质和水量为主要配置对象的传统水资源配置，将供水成本等纳入优化目标，将配置对象扩展到水量、水质与水价。

3. 基于受水区城市供水系统分类的配套工程布局优化技术研究

以满足城市发展对水量、水质、水压及可靠性的需求为目标，在城市空间形态类型、土地使用布局模式与城市供水系统主要布局模式的研究基础上，提出了若干个与城市空间发展相适应的城市供水系统布局概念模型。在此基础上，建立南水北调受水区城市供水工程规划建设关联配合度评估的指标体系。从水源、输水、水厂、配水四个环节，针对城市规划布局、南水北调工程建设、供水配套工程规划三个方面，提出相互影响的关联配合度因素，共18个评价指标。

在评估的基础上，采用计算机仿真模拟技术，建立了供水系统优化平台，该平台能够模拟水量、水压、流向等参数；通过构建城市供水系统模型，真实再现供水系统运行工况。基于该平台进行供水系统现状与规划方案仿真，利用供水系统适应性试验研究结论，对管材不适应、管径不满足、水力条件变化等管道提出优化建议和改造方案；实现供水系统主动适应南水北调来水，为受水区接收南水北调水提供技术支撑。

4. 基于风险因子识别的受水区供水系统安全调控技术研究

将受水区供水系统划分调、取、净、输、配五部分，通过对受水区市供水系统中发生过的事故和可能发生的隐患进行现场调研，选择22项可能威胁受水区城市供水系统安全的风险源，建立了受水区城市供水系统风险评价指标体系。通过对风险可能性与严重性的量化，描述供水系统风险发生的频率和危害程度，初步获得单风险因素的风险值；再利用层次分析模型，得出各风险因素之间的相互关系，计算各风险因素的风险值；最后借助综合评价得出供水系统的综合评价向量，即受水区城市供水系统的风险级。

在此基础上，建立以风险识别为基础，以风险评价为核心，以系统预估为重点，以系统调控为目标的安全调控机制，同时引入闭环控制方法，从水质、水量两个角度出发，为受水区城市取水系统、输水系统、净水系统、配水系统提出不同情境下的安全调控策略。针对受水区不同的城市供水系统特征，提出分类调控的策略。

5. 基于水量与水质动态管理的受水区城市供水系统信息化管理技术

在国家三级供水水质监控网络的框架下，针对南水北调受水区城市的特点，通过系统功能的整合与扩充，构建受水省区的两级供水管理信息网络，分别服务于省、市两级城市供水水质监管。其中，省级网络由各城市构成，城市级网络由水司、水厂与在建供水项目构成。该技术以受水城市的综合信息以及供水系统的水质、水量、水压、供水设施状态等专业信息的动态采集和安全传输为基础，通过对信息的统计和分析，为受水区供水安全管理提供信息化支撑。

技术创新点

以充分发挥南水北调综合效益、保障受水区城市供水安全为导向，以南水北调受水区城市供水安全面临的共性问题为突破点，构建了覆盖需水预测、水源配置、供水系统调控、信息化监管于一体的南水北调受水区城市供水系统综合调控技术体系，并在南水北调受水区典型城市进行应用。该技术体系由基于多维决策属性的受水区城市受水量消纳能力评估技术、基于供水设施适应性的水源配置技术、基于受水区城市供水系统分类的配套工程布局优化技术、基于风险因子识别的受水区供水系统安全调控技术、基于水量与水质动态管理的受水区城市供水系统信息化管理技术等单项技术构成。

应用及效益情况

1. 成套集成技术扩散

在技术层面上，构建了南水北调受水区城市供水系统综合调控技术体系，并编制了《南水北调受水区城市供水安全保障技术指南》（建议稿）。根据《南水北调受水区城市供水安全保障技术指南》（建议稿），课题组编制完成了《河北省南水北调受水区城市供水安全保障技术指南》，并由河北省住房城乡建设厅于2015年1月正式印发。

2. 重大政策建议

在宏观管理层面上，研究提出关于南水北调受水区地下水压、关于南水北调工程建设委员会第八次全体会议有关意见、南水北调西线工程和南水北调受水区若干问题的认识和建议等重大建议四份。

3. 辅助决策支持

课题开发了河北城市供水水质监管信息系统。2015年6月，河北省水质监管信息系统已经正式上线运行，为河北省省级和市级城市供水主管部门进行供水水质管理提供了有效的抓手。

4. 直接技术支撑

在微观管理层面上，为水源切换条件下典型城市的供水安全保障直接提供技术支持。在供水管网适应性评估方面，课题对8个典型城市供水管道适应性开展研究；在水源配置方面，课题选取河北7个受水地级市作为典型城市；在配套工程布局方面，选取保定、邢台作为典型城市；在供水系统调控方面，选取保定、衡水作为典型城市。课题对典型城市的研究成果通过合适的途径反馈给典型城市的相关部门，从而为典型城市的供水安全保障工作直接提供支持。

（执笔人：张志果）

南水北调中线受水区城镇水厂工艺分析和多部门水质信息系统集成研究

项目来源：科技部"十三五"国家水体污染控制与治理科技重大专项子课题（南水北调山东受水区饮用水安全保障技术研究与综合示范课题）
项目起止时间：2017年1月至2021年12月　　**主持单位**：中国城市规划设计研究院　　**院内承担单位**：城镇水务与工程研究分院
院内主管所长：龚道孝　　**院内主审人**：宋兰合　　**院内项目负责人**：周长青
院内主要参加人：梁涛、耿艳妍、陶相婉、白静、马雯爽、张思家

研究背景

南水北调工程是世界上最大的跨流域调水工程，是缓解我国北方地区水资源短缺、实现水资源优化配置、保障经济社会可持续发展的重大战略性基础设施。

开展南水北调中线受水区水厂工艺分析、跨区域多部门供水、用水等相关水质管理协作机制和水质信息共享与互馈机制研究，建立国家供水信息管理平台和中线水质监测—预警—调控决策支持综合管理平台的数据功能对接，为突破多部门管理协作和信息共享技术瓶颈奠定科学基础。

研究内容

以提高受水区城市供水安全保障程度、实现跨区域多部门水质信息共享为目标，研究内容主要包括三个方面：

（1）原水水质变化对水厂运行工艺的影响研究。基于全面分析中线受水区的城市供水现状、配套水厂运行管理现状、水厂净水工艺等内容，系统性深入研究中线受水区水厂的工艺特征，研究水厂工艺对水源水质变化的适应性。

（2）多部门水质管理协作和信息共享互馈机制的相关研究。通过对城市水质信息共享现状的排查，开展供水水厂对中线工程水质信息共享需求分析，协助完成南水北调中线跨区域多部门水质管理协作机制、南水北调跨区域多部门水质信息共享与互馈机制（水厂部分）研究，并协助起草南水北调中线干线管理局与北京、郑州、石家庄、保定等水质信息共享与协作部门间的联席会议制度建议。

（3）综合管理平台接口开发及应用示范。开发国家供水信息管理平台和中线水质监测—预警—调控决策支持综合管理平台的接口，实现平台之间互联互通，系统集成多部门水质信息，为中线水质监测—预警—调控决策支持综合管理平台的业务化运行提供技术支持，并协助开展综合管理平台的典型业务化应用示范。

技术创新点

关键技术：基于水质信息的中线受水区水厂工艺适应性研究。

水厂原水及出水水质检测信息是中线总干渠受水区城镇供水水厂适应性研究的重要基础，如何有效发掘水源水质变化和水厂工艺适应性特征的关系关联是重要的技术难点，本研究从大量连续性水质信息数据中提炼和整合有效的信息，深入分析了水质信息与水厂工艺适应性的关联性。

创新点：实现国家供水信息管理平台和中线水质监测—预警—调控决策支持综合管理平台的对接。

分析国家供水信息管理平台的软件开发方式和功能模块，对接中线水质监测—预警—调控决策支持综合管理平台的需求分析和框架设计，开发两个平台数据共享和交互的接口，实现国家供水信息管理平台和中线水质监测—预警—调控决策支持综合管理平台的数据共享和功能互动。

应用及效益情况

开展水质信息共享内容、共享形式、共享制度研究，提出了水质共享与互馈机制相关建议，组建了南水北调中线水质信息共享与协作联席会议机制，建立了适当的合作激励机制，有效降低成本并提高了合作联盟整体效益，拓展了更广阔的合作空间及驱动力。系统集成多部门水质信息，实现了国家供水信息管理平台和中线水质监测—预警—调控决策支持综合管理平台的数据和功能对接及其应用示范。

自2021年6月接口运行以来，为"南水北调中线输水水质预警与业务化管理平台"提供了以南水北调水为原水的水厂监测数据，稳定推送数据上千条，为南水北调中线输水水质预警与业务化运行提供有效的技术支持，及时全面掌握南水北调中线干渠、支渠水质信息。

（执笔人：韩项）

山东受水区水量需求及水源优化配置研究

项目来源： 科技部"十二五"国家水体污染控制与治理科技重大专项子课题
项目起止时间： 2013年1月至2015年12月　　**主持单位：** 中国城市规划设计研究院　　**院内承担单位：** 城镇水务与工程研究分院
院内主管所长： 张全　　**院内主审人：** 宋兰合　　**院内项目负责人：** 桂萍、魏锦程
院内主要参加人： 陈京、李萌萌、宋陆阳

研究背景

南水北调东线工程通水后，山东受水区13个地级市面临引黄水、南水北调水、地下水、山区水库水的多水源供水现状，存在水源类型多、水质时空分布复杂多变等问题。为满足城市供水需求，课题开展了基于空间均衡和水量水质分析的水源优化配置技术研究，并将该技术应用于南水北调山东受水区，形成了13个受水城市水源优化配置方案。

研究内容

南水北调山东受水区用水特征与趋势分析内容包括：课题对南水北调山东受水区各城市水资源特征、供水水源结构和利用特征进行分析，识别水资源与城市供水存在的问题，并对受水城市的需水量进行预测。从用水结构来看，占比最大的农业用水量呈现逐年下降趋势，生活需水量逐年上升，城市总体用水量稳中有降，但城市供水的水量需求将持续增加。

南水北调水源定位研究内容包括：对山东受水区各受水城市的本地地表水、地下水、引黄水和南水北调水的现状水质进行分析。结果表明，现有水源水质基本可以满足城市供水水质要求，近远期均可作为城市供水水源。对于南水北调水源，南四湖是影响山东受水区水质的关键节点，部分指标无法达到Ⅲ类水体水质要求，硫酸盐和氯化物浓度较高且水厂难以去除。因此，近期南水北调水不宜单独作为城市集中供水水源。2030年远期水质模拟结果表明，南四湖出水口除总磷超标1.6倍外，其他主要水质指标均达到了地表水Ⅲ类水体的水质要求，在通过生态治理措施使总磷浓度进一步降低的条件下，远期引江水可以作为城镇集中供水水源。

受水城市多水源优化配置方案研究内容包括：以县、区和县级市为研究单元，将各单元内的水源与用户建立拓扑关系，对受水区城市水源配置方案进行计算。研究结果表明，南水北调通水后，能够保障山东受水区的用水需求。近期南水北调水用途以工业用水为主，并将其置换出的水量用于新增城市供水和生态用水；远期南水北调水主要用于城市供水和工业用水。

技术创新点

关键技术包括：基于空间均衡和水量水质分析的水源优化配置技术。该技术适用于多水源水质复杂条件下的水资源配置，它是将水源与用户间的空间位置关系、水量供需关系、水质供需关系进行综合分析，获得水源配置的最优方案。首先通过水质分析确定水源的用途，其次根据供需双方的水量和空间位置确定水资源配置方案，在较为复杂的供用水系统中，可利用模型与人工配置相结合的方式进行分析。

创新点包括：相对于传统的水资源配置方法，本研究所采用的水资源配置方法重点突出了对水质的分析以及各类用途的适宜性分析。在近期配置方案分析过程中，对南四湖不同点位的高锰酸盐指数、氨氮、总磷、总氮、硫酸盐和氯化物等水质指标现状进行了分析，并对各类污染物在水厂处理工艺中的可去除性进行了分析。在远期配置方案分析过程中，为研究2030年南水北调东线达到设计水量29.51亿立方米后南水北调东线水质情况，本研究利用MIKE 21针对现状影响水质的关键节点——南四湖建立流域水质模型，基于入湖河流水质水量以及南水北调工程引水量的变化预测2030年南四湖水质。从模拟结果可以看出，由于引江水各水质指标均优于南四湖现状水质以及河流入湖水质，随着引水量的增加，整体水质得到改善。

应用及效益情况

课题编制了南水北调山东受水区济南、青岛、烟台、潍坊、淄博、东营、滨州、德州、聊城、济宁、菏泽、威海、枣庄13个受水城市的南水北调水源优化配置方案。方案以县、县级市和区为单元，对2020年和2030年本地地表水、地下水、引黄水、引江水以及再生水等非常规水源进行了优化配置，确定了各单元生活、一产、二产、三产和生态用水的配置水量及对应水源，重点明确了南水北调水在近远期的配置方案，为受水城市编制供水相关规划、制定水资源利用政策方案提供了技术支撑。

（执笔人：魏锦程）

饮用水全流程水质监测技术及标准化研究

项目来源：科技部"十二五"国家水体污染控制与治理科技重大专项课题
项目起止时间：2014年1月至2016年12月　　**主持单位**：中国城市规划设计研究院　　**院内承担单位**：城镇水务与工程研究分院
院内主审人：宋兰合　　　　　　　　　　　**院内主管所长**：张全　　　　　　　　　　**院内项目负责人**：桂萍
院内主要参加人：凌云飞、吴玲娟、郭风巧、邬晶晶、李萌萌、宋陆阳、朱良琪、牛晗

研究背景

随着经济社会的高速发展，水源污染的形势日趋严峻，饮用水中新兴污染物的风险不断被发现。同时，饮用水水质监管呈现对象复杂化、浓度超低化、问题常态化等特点，对供水水质监测技术提出了更全面、更高效和更准确的要求。

课题以高通量、低成本和低药耗为目标，通过水质监测新技术与新方法的研发，支撑从源头到龙头水质监管全流程、从实验室检测、在线监测及应急监测等全方位、从日常管理到行业进步等多层次的监测方法体系的构建，为提升行业水质安全监管的有效性及科学性提供支撑。

研究内容

任务1：与饮用水全流程水质监管相适应的标准方法开发。对现行《城镇供水水质标准检验方法标准》（CJ/T 141—2018）进行了补充和完善，新增了24项指标的17个检验方法，并修订了20项指标的2个检验方法，实现标准方法体系对《生活饮用水卫生标准》GB 5749—2006的全覆盖。

任务2：公众关注的新兴污染物的标准检验方法的开发。课题针对城镇供水行业目前关注较多的新兴污染物，开发了针对25种药物及31种激素的2个标准的检验方法，针对包括PFOA和PFOS等在内的17种全氟羧酸和全氟磺酸的检测方法，可同时检测硫醚硫醇类、醛类和吡嗪类等多种新型致嗅物质的标准检验方法，针对不同水源条件下的氯化消毒副产物如亚硝胺、卤乙酰胺等32种物质的高通量检验方法。

任务3：可扩展的污染物定性与定量筛查方法体系。课题针对城镇供水行业的典型污染情景，开发了基于液相色谱飞行时间质谱、全二维气相色谱高分辨质谱的筛查方法，可覆盖125种持久性有机物、142种化工原料、113种致嗅物质、51种药物及个人护理用品及26种消毒副产物。

任务4：从源头到龙头的水质风险评估方法。针对水源的风险评估，引进ISO的UMU生物遗传毒性测试方法，改进了细菌的培养方法，大大减少试验流程耗时；针对水厂处理过程，研发了适合中国城镇供水行业特点的消毒副产物生成势评价方法；针对管网中饮用水水质稳定性问题，对美国《水和废水标准检验法》（第21版）9217荧光假单胞菌和螺旋菌接种法测定AOC的方法进行了优化，并开展接种荧光假单胞菌P17菌和螺旋菌NOX菌测试水中可同化有机碳的方法研究。

任务5：在线监测技术规范的扩展及低成本低药耗核心技术的开发。课题在"十一五"水专项课题"水质监测关键技术及标准化研究与示范"研究成果的基础上，进一步纳入颗粒数量、发光细菌生物综合毒性、鱼类行为法生物综合毒性等水质指标，发布了《城镇供水水质在线监测技术标准》CJJ/T 271—2017。

技术创新点

课题研制的检测方法可分别实现4种塑化剂、34种半挥发性有机物及农药、47种农药、28种多氯联苯及丙烯醛等5种挥发性有机物的同时检测，大幅缩短了检测时间，有效提高了城镇供水行业水质监管的效率。

课题开发的针对25种药物及31种激素的检测方法，针对底泥中常见的或藻类、水生植物厌氧分解产生的硫醚硫醇类物质以及工业原料中常用的醛类和吡嗪类等致嗅物质同时进行检测的方法，引领了行业内开展饮用水中药物和个人护理用品等新兴污染物标准检验方法的研究。

课题开发的可高效检测不同水源条件下的大部分消毒副产物的检测方法，提升了水厂的工艺监管的直观性和便利性，解决了不同消毒方式和水质特点条件下的检测结果的可比性。

应用及效益情况

课题构建了实验室检测方法、在线监测方法及应急监测方法的全方位监测方法标准与指南体系，为提升城市供水水质监管技术水平，实现"从水源头到水龙头"全流程的水质监管提供了技术支撑。课题产出的检测方法已在监测网内单位开展应用，并在行业内组织了多次培训，课题构建的符合城镇供水行业特点的污染物筛查数据库，成功应用于供水企业的污染应急处置过程，有效提升行业水质监管的应对能力。

（执笔人：桂萍）

饮用水安全保障技术集成与技术体系构建研究

项目来源：科技部"十二五"国家水体污染控制与治理科技重大专项子课题（流域水体污染控制与治理技术集成及效益评估课题）
项目起止时间：2014年3月至2016年12月　　**主持单位**：中国城市规划设计研究院　　**院内承担单位**：城镇水务与工程研究分院
院内主管所长：张全　　　　　　　　　　　　**院内主审人**：宋兰合　　　　　　　　　　**院内项目负责人**：周长青
院内主要参加人：林明利、赵沁园、张思家、马雯爽、陶相婉

研究背景

本课题由中国环境科学研究院牵头承担，中规院具体承担研究任务"饮用水安全保障技术集成与技术体系构建研究"。研究任务系统梳理了"十二五"饮用水安全保障技术体系的综合应用示范与实施成效。

研究内容

围绕水质达标要求，延续两条技术主线，突出三类平台建设。一是构建"从源头到龙头"全流程的饮用水安全保障工程技术体系，主要服务于供水设施的规划、设计、建设和运行管理，支持面向科研院所和供水企业的工程技术平台和面向材料设备制造企业的产业化平台建设；二是构建"从中央到地方"多层级的饮用水安全保障监管技术体系，主要服务于各级政府及其相关部门对饮用水安全的监督管理，支持面向政府的饮用水安全监管业务化技术平台建设。通过关键技术突破和示范应用，总结集成技术，形成标准、规范体系，指导规划编制、工程建设和运行管理，为提升我国饮用水安全保障的综合能力提供技术支撑。

技术创新点

针对我国重点流域和典型地区饮用水源复合污染问题、复杂多变污染水源条件下饮用水高效净化处理难题，突破了水源原位生态修复与水质提升、水厂水质净化、管网安全输配、水质监测预警等关键

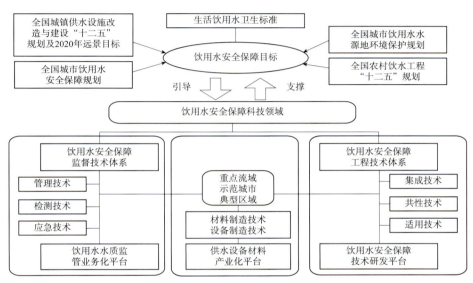

图1　技术路线图

技术瓶颈，发展了"从源头到龙头"饮用水安全多级屏障工程技术及其组合工艺，突破关键技术40余项，形成成套技术10余项，技术就绪度总体上提高到6~9级。

针对我国饮用水安全的日常管理、监督管理和应急管理等需求，破解了饮用水全过程监管的科学化、规范化、业务化技术难题，构建了"从中央到地方"多级协同管理技术序列，支撑了"水十条"要求"从水源地到水龙头全过程监管饮用水安全"的全面落实，提高了我国饮用水安全监管的业务化水平。

应用及效益情况

专项启动时，我国开始施行新版《生活饮用水卫生标准》GB 5749—2006，当时面临水源污染严重、供水技术落后、安全监管薄弱、应急能力不足等系统性问题，饮用水安全保障缺乏体系化的技术支撑和整体性的解决方案，水质稳定达标面临巨大挑战，与社会期望和老百姓需求存在较大距离。水专项系统识别水质健康风险和供水系统的安全隐患，揭示了我国重点区域饮用水源污染特征及特征污染物在供水系统中的转移转化与去除机制；定量辨析处理技术与工艺设施的协同效能，提出饮用水安全保障技术策略，以饮用水风险防控为重点，饮用水创建了"从源头到龙头"全流程的饮用水安全保障技术体系，完善了饮用水安全保障的理论基础，为我国饮用水安全保障战略实施和城乡供水规划建设管理提供了体系化、持续性的技术支撑。

（执笔人：林明利）

饮用水特征嗅味物质识别与控制技术研究与示范

项目来源：科技部"十二五"国家水体污染控制与治理科技重大专项子课题（饮用水特征嗅味物质识别与控制技术研究与示范课题）
项目起止时间：2015年1月至2018年12月　　**主持单位**：中国城市规划设计研究院　　**院内承担单位**：城镇水务与工程研究分院
院内主管所长：孔彦鸿　　　　　　　　　　**院内主审人**：莫罹　　　　　　　　　**院内项目负责人**：桂萍、魏锦程
院内主要参加人：郭风巧、王真臻、杨芳

研究背景

饮用水有无异味是消费者直接评判水质好坏的一个主要依据，是自来水厂处理和水质管理中需要管控的关键水质指标之一。近年来由于水源环境污染日益复杂，饮用水异味问题的投诉日显增多。为有效控制我国饮用水中的嗅味，指导供水行业管理、处理工艺选择和水厂运行优化，提高城镇供水的安全保障能力，推动城镇供水水质全面达到《生活饮用水卫生标准》GB 5749—2006，国家水体污染控制与治理科技重大专项设置课题《饮用水特征嗅味物质识别与控制技术研究与示范》开展专项研究。本项任务为该课题的子课题，旨在通过实验研究和行业验证，为供水行业提供简便可行的嗅味分析方法，并提出保证其评价结果的科学性和普适性的技术要求。

研究内容

任务1：嗅味感官方法验证及推广

在国外已经较成熟的嗅味层次分析法和嗅阈值法的基础上，针对城镇供水行业特点进行标准化，组织重点流域中嗅味问题突出的10个城市开展方法验证。嗅阈值实验结果表明来自不同城市的人员对嗅味的响应浓度存在差异，方法验证结果表明该层次分析方法评价MIB和黄瓜醛浓度的方法精密度良好。

任务2：嗅味特征评价方法研究

通过嗅阈值测试、物质浓度—强度效应曲线、嗅味类型描述等方式对嗅味物质的特征进行评价，发现嗅味物质存在分别以己醛、β-环柠檬醛和苯甲醛为代表的三类不同的嗅味特征，测试者对这类物质的嗅味感受差异大。选择34种嗅味物质绘制物质强度—浓度效应曲线，明确了这些物质均可通过层次分析法进行半定量分析。

任务3：嗅味投诉情况调研

开展饮用水中嗅味问题的投诉情况调查，涉及其中乌鲁木齐、昆明、天津、珠海、西安、郑州、合肥7个城市，得到不同地区对特定嗅味物质的敏感性数据，确定了城市敏感度排序。

技术创新点

项目基于我国的城市与地域特征，针对嗅味的半定量的评价方法，识别了城市和人群个体的差异；针对嗅味强度—浓度曲线所使用的物质浓度，主观性较大的问题，提出通过对闻测顺序的控制，提高检测方法的精度及质控水平的技术要求。

参与编制的《饮用水嗅味控制与管理技术指南》，可为有效应对我国饮用水中日益突出的嗅味问题，指导供水行业管理、处理工艺选择和水厂运行优化，提高城镇供水的安全保障能力提供支撑。

应用及效益情况

课题实施期间以及课题结题后，组织多次饮用水嗅味的研讨会和培训会，在中国城市规划设计研究院中心实验室对来自国家城市供水水质监测网成员单位的分析检测人员进行培训，同时通过方法验证工作指导培训支撑各成员单位嗅味培训基地建设。

参与课题牵头单位编制的《饮用水嗅味控制与管理技术指南》已获出版。

（执笔人：桂萍）

饮用水安全保障技术体系综合集成与实施战略

项目来源：科技部"十三五"国家水体污染控制与治理科技重大专项课题
项目起止时间：2017年1月至2021年6月　　主持单位：中国城市规划设计研究院　　院内承担单位：城镇水务与工程研究分院
院内主审人：宋兰合　　院内主管所长：张志果　　院内项目负责人：林明利
院内主要参加人：姜立晖、田川、郝天、郭风巧、李化雨、韩超、张全斌、李宗来、秦建明、史志广、黄悦、余忻、白桦等
参加单位：中国科学院生态环境研究中心、哈尔滨工业大学、同济大学、清华大学、浙江大学、山东省城市供排水水质监测中心、深圳市水务（集团）有限公司

研究背景

饮用水安全直接关系到广大人民群众的健康，"让老百姓喝上放心水"是党和国家对全国人民的庄严承诺。为保障饮用水安全，2007年起国家启动实施水体污染控制与治理科技重大专项（下简称"水专项"），着力解决我国经济社会发展的水污染重大科技瓶颈问题，开启了新型举国体制科学治污的先河。经过十余年的艰辛探索和协同攻关，我国饮用水领域科技水平大幅提升，城乡供水水质显著改善。站在"十三五"时期"水专项"收官之际，课题梳理凝练已有研究成果，开展饮用水安全保障技术综合集成研究，以期进一步推动水务事业高质量发展。

研究内容

1. 创建技术体系，编制技术导则

针对饮用水安全保障的系统性问题，通过系统集成建立了三套相互支撑、相互协同的技术系统：一是建立"多级屏障"工程技术系统，涵盖水源保护、水厂净化、管网输配、二次供水等关键环节，形成12项成套技术和37项关键技术，为供水设施规划设计建设与水质净化提供重要技术支撑；二是创新"多维协同"管理技术系统，在水质监测、风险评估、预警应急、安全管理等重要领域，形成5项成套技术和17项关键技术，为供水企业运行管理、政府部门监督管理和突发事件的应急处置与救援提供科技支撑；三是发展材料设备开发技术系统，在关键净水材料设备、检测仪器及其集成化装备方面取得重要成果，形成2项成套技术和6项关键技术，部分设备成功实现国产化替代，显著提升了制造类企业的技术水平和市场竞争能力。

针对我国饮用水安全保障的主要问题，吸纳最新的科技成果和实践经验，编制了与技术体系配套使用的《饮用水安全保障技术导则》，用于指导全国城镇供水系统规划设计、运行管理和安全监管等工作，为应对未来相当长时期我国饮用水安全面临的问题和挑战提供科学技术指引。

2. 总结水源特征，形成解决方案

系统梳理和调研评估水专项饮用水水源水质特征相关成果，针对性进行补充采样测试，形成了长江下游、南水北调受水区等重点流域和典型地区的水源特征与问题分类，分析了重点污染物在全国范围内的分布特征，为以水质问题为导向的饮用水安全保障策略提供了基础支撑。

结合城市饮用水安全保障先进经验与成熟做法调研，基于我国重点流域和典型地区饮用水水源特征，综合考虑不同地区饮用水安全保障需求，编制形成饮用水安全保障分类的整体解决方案研究报告。方案总数18个，对象涵盖太湖高藻水源、平原河网水源、南水北调受水区水源、典型地下水水源等我国主要水源特征类型，以及管网安全输配主要问题。通过提出全面可行的技术对策和措施，为我国饮用水安全保障提供参考借鉴。

3. 制定发展战略，提出发展建议

通过系统梳理国内外饮用水安全保障科技进展情况，分析我国饮用水安全保障问题与发展需求，并充分咨询和吸纳国内外知名专家意见和建议，形成了《国家饮用水安全保障中长期科技发展战略研究报告》，交予住房城乡建设部标准定额司。战略报告明确了涵盖设施、技术、管理等方面的饮用水安全保障科技需求，制定了我国饮用水安全保障中长期科技发展目标，提出了总体思路和实施路径，形成了引领未来饮用水安全保障技术发展的六项重点战略任务。在此基础上，编著了《饮用水安全保障中长期科技发展战略》书籍。

结合我国城镇供水行业发展状况和趋势，按照中国水协讨论确定的供水行业发展目标，编制了《中国城镇供水行业2035年技术进步发展规划建议》，制定了涵盖供水设施、技术、管理和服务等方面的行业技术进步目标和指标，提出了供水行业发展重点任务、技术发展任务，以及规划实施保障措施。规划建议交予中国水协，为编制《城镇水务2035年行业发展规划纲要》供水安全保障内容提供支撑参考。

4. 谋建创新中心，支撑战略需求

依托现有的优势资源，积淀"水专项"重要成果和核心能力，形成了国家饮用水安全保障技术创新中心组建方案，并

编制完成《国家饮用水安全保障技术创新中心项目建议书》。创新中心瞄准国家可持续发展重大需求和工程技术国际发展前沿,以国家饮用水安全保障重大战略和需求为导向,集聚全国具有国际竞争力的科研力量和"水专项"科技创新资源,重点突破"卡脖子"技术难题,创新性地开展饮用水安全保障领域的技术工艺研发、成果转化推广、政策标准研究、设备材料测试评估。努力建设一流的饮用水安全保障技术创新研发平台、国际合作与技术交流中心和高层次创新人才培养基地,为我国饮用水安全保障提升提供可持续技术支撑。

5. 编制科普读物,推介科技成果

编制饮用水安全保障技术体系成果宣传材料和读本,系统介绍饮用水安全保障技术体系、成套技术、关键技术和技术体系综合应用成效。联合净水技术杂志社,编著科普专著《饮水知源:饮用水的"黑科技"》,全方位普及饮用水安全知识,图文并茂地展示饮用水科技成果。同时,设计制作了"从水源头到水龙头"全流程饮用水安全保障系统装备模型,展示了饮用水净化处理、水质监测预警和管网风险控制等关键技术,以及自主研发的大型臭氧发生器、超滤膜净水组件、管网漏损检测仪等饮用水关键设备,展现了我国饮用水安全保障关键技术集成创新和国产化设备产业化推动的重大进展。配合该装备模型展示,设计制作了一部"全流程饮用水安全保障系统装备"动画视频,形象展示了"水专项"取得的重要技术成果。

技术创新点

针对我国重点流域和典型地区水源水质特征与问题,以龙头水质稳定达标为目标,系统梳理、评估和集成"十一五"以来"水专项"技术成果,构建我国饮用水安全保障技术体系,提出系列化的、可复制、可推广和可持续的饮用水安全保障整体解决方案,形成国家饮用水安全保障中长期发展战略和供水行业科技进步发展规划,提出国家级饮用水安全保障技术支撑能力体系建设方案,形成"水专项"技术成果的推介机制。

应用及效益情况

集成构建了"从水源头到水龙头"全流程饮用水安全保障技术体系;开发了饮用水安全保障技术数据库及辅助决策支持系统;收录了技术名片、示范工程、标准规范等分类技术成果;凝练形成了19项成套技术、60项关键技术;总结了长江下游、南水北调受水区等重点流域和典型地区水源特征与问题;提出了分类的整体解决方案;提出了饮用水安全保障中长期科技发展战略和供水行业科技发展规划建议;凝练了"水专项"重要成果和核心能力,形成了饮用水安全保障技术创新中心项目建议书;出版了一系列成果专著,制作了宣传动画视频和装备模型。配合住房和城乡建设部"水专项"办圆满完成2019年全国科技周、国家"十三五"科技成就展中的"水专项"饮用水成果展,获得了央视媒体和社会公众的广泛关注。课题成果全面支撑了饮用水安全保障技术体系创建和标志性成果集成凝练,整体提升了我国饮用水安全保障能力和科技水平,对未来饮用水安全保障体系和能力现代化发展产生了积极影响。

(执笔人:李化雨)

图1 "从源头到龙头"全流程饮用水安全保障技术体系框架

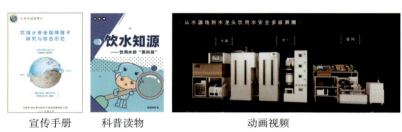

宣传手册　　科普读物　　动画视频

央视媒体报道　　"十三五"科技成就展展播　　"一带一路"圆桌会议

图2 饮用水安全保障科普宣传推介

饮用水安全保障技术体系评估与标志性成果集成研究

项目来源：科技部"十三五"国家水体污染控制与治理科技重大专项子课题（国家水体污染控制与治理技术体系与发展战略课题）
项目起止时间：2018年1月至2021年12月
院内承担单位：城镇水务与工程研究分院
院内主审人：张志果
院内主要参加人：秦建明、郭风巧、姜立晖、田川、张全斌、徐至澄、马雯爽、陈瑜、宋陆阳、张勇、孟煊袆等
主持单位：中国城市规划设计研究院
院内主管所长：龚道孝
院内项目负责人：林明利

研究背景

"十三五"是水专项全面完成2007年国务院批复的总体实施方案，实现水专项总体目标，向国家"交卷"的"冲刺"阶段，需要实现水专项饮用水主题总体目标，围绕饮用水安全保障技术体系开展评估，凝练形成饮用水标志性成果。

研究内容

专题1"饮用水安全保障技术体系评估与发展路线图研究"主要包括：饮用水安全保障重大现实问题、基本科学问题与技术集成方略研究、饮用水安全保障技术体系综合集成与评估、我国饮用水安全保障技术发展建议等。

专题2"饮用水安全保障标志性成果集成凝练研究"主要包括："'从源头到龙头'饮用水安全多级屏障与全过程监管技术"标志性成果框架设计与技术推进路线图、标志性成果技术系统梳理、饮用水安全保障重大技术突破、开展标志性成果技术综合评估、标志性成果推广应用等。

技术创新点

饮用水安全保障技术体系评估与饮用水安全保障标志性成果集成凝练。

成果应用及效益情况

从科学理论创新、技术创新和管理创新三个层面为我国未来饮用水安全保障提供了经济可行的理论与技术支撑。

1. 创建了饮用水安全保障技术体系

针对饮用水安全保障的系统性问题，逐步建立和完善了三套相互支撑、相互协同的技术系统：一是建立"多级屏障"工程技术系统，涵盖水源保护、水厂净化、管网输配、二次供水等关键环节，形成12项成套技术和36关键技术，为供水设施规划设计建设与水质净化提供重要技术支撑；二是创新"多级协同"管理技术系统，在水质监测、风险评估、预警应急、安全管理等重要领域，形成5项成套技术和17项关键技术，为供水企业运行管理、政府部门监督管理和突发事件的应急处置与救援提供科技支撑；三是发展材料设备开发技术系统，在关键净水材料设备、检测仪器及其集成化装备方面取得重要成果，形成2项成套技术和6项关键技术，部分设备成功实现国产化替代，显著提升了制造类企业的技术水平和市场竞争能力，部分产品填补了国内空白。

2. 形成了"'从源头到龙头'饮用水安全多级屏障与全过程监管技术"标志性成果

通过集成和凝练"十一五"以来饮用水主题水专项开展的相关工作和成果，攻克了水源污染、水质复杂多变下供水技术落后、产业支撑能力薄弱、安全监管和应急能力不足等系统性突出问题，在创建"从源头到龙头"全流程饮用水安全保障技术体系基础上，形成了"饮用水安全多级屏障与全过程监管技术"标志性成果，整体提升我国饮用水质量与标准，直接受益人口超过1亿，惠及人口超过5亿，全国城市供水水质抽查达标率从2009年的58.2%提高至96%以上，增强了人民群众的获得感和幸福感，有力支撑了社会稳定和国家重大战略。

3. 提出我国饮用水安全保障中长期发展战略建议，为未来饮用水领域发展提供方向指引

明确了我国饮用水安全保障中长期发展目标，制定了"三步走"战略：第一阶段，到2025年实现饮用水安全保障技术体系的标准化、绿色化和数字化；第二阶段，到2030年实现饮用水安全保障技术体系的智能化和设备材料国产化；第三阶段，到2035年构建智能高效、绿色低碳、韧性可靠的饮用水安全保障技术体系，基本实现饮用水安全保障技术体系的现代化。

（执笔人：郭风巧）

水体放射性核素在线监测仪器—饮用水安全领域示范应用研究

项目来源：科技部"十三五"国家重点研发计划课题（水体放射性核素在线监测仪器项目）
项目起止时间：2016年7月至2020年12月　　**主持单位**：中国城市规划设计研究院　　**院内承担单位**：城镇水务与工程研究分院
院内主管所长：张全　　**院内主审人**：莫罹　　**院内项目负责人**：桂萍
院内主要参加人：娄金婷、孟煊祎、朱良琪、冯一帆、陈京

研究背景

根据现行《生活饮用水卫生标准》GB 5749—2006（以下简称《标准》）和《城市供水水质标准》CJ/T 206—2005的要求，总α、总β放射性指标是饮用水水质监管的常规指标，是供水企业和卫生行政部门经常性检测项目，对保障居民的健康至关重要。

目前饮用水总α、总β放射性指标均依据《生活饮用水标准检验方法》GB/T 5750—2006进行检测，水样需通过蒸发浓缩、炭化、灰化将水中的放射性核素富集到固体残渣制源后进行检测，耗时长，测量准确度低，该指标已经成为城镇供水行业日常水质监管的瓶颈之一。

同时，目前城镇供水行业还缺乏对核素污染进行在线监测预警的设备和相应的技术规范。

在此背景下，亟须对现行《标准》配套的标准方法进行优化，着重解决现行方法干扰因素多、前处理过程烦琐、效率低、准确测定难度大等问题，填补城镇供水行业相关技术标准的空白。

研究内容

任务1：饮用水中放射性核素总α和总β的实验室检测方法的优化

利用以液闪测量为核心的低本底检测技术，开发液体样品的直接检测方法；对样品的快速浓缩方法进行优化，对方法检出限、测定范围、精密度以及准确度等方法特性进行研究，明确影响测定结果的技术参数，对《标准》配套的标准方法进行优化和完善。通过在供水行业内开展广泛的验证，形成新的行业标准的建议稿。

任务2：饮用水放射性核素总α和总β的在线监测方法的规范化

针对我国饮用水在线监测方法标准还是空白的现状，针对各种水源条件、水处理工艺及输配水系统，以实施供水全流程核素在线监控预警为目的，建立技术成熟、经济合理的城市供水全流程水质放射性核素在线监测方法，形成行业技术规程的建议稿。

技术创新点

本课题首次将液闪测量法引入饮用水中放射性指标的检测，检测的灵敏度和准确性优于现行国标方法，是国内外首次建立基于液闪方法的饮用水放射性指标的标准方法。

课题通过标准化方法的研制，将单样检测时长从1~3天缩短到8~18小时，其精密度和回收率也能达到《标准》标准限值的要求，为现行国标方法提供了有效的补充，大幅提升了检测效率，保障了供水行业对放射性指标出现异常时响应的及时性。

课题同时从在线监测仪的布点、系统的技术要求、设备安装与验收、运行维护与管理等方面提出了规范要求，在兼顾成本和效率的前提下，建立了适合我国国情的供水行业放射性指标在线监测系统建设和运行管理的技术规程，可填补城镇供水在放射性指标在线监测技术规范方面的空白。

课题创新地开展标准前置研究，以标准编制要求同步推动检测仪器的改进和检测方法的优化，完成了《水中总α/β活度的液体闪烁技术计数测定法》和《城镇供水系统总α/β在线监测技术规程》标准建议稿文本的编制，有效提高了标准的时效性，保证了监测设备的检测质量和监测预警有效性，推动了设备的产业化应用。

应用及效益情况

课题通过行业调研及时识别了放射性指标的检测需求，明确样品前处理对放射性检测的实时性与准确性有重要影响，通过开展标准前置研究，从设备研发就开始与标准协同，有效提高了标准的时效性，也有效促进了监测设备的检测质量和监测预警有效性，对于保障饮用水安全，维护正常的居民生活、维护社会稳定等，具有积极的社会效益。

（执笔人：桂萍）

江苏省城乡统筹供水安全监管技术体系运行示范

项目来源： 科技部"十二五"国家水体污染控制与治理科技重大专项子课题（江苏省域城乡统筹供水技术集成与综合示范课题）
项目起止时间： 2014年1月至2019年12月　　**主持单位：** 中国城市规划设计研究院　　**院内承担单位：** 城镇水务与工程研究分院
院内主管所长： 张全　　**院内主审人：** 谢映霞　　**院内项目负责人：** 宋兰合
院内主要参加人： 边际、耿艳妍、龚道孝、牛晗、韩超、顾薇娜、梁涛、李琳、陈利群等

研究背景

江苏省是我国规模化规范化开展城乡统筹区域供水（城乡一体化供水）最早最成功最为典型的地区。截至2012年年底，该省城乡统筹区域供水乡镇覆盖率已达79%。其中，苏锡常、宁镇扬泰通地区规划范围内的乡镇基本实现了城乡统筹区域供水全覆盖，苏北地区城乡统筹区域供水乡镇覆盖率达55%。城乡公共供水服务总人口近6000万人，其中通水乡镇和农村受益人口约3400万人。在城乡统筹区域供水发展的新形势下，迫切需要研究和解决针对水源优化配置、保障城乡饮用水安全、加强城乡统筹区域供水监管等问题为江苏省在"十二五"时期开展的一系列供水规划实施，为构建江苏省级城乡供水安全保障体系建设提供科技保障。

研究内容

中国城市规划设计研究院为项目技术支撑单位之一，具体负责平台总体设计和平台功能模块模型设计，并配合东南大学、江苏省城市规划设计集团有限公司（原江苏省城市规划设计研究院）、河海大学、哈尔滨工业大学、北京首创股份有限公司开展了水质监测预警体系构建相关研究工作。

1. 平台架构设计

在"十一五"科技成果"城市供水水质监测预警系统技术平台"基础上，进一步开展技术研发与集成，建设江苏省城乡统筹供水安全监管业务平台，在省级监管业务平台上集成太湖流域水质监控预警平台、宜兴市城乡供水安全监控业务平台，形成可复制的省市（县）两级城镇供水安全监管业务平台技术体系，并实现与监管业务国家平台的对接，同时可为南水北调东线工程提供调水区实时水质信息。

2. 平台功能模块模型设计

依照《全国城市饮用水安全保障规划（2006—2020年）》要求，建设省级行政区饮用水安全信息管理系统，建立相应的数据库、监测信息传输、处理和发布体系，实施动态监控和管理，形成完整和比较完善的城市供水水质监控网络和预警系统：（1）分类实施监管——把提供公共产品、公共服务的质量和效率作为重要监管内容，加大信息公开力度，引入社会评价，接受社会监督；（2）分类定责考核——重点考核成本控制、产品质量、服务水平、营运效率和保障能力，根据企业不同特点有区别地考核经营业绩和国有资产保值增值情况。

3. 监测预警系统设计

基于饮用水处理和输配水技术，依据水质监测历史数据，研究分析污染物在水体及供水系统中的迁移转化规律，确定供水系统全流程特征污染物，确定水源、出厂水、管网水和二次供水的水质预警阈值，优选各环节特征污染物的监测方案和监测技术，采用大数据应用方法判断管网水和二次供水的污染情况、评价饮用水水质的动态变化和发展趋势、揭示事件间的相互联系。

4. 平台安全策略框架设计

研究和确定平台安全的技术措施和管理措施，包括系统定级、身份认证、访问控制、安全审查、数据加密、边界管理、数据备份、数据专线、备用电源9个主要措施。

技术创新点

设计了基于系统平台原型设计、系统顶层维护和用户群授权管理的一个系统下多级平台分布和多类别用户共享的城市供水水质安全监控业务平台构架创新模式，建立了基于部门职责、业务角色和流程管理的城市供水水质管理业务模块化解构、灵活化定制、可扩展重组、业务及系统间信息共享的省级行政区城乡统筹供水系统监管平台构建技术体系，以及基于实时监测和大数据价值提取的多维度预警技术，并提出了平台应用的安全策略框架建议，为江苏省城乡统筹供水监管平台建设提供了技术支撑。

应用及效益

成果支撑了软件设计、系统集成与平台建设。课题2019年顺利通过验收。平台项目建设单位认为，平台"集成日常管理、水质管理、应急管理、专项业务、企业应用、系统管理等功能模块，实现数据在线传输、实时预警、管网优化调度和水源—水厂—管网全流程监控，提高了城乡供水安全监管水平。""促进了全省供水事业的高质量发展"。

（执笔人：宋兰合）

宜兴市城市水系统综合规划研究

项目来源：科技部"十二五"国家水体污染控制与治理科技重大专项子课题（江苏省域城乡统筹供水技术集成与综合示范课题）
项目起止时间：2014年1月至2016年12月　　**主持单位**：中国城市规划设计研究院　　**院内承担单位**：城镇水务与工程研究分院
院内主管所长：张全　　　　　　　　　　　　**院内主审人**：孔彦鸿　　　　　　　　　　　**院内项目负责人**：莫罹
院内主要参加人：徐一剑、刘彦鹏、常魁、贾书惠

研究背景

宜兴市有多种可选水源，但水源条件复杂、水质差异性大且变化较大，导致龙头水质缺乏保障，快速城镇化过程中亟需优化多水源配置及供水设施布局，为实现城乡统筹供水提供技术支撑。

研究内容

基于对快速城市化过程中城市水循环系统的基本特征和演变规律的认识，识别影响城市水源及供水系统的多层次、多维度、复杂的外部因素及作用途径；结合对宜兴市水源水质评价及水源风险评估的相关研究成果，对横山水库、油车水库、西氿水源、太湖水源、新孟河水源五个潜在水源及供水设施进行系统分析。

本课题构建了包括水质条件、水量条件、安全风险、工程管理、协调因素五个维度组成的水源综合评价指标体系，并采用专家打分的方式确定五个维度的指标权重。对宜兴各水源进行评分，提出水源选择的优先序。

本课题提出水资源优化配置的四条规划原则：（1）节水优先，推动产业升级，大力发展节能产业，推动节水社会建设；（2）提高非常规水源开发利用率，优先使用再生水和雨水作为生态景观用水。（3）确立常规水源和应急备用水源及远期战略水源的定位，优化水源调度；（4）坚持以水定城、以水定地、以水定人、以水定产的原则，科学评估水资源承载力分析，合理确定城市发展的规模。

宜兴市水资源总体配置布局为优质水源优先供给综合生活用水，非生活用水可以利用西氿及当地地表水作为水源，从而保障优质的生活用水供给。提出建设以横山水库、油车水库为主力水源的优质水源系统；充分挖掘本地优质山涧水源，建设西氿水源湿地工程，形成多点补充的备用水源保障体系。丰水季，利用南部山区流域汇水，引用钟张运河、归径河等来水，经湿地调蓄净化，可作源水利用，也可用于河网水质改善。枯水季，山区来水不足时，也可引入上游过境客水，改善原西氿直接取水的状况。依托即将实施的新孟河引水工程，将引长江水作为宜兴市中远期的战略水源。

以统筹城乡供水为主线，以城乡供水"同质、同网、同服务"为要求，进行需水量预测，研究提出重要供水工程设施规划布局方案。同时提出保障城市饮用水安全的规划措施建议，建议进一步加强宜兴城市水系统的顶层设计，完善供水安全保障体系建设，加强供水水源保护及污染防治，并进一步完善区域流域协调机制。

技术创新点

项目的技术创新点：建立了包括水质条件、水量条件、安全风险、工程管理、协调因素五个维度组成的水源综合评价指标体系，并采用专家打分的方式确定每个维度及评价指标的权重，对水源进行定量化的综合评价。

应用及效益情况

水源综合评价方法在中规院编制的各城市供水专项规划、城市水系统综合规划等规划实践中得到应用，发挥了一定的技术支撑作用。

（执笔人：莫罹）

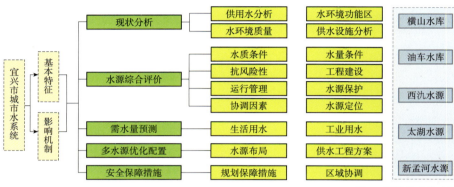

图1　课题技术线路图

常州地区水源水质评估技术研究

项目来源：科技部"十三五"国家水体污染控制与治理科技重大专项子课题（太湖流域综合调控重点示范项目）
项目起止时间：2017年1月至2020年6月
院内承担单位：城镇水务与工程研究分院
院内项目负责人：唐磊
主持单位：中国城市规划设计研究院
院内主审人：莫罹
院内主要参加人：徐丽丽、王巍巍、赵亚君、芮文武

研究背景

开展城市饮用水水源安全评估工作对保护水源水环境质量、降低污染风险、保障城市供水安全和居民饮水安全具有重要意义。

研究内容

1. 构建城市饮用水水源安全评估指标体系

根据全面性、代表性、实用性和可操作、可指导等原则，对反映水源安全的核心关键指标进行研究和筛选，并采用层次分析法和"压力—状态—响应"模型相结合的方法建立反映城市饮用水水源安全的评估指标体系框架。评估指标分为目标层、准则层、要素层、指标层4个层次，要素层分为5个维度，共14个指标。5个维度包括污染风险及用水增长水平、水质安全、水量安全、应急供水能力、监管防范能力。为了便于量化评估和对同一水源的各个指标进行对比分析，将每个指标的评估结果由劣到优分别赋值为1~5分。

邀请水资源、水利、供排水、生态环境及城市规划等领域的专家，根据不同指标的重要性和关键程度，采用专家打分法确定各指标权重。

2. 对常州市城市水源安全进行综合评估

结合常州市河湖水网连通、饮用水水源江（长江）湖（长荡湖）并举、工业危化品重大危险源多等供水基本特点，对常州市城市饮用水水源安全进行综合评估。

评估得出常州城市饮用水水源安全等

城市饮用水水源安全评估指标体系表　　　　　表1

目标层	准则层	要素层	指标层	评估指标得分		
				单项指标评分	指标权重	
城市饮用水水源安全状况	压力子系统	污染风险及用水增长水平评估	污染源危害程度	5分	0.05	0.2
			风险种类及数量	5分	0.1	
			用水量增长水平	5分	0.05	
	状态子系统	水质安全评估	一般污染物水平	5分	0.1（0.05）	0.25
			有毒污染物水平	5分	0.15（0.1）	
			富营养化水平（湖泊）	5分	0（0.1）	
		水量安全评估	枯水年来水量保证率	5分	0.1	0.2
			取水、净水设施供水能力	5分	0.05	
			流域/区域水资源配置状况	5分	0.05	
	响应子系统	监管防范能力评估	风险综合防范能力	5分	0.1	0.2
			风险综合处置能力	5分	0.1	
		应急供水能力评估	应急水源供水规模	5分	0.05	0.15
			应急水源水质状况	5分	0.05	
			应急水源运维管理水平	5分	0.05	
合计	—	—	—	—	1	1

级为"安全",城市供水安全水平较高,现状水源总体稳定、可靠;在五个评估维度中"污染风险及用水增长水平"相对最为薄弱,水源及应急水源存在较多问题。

3. 提出常州市现状水源供水安全优化建议

建议常州市区近期仍沿用当前饮用水水源和应急水源,并进一步加强水源保护和应急供水能力建设,保障饮水安全、供水安全和水生态安全。远期基于常州城市发展和用水变化,合理配置水资源,构建"江湖联动、多源互补"的水源安全格局:建议保留现有水源,增加滆湖为饮用水水源,将新孟河作为应急水源,并建设新孟河应急取水工程;当长江水源发生水污染时,切换新孟河进行应急供水;当滆湖水源发生水污染时,使用长江水源保障供水;当长荡湖水源发生水污染时,新孟河和长江水源进行应急供水。

技术创新点

本研究采用层次分析法和"压力—状态—响应"模型相结合的方法,从污染风险及用水增长水平、水质安全、水量安全、应急供水能力、监管防范能力五个维度构建城市饮用水水源安全评估指标体系。应用此方法对常州城市饮用水水源安全进行综合评估,其安全等级为"安全"。在此基础上,对常州城市饮用水水源保护、应急水源建设、水源配置等提出优化和改善建议,为进一步提高常州城市供水安全保障能力提供参考。

应用及效益情况

子课题构建了水源地安全评估指标体系,并将该指标体系和评估方法应用于常州市水源安全评估,为全面掌握常州市水源安全状况、发现存在的问题和安全隐患、规避与防范水源污染风险、水源优化配置和规划布局、城市应急供水系统的建设管理以及水厂在处理原水过程中采取相应的措施等提供重要参考和依据。研究提出的针对饮用水水源风险的对策和建议,也为常州市国土空间规划、供水专项规划等相关规划编制提供了重要支撑。

(执笔人:唐磊)

城市供水全过程监管平台整合及业务化运行示范

项目来源：科技部"十三五"国家水体污染控制与治理科技重大专项课题
项目起止时间：2017年1月至2020年12月
主持单位：中国城市规划设计研究院
院内承担单位：城镇水务与工程研究分院
院内主审人：宋兰合
院内主管所长：龚道孝
院内项目负责人：张志果
院内主要参加人：梁涛、牛晗、魏锦程、余忻、李琳、宋兰合、陶相婉、韩超、安玉敏、马雯爽、耿艳艳、李萌萌、刘偲、何琴、张全斌、徐至澄等
参加单位：济南市供排水监测中心、河北省城乡规划设计研究院、江苏省城镇供水安全保障中心、北京神舟航天软件技术股份有限公司、深圳市水务（集团）有限公司、济南水务集团有限公司、北京首创生态环保集团股份有限公司

研究背景

饮用水安全关系到广大人民群众的身体健康和生命安全，党中央、国务院高度重视。《中共中央 国务院关于全面加强生态环境保护坚决打好污染防治攻坚战的意见》提出，要加强水源水、出厂水、管网水、末梢水的全过程管理。近年来，随着大数据、云计算、人工智能技术的迅速发展，以供水物联网为基础，以供水数据感知、采集、传输、应用为核心的新型供水基础设施建设成为保障城市供水安全、促进城市供水高质量发展的重要抓手。在此背景下，构建城市供水全过程监管平台，加强对供水全过程信息的收集与识别，强化对供水监管业务的支撑能力，将有效提高供水监管工作的深度、广度和精准度，提高供水监管平台建设的标准化水平，降低建设与运维成本，提升供水行业的信息化水平。

研究内容

1. 构建了国家、省、城市三级供水全过程监管平台

供水全过程监管平台研发了日常监管、实时监控、安全评估、监测预警、应急管理、专项业务、决策支持和资源信息8大类监管业务功能，为供水安全监管业务提供了科技支撑。

（1）制定供水监管平台"一张网"覆盖总体方案。按照提升整合、对接整合、共享整合等方式，采用物联网、云计算、大数据、互联网＋等信息化技术发展最新成果，遵循国家、行业的相关标准和规范，提出《城市供水全过程监管平台总体设计方案》，成功申报了24项软件著作权。以水质督察、供水规范化考核、水质监控等业务为核心，横向覆盖从水源到龙头，纵向贯穿各级供水主管部门，并为与智慧城市、智慧水务对接预留标准化接口。

（2）推动供水监管平台业务功能"一张图"集成。以供水设施及管理基础信息、动态监测信息为基础，构建城市供水监管业务一张图，用于支撑各项监管业务从发起、部署、实施、反馈的全生命周期，确定各类信息在不同层级的颗粒度，各类信息逐级汇总、上溯，通过系统实现数据自动融合。

（3）实现供水监管平台"一朵云"分级部署。城市供水安全监管云采用"1+N"的方式建设，各地供水主管部门在国家云基础上组建、部署符合自己特点的供水监管平台。河北省、山东省供水监管平台按照云平台技术策略开展部署，比全部实体建设的部署方案成本降低约66%，实现了社会效益和经济效益的双丰收。

（4）形成供水监管平台长效运行"一机制"建立。在深入研究平台运管模式、发展需求的基础上，研究制定了《平台建设运行管理办法（送审稿）》，构建一套以平台组织管理机制为基础，以综合配套保障机制为支撑，以运行维护机制为主体、以信息传输共享机制为特色的平台运行管理机制体系。

2. 形成了成套供水监管平台标准化构建技术

课题针对已有的供水监管平台建设标准化水平低、重复建设、信息孤岛等突出问题，编制了7项标准、规范和指南，构建了供水监管平台构建的标准化支撑技术体系。

（1）统一数据库建设标准。编制《城镇供水系统基础数据库建设规范》（T/YH 7004—2020），规定采用JSON标准规范的数据存储和数据传输、数据交换技术对多源异构数据进行有效整合，解决了基础信息资源不统一等问题。

（2）统一信息安全标准。编制《城镇供水信息系统安全规范》（T/YH 7003—2020），规定了系统的安全等级

防护要求、物理安全、涉水敏感空间信息数据转换脱密与加密技术等，解决了供水行业已建和在建系统平台如何根据行业特点定级等问题。

（3）统一基础设施设计标准。编制《城镇供水水质数据采集网络工程设计要求》（T/YH 7005—2020），规范了数据采集设备、传输网络及辅助设备等软硬件设备设施运行保障技术要求，确保数据采集网络安全、稳定、可靠运行。

（4）规范信息入库处理。编制《城市供水信息系统基础信息加工处理技术指南》（T/CECS 20002—2020），规范了基础信息类型与分类编码要求、数据采集、数据清洗、转换和装载等要求，解决系统间数据整合、数据孤岛消除等难题。

（5）规范平台设计和运行。编制《城市供水系统监管平台结构设计及运行维护技术指南》（T/CECS 20003—2020），规范了平台总体设计、用户体系设计、应用系统功能设计、数据库设计与维护、系统安全设计、平台系统集成、验收及运行维护等，有助于指导各地建设高效、综合、安全的监管平台。

（6）规范业务效能评估。编制了《城市供水系统效能评估技术指南》（T/CECS 20001—2020），建立了表征城市供水整体效率、安全及公平程度的指标体系及评估方法，保证了城市供水系统效能评估工作的规范性和科学性。

（7）规范大数据应用模式。编制了《城市供水监管中大数据应用技术指南》（T/CECS 20004—2020），明确了供水大数据来源、收集要求、平台架构、分析方法和大数据在水源水厂、管网运行、用户服务等方面的应用方法，有助于提升城市供水监管信息的价值挖掘效率。

技术创新点

1. 实现从单一水质管理平台向标准化、智能化的供水全过程监管平台的提升

（1）实现平台功能由水质管理为主向供水监管过程监管的拓展。课题在原有以城市供水水质管理为主要功能的平台基础上，构建了包含基础信息、日常监管、实时监控、监测预警、应急管理、专项业务、决策支持和资源管理等业务模块，具有信息集聚、动态监测、辅助决策、业务支撑等功能的供水全过程监管平台，能够对城市供水监管的主要业务的发起、实施、完成、提交、审查、上报、反馈提供信息化支撑，提高了城市供水全过程监管水平。

（2）建立了供水系统监管平台信息化标准体系架构。针对供水监管平台建设标准化程度低导致的平台功能碎片化、运维成本高、信息共享与整合难度大等问

图1　城市供水监管平台功能架构图

题，首次构建了涵盖数据库设计、整体架构、平台开发、大数据应用、运行维护等全环节、全要素的城市供水监管平台标准化支撑技术框架，编制并发布了3个标准和4个技术指南，有效提高了供水监管平台建设的标准化水平。

（3）提出了供水大数据应用技术方法。课题针对当前城市供水监管中存在的水质实测指标覆盖度不全面、数据价值挖掘不足等问题，首次提出了供水大数据来源、收集要求、平台架构、分析方法和大数据在水源水厂、管网运行、用户服务等方面的应用方法，并提供了应用于不同场景的大数据分析预测模型。

（4）提出供水系统效能评估技术方法。提出了"供水系统效能"概念，并从政府监管角度，从运行效率、供给效果、综合效益3个维度构建了由16个指标构成的评估指标体系，建立了定量与定性相结合的指标计算模型和评分方法，明确了评估结果的等级划分标准，制定评估工作程序。

2. 实现从供水技术平台向业务化平台的提升

（1）建立了供水监管平台长效运维机制。研究制定了《平台建设运行管理办法（送审稿）》，对平台建设、运行管理、保障措施等方面的要求进行了规定。结合省级平台特点以及省级供水主管部门的监管需求，协助山东省、河北省和江苏省供水主管部门编制了平台管理办法，提出了平台建设运行管理的有关要求，提升各省监管平台运行管理的规范化。

（2）实现了供水监管平台的业务化运行。课题构建的三级城市供水系统监管平台在国家层面以及山东、河北、江苏等省市实现了业务化运行，支撑开展了全国城市供水水质抽样检测（水质督察）、全国供水应急救援基地的日常运行管理和应急调度、全国供水规范化管理考核等工作以及山东、河北、江苏等地水质监测预警、供水规范化考核、水质督察等工作，大幅提升了城市饮用水安全保障的全过程监管能力。

应用及效益情况

本项目构建的三级城市供水系统监管平台已在国家层面，以及山东省、河北省、江苏省、内蒙古自治区及21个城市、36个国家城市供水监测网成员、8家供水应急救援基地、13家省\市\水司用户实现了业务化运行，大幅提升了城市饮用水安全保障的全过程监管能力，在供水系统安全的监管评估、重大饮用水安全事故的预警、事故发生后的应急调度等发挥了重要服务作用。平台部署后，课题协助河北、山东、江苏省住房城乡建设厅，在各市开展20余场次培训，来自城市供水主管部门、供水企业、水厂的1000余人接受培训。根据培训、使用过程中用户反馈的情况，及时对平台进行更新优化，显著提高了平台的使用效率，促进平台从试用、到能用、到好用的转变，实现了社会效益和经济效益的双丰收。

（执笔人：张志果）

城镇供水系统规划关键技术评估与标准化

2023 年度中国城镇供水排水协会科学技术奖二等奖

项目来源：科技部"十三五"国家水污染控制与治理重大专项子课题（城市供水系统关键技术评估及标准化项目）
项目起止时间：2017 年 1 月至 2020 年 12 月　　主持单位：中国城市规划设计研究院
院内承担单位：城镇水务与工程分院　　　　　　院内主审人：孔彦鸿
院内主管所长：龚道孝　　　　　　　　　　　　院内项目负责人：刘广奇
院内主要参加人：周飞祥、祁祖尧、雷木穗子　　参加单位：北京市市政工程设计研究总院有限公司

研究背景

现阶段我国城镇化进入城市存量规划和质量提升并重的阶段，基于水资源环境的强约束并为既有的城市病提供解决方案成为规划的重点；为应对全球气候变化和各种突发情况，对城市供水系统的韧性和安全保障的冗余度提出更高的要求；国家区域发展战略和乡村振兴战略，需要统筹协调与优化配置区域资源，实现供水设施的共建共享和系统化布局。

本课题针对城镇供水系统规划领域，从"十一五"以来国家重大水专项若干研究成果中筛选出供水系统风险识别与应急能力评估、多水源优化配置、应急供水规划、城乡统筹区域协调供水和供水规划决策支持五项成熟度高、创新性好的关键技术，分别在济南、常州、深圳、哈尔滨、东莞、郑州等城市开展技术验证工作。通过对关键技术的评估和应用验证，形成系列标准化成果产出。

研究内容

本研究首先建立了城镇供水系统规划技术评估方法，为供水系统规划关键技术的评估验证和标准化提供依据和思路。其次，本次关键技术的评估验证，对关键技术同步进行了优化和细化，进一步明确技术指标、参数和核心内容的取值，通过在不同城市的应用，进一步调整关键技术内容，提高关键技术的适用性，为关键技术的推广应用和标准化提供基础。最后，通过在典型城市开展供水系统规划关键技术的验证，表明五项验证技术总体较为成熟，均处于国内外先进水平，适当提升后可实现标准化。本评估研究的城市供水规划关键技术包括：

（1）供水系统风险识别与应急能力评估关键技术；
（2）多水源供水系统优化关键技术；
（3）城乡（区域）联合调度供水关键技术；
（4）供水规划决策支持系统关键技术；
（5）城镇应急供水规划关键技术。

技术创新点

本研究突破的关键技术为全流程城镇供水系统规划标准化集成技术。集成城市供水系统风险识别、应急与水源协调配置、多尺度协同供水全流程，最大化整合资源承载、设施支撑、安全保障和经济可靠等四大能力，实现城市供水系统规划的优化调控和决策支持。主要创新点如下：

（1）系统总结凝练国家重大水专项关键技术与示范工程，以标准化为目标，分别明确了单项技术和组合技术综合评估方法，构建出城市供水系统规划设计关键技术成果的评估与验证方法和指标体系。

（2）在城镇供水系统源头到龙头的多套较成熟技术基础上，经评估、筛选、验证、再评估的进化方法，提出水专项成果规范化、标准化的方法，支撑形成一批重要的国家和行业标准化文件，并构建出规划设计标准的支撑体系。

应用及效益情况

本研究是水专项饮用水主题从规划、设计、运维全周期体系中的首要环节，是城市供水行业发展和技术进步中具有顶层设计意义的组成部分。研究成果在哈尔滨、济南等城市的供水规划中进行了针对性、系统性的应用，为城市供水安全保障提供了规划支撑。本研究完善了城市供水系列标准文件的技术内容，补充了供水规划部分标准化文件空白，有效支撑了饮用水领域标准文件体系。

通过对关键技术在城市供水系统规划中的集成应用，完善了城市供水系统规划编制大纲。关键技术的部分内容纳入《城市给水工程项目规范》（GB 55026—2022）和《城市给水工程规划规范》（GB 50282—2016），其中依托本课题研究出台的《城市水系统综合规划技术规程》（T/CECA 20007—2021），支撑了《城市饮用水安全保障技术导则》中供水系统规划一章，完成了饮用水主题中"复杂供水系统布局优化技术"成套技术，以及《饮用水安全保障技术导则》中饮用水安全保障系统规划章节。

（执笔人：刘广奇）

城镇供水行业的水质监测技术集成与应用

项目来源：科技部"十三五"国家水体污染控制与治理科技重大专项子课题（城镇供水全过程监管技术系统评估及标准化课题）
项目起止时间：2018年1月至2020年6月
院内承担单位：城镇水务与工程研究分院
院内主审人：宋兰合
院内主要参加人：孟煊祎、郭风巧、邬晶晶、张勇、吴玲娟、冯一帆、陈京
主持单位：中国城市规划设计研究院
院内主管所长：龚道孝
院内项目负责人：桂萍

研究背景

本任务是"十三五"国家水体污染控制与治理科技重大专项课题《城市供水全过程监管技术系统评估及标准化课题》的子课题，旨在基于城镇供水从源头到龙头全流程水质监管的特点，整合住建、卫生和环保相关水质标准和监管要求，梳理城镇供水全流程的监测方法体系，并探索长效支撑水质标准的更新及配套方法完善的监测方法管理机制，以弥补检测方法存在的短板，提高检测效率和数据质量。

研究内容

课题针对城市供水全过程监管的监测技术需求，以饮用水全流程监测方法体系表为依托，整合与饮用水水质监管相关的水质标准，形成了包含方法的质控要求和行业可达检测水平的方法库；通过优化、整合、集成已有的高通量监测方法，开发了基于精确质量数的气相/液相—串联质谱及高分辨质谱的非定向筛查方法，构建了针对城镇供水行业的筛查目标物化学物质信息数据库和检出数据库，增强饮用水污染物仪器筛查方法的实用性。

课题整合住建、卫生和环保相关水质标准和监管要求，完成了《城镇供水系统水质监测方案编制技术规程》的编制，可通过数据的统计和分析，科学地指导供水单位优化水质监测方案，提高检测效率。同时可通过对行业先进实验室的质控要求进行推广，弥补检测方法存在的短板，提升检测质量。

技术创新点

课题在全面研究国内外饮用水水质监测方案编制的管理经验基础上，对我国供水行业的特点开展研究，形成《城镇供水系统水质监测方案编制技术规程》。该规程针对我国各地经济发展水平差异大，供水企业缺乏有针对性的经济有效检测方案的现状，融入国际权威组织的先进经验以及我国供水行业的实地调研结果，充分考虑了供水企业自主检查、自主管理的需求，分别针对水源种类、水源区域的环境状况、水厂的工艺类型以及管网特点提出了监测技术要求，可从企业管理和政府监管两个层面满足水质监控预警及风险防控的要求。

课题开展的饮用水全流程监测方法体系表研究及饮用水污染物筛查鉴定方法研究可在不断变化的水污染形势下支撑行业监管需求，形成与水质标准的持续修订与更新同步的监测方法表，支撑供水行业结合水质标准及时更新水质监测方法信息，实现对水质监测方法体系的管理和实验室检测、在线检测、快速检测的方法体系收集和统一管理。同时，通过对筛查的开展流程、质量控制及数据应用提出了技术要求，使饮用水中污染物的筛查更加具有实用性和可操作性。

应用及效益情况

课题形成的《城镇供水系统水质监测方案编制技术规程》已转化为相应的团体标准，开发的检测与筛查方法已纳入《城镇供水水质检验方法标准》（CJ/T 141—2018）的修编。

（执笔人：桂萍）

城市供水水质分析移动实验室标准方法研究

项目来源：科技部"十三五"国家水体污染控制与治理科技重大专项子课题（城市供水全过程监管技术系统评估及标准化课题）

项目起止时间：2018年1月至2021年6月	**主持单位**：中国城市规划设计研究院	**院内承担单位**：城镇水务与工程研究分院
院内主管所长：龚道孝	**院内主审人**：宋兰合	**院内项目负责人**：梁涛

院内主要参加人：何琴、宋陆阳、郭风巧、李萌萌、马雯爽、牛晗、朱良琪、徐至澄

研究背景

本课题基于移动实验室在城市供水行业的主要应用场景和需求开展相关研究，结合我国移动实验舱和水质检测仪器设备的发展现状，提出城镇供水水质检测移动实验室的建设标准和应用规范，使移动实验室能在应急救援、水质督察、日常水质检测处置等领域发挥更大的作用。

研究内容

（1）研究利用陆地使用的移动实验室对城镇供水原水、出厂水、管网水、二次供水等通过采样检测水质开展现场水质督察的技术规程。

移动实验室的检测环境与设施保障研究：针对移动实验室的内部空间集约、外部环境波动、长距离移动等特性，研究其检测环境与设施控制条件、仪器安装运输及稳定性检验、检测环境安全性要求等，使移动设施能够实现满足水质督察要求的检测条件。

移动实验室的检测数据质量控制研究：在现行水质检测方法标准的基础上，基于移动设施与实验室检测的差异，研究水样采集与前处理、检测质量控制、检测结果可靠性确认等，使移动设施的检测结果能够满足水质督察的结果评价要求。

（2）为适应城市供水行业水质督察、应急监测及咨询服务等方面的重大需求，以"时效性""稳定性"为移动监测目标要求，在城市供水行业广泛开展移动实验室技术和管理需求调研，以样品的"时效性"和工况应用为依据，研究提出适于移动监测的水质检测指标、车载设备清单和移动实验室分级分类配置模式。移动实验室的相关测试工作，配合流域取水口断面监测，关注丰水期和枯水期水质特点，尽量覆盖我国长江、黄河等主要流域，各流域选择1~2个典型城市。

（3）城市供水水质督察和规范化考核监管技术研究：根据目前我国城市供水系统发展现状，基于以安全为核心目标的监管需求，考虑管理体制、水源特征、供水规模等要素影响，提出基于水质督察和水厂规范化考核的监管模式与机制建议。

技术创新点

首次在我国城镇供水行业制定了《城镇供水水质检测移动实验室》和《城镇供水水质检测移动实验室应用技术指南》两项标准，实现了先进移动检测技术在城镇供水行业的集成应用，提出了基于行业需求的全流程、全环节、全层级、全方位规范要求。

上述标准将城镇供水水质检测移动实验室相应分为3级，并提出了各级移动实验室的检测仪器设备及其附属设施的整体建设规范，明确了移动实验室在供水水质检测中所涉及"采样、分析、质控"各工作环节的技术要求，直接助力了"国家供水应急救援八大基地"建设成效的充分发挥。

应用及效益情况

相关研究成果已形成了中国工程建设协会标准《城镇供水水质检测移动实验室》（T/CECS 10371—2024）、《城镇供水水质检测移动实验室应用技术指南》（T/CECS 20015—2024）。课题研究过程中，根据我国城镇供水行业移动实验室的保有和使用情况，对上述标准中的主要技术内容，分别选择了位于长江、黄河、珠江、西北流域的广州、深圳、武汉、郑州、南京、济南、乌鲁木齐7个城市开展了应用验证工作。应用验证工作覆盖了城镇供水水质检测移动实验室的应用环境和应用场景：选取了水源水、出厂水、管网水和二次供水各种水样类型，分别在冬季和夏季开展，涵盖了我国南方和北方地区的典型气候；应用验证包括实验室移动前、后两种工作状态，符合移动实验室的移动特性。

上述标准为城镇供水行业水质检测移动实验室的建设和应用提供了技术参考，对依托传统实验室开展的供水水质监测进行了补充，填补了我国城镇供水行业水质检测方面的技术空白。上述标准涵盖了采样、分析、质控等检测工作全环节，能够满足城镇供水行业"从水源头到水龙头"的全流程水质检测要求，能够有效支撑城镇供水应急救援、水质督察及日常监测等工作的全方位开展，直接助力了"国家供水应急救援八大基地"建设成效的充分发挥。

（执笔人：梁涛）

城市地表径流减控与内涝防治规划研究

2020 年度华夏建设科学技术奖三等奖

项目来源：科技部"十二五"国家水体污染控制与治理科技重大专项子课题（城市地表径流减控与面源污染削减技术研究课题）
项目起止时间：2013 年 1 月至 2018 年 7 月　　**主持单位**：中国城市规划设计研究院　　**院内承担单位**：城镇水务与工程研究分院
院内主审人：杨明松、郝天文　　**院内主管所长**：张全　　**院内项目负责人**：谢映霞
院内主要参加人：任希岩、李栋、熊林、于德淼、王家卓、荣冰凌、司马文卉、蔺昊

研究背景

我国城市因雨洪造成的内涝和雨水径流污染问题亟待解决，如何寻求有效的防治技术和解决方案依然是行业难题。本课题将该领域的学术问题分解为城市建设项目排水影响评价、建设项目径流系数控制管理办法、城市内涝风险评估技术、城市内涝防治规划技术导则、城市雨水径流污染调控规划技术等 5 个技术主题，分别针对城市雨洪相关规划、工程设计、控制指标、数值模拟技术等内容进行研究，研究方案以学科前沿问题为导向，以最先进的数学模型作为辅助支撑，形成了一套可用于城市内涝防治规划和地表径流调控的技术体系和标准规范体系。

研究内容

（1）城市建设项目排水影响评价：基于城市内涝防治体系需求，对城市建设项目（居住小区、商业综合体、大型场馆区、立交桥等）排水影响的评价方法和技术进行研究，提出城市建设项目排水影响评价与风险评估指标体系，建立建设项目排水影响评价的技术方法。

（2）建设项目径流系数控制管理办法研究：提出计算径流系数和控制径流系数的概念，对计算径流系数与控制径流系数之间的关系进行研究，提出雨水径流总量控制、峰值控制、污染控制的目标与手段，并提出建设项目径流系数控制的原

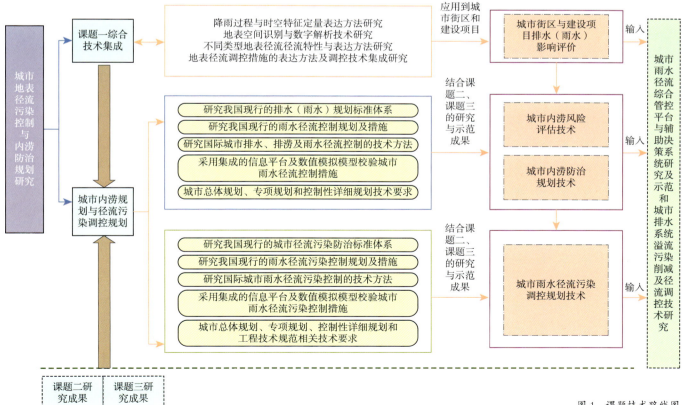

图 1　课题技术路线图

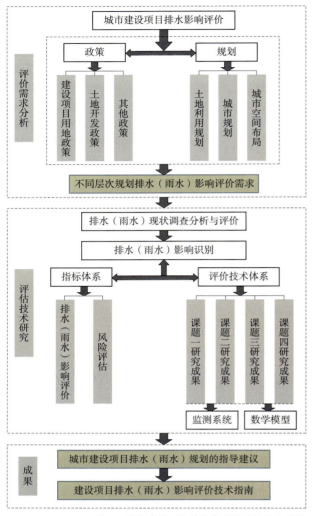

图 2　城市建设项目排水影响评价技术路线图

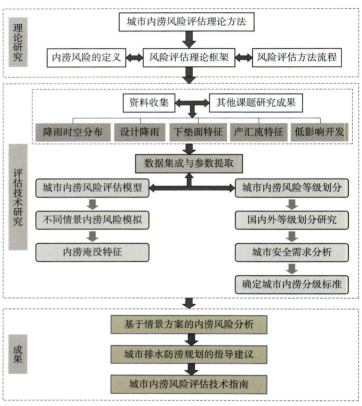

图 4　城市内涝风险评估技术路线图

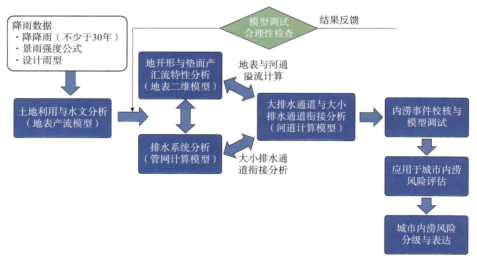

图 3　城市内涝风险评估技术流程图

险，提出城市中不同尺度排水分区的内涝风险评估技术方法。

（4）城市内涝防治规划技术导则研究：综合本课题研究成果与示范城市开展的工程实践，采用集成的信息平台及数值模拟模型进行城市雨水径流控制措施校验，制定我国城市内涝防治规划技术导则，并提出城市内涝防治规划编制技术指南和城市内涝综合防治的部分技术标准建议。

（5）城市雨水径流污染调控规划技术研究：结合城市雨水径流污染控制的实验研究和计算方法研究，并综合相关研究成果，采用集成的信息平台及数值模拟模型进行城市雨水径流污染控制措施的校验，建立城市径流污染控制规划的技术指南。

技术创新点

关键技术包括：建立建设项目排水（雨水）影响评价技术方法；提出城市中不同尺度排水分区的内涝风险评估技术方法；制定我国城市内涝防治规划技术导则，建立城市径流污染控制规划的技术指南。

创新点包括：基于城市内涝防治体系需求，开展城市建设项目排水影响的评价方法和技术研究，并与城市规划的技术方法、标准规范与技术要求相结合，提出城市建设项目排水影响评价与风险评估指标体系，建立建设项目排水影响评价的技术方法；在城市不同尺度范围内，总结城市规划和建设的不同地表空间土地利用特征现状，结合城市规划技术体系中的土地利用方案，开展城市规划中内涝风险评估研究，并与城市规划的技术方法、标准规范与技术要求相结合，提出城市中不同尺度排水分区的内涝风险评估技术方法；对我国现行的排水规划标准体系和雨水径流控制规划及措施进行研究，对比研究国际较为先进的城市排水、排涝及雨水径流控制的理念和技术方法，结合课题在示范城市的技术应用与示范实践，制定我国城市内涝防治规划技术导则，并提出城市内涝综合防治的部分技术标准建议；对我国现行的城市径流污染防治标准体系和雨水径流污染控制规划及措施进行研究，对比研究国际较为先进的城市雨水径流污染控制的理念和技术方法，结合课题在示范城市的技术应用与示范实践，建立城市径流污染控制规划的技术指南。

应用及效益情况

本课题建立了针对城市建设项目的排水影响评价技术方法；结合城市规划技术体系中的土地利用方案，开展针对城市规划的内涝风险评估研究，提出城市中不同尺度排水分区的内涝风险评估技术方法；制定我国城市内涝防治规划技术导则；建立了基于排水影响评价和内涝风险评估的城市内涝防控规划技术体系，编制了国家标准《城市内涝防治规划规范》（征求意见稿），建立了城市径流污染控制规划的技术指南。相关成果在北京未来科技城和镇江进行了示范应用。经评定，技术达到国内领先水平，为我国的城市雨水径流管控、海绵城市建设、内涝防治工作提供了有力支撑。

（执笔人：谢映霞）

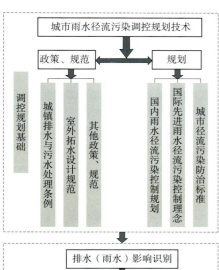
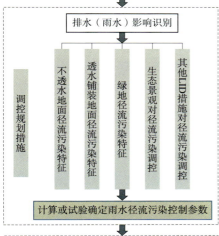
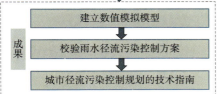

图 5 城市雨水径流污染调控规划技术研究技术路线图

则与管理办法。

（3）城市内涝风险评估技术：在城市不同尺度范围，总结现状城市规划和建设的不同地表空间土地利用特征，结合城市规划技术体系中的土地利用方案，研究城市规划中不同情景方案的城市内涝风

城市水污染治理规划实施评估及监管方法研究

项目来源：科技部"十三五"国家水体污染控制与治理科技重大专项子课题（城市水污染控制与水环境综合整治技术集成课题）

项目起止时间：2014年3月至2020年12月　　主持单位：中国城市规划设计研究院　　院内承担单位：城镇水务与工程研究分院

院内主管所长：张全　　　　　　　　　　　　院内主审人：莫罹　　　　　　　　　　院内项目负责人：孔彦鸿

院内主要参加人：徐一剑、徐丽丽、周广宇、唐磊、周飞祥、牛建森、白桦

研究背景

在我国城市化进程持续、城市水环境面临更加严峻挑战的背景之下，"城市水污染控制与水环境综合整治技术集成"课题，通过系统集成提出城市水环境系统科学发展理论体系，构建城市水污染控制和水环境综合整治技术体系、管理体系和工程体系，全面提升城市水环境治理技术水平和监控、监管能力，对我国城市水环境质量整体改善具有重要的指导意义。本子课题为该课题的第四个子课题，聚焦于城市水污染控制规划方法、规划实施评估及监管方法的研究。

研究内容

1. 城市水污染控制相关规划的评估方法

评估流程包括专家筛选、规划评估、评估反馈等。

评价指标体系设置为两级指标。一级指标包括科学性、系统性、协调性、可实施性和目标可达性定性五个，分为基础指标和关键指标两类。

2. 城市涉水规划实施监管评估方法

该技术主要内容包括规划实施监管指标选取、规划实施监管评估模型和规划实施监管措施等三方面。

规划实施监管评估模型核心是采用耦合指标重要度打分和目标差距分析的层次分析法。

3. 城市建设对径流影响模拟预测模型

模型基于SWMM进行二次开发，可对城市建设给径流带来的影响进行模拟预测。模型能计算对比地块开发前后的径流变化，能同时模拟有无LID措施的径流及径流污染的情况。

模型计算快速准确，功能强大，实现了数据快速输入、快速建模与快速计算，可显著缩短工作时间，有效减少输入错误。具有汇总表、折线图等形式的可视化结果展示，查询便捷。可自动生成审批报告文本，判断规划设计方案是否满足海绵城市建设、降雨径流管理等目标要求。

4. 城市水系统综合规划编制办法

编制办法共5章33条，明确了城市水系统综合规划在城乡规划体系中的定位、规划编制的组织方式、编制要求和编制内容，并提出了市域重大涉水基础设施用地范围、城市蓝线、超标雨水行泄通道和防涝设施用地空间等强制性内容要求，为规划的编制工作提供了依据。

5. 城市水系统综合规划实施技术导则

导则内容包括总则、现状与问题分析、水资源保障、水环境改善、排水防涝安全、水生态保护、空间管控、统筹协调等篇章内容，共8章36条。导则规定了城市水系统综合规划设计成果的一般组成内容，并附有编制大纲供规划编制参考。

技术创新点

本课题主要技术创新点如下：

（1）构建了城市水污染控制相关规划科学性、适用性的评估方法与评估指标体系。

（2）提出了以规划实施监管评估模型为核心的涉水规划监管方法。

（3）开发了用于源头减排规划设计与审批复核的模型软件，为城市相关部门规划设计审批提供技术支持。

（4）提出了国内首个城市水系统方面的综合性规划编制办法及其规划实施技术导则。

应用及效益情况

城市建设对径流影响模拟预测模型在鹤壁、遂宁、商丘等城市的海绵城市规划中进行了应用，取得了良好的效果。

本子课题的研究成果还完整地应用于鹤壁市新型排水系统示范工程中。以研究成果《城市水系统综合规划编制办法》为依据，进行系统、全面、综合的规划。示范工程的规划项目基本得到实施，降雨径流控制和面源污染削减效果良好，对示范区内的黑臭水体治理和排水防涝安全起到了重要的作用。新型排水系统的建设内容纳入鹤壁市市政基础设施范畴进行管养，发挥设施长期效益。该技术取得的经验还在鹤壁市其余区域以及华北地区取得良好的应用效果。

（执笔人：孔彦鸿、徐一剑）

重点流域水源水特征污染物的可处理性评估

项目来源：科技部"十二五"国家水体污染控制与治理科技重大专项子课题（重点流域水源污染特征及饮用水安全保障策略研究课题）
项目起止时间：2014年1月至2016年12月　　主持单位：中国城市规划设计研究院　　院内承担单位：城镇水务与工程研究分院
院内主审人：孔彦鸿　　　　　　　　　　　院内主管所长：张全　　　　　　　　　　院内项目负责人：林明利
院内主要参加人：宋兰合、梁涛、牛晗等

研究背景

重点流域水源污染问题已经引起全社会的高度关注。我国"十一五"和"十二五"水专项完成的全国重点城市水质普查结果表明，目前我国生活饮用水卫生标准中的部分指标在我国供水系统中发生浓度很低，造成的潜在健康风险较小。但是，一些未列入水质标准的污染物，包括我国大量使用的农药（乙草胺、丁草胺、仲丁威等）、高氯酸、全氟化合物、雌激素等，具有较高的检出率，部分水源中高氯酸、全氟化合物等甚至超过了基于健康保护的基准建议值。本课题针对上述污染物质开展水厂工艺对其的可处理性研究，为后续水厂工艺的升级改造和污染物的控制措施提供技术支撑，也为饮用水水质标准的制修订提供基础数据支撑。

研究内容

结合水源和水厂出厂水水质监测，选择了9个城市17座代表性水厂（水处理工艺基本涵盖现行的水处理工艺类型），针对筛选出的7大类58种特征污染物，对水厂工艺各单元中污染物进行为期一年6次的跟踪监测，开展水工艺处理效果实证分析；对于实证分析发现的难处理污染物或新型污染物，通过加标实验室模拟实验，获取相应的工艺对污染物的去除效果数据。

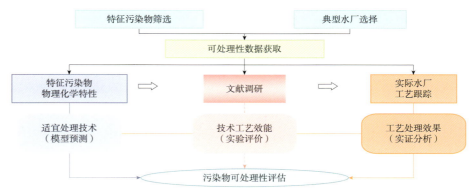

图1　技术路线图

技术创新点

针对我国重点流域饮用水源污染情况复杂、水质风险基础数据缺乏等问题，形成重点流域城镇饮用水源特征污染物的可处理性评估技术，并开展水处理工艺处理效果的实证分析。

研究成果阐述了重要水源中污染物的分布特征以及典型净水工艺技术对主要风险污染物的去除效果，补充完善了饮用水水质标准制定所需的基础数据。

应用及效益情况

综合已有研究成果调研和水处理工艺实证分析，萘、壬基酚、阿特拉津、乙草胺、MIB等可吸附或可氧化的有机污染物在现有常规工艺基础上，通过粉末炭吸附或臭氧活性炭深度处理等强化措施可以有效控制这些污染物；对于铅、镉、汞、砷、铊、锑、镍和钡等重金属，在常规工艺的基础上，通过调节原水pH、预氧化和强化混凝沉淀措施，可以有效控制处理出水污染物浓度；对于PFOA、DEHP，现有常规工艺和深度处理工艺，对其处理效果不好，可采取粉末炭吸附强化方法；高氯酸盐不可吸附、不可氧化，现有水处理工艺无法处理，建议严格控制污染物源头排放。

雌激素类污染物（雌三醇、雌二醇、雌酮、炔雌醇）、亚硝胺类物质（亚硝基吡咯烷、亚硝基二乙胺、亚硝基哌啶、亚硝基吗啉、亚硝基二丙胺、亚硝基酰胺）、抗生素类物质（林可霉素、四环素、土霉素、金霉素、多西环素、磺胺甲噻二唑、磺胺嘧啶、阿莫西林）、嗅味物质（土臭素）、化学品物质（苯、甲苯）等物质未检出，说明这些物质在水源及水厂工艺单元中不存在或浓度极低，相对安全。

（执笔人：林明利）

适应突发污染风险管理的原水水质风险识别与监管研究

项目来源：科技部"十二五"国家水体污染控制与治理科技重大专项子课题（突发事件供水短期暴露风险与应急管控技术研究课题）
项目起止时间：2016年6月至2018年6月　　主持单位：中国城市规划设计研究院　　院内承担单位：城镇水务与工程研究分院
院内主管所长：孔彦鸿　　　　　　　　　　院内主审人：宋兰合　　　　　　　　院内项目负责人：梁涛
院内主要参加人：何琴、顾薇娜、马雯爽、陶相婉、牛晗、徐至澄、李萌萌、韩超、刘偲、李琳、吴学峰、余忻

研究背景

本课题牵头单位为中国疾病预防控制中心环境与健康相关产品安全所，任务承担单位为中国城市规划设计研究院。

现有的供水行业水质监测管理办法主要是根据常态条件下的原水水质变化设立的，分为日检、月检、半年检。由于水源污染事件频发，难以及时捕获信息。部分污染事故在发现时可能已经造成健康危害。基于上述问题，课题研究建立了适应突发污染风险管理的原水水质风险识别与监管配套制度，为有效进行原水水质风险监管提供支持，形成了适应突发污染风险管理的原水水质风险识别与监管的技术指导。

研究内容

（1）城市供水原水污染风险识别程序研究。明确原水污染风险监管目标和重点，识别供水原水主要风险，确定风险识别程序，包括：水污染风险的排查范围，建立排查程序，提出识别城市供水原水污染风险的方法。

（2）城市供水原水风险污染物分类研究。基于不同污染物长期和短期暴露的健康风险影响，结合净水工艺对污染物的去除情况，对不同污染物依据毒性与非毒性、短期与长期影响、易去除与难去除等因素，分析影响特性，确定其对城市供水可能产生的影响，进而形成污染物分类监管方案。

（3）城市原水水质监管实施研究。在现行标准规定不同指标开展日检、半月检、月检、半年检与年检等频率的基础上，根据不同水质指标风险分类，结合现有的实验室监测、在线监测、流动实验室监测等监测方法的开展，对各类指标的监测频率进行优化，以及时发现潜在的水质问题。

技术创新点

（1）创新了水源风险防控监测机制。首次建立了水源风险污染物识别、评估、监测、退出的实施办法，将"常规指标与非常规指标"简单划分的监测方式提升为"一物一策、根据风险评估结果实施监管"的风险防控监测方式。编制的《城镇供水水源水质突发污染风险识别与监测管理实施办法》（以下简称《实施办法》）建立了基于健康影响、存在水平与去除效果的水源突发污染风险识别与评估方法，为城镇供水单位提供了对水源风险监测管理的技术依据。

（2）创新了水源风险监管实施机制。将以往"企业自检为主"提升为"信息共享和水质监测"相结合的方式，并根据供水突发事件影响时间和饮用水短期暴露健康参考值（十日值），增加"周检"频率，以及时发现风险。对于信息共享，指明了信息来源与分工。对于水质监测管理，基于现有的实验室、在线、现场等监测方法与自动监控、人工巡查的管理方法，分别对不同类别水质指标的监测频率和方式进行了优化。

应用及效益情况

分别选取部分以地表水为水源的城市进行试点研究，包括：副省级城市、有机物污染风险为主——南京；地级市、工业污染风险为主——镇江；地级市、有机物污染风险为主——兰州；地级市、重金属污染风险为主——株洲。结合试点城市实际，按照《实施办法》要求，确定水源风险的监管方式和检测频率，指导试点城市开展原水水质风险识别与监管，并基于原水水质风险识别与监管的要求确定不同级别的试点城市所需技术条件，满足区域内监测能力覆盖、监测资源和信息共享要求。通过试点，依照《实施办法》对各地开展的风险评估能够充分表征不同城市水源风险特点，试点城市水源风险监管方案确定的监测指标、监测方式、监测频率、信息共享机制等符合实际，满足供水单位需要，为试点城市制定的监管方案已通过评审并被各地供水主管部门采纳。以课题试点城市株洲市为例，株洲市主城区以湘江为水源，主要污染风险指标为重金属。根据风险污染物风险评估结果，对部分重金属指标监测方式进行了优化。

（执笔人：梁涛）

城市市政管网规划建设运行安全标准规范

项目来源：科技部"十三五"国家重点研发计划课题（城市市政管网运行安全保障技术研究项目）
项目起止时间：2016年7月至2021年9月　　**主持单位**：中国城市规划设计研究院　　**院内承担单位**：上海分院
院内主审人：洪昌富　　**院内主管所长**：郑德高　　**院内项目负责人**：周杨军
院内主要参加人：宋源、刘世光、谢映霞、谢磊、杜嘉丹、戚宇瑶
参加单位：上海市政工程设计研究总院（集团）有限公司、上海市城市建设设计研究总院（集团）有限公司、同济大学、上海防灾救灾研究所

研究背景

城市市政管线是保障城市安全的重要基础和关键命脉。长期以来，我国城市地下管线建设与运行管理水平严重滞后于城市发展水平，市政管网面临的安全隐患日益突出，在实际运行过程中存在合流制管道溢流、燃气泄漏、给水管线爆管等诸多安全隐患。中国的新型城镇化对各类市政管网安全提出了更高的要求，同时城市复杂的地下环境使得城市市政管网安全变得更为复杂。在此背景下，本课题依托科技部"十三五"重点研发计划平台，针对市政管网规划建设运行的安全问题开展研究，构建完善市政管网安全标准规范体系。

研究内容

本课题针对我国现行管线规划设计规范系统协调不足、标准规范对管网安全的重视不够、管网信息化和安全运行监管平台方面的标准较少等问题，依托调查研究，结合课题组承担的数十个城市市政管网工程规划设计项目，开展城市市政管网规划建设与运行的安全标准规范研究，定量化评估城市市政管网的安全运行水平，分析在规划设计、建设、运行的全过程阶段中可能存在问题的安全薄弱环节，完善市政管网智能监管平台建设和运行管理体系等。

课题完成了城市市政管网的安全运行标准的系统评估，构建了给水、排水、燃气管网安全运行体系，大力提升管网运行的效率；组织编制了一套市政管网的安全规划设计导则和安全运行指南，全面提升我国地下市政管线的运行效率与安全。

课题形成新方法、新技术、关键技术、集成技术共12项，完成专题科技报告12项，包括市政管网系统性安全评价方法、城市污水系统规划综合评价方法、多目标给水管网规划设计的方法等。

课题形成技术标准、导则、指南等14部，包括城市市政管网安全性评价技术导则等，完善了市政管网安全标准体系。

通过集成示范，在山东省临沂市、江苏省苏州市、陕西省西安市等地开展污水安全规划技术应用、供水安全规划技术应用、燃气安全规划技术应用等示范工程建设，均产生了良好的经济、社会、生态效益。

技术创新点

1. 将"管网安全"相关内容体系化

在国内首次以"管网安全"作为研究目标编制相应的标准指南体系。明确各类管线在不同阶段所需要考虑的安全要素和安全规划设计方法、技术，用以降低各类管线在规划、设计、运营过程中的安全性风险，对现有管线标准规范体系形成补充

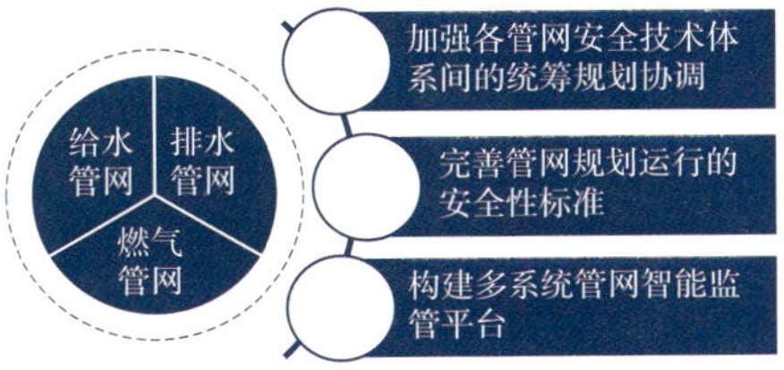

图1　课题主要研究目标

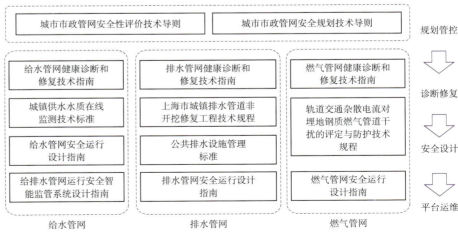

图2　市政管网安全标准规范体系图

图3 排水管网安全保障体系图

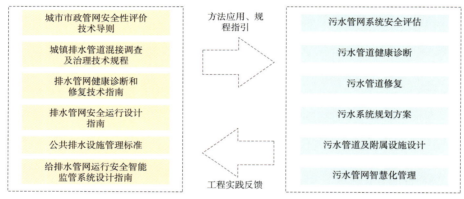

图4 污水全过程安全技术方法在临沂市应用总体框架

与完善。对城市市政管网规划、建设、管理流程进行优化和约束，完善存量管网安全控制，提升增量管网安全度。

2. 将"管网安全"专业技术融合化

以管网安全运行为主线，综合考虑管网面临风险，改进新型风险影响下管道安全设计，强调管道周边环境影响参数，对某些改进或新兴的管道定位、检测与修复技术进行统一规定，完善城市供排水、燃气管网的安全评价体系，明确既有供排水、燃气管网在多种"事故征候"下的健康监测技术要求。

针对排水管网安全，构建系统化健康诊断修复体系。从调查检测、改造修复、运营管理、设计运行等全流程加强排水管网安全保障。

针对给水管网安全，创新给水健康诊断体系，构建给水运行安全的监测预警体系。把多个指标构建成一套安全评价体系，使得该指标体系既能够能有效衡量给水管网的安全性能，又能够做到指标贴近给水管网特点、易于量化。

针对燃气管网安全，完成设计与健康诊断、检测修复新技术融合。明确燃气管网风险防控要求，指导管网安全系统设计；完善管道检测与监测、管道评价、管道修复的工作流程和适用技术，加强管线探测、诊断和修复的系统性与精准性。

3. 将"管网安全"相关技术智慧化

构建智慧排水管网，融合管网监测、管网模型等新手段，保障排水管网安全运行。一是对污水收集管网进行分级、分区网格化管理，提出智能感知设备铺设标准、监测数据传输管理及排水模型搭建要求，形成排水管网智慧化运行指南。二是利用在线监测数据和气象数据，创新提出淤积分析算法、雨污混接算法和污水冒溢算法，进行提前感知与预警，实现排水管网智慧运行。

构建智慧给水管网，融合管网智能监测、模拟与优化，总结"管网数字化监测平台""给排水管道智能监测技术"等研究成果，明确管网监测指标、测点布设原则，增加管道安全智能监测技术要求。遵循"深度融合、全面共享"的思路，强化给水多源数据的融合，大数据赋能，提升管网动态监测预警的能力。

构建智慧管网一张图运维体系。以城市给排水管网运行安全监管的共性需求为导向，以物联网、人工智能等技术为主导，以计算机通信网络和各采集控制终端为基础，构建集高新技术为一体的智能化城市给排水管网运行安全监管系统平台，实现城市给排水管网设施"智能监测、系统运行、科学调度"，保障城市市政管线安全。

应用及效益情况

本课题构建了"市政管网安全规划标准体系"，明确了各类管线在不同阶段所需要考虑的安全要素和安全规划设计方法、技术，可以有效降低各类管线在规划、设计、运营过程中的安全性风险。

将山东省临沂市作为污水安全技术方法的示范基地，通过多年现场项目实践，将各项安全相关方法和规程予以运用，涵盖从规划设计到建设运行的全过程污水治理。构建以"安全"为核心的系统谋划规划，打造以"安全"定量化评估为基准的排水系统评估，在安全评估系统的基础上利用安全新技术进行检测，并形成智慧安全监管平台，借助信息化技术实现安全运行控制。方法应用后对临沂市整治黑臭水体以及城市排水管网的安全修复和运行产生了良好的作用和效果。

（执笔人：刘世光）

再生水城市利用模式、风险管控与保障策略

2022年度大禹水利科学技术奖二等奖

项目来源：科技部"十三五"国家重点研发计划子课题（非常规水资源开发利用评价与风险管控项目）
项目起止时间：2017年7月至2022年1月　　**主持单位**：中国城市规划设计研究院　　**院内承担单位**：城镇水务与工程研究分院
院内主管所长：龚道孝　　**院内主审人**：宋兰合　　**院内项目负责人**：周长青
院内主要参加人：姚越、李昂臻、王雪、吴学峰、王棋、张全斌

研究背景

我国再生水利用普遍存在发展不充分、利用水平不高、风险管控薄弱等问题，还没有形成成熟、完善和有效的开发利用模式，以及系统化的再生水利用风险管控技术。本课题基于城市再生水利用需求，识别城市再生水安全利用的风险，探索水质水量供需协调的城市再生水利用模式，充分发挥城市再生水利用潜力，推动城市高质量发展。

研究内容

重点研究城市再生水利用模式，以及不同模式下的安全风险，提出推动再生水利用的风险管控和保障策略，并在典型地区进行系统集成和应用示范。

1. 再生水城市利用模式、风险管控与保障策略

针对不同配水方式和不同用户对再生水利用需求，提出包括工业回用、河湖补水等基于水质水量供需协调的城市再生水利用模式；调查分析城市再生水安全利用的影响因素，围绕再生水处理、输配储存、利用等主要环节，识别再生水开发利用过程中主要风险因子；分析再生水开发利用过程中的风险产生机制，建立涵盖城市再生水开发利用全过程的风险评价指标和识别方法；开展全国城市再生水开发利用的风险识别，构建相应的城市再生水开发利用风险管控技术体系，提出城市再生水开发利用的体制机制建议及保障策略。

2. 城市再生水开发利用技术方案及应用示范

将上述取得的再生水开发利用的若干认识和相关技术、应用模式等成果进行系统梳理和综合集成，构建城市再生水开发利用的系统性技术方案，并在典型区域开展示范研究；通过在示范区的应用，进一步验证和改善系统性技术方案。

技术创新点

关键技术包括：本研究突破已有的再生水风险管控技术瓶颈，基于风险管控的关键环节和主要矛盾，并考虑水质水量要求，综合提出城市再生水利用过程中的风险控制关键技术和保障措施。

创新点包括：综合考虑城市再生水利用模式及发展需求，以水质和水量为考量标准，提出城市再生水利用风险管控方法和保障策略。

应用及效益情况

课题研究成果提供了系统的城市再生水开发利用的模式、风险管控和保障策略体系，对于全国范围再生水开发利用起到了促进作用。本课题以青岛市为示范区，编制了2025年再生水开发利用技术方案。研究成果的示范应用有效推动了青岛市再生水利用，保障城市水资源安全，促进城市水系统良性发展。

（执笔人：姚越）

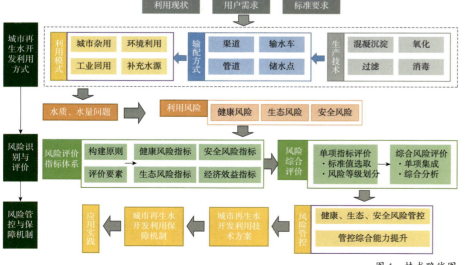

图1　技术路线图

沿海典型区域非常规和常规水资源协同配置技术集成示范

2022年度大禹水利科学技术奖二等奖

项目来源：科技部"十三五"国家重点研发计划子课题（非常规水资源开发利用评价与风险管控项目）
项目起止时间：2017年7月至2022年1月　　**主持单位**：中国城市规划设计研究院　　**院内承担单位**：城镇水务与工程研究分院
院内主管所长：龚道孝　　**院内主审人**：宋兰合　　**院内项目负责人**：周长青
院内主要参加人：姚越、吴学峰、牛建森、张全斌

研究背景

尽管我国非常规水源开发利用技术已取得长足发展，但由于其类型较多、开发利用条件差别大，非常规和常规水源统一配置涉及面广，工作量大、技术难度高，尚未建立有效的协同配置机制。本研究针对沿海典型区域，建立非常规水源和常规水源协同配置技术，有效提升非常规水源利用规模和效率，进一步完善水资源统一配置体系，为社会经济持续发展提供水资源保障。

研究内容

以海水、再生水利用水平较高的青岛市作为应用示范区，进一步验证和优化协同配置方法体系。

1. 常规水源和非常规水源协同配置方法研究

从常规水源和非常规水源的特征分析出发，充分考虑其获取方式、输配方式、经济成本、供水安全、用户要求等，以最大限度保障供水安全、节约水资源、降低供用水成本、提高使用效率等为目标，协同考虑各种有利因素和制约条件，提出常规水源和非常规水源协同配置方法。

2. 青岛市非常规水源利用现状和潜力研究

立足青岛市水资源条件和城市用水特点，统筹城市经济社会发展和用水需求，分析城市非常规水源开发利用现状和存在的问题；基于节约资源、保护环境、集约高效利用、多渠道开源的水资源开发利用策略，结合青岛市城市发展规模和产业发展方向，分析青岛市非常规水源开发利用的方向和潜力。

3. 青岛市常规水源和非常规水源协同配置方案研究

以青岛城市建成区和规模化供水管网覆盖的农村地区为研究范围，对青岛市的当地水资源、外调水与海水、再生水等非常规水源的利用成本进行分析，并对非常规水源与常规水源开发利用多方案配置进行比较，选择成本低、经济效益、环境效益、社会效益好的协同配置方案，提出非常规水源与常规水源相协调的非常规水源开发、利用、配置、节约、保护等系统性技术方案。

技术创新点

关键技术：通过分析非常规水源的供给特征，明确再生水和海水淡化水参与供水配置的原则，建立社会效益、经济效益、环境效益最优化的配置目标。形成兼顾水源结构、配置对象、输配方式、优势互补等的配置思路，构建包括目标识别、需求分析、方案决策的多层次定量配置方法，通过城市供用水现状分析、供需水量预测，构建水资源配置模型，明确多水源协同配置方案。

创新点：解析沿海典型区域不同水源、用户及开发利用约束（风险）之间的协同关系，建立非常规和常规水源协同配置技术，提高非常规水源的综合利用水平，为建立健全常规与非常规水源协同配置机制提供技术支撑。

应用及效益情况

本研究建立了青岛市海水、再生水等非常规水源协同配置示范区，包括张村河水质净化厂、百发海水淡化厂等示范点，提出了青岛市六区非常规与常规水资源相协调的非常规水资源系统性技术方案，为《青岛市"十四五"水资源配置发展规划》《青岛市水资源配置发展三年行动计划（2021—2023年）》等规划编制提供了技术支撑，对青岛市水利工程规划布局，以及拓展海水淡化水、再生水等水源具有重要参考价值。

（执笔人：姚越）

地表补源水对地下水的水质影响机制研究

项目来源：国家自然科学基金委员会	**项目起止时间**：2019年1月至2022年3月	**主持单位**：中国城市规划设计研究院
院内承担单位：城镇水务与工程研究分院	**院内主管所长**：龚道孝	**院内主审人**：莫骥
院内项目负责人：李昂臻	**院内主要参加人**：田川、周长青、李宁	**参加单位**：济南市供排水监测中心

研究背景

针对地下水超采导致的地下水位持续下降的严峻问题，济南等城市采用人工措施将地表水或其他水源水注入地下以补充地下水，而济南市不仅有保泉的重任，市民还有饮用优质地下水的美好愿望，但微污染水源水存在的有机污染风险等有可能引入地下水系统，由此可能带来一系列的供水安全问题。已有的研究大多针对补源路线和过程的模拟，着重对于"量"的预估和监测，较少关注和研究地表水等补源水会对地下水水质带来何种影响和风险。本研究结合济南市地表水转换地下水补源工程实施的具体情况，开展地表补源水和地下水水质动态监测与研究，结合地表补源水和地下水的历史水质特征，识别济南地表水转换地下水补源工程关键水质指标；通过研究地表补源水中DOM不同性质组分对地下水消毒副产物生成能力的影响，揭示补源过程中消毒副产物前驱体的结构、形态转化与消毒副产物生成势的相关关系，探讨地下水的水质变化机制，丰富地表水转换地下水补源工程的污染控制理论体系，为有效控制微污染水源水回灌补源过程中可能对岩溶地下水带来的水质健康风险，提供科学依据和理论基础。

研究内容

从一般理化指标、藻类及代谢产物的分布、水中有机物等指标的变化规律，揭示济南地表补源水与地下水水质的历史特征。历史监测数据分析结果表明，济南五龙潭泉水、地下水源水、岩溶水系统地下水均符合《地下水质量标准》GB/T 14848—2017 Ⅲ类水质要求。趵突泉水质主要受硝酸盐、菌落总数影响，除硝酸盐、菌落总数外，其余指标均优于国家《地下水质量标准》GB/T 14848—2017 Ⅲ类水质标准要求。分析了地表补源水的富营养化程度，并通过等级相关系数探讨富营养化因子间的相关关系。富营养化因子中，叶绿素a指标对济南四座水库富营养化贡献最大，总磷对4座水库富营养化贡献最小。玉清湖水库和鹊山水库主要影响因子相同，主要影响因子为总氮和叶绿素a，卧虎山水库和锦绣川水库主要影响因子相同，为高锰酸钾和叶绿素a。由此提出相应的防治对策，为识别济南市地表水转换地下水补源工程在水质安全上的风险因素提供研究基础。

通过地表补源水和地下水水质动态监

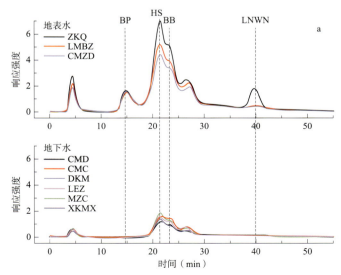

图1　DOC各组分色谱图

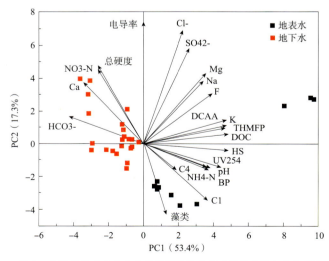

图2　水质指标在主成分上的载荷及地表水（黑色方块）和地下水（红色方块）水样的分布情况

测与研究，对理化、生物及消毒副产物生成势等指标进行 Spearman 相关性分析，并采用 PCA 分析对不同类型水源的主要水质指标进行降维识别，揭示影响济南市地表水回灌地下水补源工程水质安全的关键指标。结果显示，营养盐、有机物、藻类及消毒副产物生成势呈显著相关，为影响济南地表水、地下水、泉水水质的主要环境因素。此外，为研究玉符河补源工程对地下水水质的影响，重点对玉符河地表水及其沿岸地下水水样进行了跟踪监测，结果表明现阶段人工补源工程尚未对地下水水质特征产生明显改变，但补源水水质变差、水量增大可能会对地下水水质带来不可逆转的改变。研究结果为掌握地表补源水对地下水水质的影响提供数据支撑，并为今后评估人工补源工程的累积污染风险和长期实施的可行性提供研究基础。

揭示了地表水补源过程中消毒副产物前驱体的结构、形态转化与消毒副产物生成势的变化规律和机理，为有效控制微污染水源水可能引入地下水的健康安全隐患提供科学基础。回灌过程使地下水与地表补源水中的 DOM 具有同源性的特点，补

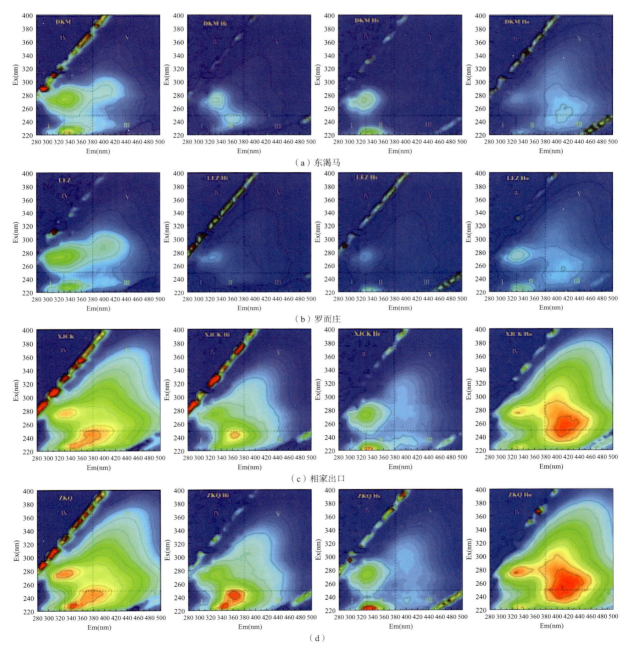

图 3　春季原水及各极性组分三维荧光图

源增加了地下水中亲水性（Hi）和过渡性（Hs）组分的占比，增加了地下水色氨酸类蛋白质和溶解性微生物代谢产物升高的风险。地表补源水及补源前后地下水消毒副产物生成能力结果表明，补源后地下水Hi组分单位TOC生成消毒副产物的能力较强，尤其卤乙酸生成能力提高较为明显。研究了补源前后消毒副产物前驱体结构形态与消毒副产物能力及种类的匹配关系，通过分析推测Hi组分生成卤乙酸的能力相对较强，主要存在较多的羧基和醇羟基结构；疏水性（Ho）和Hs组分生成三卤甲烷的能力相对较强，Ho组分存在较多的酚羟基、羰基和碳碳共轭双键结构，Hs组分包含更多的氨基结构。在回灌补源过程中，Ho大部分被地下水岩层结构吸附、过滤和降解，因此减少地表补源水中Hs和Hi组分的含量，分别能够降低回灌补源过程中地下水生成THMs和HAAs的能力，控制地表补源水可能引入地下水的健康安全风险。

技术创新点

济南地表水回灌补源过程中，研究地表水等补源水会对岩溶地下水水质带来的影响和风险，筛选出特性指标与表征方法，建立关键指标评估体系，补充对于补源过程和模拟大多只关注"水量"的预估和评价，保障供水安全，优化供水工程的调度，并为国内外类似城市提供技术依据。

通过研究补源过程中消毒副产物前驱体的结构、形态转化与消毒副产物生成势的相关关系，结合地下水、地表补源水水质历史特征和动态监测变化规律，揭示微污染水源水对地下水的水质影响机制，为实现地表水转换地下水工程中的污染控制奠定理论基础。

应用及效益情况

本项目成果应用于水源水污染控制，预计在5~10年内推广使用。

（执笔人：李昂臻）

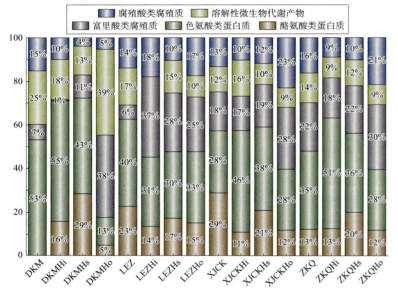

图4　春季原水及各极性组分区域积分占比

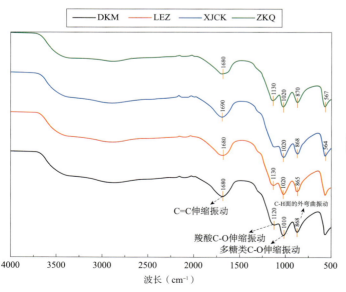
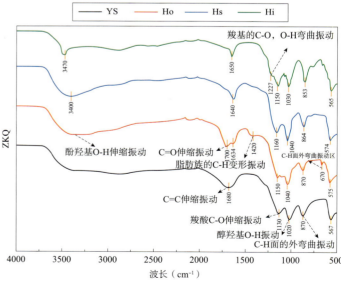

图5　春季原水及各极性组分FTIR数值图

雄安新区城市水系统构建与安全保障技术研究

项目来源：科技部"十三五"国家水体污染控制与治理科技重大专项课题　　项目起止时间：2018年1月至2020年12月
主持单位：中国城市规划设计研究院　　院内承担单位：城镇水务与工程研究分院
院内主审人：孔彦鸿　　院内主管所长：张志果
院内项目负责人：龚道孝　　院内技术负责人：莫罹
院内主要参加人：高均海、司马文卉、徐一剑、刘曦、周长青、程小文、陶相婉、李婧、郝天、胡小凤、魏锦程、牛建森、王川涛、朱玲、杨映雪、李宁、袁芳、顾思文、马晓虹、陈京、张全斌、刘偲、白桦、秦建明、徐秋阳
参加单位：中国市政工程华北设计研究总院有限公司、清华大学、中国水利水电科学研究院、同济大学、北京建筑大学、河北省城乡规划设计研究院、云南合续环境科技有限公司、河北恒特环保工程有限公司、北京理工水环境科学研究院有限公司

研究背景

设立雄安新区是千年大计、国家大事。新区的规划建设要坚持"世界眼光、国际标准、中国特色、高点定位"的指导思想，新区确定了"建设蓝绿交织、清新明亮、水城共融生态城市"的发展目标，对城市水系统的构建与安全保障提出了更高的目标要求。

新区城市水系统构建面临多重约束：一是水资源短缺，地下水长年超采、城市供水主要依赖外调水；二是水安全风险，区内地势低洼、洪涝风险突出；三是水环境约束，入淀河流水质长期处于劣Ⅴ类，白洋淀生态系统退化较为严重；四是水设施滞后，防洪排涝等设施建设理念落后、标准偏低。同时，随着人类活动对自然的影响日益深刻，新区未来发展还面临着气候变化、急性冲击等诸多不确定影响因素。为此，雄安新区亟需开展城市水系统构建与安全保障技术的研究，为新区建设"蓝绿交织、清新明亮、水城共融的生态城市"提供技术支撑，并推动我国城市水系统理论、发展模式和技术方法的革新。

研究内容

课题以实现高品质饮用水供应、高质量水环境营造、高标准水设施建设、高韧性水系统构建为目标，总结创新国内外先进理念，统筹水资源承载力配置、水环境承受力调控、水设施支撑力建设和水安全保障力提升，提出了新型城市水系统构建的雄安模式、雄安标准、雄安方案及雄安机制。

课题按照综合规划—系统建设—智慧管理的三大环节的研究思路开展以下研究：

在综合规划方面，系统梳理和总结国内外的先进理念和经验，结合雄安新区现有的水资源、水环境条件及产业规划、功能布局，以城市水资源承载力配置和城市水环境承受力调控两项研究任务互为支撑和反馈，创新提出适合雄安新区的城市水系统综合方案，包括城市水系统的量质控制方案、空间布局和安全风险管控策略；并与新区相关总体规划及专项规划协调对接，实现对综合方案的优化。

在系统建设方面，有两部分研究内容，一是雄安新区的城市水设施支撑力提升研究，包括城市供排水设施的建设标准研究，优质高效的城市供水、污水处理及再生利用，市政污泥及废弃物（厨余垃圾）处理及资源化利用，高标准排水防涝设施及市政地下管网的建设等各方面；二是村镇（分散）污水处理及利用的成套技术方法的研究，具体包括分散村镇污水处理技术路线研究、分散村镇污水处理关键技术（设备）筛选及成套技术（设备）开发以及代表性分散村镇污水处理项目实施方案与运行管理模式研究。

在智慧管理方面，主要是统筹考虑各专业各领域规划、建设及运行方面的管理需求，包括城市水系统监测体系构建技术研究、城市水系统智慧管理技术方案研究以及城市水系统管理制度和实施机制研究，以保障城市水系统的健康、安全运行。

课题取得的研究成果主要包括：

（1）创新理念。针对新区面临的多重水约束，借鉴中国古代"理水营城"朴素的生态思想及国内外生态文明新理念，探索构建了"节水优先、灰绿结合"的双循环新型城市水系统模式。

（2）高标准引领规划建设。雄安新区是白洋淀流域的关键节点，对流域环境改善和生态修复起到示范和带动作用，也是新时代高质量发展的标杆。课题从维持良性自然水循环和发挥社会水循环功能的角度出发，提出了"四水统筹、人水和谐"的新型城市水系统构建的指标标准和城市水设施建设的指标标准。

（3）多尺度灰绿设施布局。结合起步区组团式空间布局，基于四维度目标，通过多过程模拟与耦合、综合评估，优化提出了片区—组团—城市不同尺度、灰绿

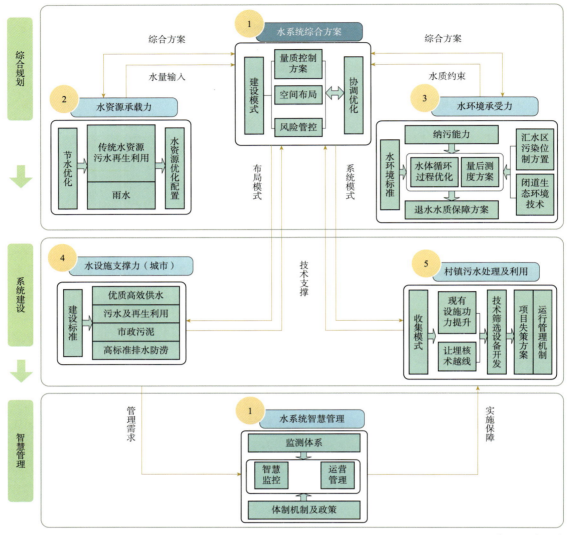

图1 研究思路

结合、功能复合的分布式设施布局方案，以实现多层次水循环，提高系统的效率和灵活性。

（4）集成创新工艺技术。提出了多水源切换条件下的供水工艺技术路线及全流程安全保障技术方案；完全分流制下的"高浓度生活污水——高效收集＋深度净化＋再生水回用＋物质能量回收，雨水——源头减排＋管网输送＋中途调蓄＋一级强化＋深度净化＋循环利用"的雨污协同污染控制及资源化利用总体方案。提出了"竖向协调＋（源头减排—过程控制—末端调蓄）＋应急调度"、灰绿结合的排涝综合解决方案及控制策略，确定了多工况多类型多功能的蓝绿空间布局方案。

（5）弹性应对气候变化和急性冲击，构筑韧性城市水系统。构建了"气候模式预估—气候变化增量分析—水系统影响风险分析"的技术框架，分析了RCP4.5和RCP8.5情景对水系统的影响与风险，提出适宜比例的分布式灰绿组合的基础设施布局，以有效应对气候变化。建立了急性冲击的风险识别分析矩阵及韧性水系统评估指标体系，提出了分级分类的风险管理策略。

（6）多措并举，推动形成"水城共融、多元共治"的城市水系统全周期管理机制，实现了城市水系统的管理要素全覆盖、管理职能全集成、运行管理全流程和管控方式全智能。

技术创新点

（1）提出基于水循环全过程水文模拟及水量—水质（碳—营养物质）—能量协同回收与循环利用的新型城市水系统构建模式。

基于水循环全过程，本研究将氮、磷等污染物质同时作为可被回收与循环利用

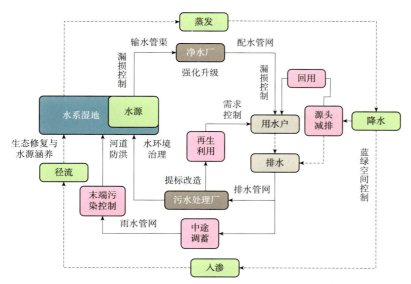

图 2 双循环新型城市水系统模式

于自然界的营养物质，并考虑伴随水循环过程能量的回收利用，引入城市水系统多元物质流的时空动态模拟，通过对城市水系统全过程的多目标综合评估，实现对城市水系统构建模式的优化。该技术方法突破了以往模式评估中指标偏于静态、对系统空间网络分布特征考虑不足、对各种物质在循环过程中耦合关系认识不足等问题。

（2）提出以荷载平衡、效益最优为目标的水资源承载控制指标体系。

结合新区社会经济系统发展目标及其对水资源量质两方面的影响，以荷载平衡、效益最优为目标，提出新区水资源承载控制基线，围绕该基线，从人均水资源量、用水效率、水质条件等方面建立适用于新区水资源承载控制的指标体系，为建立生态宜居、用水高效的雄安新区提供了明确的量化指导体系。

（3）提出基于动态时空与功能协调耦合的健康水环境系统构建与维持指标体系。

参照国际先进城市的水环境标准和水生态现状，结合雄安新区的地域特色，提出了随时空特征变化和功能用水区分的健康水环境系统构建与维持指标体系，创造满足人民群众宜居亲水的城市水环境空间。

（4）面向韧性城市的雄安新区城市水系统安全指标体系。

基于不确定性要素对水安全的影响分析，提出面向韧性城市的水安全保障控制指标，建立新区水系统安全指标体系，为雄安新区城市水安全保障能力提升提供支撑。

应用及效益情况

课题以专题研究、阶段成果产出等方式，为新区城市水系统规划设计的深化提供了科学支撑。提供的专题研究报告主要有《关于雄安新区起步区污水处理规模与布局的论证报告》《雄安新区供水系统布局方案研究》《雄安新区水系规模及布局优化调整方案研究》等，提出的供水设施系统优化、污水及再生回用设施布局优化、蓝绿空间布局优化、城市水系统弹性韧性管理策略及实施保障等方面的建议，为《河北雄安新区起步区市政基础设施专项规划》等新区后续相关规划设计提供了借鉴。在新区"起步区2#水资源再生中心工程""南张水资源再生中心工程（一期）""雄安综保区1号地块首期市政道路建设工程勘察设计"等工程项目的设计实施中，雨污统筹的高标准污水再生处理设施工艺技术路线、成套技术方法和运行管理模式等课题成果为新区水资源再生中心项目的总体设计方案提供了借鉴。课题成果与新区基础设施规划建设的充分结合和应用，为新区高标准建设提供了有力支撑，同时课题成果可为其他城市水系统的规划建设提供参考和借鉴。

课题提出的新型城市水系统的模式、标准和实施机制等内容为在住房城乡建设部组织编制的《"十四五"全国城市市政基础设施建设规划》《城市水系统建设工作方案》提供了技术支撑，课题成果在全国城市范围中得到了推广应用，取得了良好的社会效益。

课题负责人作为特邀专家，出席了2021年5月14日国家发展改革委组织召开的推进污水资源化利用现场会，并以"推进污水资源化利用，统筹城市水系统规划建设"为题作了专题报告，课题提出的新型城市水系统的循环模式和实施机制等成果得到了全国范围内的推广应用，取得了良好的社会效益。

（执笔人：莫雁）

城市及城市群市政基础设施系统构建战略

项目来源：中国工程院	项目起止时间：2017年1月至2018年12月
主持单位：中国城市规划设计研究院	院内承担单位：城镇水务与工程研究分院
院内主管所长：张全	院内主审人：莫罹　　院内项目负责人：张全、张志果
院内主要参加人：程小文、牛亚楠、张桂花、林明利、孙增峰、白桦、黄悦、余忻、魏保军	
参加单位：东南大学	

研究背景

新中国成立以来，我国市政基础设施建设取得了巨大发展，但我国城市市政基础设施发展目前仍普遍面临"瓶颈性"问题，主要表现在设施建设投入严重不足，承载力弱；设施之间缺乏统筹，设施水平偏低；区域发展不均衡，城市群内部协同效应不明显；城市基础设施管理分散，产业集中度低等问题。这些城市基础设施建设中所以面临的问题影响着城市健康可持续发展。

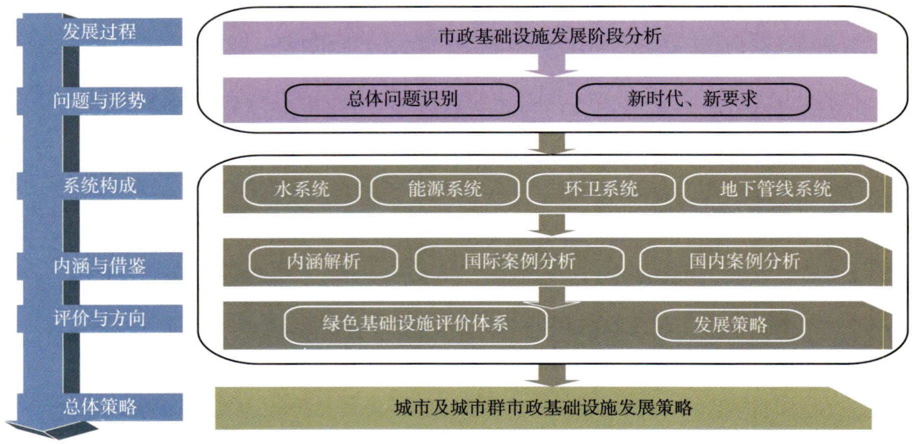

图1　技术路线

研究内容

1. 我国市政基础设施建设建设规律、问题与趋势

分析新中国成立以来我国城市市政基础设施的与城镇化发展的互动关系，总结市政基础设施的发展规律，指出我国目前城市主要表现在设施建设投入严重不足、设施之间缺乏统筹、区域发展不均衡、城市基础设施管理分散、事权与财权不匹配、产业集中度低等问题。在此基础上，提出城市市政基础设施的发展趋势。

2. 国际城市市政基础设施建设策略分析

分析发达国家在供排水、能源、环卫、地下管线设施的发展理念和实践经验，总结出充分尊重人的需求、注重不同设施之间的统筹协调、绿色化和集约化发展、全生命周期维护等是促进市政基础设施可持续发展的关键因素。

3. 基础设施发展策略分析

在对城市水系统、能源系统、地下管线系统、环卫系统等单项设施的概念内涵进行解析的基础上，对国内优秀实践案例进行分析，并建立评价指标体系，提出发展策略。

4. 城市市政基础设施发展策略

结合我国新型城镇化的发展趋势，坚持问题导向和目标导向，提出我国城市及城市群市政基础设施发展的总体方向。结合典型案例剖析，以安全、效率、公平、系统为出发点，探讨城市和城市群市政基础设施资源配置的重点与方向，提出水、能源、环卫、地下管线等关键性市政基础设施的发展策略，提高市政基础设施建设的系统性和共享水平。在此基础上，提出城市及城市群市政基础设施系统构建战略。

技术创新点

本研究在梳理我国市政基础设施系统面临的"瓶颈性"问题的基础上，提出将"系统统筹、提质增效、共同缔造、群众满意"作为我国城市市政基础设施发展的总体战略，并全面开展城市市政基础设施品质提升行动，建立市政基础设施建设的"拳头模式"，促进城市市政基础设施共建共享及管理模式创新，推动我国城市基础设施建设可持续发展。

应用及效益情况

本研究成果纳入中国工程院重大咨询研究项目——《中国城市建设可持续发展战略研究》中。同时，研究提出的《开展城市市政基础设施品质提升行动，提高新型城镇化质量》提交给有关政府部门供决策参考。

（执笔人：张志果）

部委委托项目

基于生态文明理念的城镇化发展模式与制度研究

项目来源： 环境保护部国际合作司	**项目起止时间：** 2014年1月至2014年12月
主持单位： 中国城市规划设计研究院	**院内承担单位：** 城建所、研究三室
院内主审人： 王凯	**院内主管所长：** 尹强
院内项目负责人： 李晓江、张娟	**院内主要参加人：** 鹿勤、徐辉、任希岩、王继峰、荆锋

研究背景

当前生态环境恶化已经成为制约未来城镇化健康发展的重要因素。为此，中国政府明确提出了生态文明建设总体方针，要求转变发展模式，走绿色、低碳和资源节约集约高效利用的发展道路；同时也将以人为本的新型城镇化提到国家战略高度。基于生态文明和新型城镇化两大国家战略的前提，经中国环境与发展国际合作委员会（以下简称国合会）主席团批准，特设立"基于生态文明理念的城镇化发展模式与制度"专题政策研究项目，服务于环境与发展领域的难点和热点问题的政策需求，重点解决生态文明理念下城镇化所面临的关键性问题，从而积极推动中国经济与社会发展的绿色转型。

研究内容

从生态文明角度研判了中国城镇化面临的八大关键问题。主要包括：一是现有规划体系未能充分发挥资源环境管控作用，部门间缺乏政策协同。二是城镇化追求空间扩张和发展速度导致不可持续的资源过度消耗。三是城镇应对极端气候与自然灾害的能力差。四是大规模快速的住宅开发导致资源浪费和供需不匹配，环境服务设施配置不足，城市宜居品质不高。五是失衡的交通结构带来严重的大气污染，且不断恶性循环。六是城市及周边自然和文化遗产的大量消失削弱了城市特质和吸引力。七是缺少有效的管控和财政机制来激励资源有效利用和再利用。八是公众参与环境保护的机制需要进一步改进。

围绕构建"生态文明理念下好的城市模型"，提出十大行动议程，主要包括：

（1）强化部门协同的城市规划整合作用；

（2）削弱地方财政对土地开发的依赖；

（3）优化资源流管理以提升生态服务功能；

（4）控制城市规模和形态对居民健康的负面影响；

（5）提高城市应对气候变化的能力；

（6）提倡善用自然和财政资源的精明发展；

（7）坚持绿色交通和公交导向的城市开发；

（8）以人性化尺度和自然、文化遗产的保护彰显城市特质；

（9）构建提升资源使用效率的国家财税政策框架；

（10）通过公共参与推进以人为本的城镇化。

此外，报告给出三大政策建议：

（1）以综合性空间规划诊断问题，制定发展目标和约束条件。建立健全空间管制体系，促进城镇集约高效发展，保护生态系统。构建有利于环境与居民健康的城市布局，促进绿色交通发展。严控城镇空间不合理增长与无序蔓延，鼓励存量建设用地和旧建筑的再利用。多部门协作推进区域协同治理和生态文明城镇化试点工作。

（2）建立健康的财税体制和适应性的发展模式。地方财政应逐步与土地开发、出让脱钩。关注城市应对气候变化的能力和其他城市环境类规划，建立适应气候变化风险评估框架以及相应的财政应急资金。建立长期有效的财税鼓励机制，降低城市生活对资源与能源的消耗。

（3）全面落实以人为本的城镇化。加强对参与城市发展决策的官员的培训教育。立足人的尺度强化城市设计，加强对自然与文化遗产的系统保护。定期评估环境影响下的城市居民健康风险。加强公众参与的社会治理。

技术创新点

在与德国、荷兰、日本、印度等外方专家充分讨论的基础上，借鉴国内外案例，提出生态文明理念下好的城市模型好的城市没有固定模式，但一个完备的规划和政策制定过程会导向一个好的结果。报告中关于"生态文明理念下好的城市模型"对于如何认识城市，如何在识别客观规律的基础上突出科学规划和恰当政策方面具有创新价值，由此产生的公共政策建议具有前瞻性和操作性。

应用及效益情况

课题组的研究结论受到中国环境与发展国际合作委员会高度认可，主要研究结论被纳入相关政策建议。

（执笔人：张娟）

2020年后新型城镇化趋势和阶段性特征分析

项目来源：国家发展和改革委员会发展战略和规划司
主持单位：中国城市规划设计研究院
院内主审人：郑德高
院内项目负责人：王凯

项目起止时间：2019年7月至2020年12月
院内承担单位：区域规划研究所、上海分院、西部分院、北京公司
院内主管所长：商静
院内主要参加人：陈明、孙娟、林辰辉、吕晓蓓、陈睿、吴乘月、胡魁、高靖博、郭轩、丁洁芳、朱雯娟

研究背景

2019年我国城镇化水平突破60%，意味着我国全面进入城镇化的中后期。从国际经验来看，"城镇化中后期"是一个经济、社会、文化、空间组织等发生变革的全新时期，需要重新审视我国城镇化发展特征与未来的主要影响因素，判断未来城镇化可能的发展水平与空间主要载体。"城镇化中后期"也是消化城镇化快速扩张时期累积矛盾的重要窗口期；因此，在趋势与特征分析基础上，本研究试图从政策角度提出建议，以期新时期新格局新理念下我国城镇化实现更高质量的发展。

研究内容

1. 我国城镇化发展现状特征

当前我国城镇化的发展呈现出五个显著特征。从人口规模看，人口总量增长放缓，且趋于稳定。从城镇化水平看，速度趋缓，但依然很快。从人口流动看，流动更趋近域化，跨省流动占比不断下降，省内流动占比上升。从流动人口的需求看，新生代流动人口的需求更加多元化，落户意愿也更加强烈。从人口集聚的态势看，东、中、西部的差距开始缩小，但发展质量仍不均衡。

2. 2020年后我国城镇化面临的主要挑战

在工业化向服务业化转型、制造业向新经济转型、外需主导向内需主导转型等重大背景下，2020年后我国城镇化面临严峻挑战，核心仍是城镇化动力与城镇化质量两个方面。在城镇化动力上，我国面临"二三产就业增长难以支撑城镇化快速提升"的挑战、人口红利消失的挑战、职业需求与人才供给不匹配的挑战等。在城镇化质量上，收缩型地区面临公共服务撤并的挑战，密集型地区除公共服务不足外，还面临空间品质不高、存量盘活困难等挑战。

3. 2020年后我国城镇化水平分情景预测

基于地理特征、资源条件、城乡制度、文化传统等影响我国城镇化水平的主要因素分析，借鉴其他国家的城镇化发展历程，形成高、中、低三种情景下的城镇化水平预测。长期来看，我国城镇化水平达到80%左右较为符合我国国情和文化体制特征，最大情况下应不会超过85%。

4. 2020年后我国城镇化空间布局判断

《国家新型城镇化规划（2014—2020年）》提出"两横三纵"的城镇化战略格局。本次研究认为我国地域辽阔、地理环境差异较大，客观决定了我国城镇化空间相对集中和相对分散的特征。未来黑龙江瑷珲—云南腾冲的人口地理分界线（即胡焕庸线）决定的人口和城

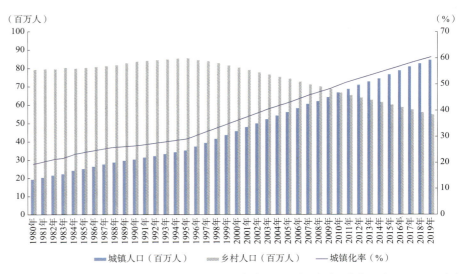

图1 全国城镇人口规模与城镇化率变化（1980—2019年）

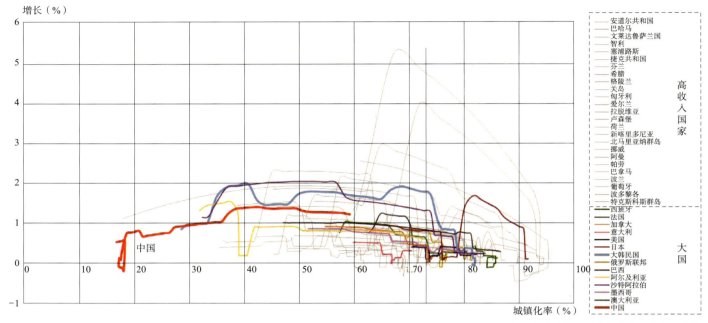

图2 大国城镇化增速与城镇化率相关分析

镇化总体格局将长期维持，但在全面开放、国内大循环的背景下，中西部地区将实现长足发展、整体提升。2020年后我国城镇化的空间形态仍将延续这一格局，形成"以城市群为主体、以发展走廊为骨架，建设大中小城市和小城镇协调发展"的城镇格局。

以城市群作为城镇化主体。《国家新型城镇化规划（2014—2020年）》提出重点发展19个城市群。未来以城市群为载体构建安全可靠、自主可控的供应链体系愈发重要，城市群将进一步成为经济、人口集聚的主要载体和城镇化核心地区，以竞争力强、辐射带动作用突出的现代化城市群，分别在全球综合竞争、国家战略支撑、区域均衡发展方面产生引领性作用。以世界级城市群作为参与国际合作与竞争的核心载体，并发挥其对全国社会经济发展的促进和引领作用。以国家级城市群支持国家空间战略，促进国土均衡发展；以区域级城市群辐射带动周边地区发展，促进人口和经济的集聚，不断推动区域级城市群的规模增长和功能完善。

加快都市圈培育和同城化发展加快培育都市圈，提升圈内同城化水平。通过提高基础设施一体化程度，消除阻碍生产要素自由流动的行政壁垒和体制机制障碍，完善成本分担和利益共享机制，梯次形成若干空间结构清晰城市功能互补、要素流动有序、产业分工协调、交通往来顺畅、公共服务均衡、环境和谐宜居的现代化都市圈。到2035年，现代化都市圈格局将更加成熟，形成若干具有全球影响力的都市圈。

促进大中小城市和县级单元合理分工、功能互补，协同发展。因类施策、因地施策，分类推进县域城镇化。应加强对不同基础条件的县域分类指引，因地施策，促进县域有序发展。根据县域不同的发展条件，对其发展模式和路径进行分类指引。尤其是广大中西部的中小城市，积极引导部分农民就地城镇化，向所在地的县城转移。

5. 2020年后新型城镇化的政策建议

针对2020年后新型城镇化面临的挑战，本研究重点从人口、土地两方面提出政策建议。人口方面主要围绕人口老龄化，"机器换人"带来职业需求与人才供给不匹配、公共服务依旧不均衡等问题提出政策建议。土地方面主要围绕创新驱动时代用地供给如何更加灵活、存量时代城镇空间品质不高、存量用地更新困难等问题提出政策建议。

技术创新点

对人口流动趋势的深入分析。区分跨省流动、省内流动等不同流动层次的流动特征；区分人口流入型地区、人口流出型地区人口流动趋势，以东莞、安徽等典型地区为例剖析人口流动的近域化特征；区分东中西部人口流动和人口集聚的趋势。并结合人口流动人群的变化，剖析流动人口需求变化。

对中长期城镇化水平的内涵剖析和三种情景的描述。借鉴世界其他国家的

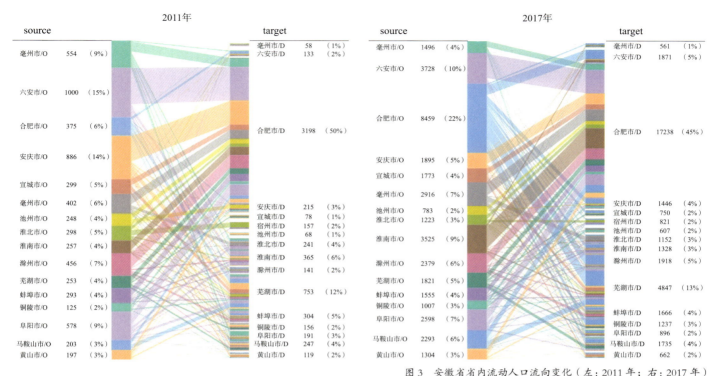

图3 安徽省省内流动人口流向变化（左：2011年；右：2017年）

基础上，识别"发展地理特征多元化导致多样化的城镇化模式""紧张的资源条件和脆弱的生态环境需要较高城镇化水平""城乡二元制度短期内将抑制城镇化发展""亲近田园的文化基因促进形成新的城乡关系"四个影响我国城镇化水平的主要因素。

对土地资源供给的差别化政策。结合城镇化空间格局判断，区分都市圈内外土地利用的差异化特征，建议鼓励对都市圈内更多的土地资源支持鼓励对都市圈内更多地新增加建设用地指标投放。创新体制机制，促进新增建设用地指标从非都市圈地区转移到都市圈地区，保障"圈内"土地供给，支持"圈外"民生保障，提高整体效益。

应用及效益情况

对我国城镇化的现状、未来发展趋势作了重点分析，测算了不同情景下的城镇化率，对城镇空间格局、政策取向等提出了判断和建议，针对性较强，对制定面向"十四五"及2035年我国新型城镇化发展战略有较好的参考价值。

（执笔人：吴乘月）

中国特色新型城镇化与城镇发展研究

项目来源：2021年住房和城乡建设部科学技术计划项目	**项目起止时间**：2021年4月至2024年3月
主持单位：中国城市规划设计研究院	**院内承担单位**：村镇规划研究所、区域规划研究所、院士工作室
院内主审人：郑德高	**院内主管所长**：陈鹏、商静、陈明
院内项目负责人：王凯	
院内主要参加人：陈鹏、陈明、商静、陈宇、李亚、田璐、郭文文、陈睿、孙建欣、陈兴禹、王颖、张丹妮、骆芊伊	
参加单位：南京大学、清华大学	

研究背景

改革开放40多年来，我国城镇化快速发展，形成了与对外开放战略和全球经济体系相匹配的城镇化格局，成为全球城市发展史上的里程碑事件。在城镇化快速发展过程中，也累积了一些矛盾和问题，为此国家提出新型城镇化战略，坚持走以人为本、四化同步、优化布局、生态文明、文化传承的中国特色新型城镇化道路。

"十四五"时期，国内外发展环境面临深刻复杂变化，城镇化发展面临的问题挑战和机遇动力并存。面对以国内大循环为主体、国内国际双循环相互促进的全新发展格局，有必要进一步研究中国特色新型城镇化战略，让城镇化成为建设社会主义现代化强国、实现中国梦的重要基础。

研究内容

1. 中国特色新型城镇化研究

在研究城镇化的一般规律与模式的基础上，分析当前我国城镇化的特殊性和面临的新形势，提出中国特色城镇化的目标，探索符合中国国情的城镇化发展路径。

（1）世界城镇化的一般规律

城镇化与工业化相互促进也相互制约。城镇化增长一般呈现由慢到快再趋缓的过程。城镇化进程中的城乡差别从扩大到逐渐缩小。城镇化进程中的城市体系与空间格局具有多样化特点，有些国家以中小城市的发展为主，有些国家则以大城市、大都市的发展为主，有些国家城市分布均衡，有些国家的城市则高度集中于一些具有区位优势的地方。

（2）世界典型国家城镇化模式特点

以西欧为代表的发达的市场经济国家，市场机制在这些国家的城市化进程中发挥了主导作用，政府则通过法律、行政和经济手段，引导城市化发展，城市化与市场化、工业化总体上是一个比较协调互动的关系，是一种同步型城市化。美国在联邦制国家的政治体制下，主要借助市场促进资金、技术、人才等生产要素在城市的集聚与配置，呈现自由放任的发展态势，城市沿公路线不断向外低密度蔓延，城市发展为包含着若干连绵的市、镇的大都市地区。日本、韩国和东南亚一些国家在第二次世界大战后迅速推进了工业化和城镇化进程，并形成了以大城市和周边地区的高速增长为基本特征的经济、技术和社会发展模式。拉丁美洲和非洲的部分国家城市化推进迅速，然而由于产业发展严重滞后于城市化，农村人口在短时间内以爆炸性速度流入城市，城市不具备吸纳外来劳动力就业的能力，也无法为迅速增加的外来人口提供充足的住房和基本服务，属于"过度城市化"。

（3）中国国情的特殊性对城镇化的影响

一是资源禀赋的特殊性。我国的人均耕地面积较少，人地关系紧张，区域差异大，水能资源分布不均，与生产力布局高度错位。二是超巨体量的特殊性。中国是人口、经济总量、国土面积等各类超大规模特征的叠加，造就了庞大的供给和消费；单一制国家的行政体制要求城镇化必须兼顾全局与地方、公平与效率、发展和安全。三是发展历程的特殊性。我国用四十多年时间走过西方国家百年城市化路程，积累的城镇化压力短期解决，城市问题也在短期集中爆发。四是城镇化道路的特殊性。中国特色社会主义制度决定了我国城镇化必须以服务国家发展大局为战略导向，同时我国在新型城镇化发展过程中旗帜鲜明地提出来要以人为核心，把解决好人的问题作为推进新型城镇化的关键。

（4）当前我国城镇化发展面临的新形势

一是新发展格局下的城镇化空间逻辑变化。我国产业空间组织体系面临重构，以城市群为产业链—供应链组织单元，构建韧性安全的经济体系，以都市圈为产业链—创新链组织单元，构建双循环的枢纽。二是"双碳"目标下倒逼城镇化模式变革。"双碳"目标下，城镇化模式的不同层次转型要点各有侧重，全国层次侧重能源与工业，区域层次侧重交通与生态碳汇，城市层次侧重工业、交通、土地利用与建设，乡村层次侧重能源、土地利用与建设。三是基于人的需求变化导向的新型城镇化路径。近年来人口流动呈现出越来越明显的近域化特征，跨省流动占比不断下降，省内流动占比上升，省会城市是近十年城镇化的核心。

（5）中国特色城镇化目标、战略与路径研究

综合判断我国的远景城镇化水平应该在 80%~85%。发展目标一是要实现规模结构更加均衡，职能结构更加完善，形态结构更加协调；二是要提高城镇化质量，推动人口市民化，提高就近城镇化水平，进一步健全城镇化体制机制。

中国特色城镇化发展战略是：坚持制度特色，促进共同富裕；坚持稳步推进，促进经济社会协调发展；坚持以人为本，促进农业转移人口市民化；坚持绿色低碳，促进实现碳达峰碳中和；坚持优化布局，促进实现"全国一盘棋"整体均衡发展；坚持文化自信，促进中华优秀传统文化创造性转化和创新性发展；坚持城乡统筹，促进因地制宜发展。

发展路径是：构建沿海发展带、长江经济带、"一带一路"等内外联通的城镇发展走廊；以城市群、都市圈为载体，构建协调发展的城镇体系；推进以县域为单元的城乡统筹和就地城镇化。

（6）探索结合各地特点的新型城镇化道路

结合京津冀、长三角、粤港澳大湾区、成渝地区双城经济圈、黔中城市群、关中平原城市群和东北地区等当前城镇化发展的现状特征和问题，基于自身资源承载力和发展定位，对各地的新型城镇化发展提出引导。

2. 中国城镇发展研究

聚焦都市圈和县域两大重点环节，开展中国特色城镇化空间载体的研究。

（1）都市圈和中心城市发展

推进都市圈一体化建设是我国"十四五"以来推进的重点区域政策，通过对不同都市圈所处的发展阶段、生态本底、空间形态、城镇体系的分析，在国家新型城镇化总体要求下坚持因地制宜、分类施策，对石家庄都市圈、上海都市圈、南京都市圈、宁波都市圈、深圳都市圈等提出差异化发展路径。

（2）以县城为重要载体的城镇化

县既是我国经济、社会、政治、文化等功能比较完备的基层行政单元，也是乡土气息、乡愁色彩最为浓厚的地域单元。推进以县城为重要载体的城镇化，一是构建分区分类的施策新格局。都市圈及发展廊道上的县城积极融入城市发展，其他县城作为服务"三农"的重要节点。二是形成特色彰显的发展新路径。县城在融入区域发展，实现产业专业化发展的同时，立足地域特色，寻找个性化发展路径。三是建立绿色人文的建设新标准，按照生活圈理念构建公共服务体系，加快县城老旧设施更新改造，营造舒适宜人的景观与特色风貌。四是推进整体系统的开发新模式。鼓励采用以若干完整居住社区构成的组团或整条街为单元的综合开发。五是探索现代科学的治理新方式，加大要素保障力度，创新基层治理模式，提高治理的现代化水平。

技术创新点

（1）构建中国特色的城镇化理论框架。改变传统认识模式下套用西方模式对我国城镇化进行认识和解读，基于中国资源禀赋的特殊性、超巨体量的特殊性、发展历程的特殊性和城镇化道路的特殊性，正确认识当前我国城镇化发展面临的新形势，提出适合国情的中国特色城镇化发展的目标、战略与路径。

（2）探索符合我国国情的城镇化发展模式。遵循社会经济规律和城乡发展规律，深入研究双循环、"一带一路"、"双碳"目标等新发展格局下城镇化空间的逻辑变化，以及新形势下人口流动规律和人的需求变化，提出区域大走廊、城市群、都市圈以及县域单元等不同层级的城镇化发展路径。

（3）构建城乡统筹的新时期发展格局。以县城为支点、县域单位为统筹，促进城市和乡村两个系统互相协调、互相支持，实现县城就地城镇化载体作用持续提升、服务"三农"要素基本齐备、对县域辐射带动作用更加突出、现代化治理能力大幅提升。

应用及效益情况

（1）为住房和城乡建设部城镇化与城镇发展的重大政策提供技术支撑。以课题研究成果为基础，进一步开展山西等地的县域城镇化研究、县镇村统筹建设案例研究、以统筹城乡土地要素市场促进县域就地城镇化研究、以县城为重要载体的城镇化建设趋势分析与对策研究等，为住房和城乡建设部开展现代化宜居县城建设试点等工作奠定了基础。

（2）为完善我国新时期城镇化战略、优化城市发展模式、统筹城乡发展和区域发展、构建与内外双循环相匹配的城镇发展格局等提供技术支持。进一步开展京津冀、长江经济带、长三角、粤港澳大湾区、"一带一路"等重点区域城镇化发展研究分析，发布相应的年度报告和发展指数报告，撰写专报和咨询报告，为国家政策建言献策。课题研究提出的路径建议同时也应用到都市圈、省、市各层次的规划实践中。

（执笔人：杜莹）

区域发展战略与城市高质量发展研究

项目来源：2021年住房和城乡建设部科学技术计划项目　　**项目起止时间**：2021年2月至2022年5月
主持单位：中国城市规划设计研究院　　**院内承担单位**：住房与住区研究所、上海分院、西部分院
院内主审人：王凯　　**院内主管所长**：卢华翔
院内项目负责人：郑德高
院内主要参加人：余猛、闫岩、吕晓蓓、陈烨、李烨、叶竹、曹诗琦、张超、朱碧瑶、蒋成钢、胡雪峰、廖航、何思源、赵书、张力、黄俊卿、郑越、杨浩、罗欣宇、明峻宇

研究背景

推动区域协调发展，是构建高质量发展国土空间布局的客观需要，是解决发展不平衡问题的内在要求，是构建新发展格局的重要途径，意义深远而重大。本课题于2021年开展相关研究，从区域研究入手，落脚到城市，综合新时代要求，从统筹发展和安全、支撑国家整体战略的角度，剖析各区域的战略使命、核心问题和相互间关系，研究如何扬长避短推动差异化发展，提出各区域城市建设的重点。此外，优化城市体系，明确各个城市地位和作用，提出不同城市高质量发展的实现路径。

研究内容

落实国家重大战略要求，识别城市多元价值。从安全和发展两大维度出发，构建区域和城市综合评价指标体系及相应数据库。安全维度重点考虑生态安全、粮食安全、能源安全、边境安全四个方面，发展维度从本体视角、关联视角出发，构建了包含26个指标的数据库，并从国家、区域、城市三个层次对城市本底进行多维度分析。

完善城市体系，推动城市从单一经济导向转向多元价值导向。破除传统就经济论城市的限制，通过多维度视角，分析城市现状分布特征与问题，从安全和发展维度提出城市布局优化建议。

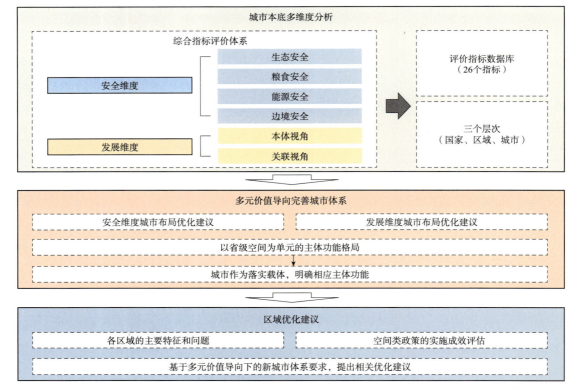

图1　研究框架示意

构建以省级为统筹单元的主体功能格局,明确省级单元主体功能,提出相应的区域政策,进一步确定各城市主体功能。发挥城市作为具体功能载体的作用,以主体功能为指引,明确城市具体发展方向,对不同类型的城市提出政策机制引导。

评估国家区域发展战略中空间类政策的实施成效。梳理总结现有粮食安全、生态安全、能源安全、边境安全等安全类政策,以及制造升级、深化开放、科技创新、经济发展等发展类政策。基于多元价值导向下的新城市体系要求,针对各类政策提出相关优化建议。

技术创新点

构建统筹安全和发展的区域研究方法。构建生态安全视角、粮食安全视角、能源安全视角、边境安全视角的城镇布局,统筹形成基于安全视角的多类多级城市体系;通过城市本底、网络分析,形成基于发展视角的城镇布局;综合形成统筹安全和发展的城镇化布局。从经济导向到价值导向进行多元价值识别,包含农业、科技、生态等多方面,更广泛地识别城市和区域的价值。

将区域研究和城市研究相贯通。在全国总体格局下,从国家到区域再到城市三个层次对城市进行认识。在国家整体发展格局下,研究各主要区域的特点与分工。在明确区域差异化发展路径的基础上,研究区域内各城市的核心问题、定位方向和具体工作抓手。

应用及效益情况

本课题研究成果具有综合性、前瞻性和指导性,形成的统筹发展和安全的研究视角与方法,对后续区域研究及省域、市域流域综合治理与统筹发展规划、战略规划等多种类型的规划起到了指导与支撑作用。

(执笔人:李烨、陈烨)

超大型城市群区域特性分析

项目来源：应急管理部上海消防研究所　　**项目起止时间**：2020年4月至2021年10月　　**主持单位**：中国城市规划设计研究院
院内承担单位：北京公司　　　　　　　　**院内主审人**：孔彦鸿　　　　　　　　　　**院内主管所长**：王家卓
院内项目负责人：陈志芬　　　　　　　　**参加单位**：应急管理部上海消防研究所

研究背景

国家消防救援局启动《超大型城市群消防治理体系研究》项目，指导京津冀、长三角、珠三角等特大城市群消防工作。应急管理部上海消防研究所为项目牵头单位，本课题为课题1，旨在分析超大型城市群区域功能、经济社会发展等特性与火灾风险之间的关系，为消防治理提供支撑。

研究内容

根据"十三五"规划，我国将建设19个城市群，包括东部地区的珠三角城市群（粤港澳大湾区）、海峡西岸城市群、长三角城市群、山东半岛城市群和京津冀城市群，中部地区的长江中游城市群、中原城市群和山西晋中城市群，西部地区的成渝城市群、北部湾城市群、黔中城市群、滇中城市群、关中平原城市群、兰西城市群、宁夏沿黄城市群、呼包鄂榆城市群和天山北坡城市群，以及东北地区的辽中南城市群和哈长城市群。在19个城市群中，京津冀、长三角、珠三角城市群，人口密度、开发强度、城镇化水平、人均GDP、地均GDP等方面均达到了较高水平，具备发展成世界级城市群的潜力。

京津冀、长三角、珠三角城市群人口密度、人均GDP、开发强度均存在城市群核心城市发育程度比较高、边缘城市发育较低的空间发育程度差异性特征。从人口密度来看，京津冀、长三角城市群的人口密度均较大，京津冀人口增长向北京、天津等中心城市集中；长三角则呈现出"一超二特三大"的格局并有一批城市城区人口超过了100万人大关；珠三角人口主要集中在湾区，周边地区人口密度偏低。从人均GDP水平来看，长三角和珠三角城市群人均GDP水平比较高，京津冀城市群除北京、天津两大核心城市以外，河北省的其他城市人均GDP水平明显偏低。从开发强度来看，长三角城市群开发强度更高，连绵程度较为明显，京津冀和珠三角城市群在核心城市开发强度更高，外围地区明显降低。

在全面分析京津冀、长三角、珠三角超大城市群区域社会经济发展特性基础上，收集京津冀、长三角、珠三角共8省市120个市（区）2015~2018年共4年的历史火灾统计数据和社会经济发展数据，并结合2017年全国导航数据的消防站POI数据，采用统计分析方法，研究各市（区）火灾起数、经济损失、消防站建设与人口经济发展之间的相关关系。

技术创新点

本课题采用统计分析方法研究超大城市群火灾风险与社会经济发展之间的关系，得出以下重要判断：在GDP总量相对较低时，仍存在由于追赶经济发展而忽视消防安全的情况，比如，消防安全管理不足、消防基础设施配置滞后于城镇发展等。消防站数量与城市常住人口数量存在一定的正相关关系，但常住人口数量低于百万人口的城市，消防站数量普遍低于5座，与人口数量没有明确的相关关系。从全国整体分析，随着消防站的建设推进，次均火灾损失呈逐年下降的趋势。

应用及效益情况

本课题为超大型城市群消防治理需求分析、火灾风险管理体系、消防基础设施规划建设提供了重要基础依据。

（执笔人：陈志芬）

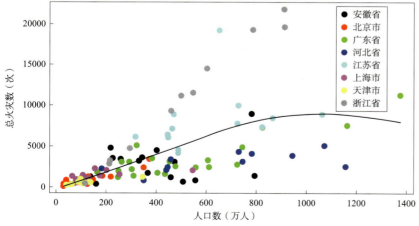

图1　各市（区）人口与火灾起数相关关系图

全球城市区域的理论、方法和中国实践研究

2022—2023年度中规院优秀规划设计奖一等奖

项目来源：2021年住房和城乡建设部科学技术计划项目	**项目起止时间**：2021年6月至2022年5月
主持单位：中国城市规划设计研究院	**院内承担单位**：上海分院
院内主审人：郑德高	**院内主管所长**：李海涛

院内项目负责人：孙娟、马璇

院内主要参加人：李鹏飞、张振广、张亢、华沅、韩旭、李舒梦、张洋、陈胜、梅佳欢、李国维、朱明明、于经纶、章怡、杨娜娜、孙晓敏、刘珺

研究背景

新的时代背景下，从过去关注全球城市到如今更关注全球城市周边区域空间。随着21世纪全球化的深入发展，单个城市在国际竞争中的影响力逐渐减弱，城市间的合作成为扩大全球影响力的新方式。这种合作推动了从全球城市向全球城市区域的转变。

既有全球城市区域研究定性多但定量少、概念解析多但实证结合少。这种现象不仅限制了对城市区域发展规律的深入理解，也影响了区域一体化策略的有效实施。以上海大都市圈为例，其明确提出了成为卓越的全球城市区域的发展目标，这不仅是一个宏伟的愿景，更是一个需要通过具体行动和策略来实现的目标。然而，由于"城市群""都市圈""都市区""经济圈"等概念在理论和实践中的混淆，各地在推进区域一体化时存在一定的挑战。必须进一步明确这些区域的空间范围和功能定位。通过科学合理的规划和协调，不仅可以促进区域间的协同发展，还能有效提升区域的整体竞争力。

综上所述，全球城市区域是国家面向国际竞争合作的重要舞台。亟需围绕部级课题及相关实践，进一步探索提供全球城市区域理论、方法与实践的中国方案。

研究内容

研究深入探讨了全球城市区域的理论基础、实践演进，并结合中国的具体情况，对京津冀、长三角、粤港澳大湾区等三大全球城市区域进行了系统性的研究与评价。

理论演进：国际研究正从全球城市走向全球城市区域。报告首先回顾了全球城市区域理论的起源和发展，从全球城市概念的提出到全球城市区域概念的形成，强调了城市区域在全球经济中的核心作用。通过国国际案例分析，如美国的"美国2050"空间战略规划、日本的国土规划、欧洲的多中心城市区域规划，展示了不同国家和地区在全球城市区域发展上的模式和特点。

方法创新：提出全球城市区域划定的三步法，包括识别全球城市、定量划定、定性校核报告提出了全球城市区域的界定方法，侧重于核心城市与城市间紧凑性的评价，并构建了整体性评价框架，关注功能的多元化。报告选取了人口能级相近、经济能级相似的英国、德国以及日本东海道都市圈作为参考样例对标，发现成功的全球城市区域往往在核心城市的带动下，拥有完整的产业链、创新能力和供应链，形成全球范围内的经济、科技、文化与枢纽竞争力。同时，构建整体性、关联性视角下5+4量化矩阵评估框架，整体性聚焦长板理论，关注生产服务、高端制造、科技创新、贸易枢纽、社会文化五大核心功能；关联性聚焦流动理论，关注四类关联网络，人口流动网络、企业关联网络、综合交通网络、生态蓝绿网络。

整体性评估：以整体性审视区域发展长短板。国际比较上，发现我国全球城市区域在先进制造、创新集群、文化输出上有差距。在对中国三大全球城市区域的特征分析中，报告从经济实力、科技创新、对外贸易、社会文化等多个维度进行了整体性评价。上海大都市圈在人口规模、GDP总量等方面领跑全国，但与发达国家相比，人均GDP仍有提升空间。粤港澳大湾区受疫情影响经济呈现负增长，但区域内的民营经济和外贸经济活跃。京津冀地区经济密度较低，但北京作为国家经济中心，集聚了大量高端服务业和国资企业总部。国内比较上，发现差异化的长板特征。北京区域是高端要素最集聚的区域，Fotune500等总部最多、创新策源要素最多；粤九市是最市场化、国际化的区域，国际专利PCT申请量最大、国际旅游入境人数最多；上海全球城市区域是多维度、最均衡的区域，工业总量、文化资源、货运优势等各个维度更加均衡。在此基础上，细化评估指标，聚焦五大功能构建全球城市区域内部单元的评估体系，并以此形成了上海大都市圈指数。

关联性评估：基于流动理论研判区域空间组织规律创新网络上，上海大都市圈跨市合作为主、粤九市跨行业合作为主、首都圈单一极核引领。产业网络上，上海大都市圈是一核多极、粤九市是双核联动、首都圈单核辐射。通勤网络上，上海大都市圈多圈联动、粤九市双核双圈辐射、首都圈单核辐射。进一步，可归纳为三种差异化空间组织模式：上海大都市圈是"核心引领的多中心"的模式，粤九市是"双中心＋层级化"的模式；北京全球城市区域是"单中心＋极核化"的模式。

中国实践：围绕整体性、关联性两个维度，聚焦上海大都市圈开展了实证探索。基于整体特征，强调目标共达、拉长长板。区域特征上，上海大都市圈是一个水脉相依、同根同源的生命共同体；河湖水面率为全球都市圈最高，地处江南文化核心区，国家级历史文化资源最富集，也是一个核心引领、弹性生长的多中心组合体，与东京首都圈单核集聚不同，上海市区、八市市区、其他地区呈现3个1/3的均衡态势。

上海大都市圈的行动计划包括共筑多层次、多中心、多节点的功能体系与开放格局，共塑全球领先的创新共同体，共建畅达流动的高效区域，共保和谐共生的生态绿洲，共享诗意栖居的人文家园。报告总结了中国在全球城市区域实践中的理论与方法贡献，包括理论创新、空间组织创新、方法创新和治理创新。在理论创新上，强调了全球城市区域理论与都市圈研究的有机融合。空间组织创新上，探索构建了"三体系一机制"的区域空间规划新技术框架。方法创新上，探索了适合中国语境的都市圈规划编制新方法。治理创新上，探索了区域共治、平台共建等新思路。最后，报告提出了中国实践下的都市圈协同发展建议，包括都市圈规划编制应因地制宜，都市圈界定可兼顾全球城市区域与都市圈理论，都市圈空间协同应强调多层次引导。报告附件提供了中国典型全球城市区域的地理基础数据库说明书，为相关研究提供了数据支撑。

综合来看，报告为中国的全球城市区域发展提供了全面的理论框架和实践指导，强调了在全球化背景下，城市区域作为国家参与国际竞争与合作的基本单元的重要性，并探索了适合中国国情的都市圈规划与治理新模式。通过深入分析和评价，报告揭示了中国三大全球城市区域的发展现状、存在的问题以及未来的发展方向，为推动区域协调发展和提升国际竞争力提供了重要的决策参考。

技术创新点

一是理论方法上，提出整体性、关联性的双重内涵，构建长板理论＋流动理论两大理论内核，形成5+4量化评估框架，即5大核心功能：生产服务、高端制造、科技创新、贸易枢纽、社会文化；4类网络：人口流动网络、企业关联网络、综合交通网络、生态蓝绿网络。

二是中国实践上，开展上海大都市圈规划编制探索，整体性上强调贡献长板，关联性上强调对流合作，并最终形成一个共同目标指标、一个功能导向特色空间、四类网络的规划重点内容。包括以"卓越的全球城市区域"作为共同的目标指标，17项核心指标，形成5级全球城市网络的功能特色导向空间。在关联性方面，共建都市圈城际"一张网"，共建全球领先的创新共同体。

应用及效益情况

一是基于理论与实践探索，凝练形成《都市圈国土空间规划编制规程》，其中确定定位和作用为特定区域（流域）的专项规划，跨区域空间协同治理的纲领；空间范围界定，"五步法"识别都市圈空间范围并对指标进行分类；规划原则方面，强化科学与合理、面向实施与管理、体现差异与开放；编制重点上包括目标愿景、总体空间格局、空间底线管控、专项空间协同、分层次空间协同、分区统筹协调、实施保障。

二是基于系统评价，形成并发布两版上海大都市圈指数报告，并在后续持续发

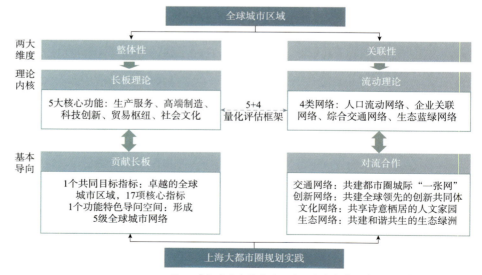

图1 《全球城市区域的理论、方法与中国实践研究》技术路线图

布,实现对上海大都市圈的持续跟踪与监测。评价方法上,注重全球城市区域的整体性和内部关联性,构建了产业链、创新链和供应链的关联性评价框架,为区域协同发展提供了定量评估工具,帮助政策制定者作出科学决策。以上海大都市圈为例,项目提出了空间结构优化、创新体系建设、交通网络完善、生态环境保护和人文环境营造等具体行动计划,旨在提升区域的国际竞争力和推动高质量发展。

三是基于相关课题研究,凝练3本专著(包括《从上海到大上海都市圈:中国式现代化的都市圈规划探索》等),以及十余篇核心期刊文章,其中两篇文章获得金经昌中国城市规划优秀论文奖。

四是发挥了决策咨询和政策建议作用:成立上海大都市圈联盟;形成了6篇专报;重大行动纳入长三角一体化发展三年计划,推动跨域项目共同实施。

此外,项目构建的地理基础数据库为区域研究与评价提供了数据支撑,增强了规划和决策的数据驱动能力,提高了规划的适应性、灵活性。总体来看,该项目不仅理论上有所创新,而且在实践上具有高度应用价值,为中国全球城市区域的发展提供了全面系统的解决方案,预期将带来经济、社会、环境等多方面的积极效益。

(执笔人:费莉媛)

长江经济带战略研究

项目来源：住房和城乡建设部　　　　　　　　　　**主持单位**：中国城市规划设计研究院
院内承担单位：上海分院、西部分院、科技处、城市交通研究分院　　**院内主审人**：王凯
院内主管所长：郑德高　　　　　　　　　　　　　**院内项目负责人**：郑德高
院内主要参加人：王凯、郑德高、陈勇、徐靓、刘晓勇、季辰晔、彭小雷、朱郁郁、陈怡星、肖莹光、周扬军、李斌、祁玥、干迪、卞长志、肖磊、苟倩莹、邓俊、黄缘罡

研究背景

本次研究立足国家战略格局，从长江经济带的生态保护与绿色发展、流域区域协调发展、创新驱动与产业升级、重大交通设施协调等多个维度，研判分析长江经济带的特征、问题、趋势，并通过理论与案例的研究，提出空间发展战略。

研究内容

本研究首先分析了长江经济带在新时期的重要意义和战略定位，结合特征、问题和趋势，提出下一步发展目标与策略。

优化城镇空间布局。上、中、下游地区分别结合其发展的特征、问题和规律制定相应的发展战略指引。成渝城镇群加快一体化发展，带动潜力城市和外围地区发展。长江中游城镇群以武汉都市圈、长株潭都市圈、南昌都市圈为主要空间载体，建设为具有国际竞争力的新型城镇群。

创新产业发展模式。空间上构建区域化的产业体系，在区域内部实现企业生产环节的布局和产业链的整合，优化生产要素配置，提高生产效率。动力上关注自主创新的发展范式，强化企业的技术创新主体地位。模式上关注出口与内需两个导向中，上游以内需为主，未来加强出口，促进内陆城市国际化。下游以出口为主，立足庞大的人口基础和较高的消费水平，不断增强内需。

构建综合立体交通走廊。首先增强长江干支流运输能力，实施重大航道整治工程；积极推进航道整治和梯级渠化，提高支流航道等级，形成与长江干线有机衔接的支线网络。优化港口功能布局。加强分工合作。重点建设上海、南京、武汉、重庆4个复合型国家综合交通枢纽。建设区域复合交通廊道。

保护长江生态环境。严守区域生态底线，严格保护长江上游生态保育区；引导建设中游生态涵养区，加强生态系统恢复与综合整治；积极建设下游生态示范区，统筹城镇布局与环境保护。完善区域生态补偿机制，并探索建立国家公园，保护大型区域型生态敏感区域。系统保护长江水环境，落实长江流域水资源管理制度，提升长江水资源利用效率，严格控制入江污染总量，综合治理长江流域水污染。优化沿江产业布局，加强沿线城市环境基础设施建设，提升流域水环境容量。

探寻特色城镇化模式。国家连片贫困地区以及生态敏感地区，应在严格生态保育维护的基础上，逐步进行生态移民，引导人口向周边发展基础和潜力较好的城镇集聚。文化保护地区和旅游资源丰富地区应在保护文化和旅游资源的前提下，有条件地引导人口向主要城镇集聚，强化城镇的旅游服务职能。

整合区域重大基础设施廊道。切实保护南水北调线路廊道，逐步完善沿江东西向的能源廊道，建设特高压输电线路，确保"西电东送"，支撑长江流域城镇群发展。统筹大型区域基础设施建设，优先提倡区域集中供水；合理布局区域污水处理厂与垃圾处理场；引导发展新型市政基础设施，大力推广使用地下管线系统信息化，积极引导建设综合管沟，推进电动汽车充电网络建设。

技术创新点

一是国家整体经济正从沿海经济转向流域经济。沿江城镇群是流域经济发展的重要空间载体。进而提出构建"一带两廊、三区四群"的空间格局。

二是产业组织区域化而非"梯度转移"和"雁形发展"。基于企业供应链组织与产业环节布局的实证案例，研究创新提出产业的"500公里范围协作区"概念，协作区内部实现生产环节组织和产业链的整合、生产要素的优化配置。

三是关注有潜力的节点城市和重要功能区，未来将其打造为先进制造业基地和自主创新高地。

应用及效益情况

本次研究成果提交至住房和城乡建设部，为下一步国家相关部委关于长江经济带的政策文件出台提供了决策参考。同时，本研究对于长江经济带各省市下一步的规划编制也具有指导意义。

（执笔人：陈勇、徐靓）

长三角巨型城市区域发展研究

2022年度华夏建设科学技术奖一等奖

项目来源：2017年住房和城乡建设部科学技术计划项目
主持单位：中国城市规划设计研究院
院内主审人：王凯
院内项目负责人：郑德高、马璇

项目起止时间：2017年3月至2018年12月
院内承担单位：上海分院
院内主管所长：孙娟
院内主要参加人：孙娟、张振广、张洋、张亢、韩旭、李鹏飞、陈胜、刘珺、孙晓敏、章怡

研究背景

21世纪以来，巨型城市区域对国家发展的重要性愈加凸显，世界各国对巨型城市区域的关注度不断提高。国家对外开放格局不断深化，巨型城市区域正在成为引领对外开放新格局的关键地区。在城市群高质量发展的背景下，对于长三角巨型城市区域空间格局演变趋势的分析较为重要，需要总结形成长三角巨型城市区域研究的核心结论，明确长三角巨型城市区域未来的关注重点及发展趋势，进一步有针对性地提出政策建议。

研究内容

基于巨型城市区域理论的相关研究，以及长三角地区的特征和现状问题的梳理总结，结合关联网络的研究方法，从产业关联和人口流动两大视角进行分析，形成长三角地区巨型城市区域的人口和产业发展规律。

一是在演变视角下纵向分析长三角价值区段的变化，并重点分析长三角区域产业分工新现象与新趋势。

二是对区域内人口规模、增量和结构进行特征总结，研判未来长三角人口发展规律和空间发展规律。

三是基于产业关联和人口流动的相关分析结果研判长三角的空间格局。基于人口和经济数据分析城市发展趋势，并关注区域空间重心发展演变；基于空间联系识别核心城市板块特征，关注区域板块和廊道发展的新趋势。在此基础上，提出长三角区域空间发展趋势与对策建议。

技术创新点

（1）首次界定了新经济关联网络的分析方法。在全球化和信息化的发展趋势下，创新经济集聚与扩散的影响作用不断强化，本次课题不仅对新经济行业门类进行了初步界定，同时比较分析了长三角新经济行业与传统产业、新经济产业内部细分行业的关联网络特征。

（2）提出了"产业关联+人口流动"的分析框架，从经济和人口要素着手分析城市区域空间格局的变化趋势。产业关联包含价值区段和关联网络分析，人口流动包含全国、跨省、地市三个空间层次。

（3）分类、分区提出长三角空间格局的政策建议。对比2020年与2010年间各个城市的流动人口与GDP占全区域比重变化，分为"人口经济双增""人口经济双减""人口增经济比重减""经济增人口比重减"等四类城市；基于人口与产业的集聚性特征划分区域空间等级，关注区域廊道和圈层的新格局，将长三角分为核心、潜力、外围地区，最终分类分区提出优化方向。

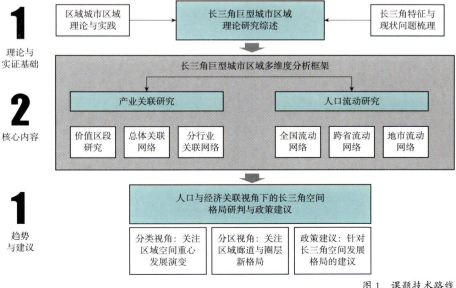

图1 课题技术路线

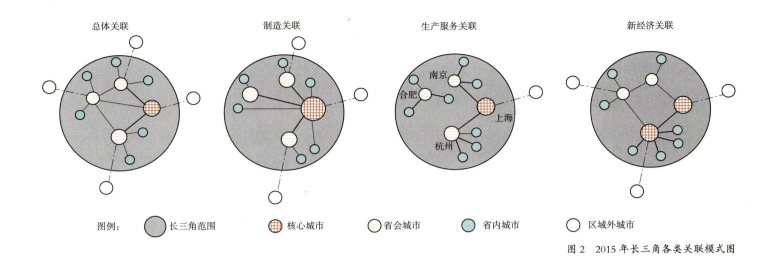

图2 2015年长三角各类关联模式图

应用及效益情况

一是建立了区域一体化的研究科学范式。人口流动和产业关联网络的分析方法，成为长三角人口流动网络"三圈"（通勤圈、商务圈、休闲圈）和经济关联网络"三链"（创新链、产业链、供应链）的理论底座，实现了基于人群出行特征和企业关联特征的区域空间组织规律解析。

二是针对各圈层提出的城市、廊道等空间发展建议支撑了城市群、都市圈相关规划的编制。都市圈层面，"三圈、三链"关键技术支撑了《上海大都市圈空间协同规划》中9个城市40个单元的空间协同。基于此提出的多中心、网络化的功能集群优化思路，为国内首个跨省域都市圈规划编制奠定了坚实基础。城市层面，相应技术方法与研究思路应用于《长三角生态绿色一体化发展示范区国土空间总体规划（2019—2035年）》，为国内首个跨省域国土空间规划编制提供了核心技术支撑。

三是支撑了相关课题的研究。课题分析方法及政策建议为长三角合作办课题《长三角中长期一体化发展研究》、上海分院定期发布的《长三角一体化指数》《上海大都市圈指数》等监测指数提供关键技术支撑。

四是形成了编制规程、专著、论文等众多成果。出版《经济地理空间重塑的三种力量》《基于新经济企业关联网络的长三角功能空间格局再认识》等10余篇专著和核心期刊论文。

（执笔人：韩旭）

长三角城市创新能力评价体系与发展路径研究

项目来源：2021年住房和城乡科学技术计划项目
主持单位：中国城市规划设计研究院
院内主审人：郑德高
院内项目负责人：闫岩、陆容立

项目起止时间：2021年4月至2023年8月
院内承担单位：上海分院
院内主管所长：孙娟
院内主要参加人：康弥、何倩倩、张超、牟琳、廖航、胡雪峰、蒋成钢、陈晓旭、韦秋燕、李鹏飞

研究背景

创新能力是区域经济增长和参与竞争的重要决定因素，同时也是衡量区域创新实力的重要尺度与标准。长三角是中国经济发展的高地，也是国内自主创新发展的前沿阵地。深入评价长三角地区区域创新能力，并识别其空间分布特征，对于识别重点创新区域、落实创新相关政策、调整优化区域创新功能布局、构建协同发展的创新空间格局具有重要战略意义。

研究内容

课题以"两条主线、三个目标"为核心研究内容。"两条主线"即区域主线和城市主线，区域层面梳理认识长三角范围内城市创新能力分布的空间格局和结构体系，城市层面关注各城市创新水平的等级、模式和网络关系。"三个目标"包括构建一套指标体系，体现对城市创新发展规律的新认识；形成一份评价榜单，揭示长三角区域创新网络结构和特征；提出一组治理建议，指引不同类型城市的差异化发展策略。为此，建立起"研究基础综述—指标体系构建—评价结果解析—分类策略建议"的技术框架。

研究最终形成三部分主要结论：

第一，建立长三角城市创新力评价体系。对国内外创新概念、创新城市理论、城市创新评价体系、长三角创新发展等相关学术研究及实践经验进行总结，发现当前对长三角城市创新能力的评价存在对区域结构与要素关联研究不多、对新兴模式关注不多、对多源数据应用不多等不足。在此基础上，课题研究建立起"两维度、十指数、35项指标"的长三角城市创新力评价体系，据此对长三角区域范围内41座地级城市进行评价。

第二，判断长三角城市创新力发展水平与格局。根据评价结果，从等级体系来看，沪、杭、宁、苏、合头部五城格局稳定，策源地位日益突出，第二梯队城市异军突起，差异化创新发展争相进位；从模式路径来看，长三角内城市可分为以江苏、安徽为代表的硬实力创新与以上海、杭州为代表的成长性创新两大基本方向；从关联网络来看，以六大都市圈与主要区域廊道为核心，长三角范围内一体化网络日益密切。

第三，提出长三角城市创新发展的差异化路径与优化建议。结合课题组调研走访与规划实践，进一步挖掘细分城市的差异化创新发展路径，基于不同城市在单项指数与总分上的表现，对长三角内城市进行梯度划分与实例解析，提出双轮驱动的策源创新、技术驱动的自主创新、区域协同的转化创新、差异发展的特色创新四种基本路径，其中，差异发展的特色创新细分为市场驱动的模式创新、开放引领的服务创新、风景培育新经济等不同类型。

技术创新点

（1）多层次、多维度构建长三角城市创新能力评价指标体系。第一个层次为创新动力，既要关注以高新区发展模式为代表的传统创新动力维度，也要关注以新

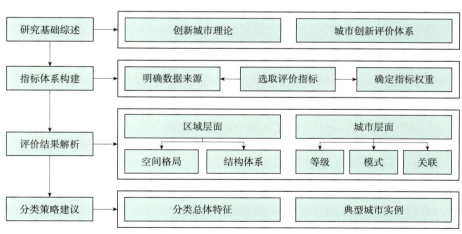

图1 课题研究框架

城市创新力评价指标体系　　　　表1

维度	维度权重	指数	指数权重	指标	指标权重
硬实力	0.6	工程师规模指数	0.12	"高被引"科学家	0.20
				规上R&D从业人员	0.30
				科研技术从业人员	0.30
				大专及以上人口占比	0.20
		知识创新能力指数	0.12	国家级实验室	0.30
				大型科学仪器	0.20
				大科学装置	0.20
				论文发表数	0.30
		高技术指数	0.12	专利授权数	0.40
				高新技术企业	0.40
				专精特新"小巨人"企业	0.20
		政府引导指数	0.12	创新政策平台指数	0.50
				财政科技拨款占比	0.50
		区域网络节点指数	0.12	论文合作数	0.20
				专利合作数	0.20
				总部分支企业关联度	0.30
				商务出行联系强度	0.30
成长性	0.4	合伙人指数	0.08	应届毕业生留存指数	0.20
				应届毕业生首选就业指数	0.20
				常住人口增量	0.30
				年轻人指数	0.30
		新空间指数	0.08	双创平台数量	0.30
				咖啡馆数量	0.30
				文体活动影响力	0.20
				国家级风景名胜区面积	0.20
		新经济指数	0.08	信息相关产业企业数	0.20
				文化及相关产业企业数	0.40
				健康服务产业企业数	0.40
		市场活力指数	0.08	独角兽企业数	0.20
				瞪羚企业数	0.20
				初创科技型企业数	0.30
				融资事件数	0.30
		对外开放链接指数	0.08	开放贸易平台数量	0.40
				国际机场旅客吞吐量	0.40
				国家物流枢纽数量	0.20

经济发展模式为代表的新型创新动力维度;第二个层次为创新环节,既要关注工程师规模、产业创新能力等创新投入产出指数,也要关注投融资服务能力、新经济发展水平等创新环境指数;第三个层次为创新数据来源,既要关注规上R&D从业人员、专利授权数等统计数据,也要关注应届毕业生留存指数、社交活跃度等多元数据。

(2)探索大、中、小城市不同发展阶段的创新路径和治理模式。基于长三角城市创新力排行研究基础,深化开展不同类型城市的创新能力评价体系和发展路径研究。分别总结大、中、小城市不同发展阶段的创新发展模式,探索大、中、小城市不同发展阶段的创新路径和治理模式。

应用及效益情况

课题研究弥补当前城市创新数据的不足,构建出一套科学合理的长三角城市创新能力评价和指引体系,适应长三角地区城市创新发展的需要。

一是形成2021年长三角城市创新力排行榜,系统评估长三角城市创新能力发展现状。

二是构建长三角城市创新数据平台,实现图、文、表可视化表达,实现创新数据共建共享、实时查阅。

三是建立大、中、小城市不同发展阶段的创新路径和治理模式体系,指导不同类型、不同发展阶段的城市未来创新发展模式和路径选择。

成果可广泛应用于城市创新发展领域,面向城市管理人员以及规划设计编制单位,为长三角城市创新发展提供依据和指引,共建长三角创新共同体。

(执笔人:康弥)

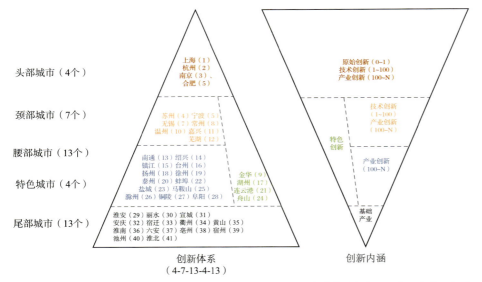

图2　长三角城市创新路径和内涵体系示意图

碳达峰碳中和背景下京津冀协同发展面临的机遇挑战和对策研究

项目来源：国家发展和改革委员会地区经济司　　**项目起止时间**：2021年7月至2022年2月
主持单位：中国城市规划设计研究院　　　　　　**院内承担单位**：雄安研究院
院内主审人：殷会良　　　　　　　　　　　　　**院内项目负责人**：李晓江、王鹏苏
院内主要参加人：殷会良、高均海、杜恒、曹蕾、廉皓珂、刘守阳、刘睿锐、叶嵩、钮志强

研究背景

2015年4月，中共中央政治局审议通过《京津冀协同发展规划纲要》，要求以疏解北京非首都功能为核心，从产业升级转型、交通一体化、生态环境保护三个重点方向率先突破。

"双碳"目标提出后，作为三大区域发展群之一的京津冀地区，在产业结构、交通发展、生态保护和能源利用等方面迎来新的挑战，亟须基于产业、交通、生态、能源等领域现状，从碳视角对京津冀协同发展已实施相关战略举措进行再认识，提出"双碳"背景下京津冀协同发展面临的问题和对策。

研究内容

课题综合利用国家及地区经济、社会、环境、能源统计数据和分地区、分行业碳排放相关数据库，分析京津冀地区碳排放在总量、结构、强度和空间分布等方面的特征。围绕产业结构调整、交通运输体系、能源安全保障、碳汇能力建设等方面，从碳排放视角开展实施成效、问题挑战和机遇策略分析，提出京津冀地区协同发展政策建议。

1. 京津冀地区碳排放特征研究

总量方面，2019年京津冀地区碳排放总量约11.6亿吨，较2014年增加16%，整体呈波动上升趋势，区域碳排放总量尚未达峰，其中，河北省碳排放量始终占据地区绝对主导地位。强度方面，2019年京津冀地区单位GDP碳排放强度为1.372吨/万元，较2014年降低19.3%，呈逐年降低趋势，但仍高于国内长三角、粤港澳城市群，以及纽约、伦敦和东京等国内外代表性城市群，且人均碳排放强度仍呈现整体上升趋势。结构方面，钢铁制造业与能源生产工业领域是京津冀地区碳排放的主要来源，占比分别达到40%与37%，占据绝对主导地位。空间分布方面，北京市产业排放水平和碳排放总量均控制良好；以天津市、唐山市为主的沿海地区产业排放水平控制较好，但碳排放总量较高，碳排放承载压力较大；以石家庄市、保定市为代表的冀南地区的碳排放总量居中，但产业排放水平管控较差；张家口市与承德市以自然生态空间为主，碳排放承载压力较小。

2. 重点领域问题分析与策略研究
（1）产业结构调整

京津冀碳排放主要集中于第二产业，占比达到88.7%，仅钢铁领域占比就达到39.7%，地区经济仍依赖高能耗高排放产业，与碳排放尚未实现脱钩。北京市部分附加值较高、碳排放强度较低的疏解产业未能在京津冀地区落位，非首都核心功能疏解尚未成为区域产业结构转型升级的推进剂。为实现产业低碳发展，需强化区域协作促进产业结构调整，推动园区清洁低碳生产转型。

一是发挥北京辐射带动作用，以氢能、智能网联汽车、工业互联网等产业为突破口，推动创新链和产业链供应链联动发展，促进环京产业一体化发展。

二是强化沿海临港地区产业承载能力，发挥港口优势和制造业基础，以钢铁、装备制造行业为重点，提升产业基础设施水平，加快推动生产性服务业发展。

三是完善沿京广线、京九线地区产业链结构，发挥本地区交通、土地、劳动力、农产品资源等优势，推进农副产品深加工等传统优势产业链现代化建设，培育新能源等战略性新兴产业。

四是促进张承地区绿色低碳发展，严格退出高碳排项目，建设绿色生态农业、农副产品加工业、生物医药产业基地。

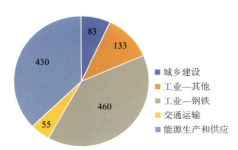

图1　2019年京津冀地区分领域碳排放
（单位：百万吨）

五是依托北京中关村、雄安新区、天津滨海新区、唐山曹妃甸区、沧州沿海地区、张承地区，率先建设一批"近零碳"园区和工厂，引导廊坊、沧州，以及其他城市特色产业基地的产业园区，实施既有园区循环化改造升级，强化全域园区低碳监管。

（2）交通运输体系

经测算公路货运碳排占比近七成，是京津冀交通减碳的"牛鼻子"。推动交通低碳发展，需聚焦货运优化交通运输结构。一是以大宗货物为抓手，提高铁路货运占比，加快港口、物流基地、大型园区和企业铁路专用线建设，加大至西北地区等重点方向的班列开行密度和频次等。二是落实"轨道上的京津冀"战略，提升客运服务水平，抓好跨区域重大轨道交通设施建设，探索相邻城市轨道交通直联直通，推进都市圈市域（郊）铁路的规划建设，积极推动利用铁路富余运能开行市郊列车。三是加强重要节点与区域新能源交通服务设施建设，提高高速公路服务区充电桩、换电站、加氢站等新能源设施的规模与服务能力，完善港口、园区、车站等重要节点的新能源设施布局。

（3）碳汇能力建设

京津冀协同发展面临多元长效横向补偿和生态价值转化机制欠缺、区域生态建设综合管理不足等问题，具体体现在：协同领域较单一，主要集中于大气和水污染防治，碳汇布局协同不足；协同区域不平衡，主要集中在北部张承地区；协同主体层级低，三地签署合作协议，仍缺乏国家层面统筹指导，协调力度不足；协同环节不长久，重建设轻管护。为增加碳汇、提升环境生态价值，一是加快东南部地区生态源地和生态廊道建设，大规模推进国土绿化行动，持续推进京津冀生态过渡带、京津风沙源治理、三北防护林带生态保护和修复重点工程；二是推动河北省西北部山区、天津等森林覆盖率较低的地区开展高质量绿化，增加森林、草原等植被资源总量；三是丰富补偿主体和资金来源，提高补偿标准和效率，完善京津冀流域生态保护补偿机制，推进区域生态产品交易平台建设，探索以森林、湿地、海洋等生态碳汇为主体的补偿长效机制和碳汇产品价值实现机制。

（4）能源安全保障

为保障区域能源供应安全，需加快构建新型区域能源系统。一是建设冀北、沿太行山光伏和环渤海海上风电等清洁能源基地，完善区域可再生电力外输通道，合理布局储能设施。二是率先探索氢能"制储输用"全链条发展，建设冀北氢能生产基地并完善区域输配系统，推进高速公路、港口码头等重点场景加氢站布局。三是巩固扩大京津冀无煤区建设，全域推进散煤替代，推动煤电向基础保障性和系统调节性电源并重转型。

3. "双碳"目标下的政策建议

产业方面，完善产业协同发展总体布局方案，制定区域产业协同发展专题规划，明确产业疏解承接内容；研究制定区域产业协同定向政策，加大资金、税收、金融、土地等方面政策支持；三地协同设立碳达峰碳中和专项资金或引导基金，加强对绿色低碳产业链发展、区域性绿色基础设施建设的支持；建立产业跨区域调整统筹协调机制，京津冀三地跨行政区产业布局调整由京津冀协同领导小组牵头协调，保障区域产业布局优化。

交通方面，探索京津冀地区多式联运信息共享和运力调度平台建设，接入港口、铁路、民航、公路货运、物流园区等信息，率先实现不同运输方式之间信息互联互通，探索实现区域货运运力的综合协调与统一调度，提高货物运输效率与多式联运服务水平。通过购车补贴和税收减免等激励措施，加快推进节能低碳型交通工具推广。

生态方面，探索成立生态协同共建管理委员会，制定京津冀生态空间专项规划，明确地方政府间的合作领域及合作方式，实施生态环境治理的联合立法和协同执法；推动完善生态横向补贴机制，探索构建京津冀生态利益分配机制，明确各市区在生态建设中承担的责任和义务；建立地方财政支出与转移支付、生态环境补偿相结合的资金保障机制。

能源方面，加大对可再生能源的激励性补贴；建立京津冀绿色电力交易市场，开展可再生能源消纳市场化交易。逐步建立区域统一的碳排放交易市场，开展碳排放配额和国家核证自愿减排量交易、林草碳汇交易。

技术创新点

（1）基于统计数据和数据库文件，探索了京津冀地区分省市、分行业碳排放总量、结构、强度和空间分布的量化分析方法，可支撑城市和地区开展碳排放视角的问题分析和策略研究。

（2）针对京津冀协同发展规划明确的产业升级转型、交通一体化、生态环境保护等重点领域开展碳排放特征及问题分析，将京津冀地区的减排重点工作需聚焦钢铁、能源生产、货运交通等重点领域。

应用及效益情况

课题入选国家发展和改革委员会地区经济司2021年度第二批研究课题。研究成果中提出的京津冀地区重点领域策略研究和政策建议等内容，为国家发展和改革委员会2022年以来发布的碳达峰、碳中和系列政策文件提供了技术支撑。

（执笔人：王鹏苏、张欣）

《城市总体规划实施评估办法（试行）》执行情况和修订建议专题研究

2016年度中规院优秀科研奖三等奖

项目来源：住房和城乡建设部城乡规划司
主持单位：中国城市规划设计研究院
院内主审人：王凯
院内项目负责人：马璇

项目起止时间：2014年5月至2014年12月
院内承担单位：上海分院
院内主管所长：郑德高、孙娟
院内主要参加人：孙晓敏、张一凡、何鹤鸣

研究背景

城市总体规划实施评估是我国总规法定化流程的重要环节，也是体现规划公共政策属性的关键节点，随着总规改革创新工作的推进，总规实施评估的价值与地位日益突显。

从发展历程来看，总规实施评估经历了20世纪90年代"力有未逮"的早期探索，21世纪初先锋城市的"百花齐放"，以及2009年后《城市总体规划实施评估办法（试行）》（以下简称《评估办法》）试行以来的"蓬勃发展"三大阶段，理论与实践日渐丰富，机制与技术不断完善。

改革开放以来，我国经历了世界历史上规模最大、速度最快的城镇化进程，城市发展波澜壮阔，取得了举世瞩目的成就，过程中《评估办法》对指导城市总规评估工作起到一定的引导和推动作用。2015年，时隔37年最高规格的中央城市工作会议在北京召开，会议指出当前我国城市发展的理念发生新变化，住房和城乡建设部对实施评估也提出新要求，评估工作面临新的挑战。

因此，研究新形势下总规实施评估的重点内容和组织机制，并对试行8年的《评估办法》执行情况进行梳理总结显得十分必要。本研究是住房和城乡建设部立项推进的重要专题，重在检视评估工作的执行情况、研究新形势总规评估的重点内容，并提出《评估办法》的修改建议。

研究内容

1. 深入地调研了实施评估相关的三大主体与诉求

通过对评估审批单位（评估怎么管）、组织单位（评估怎么用）、编制单位（评估怎么编）三大主体的座谈和问卷调研，深入了解不同主体在当前实施评估工作中面临的问题、诉求和建议，从而为全方位认识总规评估奠定了基础。

2. 系统梳理了总规评估的执行情况和主要模式

（1）全面梳理全国省、市总规评估执行特点。通过对全国25个省市的问卷调研、16个城市座谈、31个省级工作方案的汇总，总结了当前我国实施评估工作的三大特征：一是评估覆盖率东高西低；二是评估工作机制的省际差异明显；三是评估工作重心从大城市走向中小城市。

（2）总结归纳了当前评估的两类模式。通过对国际案例和报部总规成果的解析，发现当前总规评估分为"程序式"评估和"体检式"评估两类模式。

"程序式"评估是当前众多城市的主要做法。目的上主要是为了"修改总规"而做的"规定性"动作，因而在时序上通常与总规同步启动，呈现"不修改不评估"的工作特点，在方法上重数字轻空间，在内容上重批判轻评价，往往成为总规修改的编制论证报告，功利性较明显，难以真正监测城市发展动态、引导规划的科学实施。

而以上海、北京为代表的部分城市开始探索针对城市发展实际问题与规划实施情况的"体检式"评估。这类评估组织上相对独立完整，保证了工作的客观性；框架上更加系统务实，突出对城市发展核心问题的重点评估；方法上将评估与数据平台建设充分结合，保证成果的科学性；结论上更加实用直接，为城市发展和规划编制提供具体的策略性建议。

可见，"体检式"评估能够更好地适应总规改革创新的要求，也符合未来城市发展的新趋势。

3. 机制层面，完善了实施评估价值定位与工作机制

基于以上研究，对实施评估工作机制提出建议：

一是定位上，应当体现更多元的价值维度。评估既是对总规实施的全面检验，又是对城市实际发展情况的动态监测，还应当为充实完善总体规划、启动规划修改提供建议性意见。

二是周期上，应当建立更常态化的工作机制。评估工作要更加开放，形成以五年为周期的定期评估，实现"多评合一"；以及一年为周期的年度监测，实时掌握城市动态。

三是范围上，应当体现全域管控的编制要求。打破传统以中心城区、城市建成空间为主导的评估范围，突出规划区全域覆盖，建设用地与生态空间并举。

四是方法上，应当体现社会公众的全面参与，而非编制技术人员的"自说自话"。

4. 技术层面，明确了新背景下实施评估的重点内容

技术层面首要响应了当前总规改革的新要求，即战略引领、全域管控、以人为本、现代治理，并对应提出四大评估重点技术内容：

（1）战略方向评估上，应前瞻性地考虑城市面临的宏观背景以及大事件、大工程等对规划实施造成的可能影响，预判城市未来趋势，并重点评估城市规划目标（目标、规模、指标等），为城市发展方向提供战略参考。

（2）全域系统评估上，强化以空间要素配置为导向，以多个年份为比较，突出人口、产业、用地等要素的空间绩效性评价，以及突出生态、安全、历史保护等要素的底线性评价。

（3）民生设施评估上，以市民感知为体验，结合大数据分析与社会调研，对影响老百姓日常生活的指标和各项民生设施进行全面系统的评估。

（4）在实施机制上，提出建立以评估重点要素和规划管理要素为主体的空间数据平台，推动数据的年度动态更新，实现评估的常态化，做到规划实施、编制、管控的统一。

技术创新点

本研究主要创新点包括三个方面：

一是研究方法的创新。通过全国省市调研，研究团队获取了丰富的一手数据，为城市总体规划实施评估的科学性和实用性奠定了坚实基础。调研涵盖了不同层级的评估主体，特别是对省级和市级城乡规划主管部门、城市人民政府、规划编制单位等多方的调查，拓展了评估的视野。这些多层面的调研分析，不仅使得研究内容更加全面和多样，还为完善评估机制提供了新的思路。通过解析多个案例城市的具体情况，研究明确了各地的成功经验和存在的问题，为重塑评估价值和优化评估内容指明了方向。

二是研究内容的创新。研究界定了评估的核心价值定位，即明确了评估应为谁服务，突出了评估在监测城市发展和检验规划实施效果方面的重要性。结合总规改革的方向，研究明确了评估的重点内容和具体方法，提出了系统性的评估框架。具体而言，研究明确了评估什么、怎么评估，以及如何改进评估工作机制，提出了对评估周期、评估定位、评估范围等方面的修改建议。这些内容的创新，使得评估工作更加有针对性和操作性，确保了评估结果的科学性和可靠性。

三是研究成果的创新。研究形成了"1+5+2"的丰富成果体系，即一个总报告、五个专题报告、评估办法修改稿及条文说明。总报告汇聚了研究的核心结论，五个专题报告作为研究支撑，详细探讨了各个方面的内容和方法。评估办法修改稿及条文说明，则突出了对各主体职责的明确要求以及对评估编制内容的具体建议。这些成果不仅强化了研究的实用性和可操作性，还为评估工作的实际执行提供了重要的参考和指导，确保了评估工作的规范化和系统化。

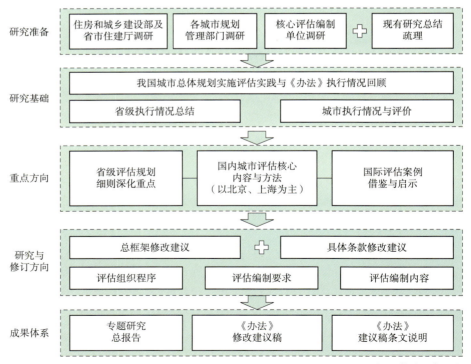

图1　整体研究思路

应用及效益情况

本研究于 2016 年 12 月顺利结题，研究成果得到了住房和城乡建设部的肯定和行业专家的好评，并取得了较好的实施成效：

一是为住房和城乡建设部掌握全国 34 个省（市、自治区）的总规评估工作情况提供了详细的数据支撑。通过广泛的省市调研，研究团队收集并整理了各地总规实施评估的现状和问题，形成了翔实的数据报告。

二是为各省市研究与细化总规评估工作提供了重要的框架参考。研究成果中详细阐述了评估工作的机制建立、评估内容的界定和评估方法的应用，为各省市细化和完善自身的总规评估工作提供了具体的指导。

三是为总规创新改革和评估内容创新提供了借鉴。研究提出的规划时序在总规编审办法（征求意见稿）中得以采用，体现了研究成果的前瞻性和实用性。此外，研究提出的评估重点在岳阳、湘潭、杭州等多个城市得到了实际应用，显著提升了这些城市总规评估工作的质量。研究总结的学术成果不仅为理论创新提供了参考，还在学术界引起了广泛关注，推动了总规评估理论的进一步发展。

四是成果中的修改稿及条文说明为住房和城乡建设部颁布新一轮评估办法奠定了良好基础。

（执笔人：马璇）

城市总体规划强制性内容实施监督机制研究

项目来源：住房和城乡建设部稽查办公室　　　　　　**项目起止时间**：2014年6月至2015年5月
主持单位：中国城市规划设计研究院　　　　　　　　**院内承担单位**：规划研究中心
院内主审人：李晓江　　　　　　　　　　　　　　　**院内主管所长**：殷会良
院内项目负责人：张菁、董珂　　　　　　　　　　　**院内主要参加人**：徐颖、马嵩、周亚杰、王婷琳、王玉虎、周璇、刘航

研究背景

城市总体规划强制性内容是对城市规划实施情况进行监督检查的基本依据，与总规编制改革同步，研究其实施监督机制对于深化规划督察改革具有十分重要的现实意义。

研究内容

1. 城乡规划督察中的问题解析

（1）城市总体规划编制自身尚待解决的问题

"三规"不统一，城乡建设用地边界存在差异。国民经济发展规划、土地利用规划与城乡总体规划三大规划之间缺乏协调与衔接，导致城乡规划督察因其依据冲突而陷入困境。

规划区内、中心城区外的规划编制体系不清。一些市带县的城市将周边县、镇纳入规划区范围统筹规划，但镇依据城乡规划法赋予的法律权利制定自身发展目标、规模和功能布局，实际管理中两套规划不协调、不一致的问题时有发生。

强制性内容未与各级政府事权对应，督察内容重点不突出。督察内容涵盖规划管理工作的方方面面，有些事权属于上级政府，有些内容与地方政府事权重叠。

限建区等强制性管控要求的内容设定不够清晰，督察依据模糊。

总规与控规的衔接存在漏洞，强制性内容刚性传递脱节。在动态监测图斑的实际核查中，控规与总规不一致的图斑占总图斑数的40%左右。

总规审批周期过长，过渡期间控规督察依据不明确。未批复总规的城市导致规划督察缺乏依据；总体规划修改成为将"违规编制控规、违法开发建设"等现状合法化的手段。

（2）规划督察机制和督察技术存在的问题

督察工作缺少规范化的法规制度保障，法律权威性不足。城乡规划督察员制度的法律地位不明确，导致督察员在工作开展遇到诸多阻力；缺乏纠正和处理违法违规行为的惩罚机制。

督察介入阶段在程序上滞后，总规制定阶段的督察力度不够。

现有规划督察的技术手段不够精简高效。尚未建立为督察工作提供全面数据信息的规划信息系统。

2. 城乡规划督察工作任务及对策

（1）明确住建部（国）督察员在各层级规划的工作形式和内容

督察重点。上级政府应将督察重点放在城市总体规划编制至城市详细规划编制阶段。督察城市总体规划是否贯彻上级政府的管控内容和发展要求，督察城市详细规划是否贯彻城市总体规划中的强制性内容和引导性要求。

对城乡规划编制体系的督察。包括：城乡规划编制体系的完善程度；超大特大城市是否在总规、详规之间增加分区规划层次，是否编制相应的专项规划；是否将非法定规划作为控规编制依据；控规编制是否覆盖列入近期建设规划或其他要颁发"三证一书"的地区；控规是否存在频繁修改或者控规改而不报的情况；近期建设规划、控制性详细规划、修建性详细规划、各类专项规划等的编制、审批和实施，是否符合城市总体规划强制性内容，以及国家级风景名胜区规划、历史文化名城保护规划等专项规划的约束性要求。

对城市总体规划制定阶段的督察。包括：总规评估阶段，校核各类专项规划的执行情况，现行总规强制性内容的执行情况等；总规启动编制阶段，校核总规编制、报批和调整是否符合法定权限和程序；总规纲要、成果审查阶段，校核上版强制性内容的变化情况，校核是否符合省域城镇体系规划的要求，校核城市规划区范围内的城镇开发边界划定是否符合相关法律、法规、规章、标准的要求，协助审查总规编制内容的规范性、完整性等。

对城市总体规划批后——控制性详细规划制定阶段的督察。对规划督察内容的要求：针对强制性内容过于庞杂的情况，应依据国、省、市三政府事权，分清主次，重点关注地位重要、等级高、价值高、涉及跨区域、总规设定"特殊政策地区"的强制性内容，对于一般性强制性内容可采用备案和抽查的方式；针对强制性内容设定不够准确清晰的情况，应本着合法、合理的原则，对控规的内容进行判断；对新城区、老城区进行分类指导，

对老城区的强制性内容实施准确的空间边界管理和监督,对新城区的强制性内容实施相对模糊的标准、总量、结构管理和监督;对于经综合判断确属违反总规强制性内容的情形,应予以坚决制止和纠正,并追究相关主管部门的责任;对于总规编制过程中的控规规划依据问题,纲要审查通过后可以以纲要为依据,成果进入报审阶段可以以成果为依据。对规划督察制度的要求:强化控规背景情况的核查制度,主动搜集控规委托与编制的相关背景信息,核查是否存在违规情况;强化控规的强制性内容预核查制度,在控规评审之前,要求编制单位提前提交送审成果,对控规是否贯彻和落实总规强制性内容进行核查;强化控规的备案和抽查制度,逐步建立控规在上级政府的报备案制度,并建立年度抽查和考核制度。

控制性详细规划批后——规划实施阶段的督察任务。督察总规设定"特殊政策地区"、城市重点建设项目和公共财政投资项目的行政许可,是否符合法定程序、城市总体规划强制性内容、城市设计控制要求、国家级风景名胜区总体规划和历史文化名城保护规划。督察四线管理办法(绿线、蓝线、黄线、紫线)执行情况,对四线内的用地进行严格监督,依法制止和纠正擅自调整"四线",以及违反相应管理办法的行为。督察违反总体规划其他各类强制性内容的情况。督察国家级风景名胜区总体规划和历史文化名城保护规划的执行情况。监督风景名胜区、历史文化名城名镇名村保护范围内的各类建设活动,依法制止和纠正违反相应条例进行建设的行为。包括:关注风景名胜区核心保护范围和建设控制地带的建设活动内的建设活动;关注历史文化名城整体风貌保护,核心保护范围和建设控制地带的建设活动内的建设活动等。

(2)对于各阶段规划督察可解决的违法违规问题无条件纠正

城市总体规划制定阶段的问题。对于城市总体规划确定的中心城区管控范围之外各类新区、开发区,其规划的制定、管理权不合理下等问题,均应严肃查处。对于以各类非法定规划替代法定城市总体规划,成为下位规划依据或城乡建设用地规划行政许可依据的违法问题应及时纠正。对于编制过程中的不准确与不严谨,致使强制性内容与现状相矛盾冲突的问题,应积极协同总体规划审批机关共同纠正。

城市总体规划批后——控制性详细规划制定阶段的问题。对于控制性详细规划修改总体规划确定的指标和空间类强制性内容的问题,应将之作为城乡督察的重点工作加以监督,并及时制止、责令改正。对于违规编制或修改城市控制性详细规划,包括下放审批权等行为,均应严肃查处。

控制性详细规划批后——规划实施阶段的问题。对于地方政府违法、违规行政许可,或区(村)级政府部门超越职权违规操作的问题,应当主动督察、严肃查处,以维护总规强制性内容严格实施的权威性和严肃性。对于个人或单位未办理用地、规划手续,擅自违法、违章建设的问题,应协助地方城乡稽查部门完成严肃查处和依法整改工作。

(3)对于规划编制自身尚待解决的问题酌情纠正

"三规"不统一,城乡建设用地边界存在差异;规划区内、中心城区外的规划编制体系不清;强制性内容未与各级政府事权对应,督察内容重点不突出;限建区等强制性管控要求的内容设定不够清晰,督察依据模糊;总规与控规的衔接存在漏洞,强制性内容刚性传递脱节;总规审批周期过长,过渡期间控规督察依据不明确。

(4)明确城乡规划督察的法律地位和制度保障

明确城乡规划督察的法律地位;强化城乡规划督察的制度建设;强化督察员的自我监督机制;因地制宜的督察员制度安排。

(5)规划督察的常态化管理和信息化平台建设

建立规划制定管理的信息化平台;逐步建立各类规划的备案制度;充分发挥社会公众监督申诉作用;建立多渠道的信息收集方法。

技术创新点

本课题在以下三个方面对城乡规划督察制度和城市总体规划强制性内容实施监督机制提出了创新性建议:

(1)工作重点层级——从末端纠错到前端预防:针对住建部督察员主要通过制止违规审批项目来促进规划实施,而对于规划编制、修改环节监督不足的情况,提出加强对城市总体规划编制、控制性详细规划编制和修改的督察,尤其是对强制性内容编制、修改和传导的督察。

(2)工作重点范围——从中心城区扩展至规划区:针对目前住房和城乡建设部督察员的工作重点范围在中心城区,重点内容在"四线",尤其是"绿线"的情况,提出督察工作应覆盖至规划区的全部强制性内容。

(3)工作重点内容——从全面包办到事权明晰:强制性内容应在分级分类的基础上,明晰国、省、市三级事权,按照相应的规划督察内容有针对性地介入监督及纠偏,以增强督察工作的实效性与可操作性,从而更好地维护法定规划的法律严肃性。

(执笔人:董珂)

城市总体规划年度评估指标体系研究

项目来源：住房和城乡建设部城乡规划司	**项目起止时间**：2018年4月至2019年5月
主持单位：中国城市规划设计研究院	**院内承担单位**：绿色城市研究所
院内主管所长：董珂	**院内主审人**：谭静
院内项目负责人：董珂	**院内主要参加人**：胡晶、王亮、翟宁、冯跃

研究背景

住房和城乡建设部城乡规划司委托中国城市规划设计研究院开展"城市总体规划年度评估指标体系研究",旨在结合新趋势和新要求,针对城市总体规划指标体系提出优化调整建议。

研究内容

包括现行城市总体规划指标体系评估、国内外指标体系借鉴、新时期总体规划指标体系研究的新趋势和新要求、构建新一轮总规指标体系的思路与原则、城市总体规划指标体系调整方案等内容。

评估发现,现行指标体系有效强化了城市总体规划在保护和合理利用资源、保护生态环境、维护公共利益、保障社会公平等方面的重要地位,对于科学编制城市总体规划、提高城市规划管理水平具有重要意义。但也存在部分指标脱离实际,对规划建设工作指导意义较小,缺少反映新时期发展理念的指标等问题。

从推进国家治理体系和治理能力现代化的重要抓手、强化总体规划权威性和严肃性的重要手段、完善总体规划实施评估体系的重要举措等三个方面入手,系统分析了新时期总体规划指标体系研究的新趋势和新要求。

研究明确构建新一轮总规指标体系的思路与原则,包括落实中央五大发展理念要求、突出城市总体规划的战略引领和刚性控制作用、以人民群众满意度为衡量标准、预留可依据城市特色增加的自选指标等。

研究提出城市总体规划指标体系调整方案,其中,城市总体规划指标体系表包含五大类39项指标,对应"创新、协调、绿色、开放、共享"五大发展理念;城市总体规划实施行动计划指标体系表包含两大类23项指标,并对指标释义、计算公式和指标意义等进行说明。

城市总体规划指标体系表是面向城市发展愿景、反映城市结果目标的评价指标。体现结果导向,对社会公开,核心是符合度,对应上级政府管理监督事权,用于评估本级政府城市规划建设工作绩效,一般5年进行一次评估。面向城市长远发展目标、体现城市发展价值取向,反映上级政府对本级城市的发展要求,便于本级市委市政府把握城市发展方向、统一思想,作为城市发展的目标愿景和城市工作的绩效评价标准。

城市总体规划实施行动计划指标体系表是面向规划实施路径、反映城市具体发展措施实施效果的评价指标。体现路径导向,一般不对社会公开,核心是完成度,对应本级政府行政事权,用于评估本级政府各相关实施部门的工作绩效。聚焦规划建设管理的具体工作,便于向各部门和下辖行政单元分派任务清单,作为规划实施的评估依据和政府部门的政绩考核标准。

根据构建指标体系的原则,将指标分为战略引领类、刚性管控类、自选指标类等三类。战略引领类应方向正确、路径明晰,重点体现中央精神,各阶段的指标要求应体现明确的实施路线图。刚性管控类应目标可实施、责任可分解、数据可获取、结果可考核,将目标进行细化深化和任务分解,指标应具有可操作性和普适性。自选指标类应体现特色导向、错位发展,重点关注城市在所处区域中的特色化、专业化分工,走突出自身特色的新型城镇化道路。

技术创新点

从目标导向和实施导向两个维度出发,对应不同层级政府管理事权,形成"城市总体规划指标体系表"与"城市总体规划实施行动计划指标体系表"两套评估考核体系,全面评估政府城市工作绩效,具有一定的创新性。

应用及效益情况

在系统总结城市总体规划指标体系应用情况的基础上,结合城市总体规划改革的总体要求形成调整方案,并探索在试点城市中进行应用,对有效推进总规改革发挥了积极作用。

(执笔人:董珂、胡晶)

城市开发边界划定研究

项目来源：住房和城乡建设部城乡规划司
主持单位：中国城市规划设计研究院
院内主审人：张菁
院内项目负责人：王凯

项目起止时间：2014年2月至2017年4月
院内承担单位：规划研究中心
院内主管所长：董珂
院内主要参加人：殷会良、王玉虎、王颖、张莉、陈明、张云峰

研究背景

2013年12月，中央城镇化工作会议要求"根据区域自然条件，科学设置开发强度，尽快把每个城市特别是特大城市开发边界划定，把城市放在大自然中，把绿水青山保留给城市居民"。2014年，住房和城乡建设部与国土资源部按照中央推进新型城镇化的工作部署，在全国选取了首批14个试点城市，联合开展城市开发边界划定工作。

受住房和城乡建设部城乡规划司委托，课题组承担了《城市开发边界划定研究》。通过调研并参与试点城市的边界划定工作，及时总结问题和经验，对城市开发边界的概念、内涵、划定方法及实施管理进行系统研究，形成城市开发边界划定技术要点。

研究内容

1. 总结14个试点城市开发边界划定经验

首批14个试点城市立足各自资源环境现状、经济社会发展和规划土地管理实际，从划定的总体思路、技术要点、成果表达、实施管理等方面进行了探索和实践。本次研究主要从城市开发边界的概念界定、工作基础、边界管理、配套政策等方面对试点工作进行了经验总结。

概念界定：定义、内涵、时效性。对于厦门、上海、深圳等发展空间逐步饱和的城市，开发边界划定后将基本界定城市发展的"终极蓝图"；对于仍处于快速发展阶段且受资源环境约束较小的平原城市，开发边界划定主要是引导城市在规划期内开发建设，起到阶段性的约束作用；对于未来用地拓展需求较大且资源环境面临瓶颈的城市，多划定混合型边界，如贵阳在划定基本生态控制线的基础上，结合城市发展规模预测，划定了"两规"合一的城市开发边界。

工作基础：梳理整合"两规"现有边界，以"两图合一"为工作基础。试点工作中明确要求将2020年城市总体规划和土地利用总体规划作为开发边界划定的工作基础。通过梳理整合现有各类规划边界，探索统一"两规"既有工作方法及管控要求，在强调尊重既有法定规划权威性和严肃性的基础上，将"两图合一"作为边界划定的前提性工作。

边界管理：开发边界内外分区分类差异化管理，实现规划管理全覆盖。各试点城市结合地方实际，对开发边界内外的各类规划建设活动提出了差别化的管理要求。城市开发边界内实现规划全覆盖，边界内规划建设用地应符合现行"两规"。城市开发边界外不得编制控制性详细规划，不允许大规模集中开发建设；各类线性工程用地、点状设施项目、特殊用地等可进行单独选址建设。城市开发边界外需要进行腾退调整的用地应明确给予表达，并制定相应的管理政策。

配套政策：划管结合，探索地方管理制度的创新。试点工作鼓励各城市探索建立以开发边界为核心的规划管理制度。如北京市开展《细化划定城市开发边界，制定管理机制》研究工作，针对边界内外地区，分类别研究提出不同的空间管制要求、监管考核和配套政策，提出相应的实施机制和政策框架。厦门市研究制定了《厦门市城市开发边界管理实施细则》，进一步明确划定方法、审批程序、调整原则与程序，各类用地空间管理控制要求及与规划编制、规划管理的协调方式及程序。

2. 研究城市开发边界划定方法和技术要点

在各试点城市工作基础上，课题组提出城市开发边界是指一定时期内可以进行城镇开发和集中建设的地域空间边界；明确将各类城镇建设以及各类开发区、产业园区等城镇以外的集中建设地区统一纳入到开发边界内实现统一的规划管理。边界划定应以相关法律法规为依据，划定期限应与城市总体规划和土地利用总体规划的期限一致。

研究明确划定城市开发边界应当遵循5个坚持的基本原则，即"坚持以依法行政依规建设为基础、坚持以保护资源生态环境为前提、坚持以优化城市形态布局为目标、坚持以城乡统筹全域管控为方向、坚持因地制宜分类指导的工作方法"。

对城市开发边界的划定要求主要体现在以下三方面：

划定城市开发边界应优先体现生态文明建设的要求。城市发展的总规模应与区域资源环境承载能力相匹配，引导人口经济向生态环境容量高的地方配置。城市开发建设应避让生态保护红线、永久基本农田等具有明确保护要求的空间要素，尽量少占优质农林地和矿产资源集中区域，从严保护山体、水系、湖泊、林地、草地等自然生态斑块和廊道等基础生态空间。城市开发建设应与区域生态环境建设相结合，与生态保护红线和永久基本农田划定紧密结合，在较大规模城市周边设置合理的生态斑块和廊道，防止城市建设"摊大饼"和无序蔓延。

划定城市开发边界应体现优化城市空间布局形态的要求。开展城市发展的空间限制性和适宜性评价，城市空间布局应尽量避让环境灾害高发易发区域，强化对污染、破坏区域的建设适宜性评价，保障城市环境安全。与基础设施建设相结合，科学规划城市发展空间，优化产业园区规模和布局，促进城市高效运行，防止大城市病。做好生态廊道、绿化隔离等绿色开敞空间的规划预留，推进城市生产、生活、生态空间协调配置，形成良好的城市开发格局。

城市开发边界划定工作中应促进城市总体规划与土地利用总体规划的衔接和空间协同。加强规划对比分析，分类处理。加强规划用地分类、规划指标和标准的衔接，建立现状、规划用地分类结构对照体系，实现规划成果的对接转换。加强"多规"融合衔接，预留适度弹性。在规划城镇建设用地规模不得超过上级土地利用总体规划下达的控制指标的基础上，可在城市开发边界范围内，结合土地利用总体规划的有条件建设区，安排一定规模的规划建设备用地，原则上不得超过规划城镇建设用地的20%。

3. 提出完善城市开发边界制度的相关建议

推进城市边界划定工作要循序渐进。鼓励特大城市或现状开发强度较高的城市率先划定永久性开发边界；对于仍处于快速发展阶段且资源环境承载力强的城市，可与规划期限结合，分期划定开发边界。基于首批14个试点城市划定经验总结，下一步还应研究制定县级市、镇的开发边界划定工作要求，逐步完善开发边界制度。

建立并完善边界内外差别化的开发许可制度。重点对边界内外以"一书三证"为核心的城乡规划许可制度作出针对性完善。边界内重在统一各类用地的规划管理事权，加快建立针对存量更新的开发许可制度。边界外重在完善各类基础设施的规划选址意见书制度，建立针对集体建设用地尤其是集体经营性用地、旅游休闲等分散经营性用地的规划许可制度和各类现状腾退用地的退出机制，实现对各类建设活动的开发许可全覆盖。

结合开发边界划定推进城市规划体制改革。在编制城市总体规划时，应更加强调以资源环境承载力为基础，坚守生态红线、永久基本农田等底线为前提，科学规划城市空间形态。规划不仅要避免当前机械地用数理模型计算代替规划编制过程的"认知倒退"倾向，更要意识到从单纯的技术工作向承载公共政策、明确市场预期、协调利益关系转变的重要意义。

城市开发边界是城市规划融入空间规划体系的重要抓手。研究提出在空间规划体制改革中，已很难用城市规划体系去"整合"或者"替代"其他所有规划。围绕开发边界调整和优化城市规划体系，明晰部门事权边界，整合开发许可手段是城市规划参与空间规划体制改革的基础。在地方探索的基础上，应围绕开发边界对城市规划的各类规范标准，相关法律法规作出主动调整。引导规划体制改革从"怎么编规划"向"怎么管规划"转变，明确提出需要从体制机制层面开展的工作。

技术创新点

本研究是国内比较早的对城市开发边界开展的综合性和系统性理论和实践研究。

研究提出城市开发边界要划管结合，鼓励各城市探索建立以城市开发边界为核心的规划管理制度，引导城市规划实现从单纯的"技术工作"向综合的"公共政策"转变。

研究方法可以总结为"战略性、针对性、政策性、广泛性、操作性"。通过对国家宏观政策背景的分析研究，体现战略性；通过现状问题和矛盾的分析，体现针对性；通过涉及城市开发边界的相关政策研究和行政架构研究，体现政策性；通过专家咨询、部门座谈等方式，广泛征求各方意见，体现广泛性；立足住房和城乡建设领域的实施管理要求，确定研究重点，体现可操作性。

应用及效益情况

研究在总结首批14个试点城市划定经验基础上，形成了《城市开发边界划定技术要点》，并对进一步完善城市开发边界制度提出了相关建议。研究成果为后续开展的市县"多规合一"试点、城市总体规划编制试点中的城市开发边界划定工作提供了基本依据和方法思路。

（执笔人：王玉虎）

城乡规划标准中涉及城市规模划分内容的适用性及实施对策研究

项目来源：住房和城乡建设部标准定额司
主持单位：中国城市规划设计研究院
院内主审人：张菁
院内项目负责人：徐辉

项目起止时间：2015年1月至2015年5月
院内承担单位：绿色城市研究所
院内主管所长：尹强
院内主要参加人：李海涛、董琦、冯跃、周家祥

研究背景

2014年11月国务院下发的《国务院关于调整城市规模划分标准的通知》（国发〔2014〕51号）明确了我国城市规模划分的新标准。新的城市规模划分标准的提出为推进我国城镇化健康有序发展，促进社会经济协调发展提供了依据。在现行的32项城乡规划技术标准和16项进入送审报批程序的城乡规划技术标准中有1/4左右涉及城市规模标准的相关要求。考虑到新的城市规模划分标准较原标准有大幅调整，对于现行、报批和编制中的城乡规划技术标准有较大影响，因此加强相关研究十分必要。

研究内容

一是城镇化发展对城乡规划建设的影响及对相关标准的要求。第一，公共交通方面对于城乡规划建设标准改进方面的需求十分迫切。第二，城乡公共服务设施需求激增，传统以等级规模来配套服务设施的模式已经不能适应人口聚集和流动的需求。第三，市政基础设施投资需求加强，尤其是应对综合性的工程设施和公共安全设施的标准建设滞后。

二是城市人口规模相关研究对现行城乡规划标准的影响。第一，大城市规模划定的影响。现行的城乡规划标准中，大多未对人口100万以上城市分档制定标准，从标准的衔接性来说存在一定的空白。

三是城市人口规模统计范围对现行城乡规划标准的影响。随着城镇化进程，人口在区域之间和城乡之间的流动更趋活跃，"城市化地区"表现为城镇空间相对连绵，区域内非农就业比重高，人口与各类社会经济活动在城乡之间有着密切往来。首先，涉及中心城市为核心的都市区和以若干中心城市及周边小城市、小城镇组成的城镇群层面的城乡规划技术标准缺失。其次，基于城乡统筹发展的城乡一体化层面的规划技术标准缺失，对于破解城乡二元结构产生不利影响。

四是设施配套新要求。首先城镇发展建设更多体现均等性服务要求，满足人口的基本服务需求，如在公共服务设施中的教育、医疗、社会福利、体育、文化和应急防灾等方面。其次，部分设施配套带有区域性服务特征，服务于一定区域范围内的人群和社会经济发展，如综合交通枢纽、电力设施、环卫设施等。

四是人口规模控制举措的影响。我国人均资源水平低和整体生态环境质量不断下降的状况，使得我国的城镇化必须走一条集约高效、绿色生态的发展道路。城乡规划建设应更多考虑资源与生态环境约束下的城市人口发展路径，这对现有城乡规划标准提出了新的要求。如应建立城市人口规模承载力评价的约束性指标体系，指标体系重点包括：人均水资源量、交通拥堵指数、大气环境污染指数、人均建设用地面积、人口密度等。根据指标体系的综合评价结果，对不同城市的规模提出更为科学的约束阈值。

影响分析结论：本研究对33项现行的城乡规划标准系统地进行了梳理，其中23项标准涉及城市人口规模，共涉及标准条文77条，条文说明97条。

相关建议

基于本项研究，立足我国城镇化发展的趋势判断，结合新时期政府对于城乡规划制定、实施的管理要求，建议分期分批对现行的城乡规划标准进行修订和完善。其中涉及规模划分规定的相关技术要求，宜在近期对相应的标准进行局部修订；涉及人口规模统计范畴和其他要求的，应根据相关研究逐步开展修订工作，以适应新时期城乡规划编制与管理的需求。

（执笔人：徐辉）

省级空间规划编制办法研究

项目来源：住房和城乡建设部城乡规划司
主持单位：中国城市规划设计研究院
院内主审人：王凯
院内项目负责人：尹强

项目起止时间：2016年3月至2017年6月
院内承担单位：北京公司
院内主管所长：易翔
院内主要参加人：王佳文、李铭、胡继元、李壮、张永波、徐辉、陈明、胡耀文

研究背景

按照中共中央《关于生态文明体制改革总体方案》总体部署，以及中央城镇化工作会议与中央城市工作会议要求，住房和城乡建设部规划司依据《省级空间规划试点方案》，制定《省级空间规划编制技术规程》，探索以主体功能区为基础、以城乡规划为重点的省级空间规划工作方法。

研究内容

省级空间规划是我国空间规划体系的重要环节，对于我国空间规划体系的健康发育具有至关重要的作用。一方面，省级空间规划是落实国家政策和国家级空间规划，保障国家战略意图实现的空间蓝图。另一方面，省级空间规划是省级人民政府实施统一空间资源管理，促进区域协调发展，指导下位规划编制的基本依据。

研究梳理了省级空间类规划存在的主要问题，厘清了省级空间规划的重要意义，从规划思路、规划基础、基础评价、工作底图、编制内容、平台建设和成果要求等方面制定了省级空间规划编制导则。

研究根据目前我国主要省级层面空间性规划情况，识别了若干存在的问题，一

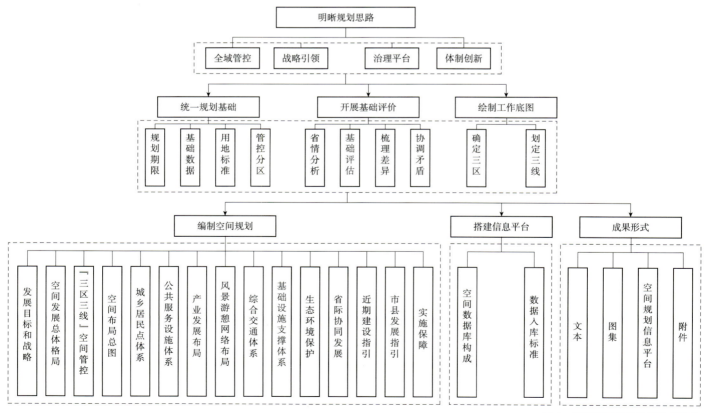

图1　省级空间规划编制技术路线

是空间规划实施机制不健全，省级空间规划层级关系不清、越位缺位的问题，二是部门条块分割导致多部门空间类规划内容相互冲突的问题凸显，三是政策规划和空间规划相互混淆，法定空间规划被专项规划与非法定规划肢解等现象层出不穷，降低了规划严肃性，四是各类空间性规划存在标准不一和衔接困难。

研究根据总结提炼的问题，按照全域管控、战略引领、治理平台、体质创新的总体认识，明确了统一的规划基础标准，提出开展省情分析、基础评估（"双评价""生态农业城镇单元"）、矛盾协调三个方面的基础评价工作要求，在确定"三区"、划定"三线"的工作底图上，编制省级空间规划。

研究对发展目标和战略、空间发展总体格局、"三区三线"空间管控、空间布局总图、城乡居民点体系、公共服务设施体系、产业发展布局、风景游憩网络布局、综合交通体系、基础设施支撑体系、生态环境保护、省际协同发展、近期建设指引、市县发展指引、实施保障等方面提出了编制内容要求。

技术特点与创新点

研究逐条落实了中央《省级空间规划试点方案》的要求，与《省域城镇体系规划编制审批办法》要求有较好的延续过渡。研究秉承"多规合一"的理念，对梳理差异、协调矛盾的流程进行了设计，形成了以"双评价"为前提、"三区三线"为基础、高质量发展为目的，集成开发、保护、利用、修复各项内容的工作规程，并提出了市县规划审查、专项规划编制、重大项目选址管理、"三线"管理、重点地区跨区域协调等规划实施的机制建议。

应用及效益情况

研究形成了《省级空间规划编制技术规程》技术文件，为空间规划试点时期工作提供了依据，也为省级国土空间规划规程制定提供了较好的技术基础。

（执笔人：胡继元）

县域发展和县城规划研究

项目来源： 住房和城乡建设部规划司　　**项目起止时间：** 2017年1月至2017年12月
主持单位： 中国城市规划设计研究院　　**院内承担单位：** 规划研究中心、深圳分院、上海分院、西部分院
院内主审人： 王凯　　**院内主管所长：** 殷会良　　**院内项目负责人：** 李晓江、张娟
院内主要参加人： 郑德高、张圣海、杜宝东、殷会良、刘航、王玉虎、王颖、吕晓蓓、孙文勇、闫岩、李新阳、陈怡星、唐川东、李东署、汪鑫

研究背景

加快提升县城规划建设管理水平，提高县城综合承载能力，在县域内加快推进城乡统筹，促进农民实现就近就地城镇化，是落实中央关于深入推进新型城镇化建设要求的重要任务。受住房和城乡建设部城乡规划司委托，中国城市规划设计研究院承担县域发展和县城规划研究课题。

研究内容

开展全国县城摸底。开展全国县级单元面板数据分析，抽取约150个县进行问卷调研，选取东中西部典型省份11个县进行实地调研，获取丰富的一手资料，支撑重点地区和重点问题分析。全面总结分析各省支持县域发展和加强县城规划建设管理的有关政策文件，重点分析县域治理、政策指引、规划建设导则、技术标准、信息平台建设等方面的实施情况，总结各地典型经验做法。

系统梳理县域发展和县城规划建设管理的现状特征和主要问题。通过社会调查与实践案例相结合的方法，针对县域城镇化、公共服务和基础设施水平、历史文化保护传承、土地资源配置、财政能力和支出责任、产业发展与环境风险等关键问题进行详细分析，并从规划理念和方法、建设水平和公共投入、管理体制和人员结构等方面提出规划建设管理领域亟待优化提升的关键问题。

分区分类提出县域发展策略和县城规划建设管理政策建议。研究确立分类指导、逐层落实、试点示范的总体工作思路，根据县的主体功能、空间区位、地理环境、经济发展水平等因素对县进行分类，围绕都市圈内的县、高密度平原县、不宜居地区的县等6类地区，提出差异化的政策，在规划编制和配置标准方面出台更具适用性的技术标准。从建设、土地、财政、金融等多视角，提出国家层面支持县域发展和县城规划建设管理的综合政策建议。

技术创新点

多样本数据分析。项目通过多元数据融合、大样本长时间尺度的分析、精细化的分类与对比分析、先进的统计分析方法应用以及实证研究与案例分析的深度挖掘等研究方法，改变了传统依赖单一统计数据的分析局限性，更准确地反映县域发展和县城规划建设管理的真实进程。

多专业技术融合。项目邀请国内知名高校、研究机构、规划设计单位、典型县行政管理人员代表共同参与，实现规划建设与财政、土地、产业经济等多专业融合研究和协同创新，使得县域发展和县城规划建设管理研究更加全面深入，与管理实践更加紧密衔接。

多角度政策集成。项目通过地方政策实施评估、跨部门政策协作等，提出综合性政策包，确保政策制定的全面性和系统性，有效避免了政策之间的矛盾和冲突，提高了政策实施的效果和效率。

应用及效益情况

项目明确提出提高县的城乡规划建设管理水平，完善城镇公共服务和市政基础设施，提高人居环境质量，对于推动落实中央三个"1亿人"要求具有重要作用，为加快明确县在我国城镇体系中的基本功能定位提供参考。

项目围绕河南等省份典型案例进行深入剖析，鲜活地呈现了县域发展和县城规划建设管理的特征问题，支撑住房和城乡建设部更好地了解全国基本情况和各省发展差异。

项目全面摸清全国县域和县城基础家底，形成全国县城调研基础数据表及数据库、全国10%抽样县城调研问卷统计分析等研究数据，提交并支持住房和城乡建设部全国新型城镇化监控与评估平台建设。

项目聚焦重点问题，研提政策建议，产出《县域发展和县城规划建设管理调研报告》《关于加强县城规划建设管理的指导意见（建议稿）》等成果，为住房和城乡建设部制定支持县域发展和县城规划建设的方针、政策提供支撑。

（执笔人：张娟）

新城新区规划建设评估技术

项目来源：2017年住房和城乡建设部科学技术计划项目
主持单位：中国城市规划设计研究院
院内主审人：王凯
院内项目负责人：刘继华、王宏远
院内主要参加人：王凯、彭小雷、王新峰、肖礼军、翟健、谭都、罗瀛、荀春兵、苏月、郭磊、赵迎雪、葛春晖、郑越等
项目起止时间：2017年2月至2019年3月
院内承担单位：北京公司、信息中心、深圳分院、上海分院、西部分院
院内主管所长：王新峰

研究背景

新城新区是我国改革开放以来一种重要的空间现象，也是当前和未来我国经济社会发展的重要载体。近年来，新城新区在发展建设过程中暴露出了规划规模过大和用地粗放浪费等问题，受到各方的高度关注。2015年4月四部委发布了《关于促进国家级新区健康发展的指导意见》（发改地区〔2015〕778号），2017年1月国务院发布了《国务院办公厅关于促进开发区改革和创新发展的若干意见》（国发办〔2017〕7号），标志着国家对新城新区发展建设提出了更新、更高的要求。2017年2月，住房和城乡建设部委托中国城市规划设计研究院开展了《新城新区规划建设评估技术》课题的研究工作，为国家制定新城新区政策、规范和引导新城新区高质量发展提供全面系统的研究支撑。

研究内容

1. 概念界定与相关数据

（1）新城新区的概念。本次研究提出了新城新区的概念定义：新城新区是改革开放以来，县级以上人民政府或有关部门为实现特定目标而批复设立，拥有相对独立管理权限的空间地域单元，是城市集中建设区的有机组成部分。

（2）新城新区的相关数据。通过整合各部门分头掌握的新城新区数据，剔除重复统计，相对准确地统计了我国新城新区的数量、面积、人口等数据，并分析了其空间分布特征。

2. 评估对象

本次研究将国家级新区和国省级开发区作为本次评估的主要研究对象，全样本评估了国务院已批准的18个国家级新区（雄安新区除外），并从全国的国省级开发区中选择了65个具有代表性的重点开发区开展针对性评估。

3. 国家级新区评估的主要结论

国家级新区在规划、建设、管理方面的整体表现较好，但是也存在一些问题，表现在以下几个方面：

（1）新区规划普遍存在规划建设用地面积增量偏大的现象。与所在城市的建成区规模相比，部分新区的规划建设用地规模增量明显偏大。

（2）部分新区存在建设用地使用粗放、产城融合度不高等问题。部分新区的人均建设用地明显偏高，而地均GDP产出指标明显偏低。部分新区的就业岗位多而居住人口少，产城分离特征明显。

（3）部分新区存在省市权责不清、管理主体过多的问题。在开发建设过程中，由于省、市两级政府的侧重点不同，未能形成合力的问题。

4. 国省级开发区评估的主要结论

（1）开发区的用地效率整体较高，但部分开发区存在土地闲置浪费和用地低效情况。大部分开发区规划建设用地建成率在60%以上，处于相对合理水平。

（2）开发区的产城失衡问题突出，生活配套功能建设滞后。大部分被调查开发区都存在严重的职住分离现象，带来较大的通勤交通压力，导致宜居水平降低。

（3）以经济职能为主的管理模式易导致条块管理混乱，日益显示出局限性。

（4）缺乏有效的监管机制，扩区过程不规范、控规与城市总规缺乏协同的情况比较普遍。各地普遍存在开发区实际管辖范围超出国家批复政策区范围的情况。

（5）不同类型开发区的建设水平存在明显差异。国家级开发区的整体建设水平比较高，各级指标全面领先于省级开发区。东部开发区的整体建设水平较高，但产城融合水平并没有明显优势。

5. 加强国家层面对新城新区规范管理的若干建议

（1）规范设立标准和程序，明确选址基本原则。未来新城新区设立应以服务国家战略的落实、尊重城市发展规律，更加精准审慎地规范设立标准，提高创新示范和引领带动效应。

（2）明确规划编制要求，加强规划审查和督察力度。明确新城新区规划编制的内容、时间和审批程序要求，将其纳入国土空间总体规划一盘棋。

（3）建立全国层面的新城新区数据监测平台和定期评估机制，建立更有效的动态调整机制。确保国家层面能够全面及时掌握新城新区的最新发展动态，评估重点为是否有效落实国家战略要求。尽快建立更有效、激励性更强的新城新区动态调整机制，使我国的政策资源和发展平台向更高效、更先进的新城新区集聚。

6. 引导新城新区落实国家战略要求的若干建议

针对新城新区运营机构，从目标定位、产业发展、城市建设、生态环境、运营模式、管理体制等角度，提出在新的发展环境下和国家新的要求下促进新城新区高质量发展的具体建议。

技术创新点

（1）清晰界定了我国新城新区的概念内涵，并基于权威数据进行梳理校核，解决了我国新城新区的概念、类型和相关数据一直较为混乱的问题，为相关管理部门和社会各界全面掌握我国新城新区的整体发展状态提供了有效的技术支撑。

（2）首次采用大样本、多维度、定量化、差异化的评估技术方法，对我国新城新区的规划建设管理情况进行了全面的评估，形成了相对客观准确的评估结论。在住房和城乡建设部、国家测绘地理信息局提供的数据支持下，对我国18个国家级新区和65个重点国家级和省级开发区进行了全面的调查和评估，并充分考虑不同类型新城新区的差异性，进行了差异化的评估指标设计和评估结论判断，使评估结论更符合实际情况。

（3）着眼于更有效地发挥新城新区在新时期我国高质量发展进程中的引领示范作用，在客观评价总结我国新城新区的发展成效和创新经验的同时，坚持问题导向，综合应用权威统计数据分析、大数据

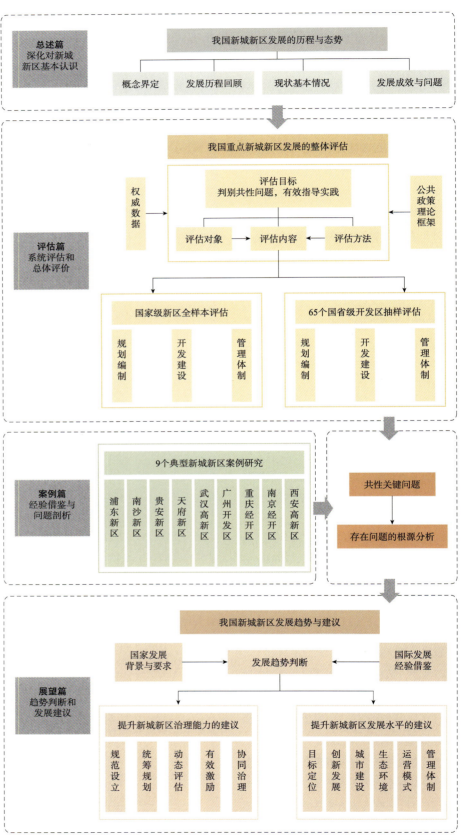

图1 研究内容框架

技术和典型案例研究等研究方法，系统评估梳理了我国新城新区存在的共性关键问题及其成因，为有效解决这些共性问题、进一步提高我国新城新区发展水平奠定了扎实的研究基础。

（4）坚持政策导向，从规范设立标准、明确规划编审督要求、建立数据监测平台、建立动态调整机制、加强各部门协同治理等方面，提出了完善我国新城新区治理体系的政策建议，为国家制定新城新区政策、规范和引导新城新区高质量发展提供全面系统的研究支撑。

应用及效益情况

（1）基于本次研究成果形成的《全国新城新区规划建设管理白皮书》已经提交住房和城乡建设部，为政府管理部门全面掌握我国新城新区的发展状态、科学制定新城新区相关政策提供了有效的研究支撑。

（2）基于本研究收集处理的全面数据和评估指标体系，开发了"新城新区建设评估"信息平台，并纳入"全国新型城镇化监控与评估平台"。可有效监测全国新城新区的发展动态，有助于推动新城新区的管理走向常态化、科学化、规范化，提升国家新城新区治理能力。

（3）目前本研究成果已在北京市、四川省、成都市、长沙市、东营市、常州市等地得到实际应用，为提升当地新城新区的规划建设管理水平作出了实质性的贡献。根据当地应用主体的实际反馈，本研究成果对于认识和解决新城新区共性关键问题、提升我国新城新区治理能力具有重大现实意义，对于国家相关管理机构、新城新区管理机构具有重要的参考价值。

（4）基于本研究成果，撰写完成《中国新城新区40年：历程、评估与展望》书稿，全书共30万字，已由中国建筑工业出版社2020年出版。该书出版后，在新城新城区规划建设管理等相关领域产生了广泛影响，对促进新城新区研究工作的科学化、规范化发挥了基础性作用，对提升全国3000多个新城新区的规划建设管理水平也产生了积极推动效果。

（执笔人：王宏远）

资源环境承载能力和国土空间开发适宜性评价技术方法研究

项目来源：自然资源部国土空间规划局	项目起止时间：2018年11月至2019年2月
主持单位：中国城市规划设计研究院	院内承担单位：绿色城市研究所、城镇水务与工程研究分院
院内主审人：张菁	院内主管所长：董珂
院内项目负责人：董珂	院内主要参加人：董琦、刘世伟、周霞、刘晓玮

研究背景

为贯彻落实《中共中央 国务院关于加快推进生态文明建设的意见》《生态文明体制改革总体方案》《关于完善主体功能区战略和制度的若干意见》要求，发挥资源环境承载能力和国土空间开发适宜性评价（以下简称"双评价"）在国土空间规划编制和国土空间开发保护格局优化中的基础性作用，2018年11月，自然资源部国土空间规划局组织中科院地理所、中国国土勘测规划院、中规院、中国地质调查局、中国国土资源经济研究院、国家海洋信息中心、清华大学等单位，开展"双评价"并行研究和技术攻关。本课题主要研究"双评价"的定义和内涵，厘清"双评价"在国土空间规划中的功能和地位，明确城镇开发建设、农业生产、生态保护、自然及人文魅力区评价的技术路线、指标体系和具体参数阈值，合理测算资源环境承载能力等重点问题，为自然资源部编制"双评价"技术指南提供重要支撑。

研究内容

本课题开展了"双评价"理论、技术及应用研究，重点界定了"双评价"的定义和内涵，明确了"双评价"在国土空间规划中的地位，细化了城镇开发建设、农业生产、生态保护、自然及人文魅力区四大主要功能指向的评价方法，以及资源环境承载容量测算方法，最后分析了"双评价"技术本身和应用方面存在的局限性。

（1）"双评价"的定义与内涵。资源环境承载能力评价是为维持区域资源结构符合持续发展需要，区域环境功能仍具有维持其稳态效应能力，在一定的资源、环境、生态、灾害等约束条件下，确定城镇开发建设、农业生产、生态保护、自然及人文魅力等主要功能指向下的承载能力等级和容量。国土空间开发适宜性评价是对国土空间开发保护适宜程度的综合评价，在资源环境承载能力评价的基础上，确定城镇开发建设、农业生产、生态保护、自然与人文魅力空间利用等不同开发和保护方式的适宜性等级划分。

（2）"双评价"在国土空间规划中的功能与地位。"双评价"是划定主体功能区、划定各类用途管制区、分配开发建设总量、确定开发强度的主要依据；空间开发适宜性评价是定期优化调整生态保护红线、永久基本农田和城镇开发边界的抓手；资源环境承载能力评价是判断空间超载程度和实施监测预警机制的重要依据。

（3）城镇开发建设双评价技术方法。根据城镇开发建设功能指向要求，围绕资源、环境、生态、灾害等自然要素，开展资源环境可承载城镇开发建设的程度评价，即指向城镇开发建设的资源环境承载能力评价；在承载力评价基础上，结合水文气象、用地连片条件及综合区位条件，开展城镇功能适宜性评价，最终确定国土空间中进行城镇开发建设的适宜程度。

（4）农业生产双评价技术方法。根据农业生产功能指向要求，围绕土地资源、水资源、环境、灾害等自然要素，开展资源环境可承载的农业生产的程度评价，即指向农业生产活动的资源环境承载能力评价；在承载力评价基础上，结合农田稳定性、宜农潜力条件，开展农业功能适宜性评价，最终确定国土空间中进行农业生产和农村居民生活的适宜程度。

（5）生态保护双评价技术方法。依据生态优先的指向要求，对生态功能重要性和生态环境敏感性分析，开展生态功能和环境保护重要性评价；在重要性评价基础上，结合生态斑块完整性和生态廊道系统性，开展生态功能优先性评价，最终确定国土空间中进行生态保护优先的适宜程度。

（6）自然及人文魅力区双评价技术方法。依据游憩和文化的指向要求，从自然资源和人文资源两个方面，开展自然及人文魅力区的重要性评价；在重要性评价基础上，结合与城市建成区距离和魅力区的容纳人数，开展自然及人文魅力区的适宜性评价，最终确定国土空间中自然及人文魅力区的适宜程度。

（7）资源环境承载容量测算。资源

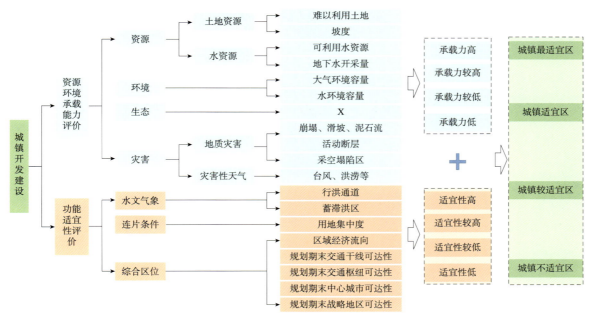

图 1 城镇开发建设"双评价"技术路线

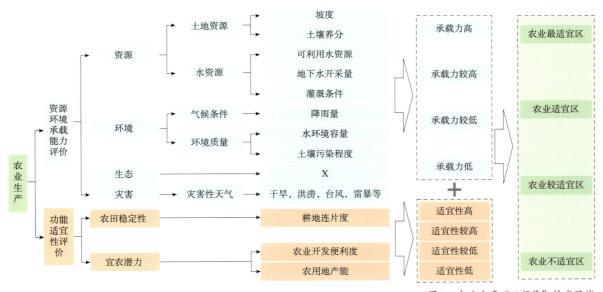

图 2 农业生产"双评价"技术路线

环境承载容量是在一定的社会、经济、资源、生态、环境条件约束下，自然环境的环境容量、生态系统的生态服务功能量以及区域土地资源所能支撑的最大国土开发规模和强度，转换为规划期末人口和土地容量上限。测算方法包括生态足迹供给角度的生态承载容量测算方法、保证一定物质生活水平条件下的水资源和土地资源承载容量测算方法、基于情景分析法的水环境承载容量测算方法，以及在以上测算结果基础上选择最短板限制性因素进行资源环境承载容量的综合分析和测算。

（8）"双评价"存在的技术难点和局限性。受限于当前相关理论和实践研究进展，仍然存在技术难点和局限性，如：资源环境承载能力容量测算具有相对性、动态性，是"带条件"的多方案选择，而非单一、极值的概念，资源供给总量、人均消耗量及其二者的变量因子也是决策的重要依据；国土空间开发适宜性具有多宜性特征，同一个地区可能不只适宜其中一类功能，而是一个具有复合价值、多种适宜功能的空间，因此一个地区适宜什么功能还取决于如何保证国家和区域空间利用的

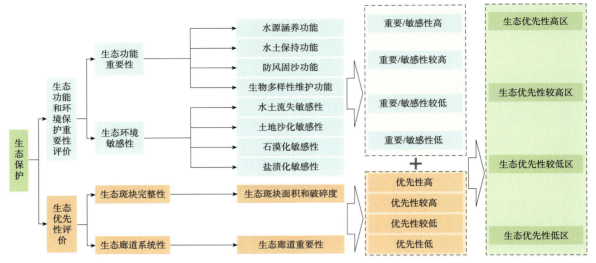

图3 生态保护"双评价"技术路线

整体最优；以静态的现状评价服务未来判断和规划编制，忽视时间和人工因素等。

技术创新点

（1）厘清了"双评价"与国土空间规划之间的逻辑关系。课题采用综合性和多视角的方法，全面系统地梳理了资源环境承载能力和国土空间开发适宜性方面的国内外理论和实践，深化了"本底盘点－分析评价－整体集成－情景应用"的评价分析框架，明确了"双评价"在国家、省和市县各级国土空间规划技术流程中的功能和地位，支撑国土空间规划的编制、实施、监督全流程全环节。

（2）深化了城镇、农业、生态、魅力等四类功能指向的承载能力和空间适宜性的评价技术流程和工作框架。根据不同地区不同的功能指向，因地制宜、科学合理地选择评价指标体系，并合理确定阈值范围；在资源环境承载能力评价基础上进行国土空间开发适宜性评价，前后逻辑关联，将二者贯通融为有机整体；定性分析与定量分析相结合，设定不同的未来发展情景，科学合理判断承载容量上限与成本投入、技术水平、管理水平的多情景结果。

（3）探索了基于单项功能评价基础上多功能综合集成方法，寻求国土空间的整体最优解。目前"双评价"的主流评价路线侧重于单一功能评价的多张图，缺少在"一张图"上实现多功能综合评价整体最优的方法。课题提出了以运筹学为理论基础，基于行政单元的"非线性优化法"作为综合集成方法，在全域全空间层面寻求国土空间多功能的整体最优解，提升了"双评价"对国土空间规划支撑的效用。

应用及效益情况

（1）为自然资源部"双评价"指南的编写提供了重要支撑。课题研究成果中评价指标体系构建、城镇建设承载力和适宜性评价、评价成果在国土空间规划中的应用情景等内容纳入了自然资源部发布的《资源环境承载能力和国土空间开发适宜性评价指南》中，有效支撑了"双评价"指南技术规程的编写。

（2）为"双评价"在国土空间规划编制中的应用提供了有效支撑。创新性地提出在单项评价结果基础上寻求综合集成的"非线性优化法"、自然及人文魅力地区适宜性评价方法等在后续国土空间规划编制阶段得到推广和应用，提高了"双评价"结果对国土空间规划编制的支撑效用。

（3）为"双评价"学术探讨和推广交流输出经验。课题研究成果在2019年"规划信息化实务论坛"会议上进行宣讲和交流；重庆市涪陵区"双评价"试评价报告和结论作为培训案例，在空间规划行业内具有一定影响力；引导了行业内对"双评价"工作的进一步深入探索。

（执笔人：刘世伟）

中国人居环境建设研究与技术服务

项目来源：住房和城乡建设部城市建设司
主持单位：中国城市规划设计研究院
院内主管所长：殷会良、赵一新
院内项目负责人：王凯、叶敏、张云峰

项目起止时间：2014年3月至2021年12月
院内承担单位：规划研究中心、城市交通研究分院
院内主审人：陈锋、马林
院内主要参加人：徐泽、王晓君、刘明喆、黎晴、岳阳、贺旭、刘春艳、高唱、张毅

研究背景

2000年，住房和城乡建设部设立了"中国人居环境奖"（以下简称人居奖）。设立人居奖的目的是为了表彰在城乡建设和管理中坚持可持续发展战略，改善城乡环境质量，提高城镇总体功能，创造良好的人居环境方面作出突出贡献的城市、村镇、单位和个人，是我国城镇建设的最高荣誉奖。中国政府每年从获得人居奖的城市和项目中选择部分优秀项目，向联合国人居中心推荐申报"联合国人居奖"和"迪拜国际改善居住环境最佳范例奖"。人居奖和"中国人居环境范例奖"（以下简称范例奖）设立以来，表彰了在改善人居环境方面作出突出成绩并取得明显效果的城市和项目。

新挑战和新导向下，人居环境建设面临新的要求，本研究反思和总结我国人居奖和范例奖历史经验，修订人居奖的评价指标体系，对有效激励各地采取更加积极有力的具体措施，切实推动我国人居环境基础设施建设、环境综合整治健康发展十分有必要。

研究内容

2000年，住房和城乡建设部设立"中国人居环境奖"。2002年，住房和城乡建设部细化了人居奖申报和评选办法，明确了人居奖参考指标体系和范例奖评选主题及内容。此次修订系统地梳理了中国城镇化与城市人居环境建设取得的成就和存在的不足，建立了全面并富有前瞻性的指标体系框架，综合评价了各种评价方法在操作性方面的优缺点，系统构建了人居奖的评价体系。修订后的指标体系由国务院于2010年10月发布试行。

党的十八大后，党中央提出了一系列治国理政新理念和新方针。新常态发展背景下，创新、协调、绿色、开放、共享成为加快推进经济社会转型的总原则。2015年，中央召开城市工作会议，为未来一段时期城市发展确定了总方向，提出了"五统筹"的发展要求。为了督促先进示范城市在新的发展阶段更好地落实中央城市工作会议要求，实现传统文化伟大复兴，进一步向世界展示中国城市转型发展、绿色发展、创新发展的水平和能力，为全球树立生态文明理念下新城市发展范式。

本课题研究在深入解读"新型城镇化"新要求的基础上，研究我国人居环境建设的发展趋势和需求。同时，系统研究了"迪拜国际改善居住环境最佳案例奖"1996~2010年6个获奖案例和2012年后全部32个获奖案例的项目概况、主题设立、评选标准等。在系统分析我国人居奖和范例奖相关指标体系的基础上，结合"迪拜国际改善居住环境最佳案例奖"主题设立、项目实施经验，提出了我国人居奖和范例奖指标体系完善和评选主题建议。

基于以上研究，人居奖指标体系调整了个别指标、解释、标准，增加实践案例类别，范例奖新增设地下管线综合管理与地下综合管廊建设、海绵城市建设主题，并对供水安全保障、促进能源节约利用、塑造城市特色风貌、创新城市治理方式主题进行了优化。

与此同时，研究建立了人居奖和范例奖信息化管理数据库，保存我国城市和地区建设发展历史阶段缩影，实现项目资料的规范管理，同时实现了各城市、各主题的申报或获奖项目的简单查询和统计功能。

技术创新点

课题对我国人居奖和范例奖进行了持续的跟踪和研究，为我国与新时代发展理念相适应的人居环境发展方向、主导模式和建设重点提供经验借鉴。

城市发展如何回归以人为本，如何体现生态文明史新时期城市人居环境建设的重大方向性问题。中央城市工作会议后的一系列重大政策更加清晰地指明了人居环境建设未来的道路。归纳起来，有五点原则：人居环境建设要实现促进社会公平，全社会共享改革发展成果的目标；人居环境建设要走资源节约、环境友好的道路；人居环境建设要结合时代科技进步，走创新发展道路；人居环境建设要因地制宜，

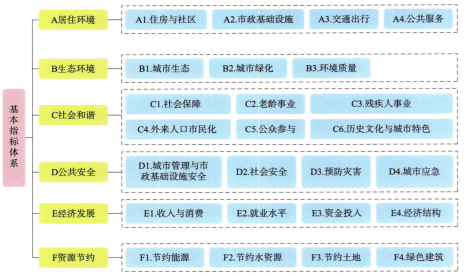

图1 基本指标体系框架

图2 人居奖评价方法

走特色化发展的道路。人居环境建设要把城市安全放在更突出的位置。

人居环境评价指标体系，构建了居住环境、生态环境、社会和谐、公共安全、经济发展、资源节约六大类一级指标，指标体系框架内部包含25项二级指标和65项三级指标，全面体现中国城市人居环境建设的理念、指导方针和建设标准。

针对我国城市发展差异大造成的评价内容和标准难以"一刀切"的矛盾，本次研究系统梳理了涉及人居环境的商业性、政府性评价以及"联合国人居奖"的宗旨，提出作为我国指引城市人居环境建设的大政方针，人居奖要坚持传达可持续的理念，建设社会公平的理念，要引导社会设立正确的人居环境发展观。本次研究的一大突破是，摒弃了以往"优中选优"的评价标准，创新性地提出要以"因地制宜地改善城市自身人居环境，突出特色"为评价的基本原则。基于这个原则，在评比体制上，指标体系采用"基本要求+特色引导"的评价方式，既弱化了区域发展不平衡带来的评价和评比难点，又突出了城市建设人居环境的地域特色。

应用及效益情况

从2010年指标体系修订开始，共计新评选了13个城市，复查了25个城市。南京、寿光等城市获评"联合国人居奖"。涌现出镇江金鸡湖整治、池州水系连通、昆明红嘴鸥保护行动等一批优秀实践案例。

课题对自人居奖奖项设立以来的获奖城市和案例进行了系统的梳理分析，研究总结了改善城市人居环境的典型做法和可复制、可推广的经验，对促进城市关注人居环境建设、为居民提供良好的生活工作环境具有重要指导和借鉴作用。

人居环境指标体系的研究过程正是中国城市化的重要转型期，也是国家和住房和城乡建设部对城市化转型的政策密集发布时期。研究成果对于中央城市工作会议制定的相关政策方针起到了重要的前期支撑作用，关于中国人居环境建设的原则在中央城市工作会议读本中作了进一步阐释。

人居奖评价指标体系受到联合国人居署的好评，并被翻译成英文，在联合国人居署今后的全球评比中进行参考和借鉴。近年来，中国获得"联合国人居奖"的城市逐年增多，中国人居环境建设的理念、经验正在逐步发挥全球示范作用。

（执笔人：王晓君、叶敏）

城乡人居环境建设规划研究

2022—2023年度中规院优秀规划设计奖三等奖

项目来源：住房和城乡建设部"'十四五'城乡人居环境建设规划"、财政部基本科研业务费项目"新时代人居环境建设的内涵与工作体系研究"
项目起止时间：2020年5月至2023年6月　　**主持单位**：中国城市规划设计研究院
院内承担单位：住房与住区研究所、村镇规划研究所、城镇水务与工程研究分院、风景园林和景观研究分院、城市交通研究分院、城市设计研究分院、北京公司、文化与旅游规划研究所、城乡治理研究所、绿色城市研究所、城市更新研究所、历史文化名城研究所
院内主审人：彭小雷　　　　**院内主管所长**：卢华翔　　　　**院内项目负责人**：王凯、张菁、余猛、陈烨
院内主要参加人：陈宇、李亚、王越、刘广奇、束晨阳、赵一新、董珂、刘力飞、刘继华、陈明、张娟、曹传新、叶竹、魏维、翟健、桂萍、李长波、刘冬梅、缪杨兵、陶诗琦、王久钰、刘航

研究背景

党中央、国务院高度重视城乡人居环境建设工作，将改善人居环境作为城市工作、乡村振兴战略的中心目标和重点任务。全国"十四五"规划将"城乡人居环境明显改善"列入经济社会发展主要目标。从城镇化发展阶段看，城镇化率达到60%以后，是城市病集中暴发、集中治理累积问题和矛盾的关键时期，2019年我国常住人口城镇化率首次超过60%，需要作好充分的准备。从人的发展阶段来看，生存阶段追求立足谋生，发展阶段追求全面小康，进入人的全面发展阶段将更加向往诗意栖居、营建精神家园。为了响应国家对人居工作的高度重视、应对当前城乡建设面临的挑战、回应人民对美好生活的追求，受住房和城乡建设部委托，中国城市规划设计研究院于2020年开展本次研究工作。

研究内容

研究总结了中国传统人居环境思想、人居环境科学主要理论及建设实践经验。把握新时代城乡人居环境建设的重要意义、基本内涵和工作重点，构建了自然生态环境、人工建设环境、社会人文环境相互支撑的人居环境建设体系，以三大环境耦合，推进人居环境高品质建设。提出了事前规划与建设衔接、事中建设与管理统筹、事后实施与评价统一的人居环境治理体系，统筹"规划—建设—管理"全生命周期，推动城乡治理体系和治理能力现代化。

技术创新点

1. 对人居环境建设内涵的当代化创新

自古以来，城乡人居环境就是人类为满足聚居生活需求所营建的综合环境。在处理人与自然、人与人关系的过程中，逐步形成了自然生态环境、人工建设环境和社会人文环境相互支持、相互支撑的整体系统。但在快速城镇化阶段，城乡人居环境存在重人工建设环境、轻自然生态环境和社会人文环境，重单项建设、轻系统统筹倾向。新时代背景下，必须坚持生态文明和绿色低碳发展，坚持以人民为中心、坚持物质文明和精神文明相协调。因此，本次研究构建了三大环境相互交融、各系统相互作用、各层次空间相互衔接的人居

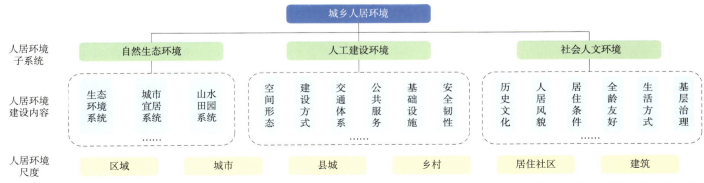

图1　城乡人居环境建设体系示意图

图2 美好城乡人居环境图

环境建设体系。通过三大环境的耦合，形成不可分割的有机整体，推动人居环境的高品质建设。

2. 对人居环境建设内容的系统化创新

自然生态环境是人类赖以生存繁衍的生命支持系统，人与天调，然后自然之美生。本次研究提出在不同尺度上尊重自然、顺应自然的方法。宏观尺度，构建连续完整的区域生态安全屏障；形成开放绿色空间与紧凑城市相协调的区域空间秩序。中观尺度，构建融合山水城关系的城乡人居环境格局，形成山清水秀的城市自然生态本底，建设均衡共享、系统连通的公园体系。微观尺度，营造青草绿树、舒适宜人的社区微环境，以及山水田园相融的乡村聚落环境。

人工建设环境是人类生产生活有序运行的主要载体，亟需在不同层次上满足人的物质空间需求，推动城乡建设方式绿色低碳转型。在区域和城市层面，优化空间形态，提升城市建设品质。在县城和乡村层面，倡导集约节约、尺度人性的县城建设模式，加快补齐设施短板，完善基本公共服务。在建筑和建造层面，促进建筑节能低碳发展，加快建造方式向工业化、绿色化、智能化转型。

社会人文环境是人类发展进步和文明演进的核心保障，研究强调围绕更好地服务"人"这一核心对象展开。一是注重人的精神文化需求，构建城乡历史文化保护传承体系，塑造城乡理想人居风貌。二是注重满足各类人群需求，关注新老市民住房条件的改善，关注"一老一小"的公共服务配套。

3. 对人居环境治理体系的全过程创新

针对人居环境工作长期存在的条块分治、环节分离，研究提出全周期全过程治理体系。一是做好"规"与"建"衔接，保障总体规划、专项规划、与建设工程设计充分衔接。二是做好"建"与"管"的统筹，搭建信息平台，实现普查建档、监测预警等智慧化管理，推动法规标准体系建设，强化依法依规治理。三是实现"做"与"评"的统一，以体检评估作为规划编制基础、管理监督手段，政府考核和项目投放的重要依据，形成"评估—年度计划—规划调整—监督"的闭环系统。

应用及效益情况

本次研究提出的新时代人居环境建设整体工作体系框架，有效指导了地方"十四五"城乡人居环境建设规划的编制和相关工作的开展。研究规范了人居工作

图3 区域生态屏障和城市关系示意图

图4 社会人文环境关注各类人群需求

图5 以体检评价作为规划编制基础和管理监督手段

指导思想和工作原则、目标指标、建设重点，为新时代全国各地相关工作提供了明确的方向和指引。研究完成后受到各地方住房和城乡建设部门的广泛咨询，工作体系与内容框架用于湖北省、河南省、贵州省、重庆市等地"十四五"城乡人居环境建设规划、行动方案编制。

本次研究紧扣住房和城乡建设部当前的重点工作，提出了一系列主要任务，并取得了良好的应用效果。研究落实以人民为中心的发展思想，着力满足全体人民对高质量生活空间的需求，成为完整社区、儿童友好城市等专项工作的有力支撑。研究重视绿色生产、绿色建造和绿色生活，为加快城乡建设领域的发展方式转型，助力"双碳"目标实现提出切实可行的路径。建立全周期管理体系中一年一体检等内容的核心思想和主要任务后续在住房和城乡建设部专项工作城市体检中得到了充分应用。

（执笔人：陈烨、叶竹、王越）

"十四五"黄河流域城市人居环境建设规划研究

项目来源： 住房和城乡建设部建筑节能与科技司　　**项目起止时间：** 2021年6月至2022年1月　　**主持单位：** 中国城市规划设计研究院
院内承担单位： 北京公司、城镇水务与工程研究分院、历史文化名城保护与发展研究分院、风景园林和景观研究分院、城市交通研究分院
院内主审人： 张菁　　　　　　　　　　　　**院内主管所长：** 彭小雷　　　　　　　　　　**院内项目负责人：** 张莉
院内主要参加人： 姜立辉、兰伟杰、吕红亮、杨新宇、武敏、苏海威、胡章、刘洪波、易晓峰、王斌、卞长志、李晨然、唐君言

研究背景

黄河流域城乡聚落是中华文明和黄河文化的核心载体，城乡建设领域是黄河流域生态保护和高质量发展的重要战场。"十四五"是推动黄河流域生态保护和高质量发展的关键时期。为深入贯彻习近平总书记关于黄河流域生态保护和高质量发展的重要讲话和指示批示精神，落实《黄河流域生态保护和高质量发展规划纲要》要求，科学部署、积极推动"十四五"期间黄河流域的城乡建设高质量发展，中国城市规划设计研究院承担了住房和城乡建设部《"十四五"黄河流域城市人居环境建设规划研究》的课题任务。

研究内容

以城乡建设绿色低碳转型和安全发展为核心，坚持敬畏历史、敬畏文化、敬畏生态，共同抓好大保护，协同推进大治理的指导思想，提出"十四五"期间黄河流域城乡建设领域实施的行动和任务。

（1）坚持生态优先，实施城镇生态保护治理行动。加强以城镇生态修复和水治理为重点的生态基础设施建设，营造黄河流域蓝绿交织、清新明亮的生态环境。

（2）守护黄河安澜，实施安全韧性城镇建设行动。坚持因地制宜、分类施策，着重加强黄河流域城市内涝、地质灾害和城镇燃气安全隐患等防控与治理工作，切实增强城镇建设安全韧性。

（3）落实"以水四定"，实施城乡水资源节约集约利用行动。坚持以水定城、以水定地、以水定人、以水定产，把水资源作为最大的刚性约束，合理规划城市与产业布局，统筹生产生活生态用水结构，推动用水方式由粗放低效向节约集约转变。

（4）建设幸福黄河，实施城乡人居环境高质量建设行动。统筹推进城市群基础设施和生态网络建设，构建山水城和谐统一的城市格局，补齐城市、县城和乡村基础设施短板，加快完整居住社区、绿色社区和新型基础设施建设，走内涵集约、绿色低碳式发展路径。

（5）弘扬黄河文化，实施历史文化保护利用与传承行动。统筹发展与保护，建立分类科学、保护有力、管理有效的省级城乡历史文化保护传承体系，加强制度顶层设计，统筹黄河文化保护、利用和传承的关系，坚持系统完整保护。

技术创新点

课题坚持目标导向、问题导向和结果导向相结合相统一的技术路线。

一是目标导向，贯彻落实习近平总书记对于黄河流域的重要指示。课题贯彻落实习近平总书记在黄河流域生态保护和高质量发展座谈会上的讲话精神和核心任务，确定了黄河流域城市人居环境建设规划的五大重点领域和主要行动，并制定"十四五"期间的发展目标和关键指标。

二是问题导向，以解决黄河流域城乡建设问题为出发点。在全面把握黄河流域面临的整体问题的基础上，深化研究黄河流域在城乡建设领域中存在的不足和短板，以解决实际问题为出发点，确定城乡建设行动方案的重点任务和具体措施。

三是结果导向，以任务措施可落地、可量化、可考核为导向。课题研究以实效为目的，不求面面俱到，聚焦重点领域的突出问题和核心任务，以能否解决重点领域的突出问题、落实中央重大战略部署为考量，提出的措施尽量落地，强调工作内容的实效性。结合住房和城乡建设部近期重点工作，依据《黄河流域生态保护和高质量发展规划纲要》中确定的住房和城乡建设领域重要任务，深化细化行动方案，共提出五大行动、18个任务和58项措施。

应用及效益情况

（1）课题研究转化为住房和城乡建设部印发的《"十四五"黄河流域生态保护和高质量发展城乡建设行动方案》（2022年1月），保障了沿黄各省区城乡建设顺利进行。

（2）课题支撑了《"十四五"黄河流域城镇污水垃圾处理实施方案》（2021年8月）、《黄河流域水资源节约集约利用实施方案》（2021年12月）等多部委文件的印发。

（3）课题研究支撑了中规智库年度报告编制工作。

（执笔人：张莉）

加强超高层建筑管理的指导意见专题研究

项目来源： 住房和城乡建设部标准定额司
主持单位： 中国城市规划设计研究院
院内主审人： 王凯
院内项目负责人： 董珂
参加单位： 中国建筑设计研究院、中国建筑科学研究院

项目起止时间： 2013年9月至2013年11月
院内承担单位： 规划研究中心
主管所长： 殷会良
院内主要参加人： 周璇

研究背景

超高层建筑是城市形象的重要标志。然而，无序建设带来了诸多问题，包括安全隐患、技术挑战、经济负担以及对城市文化和风格的冲击。因此，有必要对超高层建筑的规划、设计、建设和运营管理进行全面的研究，以确保这类建筑的安全、合理和可持续发展。

研究内容

本研究项目旨在探讨我国超高层建筑的健康发展路径，通过分析国内外超高层建筑的发展现状与趋势，结合我国国情，提出了一系列的管理措施和技术要求，以确保超高层建筑的建设既能满足城市发展的需要，又能保证安全、合理、可持续。

首先，对国内外超高层建筑的发展进行了详细的对比分析。研究发现，近年来，我国超高层建筑的数量和建设速度均呈现出快速增长的趋势，不仅一线城市，二线、三线乃至四线城市也开始竞相建设超高层建筑。这种现象背后存在着政绩驱动、土地财政利益以及企业商业炒作等多种因素。因此，研究着重分析了这种建设热潮背后的动因，以及它对城市经济、社会、环境可能带来的影响。

其次，探讨了超高层建筑立项论证的重要性。研究认为，对于超高层建筑项目，除了进行常规的城市规划论证之外，还需要对其进行更加细致的必要性与符合性论证、场地选址与建设条件的可行性论证、技术可行性论证以及经济可行性论证。这包括分析项目对城市发展的贡献、场地的地质条件、技术上的安全性以及经济上的可行性等。此外，对于超过现行标准规范适用范围的超高层建筑项目，应在立项前提交项目可行性研究报告，并由政府主管部门组织专家进行综合审查。

在项目建设过程管理方面，研究建议加强从方案设计到施工图设计的全过程管理。这包括确保设计方案满足现行的技术标准与规范，以及在设计阶段就考虑到结构抗震性能、外幕墙体系、安防技术措施、建筑防火与人员疏散等问题。此外，还强调了节能减排指标的重要性，并要求项目在设计阶段就必须考虑如何达到国家的相关政策和标准。

最后，关注了超高层建筑的运营维护管理。鉴于超高层建筑在运行期间面临的各种挑战，研究提出了一系列措施，包括建立健全的运行安全管理机制、开展结构健康监测、重要设施监测与定期检查等，以确保建筑长期的安全稳定运行。

综上，本研究通过对超高层建筑的立项论证、设计建设、运营维护等各个环节进行深入分析，旨在为我国超高层建筑的健康发展提供科学的指导和支持。

技术创新点

本研究针对我国超高层建筑的健康发展提出了一系列技术创新点，旨在解决超高层建筑建设中面临的技术挑战和管理难题。首先，在项目立项论证阶段，研究提出了全面的论证方法，包括必要性与符合性论证、场地选址与建设条件的可行性论证、技术可行性论证以及经济可行性论证，确保项目的科学性和可行性。其次，在设计和建设过程中，研究强调遵循现行标准规范的重要性，并提出了针对超高层建筑的特殊技术要求，如抗震性能、外墙系统、安防措施等，以确保建筑的安全性和可靠性。此外，研究还提倡在超高层建筑中实施结构健康监测，这对于及时发现和解决潜在结构问题至关重要。这些技术创新点不仅有助于提升超高层建筑的整体技术水平，也为确保建筑安全、可持续发展提供了有力支持。

应用及效益情况

2021年9月，住房和城乡建设部发布《关于加强超高层建筑规划建设管理的通知（征求意见稿）》。通知中的主要管理内容来源于研究起草并在验收时提交的政策建议《关于加强超高层建筑建设管理的指导意见》。研究成果内容和管理政策的制定，为贯彻落实新发展理念，统筹发展与安全，转变城市开发建设方式，科学规划建设管理超高层建筑，促进城市高质量发展提供了有力支撑。

（执笔人：周璇）

城市雕塑建设管理研究

项目来源：住房和城乡建设部建筑节能与科技司
主持单位：中国城市规划设计研究院
院内主审人：朱子瑜
院内项目负责人：陈振羽

项目起止时间：2019年6月至2019年12月
院内承担单位：城市设计研究分院
院内主管所长：刘力飞
院内主要参加人：魏维、顾浩、王煌、马云飞、尹思南

研究背景

城市雕塑作为城市公共空间的重要组成部分，在空间塑造与城市文脉延续等方面有举足轻重的作用。近年来，在《城市雕塑建设管理办法》的指导下，各地为加强对城市雕塑建设的管理和指导工作，成立了相关的管理部门，出台了一系列法规。但是由于出台时间久远、各地经济发展水平参差不齐等原因的客观存在，各地城市雕塑建设管理水平高低有别，不能保证城市雕塑建设的底线水平。

随着我国城镇化进入下半场，城市内涵式、精细化发展成为我国城市的主要发展模式。城市雕塑将成为城市建设的新地标、新焦点，居民心中重要的文化符号，因此城市雕塑建设管理工作的重要性提高到新的高度。

研究内容

本次研究主要包括三个部分的内容，一是国内城市雕塑建设管理的现状及经验总结。在城市雕塑建设的研究和管控层面，我国均开展了一些工作，这些研究与工作是目前我国城市雕塑建设管理的理论支撑和制度保证。目前对于城市雕塑的研究着重在于城市雕塑的文化内涵与外在关系、城市雕塑的塑造方法、城市雕塑与空间环境的影响等方面的研究。对城市雕塑的管理尝试聚焦在对管理规定与技术导则的编制中。目前我国城市雕塑建设管理的机制主要存在制度环境不完善、法定地位不明确、雕塑规划效用低三方面。积累的管理经验主要包括高效有序的工作组织、细致的雕塑分类、积极开展雕塑规划、分级分类审批制度、持续的雕塑维护等方面。

二是对国际城市雕塑建设管理的趋势研究。梳理日本的城市雕塑维护策略、英国的公共艺术策略、美国的百分比计划等案例，从城市公共艺术体系发展引导、法规与政策保证常态化精细运作、制度环境催生多种引导机制的角度对可供借鉴的城市雕塑运作机制进行了凝练。并从城市雕塑场地设置、城市雕塑维护管理、城市雕塑运营管理等方面对国际城市雕塑的管控要点进行了总结。

三是对我国城市是雕塑建设管控制度提出了优化建议。主要聚焦在以下几方面：①多元的建设主体，让更多的部门参与到城市雕塑的建设中来，让建设主管部门对城市雕塑进行管控；②优化现有法规文件，与城市设计管理办法等法律规章结合，优化1993年出版的《城市雕塑建设管理办法》；③完善城市雕塑建设规划编制体系，明确规划定位、与法定规划的关系、核心要点等内容；④构建保障制度，包含技术保障、资金保障；⑤确立管控实施机制，明确管控主体、实施流程、公众参与、宣传推广等。

技术创新点

本次研究采用评价分析法对1993年颁布的《城市雕塑建设管理办法》进行评价、分析与修正。评价其在颁布26年来对于城市雕塑建设指导的意义。

本研究第一次系统地梳理了我国城市雕塑管理的基本机制，梳理出城市雕塑在规划、建设当中的管控抓手，寻找到引导城市雕塑建设的核心要素。为我国城市雕塑建设管理工作从理论与技术角度进行论证与支撑，充实对于我国城市雕塑建设管理方面的研究，为全国的城市雕塑建设管理工作奠定基础。

应用及效益情况

本研究通过对城市雕塑建设管理的现状法规、制度等方面的梳理，总结相关可供推广经验；通过对日本、英国、美国等国家城市雕塑建设管理工作的相关经验总结，为我国城市雕塑建设管理工作提出制度方面的建议，以期为下一阶段的城市雕塑建设管理工作进行理论支撑。

（执笔人：顾浩）

存量空间城市设计方法研究

项目来源：住房和城乡建设部建筑节能与科技司
主持单位：中国城市规划设计研究院
院内主审人：郑德高
院内项目负责人：刘力飞、魏钢、何凌华

项目起止时间：2023年6月至2023年10月
院内承担单位：城市设计研究分院
院内主管院长：陈振羽
院内主要参加人：王飞、纪叶、郭君君、周瀚、顾浩、王煌、郭文彬、郝丽珍

研究背景

2015年的中央城市工作会议明确提出要"全面开展城市设计",发挥城市设计的多维度优势、助力城市品质提升已成为多方共识。以历史思维、世界眼光、创新思维看,城市设计是城市精细化发展、立体化发展的重要工具,更是实施更新行动的重要手段。

当前,我国城市发展方式已经由高速增长转向高质量发展。面向城市建设新形势与新特征,党的二十大报告明确提出了要"加快构建新发展格局,着力推动高质量发展""提高城市规划、建设、治理水平"的新要求。随着我国城市建设从"有没有"进入"好不好"阶段,传统的城市规划管理体制已不适应存量发展要求,需要发挥城市设计优势精细化引导城市建设,全面加强城市设计方法,衔接统筹城市规划建设治理全过程。

研究内容

1. 探讨新时期城市设计内涵和优势

结合各地面向存量空间的实践,梳理传统控规等技术手段的不适应性,提出以城市设计引领未来空间建设的具体路径,进而创新城市设计的方法体系。

2. 明确不同层次空间城市设计工作要求

明确从小区,到社区,到街区,到城区,到城市等不同比例尺的设计要求,

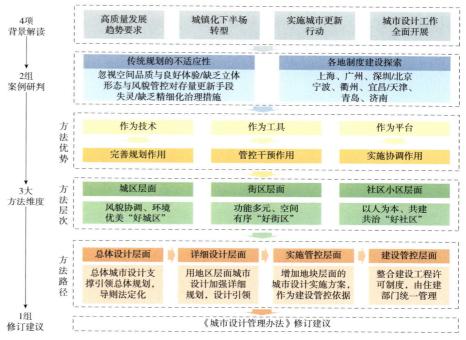

图1 研究框架

图2 存量空间城市设计发挥作用的路径构建

结合更新工作的要求,进而塑造风貌协调、环境优美的"好城区",打造功能服务多元、景观风貌有序的"好街区",营造以人为本、共建共治的"好社区"。其中,研究提出活力街区的规划建设治理建议。

3. 面向存量空间，研究优化城市设计管理体系框架的改革方向

发挥城市设计引领统筹作用，构建保障城市设计实施落地的管理制度机制，打通城市设计—建筑设计—工程设计的管理链条，助力城市更新行动，提高城市规划建设治理水平。

技术创新点

针对面向存量空间规划时期传统规划手段的不适应性，提出城市设计发挥作用的路径构建。城市设计作为技术，完善城市规划；作为工具，加强管控干预；作为平台，统筹实施协调。

街区具备上接规划、下对实施、长效运营的特色。通过活力街区的规划建设治理，层层推进城市设计方法和技术指引，探索街区尺度的精细化城市设计。

探索构建全周期城市设计管理制度，自上而下的战略管控和自下向上的实施落地相结合，提升城市品质、加强实施落地、提高治理能力。

应用及效益情况

存量更新时代，从传统规划回归城市设计，衔接统筹城市规划建设治理的全过程。研究推动了活力街区的规划建设治理研究及实践，并支撑了《城市设计管理办法》的修订研究。

（执笔人：魏钢）

城市修补更新的长效机制研究

项目来源：住房和城乡建设部城乡规划司
主持单位：中国城市规划设计研究院
院内主审人：朱子瑜
院内主审人：范嗣斌
院内主要参加人：王仲、谷鲁奇、姜欣辰、刘元、李晓晖、张佳

项目起止时间：2017年1月至2018年12月
院内承担单位：城市更新研究所
院内主管所长：邓东
院内项目负责人：邓东、范嗣斌、缪杨兵

研究背景

中国城镇化进入下半场，城镇化和城镇扩张的速度逐步放缓，我国经济已由高速增长阶段转向高质量发展阶段，正处在转变发展方式、优化经济结构、转换增长动力的攻关期。在存量和减量发展时期，对既有建设空间的修补更新，将取代过去扩张型的新城新区建设，成为新时期中国城市建设活动的主体形态。国内很多城市已经在探索建立更新修补的长效机制。东部沿海地区的一些先发城市，很早就遇到了建设用地扩张的瓶颈，不得不对城市中的存量低效建设空间进行更新提升，也率先在建立城市更新机制方面进行了探索。此外，城市"双修"工作由小范围试点逐步向全国推广，研究建立长效机制成为进一步推动城市双修工作的必然要求。

研究内容

本研究对国内外有关城市更新理论与实践进行梳理，重点关注工作实施长效机制保障方面的内容；同时进一步结合全国各地不同城市自身特点和各地已开展过的城市修补更新工作基础和经验，系统梳理修补更新工作在实施保障和长效机制方面的做法，对城市修补更新形成以下认识：

（1）城市修补更新不仅仅是地方城市的日常建设活动，更是国家治理的重要政策工具。构建修补更新的长效机制，中央政府和地方政府的角色都很重要。

图1　生态修复城市修补技术导则内容框架

（2）城市修补更新活动的类型丰富、操作方式多元，主体和利益关系复杂，长效机制的关键是明确程序和规则，并留足充分的创新和弹性空间。

（3）城市修补更新是利益再生和重分配的过程，长效机制必须既能发挥利益激励、推动的作用，又能保障公正公平。

（4）长效机制必须最大限度地激发各类主体，尤其是市场和社区加入修补更新的活动中来，才能满足存量建设常态化的需求。

因此，本研究提出统筹五大体系的长效机制构建思路，即法规体系、行政体系、治理体系、实施体系和利益体系，并分别对各个体系内的重点内容、中央和地方层面的分工与职责等进行了梳理，为中央政府和各地完善城市修补更新相关体制机制提供参考。

政策建议

1. 中央政府层面

一是加快立法和相关政策法规制定工作。加快面向修补更新、满足改造改建需要的标准体系构建，如编制城市双修标准等。二是明确行政机构和职能。设立城市更新专门管理机构，对全国的城市修补更新活动进行引导和指导。三是根据国家治理需要出台城市更新政策。可以采用政策支持+财政支持+技术支持的方式，强化中央政府对地方城市修补更新活动的影响。四是结合国家战略或重大项目需要，选择一些具有全国示范价值和影响力的国家重点更新地区，采用央地合作的方式，推进具体示范性工程建设。

2. 地方政府层面

城市修补更新不是简单的城市存量建设空间挖潜，而是提升城市竞争力的战略手段，实现城市精细化治理的重要工具和提高人民群众满意度的有效途径。因此，各地在构建长效机制时，除了完善五大体系的内容外，建议还要注重以下几方面工作重点：一是要影响战略决策。要在城市发展战略选择和城市修补更新活动之间建立桥梁。二是要加强人才培养。精细化治理需要地方技术人才的支持，逐步推广街道责任规划师、责任建筑师等制度。三是要鼓励探索创新。城市修补更新活动的操作主体在地方，各地要结合本地实际，积极探索，创新工作模式，形成各地经验。四是要提升治理水平。要通过修补更新活动，丰富地方治理的政策工具包，包括完善规划、实施、体检、评估的全过程治理体系，建设空间信息管理平台等。五是要切实维护公共利益。尽快完善利益协商和分配机制，保障城市公共利益、社区和居民利益。

应用及效益情况

城市修补更新长效机制的研究以及《生态修复城市修补技术导则》的制定为全国进一步开展"城市双修"及城市更新工作提供了总体指导和技术标准。2017年4月和7月，住房和城乡建设部相继批准了第二、三批共57个试点城市，"城市双修"工作在我国全面展开，关于长效机制及技术导则的相关研究成果得到了广泛应用与推广，并取得了很好的成效。

（执笔人：谷鲁奇）

城市更新专题研究工作

项目来源：住房和城乡建设部建筑节能与科技司
主持单位：中国城市规划设计研究院
院内主审人：汪科
院内项目负责人：邓东、缪杨兵、王仲
项目起止时间：2019年5月至2022年7月
院内承担单位：城市更新研究所
院内主管所长：范嗣斌
院内主要参加人：王亚洁、冯婷婷、吴理航、谷鲁奇、黄硕、姜欣辰、李晓辉、魏安敏、刘元

研究背景

我国城镇化和城市发展由建设转入更新阶段。实施"城市更新行动"已成为新时期提升人居环境品质，推动城市高质量发展和开发建设方式转型的重要战略和举措。城市更新投入大、周期长、回报低，现有制度和政策体系难以匹配，在既有体系上的修修补补也难以根本性解决问题，必须进行系统性改革。为了探索相关政策机制，住房和城乡建设部布置中国城市规划设计研究院开展系列专题研究，从专项类型和整体制度等不同维度寻求解决思路。

研究内容

《城市更新制度机制、支持性政策研究》主要包括四方面研究内容。一是调查汇总各地城市更新面临的制度瓶颈和政策堵点，汇总问题清单，分析堵点出现的原因和内在机制，按照难易程度，分类总结，形成制度设计和政策创新的主攻方向，如基层和社区动员、技术标准规范体系、土地财税金融政策体系、产权安全法律体系等。二是梳理英国、美国等发达国家城市更新制度建设的历程，关键制度和政策的主要内容、设计逻辑、实施成效等，总结其制度建设的主要经验，如中央政府和地方政府的事权划分、市场引入的鼓励策略、利益调整的原则、规则和方式、公众参与的机制等。三是梳理收集近年来，尤其国家实施城市更新行动以来，各地在城市更新领域的制度和政策创新成果，深入分析相关制度和政策的创新做法，评估其实施效果，挑选总结，形成可借鉴、可推广的政策创新工具包。四是提出满足我国城市更新开展需求、适应我国经济社会制度的城市更新制度机制和政策框架。

《绿色社区建设评价方法与参数——基于老旧小区改造的绿色社区建设研究》主要立足国内外绿色社区建设的实践经验和评价体系，从老旧小区改造的实际需求出发，构建了六个维度的绿色社区评价方法体系，包括结合老旧小区改造提升、建筑绿色性能优化、环境空间改善、服务设施完善、治理模式创新和绿色生活方式引导等。

《老厂区、老厂房更新改造利用的政策路径研究》首先分析了国内多个典型老厂区更新改造的案例，总结了各个案例的瓶颈难点和探索突破。其次，对景德镇陶溪川更新改造开展跟踪研究，分析了实施过程中控规修改、土地性质变更招拍挂、方案报建、竣工验收、管理运营等关键环节，总结了其政策创新的主要经验。在此基础上，从政策法规、行政管理、规划实施、技术标准等不同维度提出政策优化的路径建议。

技术创新点

一是统筹规划设计、公共管理、社会经济多学科，分析制度逻辑，研究制度和政策供给需求；二是统筹规划、建设、管理全过程，思考规划设计如何与公共政策结合，从精细化治理的角度探索构建全生命周期管理制度；三是统筹政府、市场、社会等多元主体视角，从当前城市更新工作中面临的政策制度瓶颈出发，立足实际需求，探索政府有为、市场有效的机制创新路径。

应用及效益情况

一是为住房和城乡建设部制定、出台相关政策提供参考，研究形成的案例集成为顶层设计、政策突破的重要源泉。二是为全国稳步推进城市更新行动提供示范，研究总结的各地经验为各地解决现实问题找到了参照。三是为地方政府政策制定提供了借鉴，研究提出的各类政策路径探索思路为地方政府因地制宜优化政策设计、创新制度体系指引了方向。

（执笔人：缪杨兵）

推进城市更新、优化城市空间布局的总体思路和制度体系研究

项目来源：国家发展和改革委员会发展战略和规划司	**项目起止时间**：2020年03月至2020年07月
主持单位：中国城市规划设计研究院	**院内承担单位**：深圳分院
院内主审人：方煜	**院内主管所长**：方煜
院内项目负责人：王凯	**院内主要参加人**：方煜、杜宁、周璇、胡恩鹏、杨梅、陈满光、彭小雷、刘越、陈杨、王帅、李亚丽、王树声

研究背景

中国经历了长达40余年的快速城镇化过程，新城新区大量建设，城市空间得到了前所未有的扩张。如今，我国的常住人口城镇化率超过60%，大规模"疾风暴雨"式的建设高潮正在褪去，土地、水和能源的束缚日益明显，传统资源消耗型、扩张型的发展模式不可持续，城市发展主要方式逐渐从"增量扩张"为主转向以城市更新为代表的"存量优化"。

研究内容

增量扩张时期的空间布局策略和空间治理方式无法完全解决存量时代的城市竞争力提升问题。本文在总结我国城市更新现状与成效的基础上，重点剖析存量时代城市更新所面临的七大核心挑战，提出产业转型、居住环境改善、公共服务设施和公共空间的品质提升、历史文化遗存保护等城市空间布局优化的策略建议，以及城市更新政策、制度完善建议，以整体性的视角构建新时期城市更新的模式框架。

1. 城市更新的地位与价值

广义的城市更新是指发生在城市中持续的改善行为，是一种将城市中已经不适应社会生活的地区作必要的、有计划的改建活动。

在当前的历史时期，土地资源、开发成本、消费模式等到达发展"拐点"，各种城市问题越来越难以通过单一视角、单一部门解决。此时，城市更新因其独有的全局性、长期性、综合性的特征，成为转型期治理"城市病"、推动更高质量的城镇化、推动实现社会主义现代化的重要抓手。

2. 城市更新的现状与成效

（1）更新政策不断完善，"北京、上海、广州、深圳"等一线城市更新政策框架基本建立，引领城市更新探索。

（2）城市更新实践量大，截至2019年底，我国老旧小区已改造约2万个，总面积约40亿平方米，占目前存量住房建面的16%；老旧厂区、街区、城中村等多类型存量空间更新取得了积极成效。

（3）更新水平不断提升，从大尺度的更新改造到"微更新""微改造"，均积累了一定的经验。

3. 城市更新的主要挑战

（1）居住环境改善的任务依然艰巨。城镇建设用地结构重工轻居，住房供应体系重销售轻租赁，住房供给结构性失调，城市供需矛盾突出。老旧小区存量规模大，改造牵涉面广，改造面临诸多难点。城市二次开发造成居住建筑过高、过密，公共卫生事件、事故灾难频发，社会治理难度提高，高强度开发造成社区居住品质下降。此外成本攀升房价高企，带来社会经济困局。

（2）扩张发展时期留下大量短板需要补齐。教育、医疗等基层民生保障的短板突出，远远无法满足市民需求。目前的城市建设规范中，养老设施配置标准偏低，公共设施难以适应老龄化等新发展形势。城镇建设密集地区土地资源紧缺，公共设施用地功能改变、占用频发，规划公共服务设施难以落地实施。

（3）出行的公平、绿色、舒适需求不断增强。城市建成地区普遍存在交通设施老化、供给规模不足或供给结构错位等问题。逐步加剧的交通拥堵、严重的尾气排放等对环境影响日益凸显。多样化出行需求、智慧化新技术的发展都需要在新一轮城市更新中予以考虑，并做好基础设施的预留。

（4）新动能培育的过程中，"旧瓶"和"新酒"存在冲突。老旧厂区更新改造中，改造为创意产业成功案例较多（如北京首钢改造），少部分改造案例促进了第二产业向第二点五产业升级（如深圳南山区蛇口网谷更新），但真正能通过城市更新促进制造业转型升级的案例较少。老旧厂区配套难以满足新生代技术工人的需求，反过来制约先进制造业升级。

（5）消费时代，中产阶级的消费需求无处"释放"。消费能力、消费需求日益增长，与之对应，城市建成区内普遍存在高品质休闲消费场所不足的问题。现有

的城市公共文化设施普遍存在建设标准较低、建筑陈旧、亟须升级的问题。城市文脉需要延续，家园认同感有待增强。

（6）"城市病"凸显，面向未来的绿色、智慧、韧性理念植入有限。城镇开发建设过程中，城市不透水面积大幅度增加、排水管网设计标准偏低，河湖水系、低洼地等蓄滞空间和行泄通道被侵占，生活垃圾收运处理体制不完善使得"城市看海""垃圾围城"等城市病不断暴露。城市更新是一个复杂的系统工程，不管是政府还是开发商，均缺乏动力来推动着眼未来且需要大笔资金和技术投入的智慧技术植入城市更新项目。

（7）更新的制度建设有待加强。法律法规层面，全国尚未建立独立完善的城市更新法律法规体系。政策法规层面，由于各地发展发展阶段不同，城市更新法规体系差异大、存在"时差"。规划编制体系和标准规范体系不健全，更缺乏明确的核心职能部门。

4. 空间策略

（1）以人为本，全面提升居住环境品质。加快推进老旧小区改造，提升硬件设施，营造个性化社区风貌，从"住有所居"迈向"住有宜居"。健全多主体供给、多渠道保障、租购并举的城镇住房制度，不断扩大住房多元供给途径。控制合理的强度与密度上限，构建合理的城市功能结构，推进人与自然和谐共生的美丽城市建设。

（2）补齐短板，高标准配置公共服务、交通、市政设施。统筹规划、合理布局各类基础设施，推进基础设施提档升级，强化城市地下管网建设。以"完整居住社区"为基本单元，实施"5分钟—10分钟—15分钟活动圈"覆盖工程，提升城市生活服务功能。加强交通设施的一体化综合利用，释放土地空间价值，提高土地、空间集约化利用。探索城镇密集地区探索公共设施共建共享新途径，提升空间集约性。

（3）交通提升，推动存量地区高品质再开发。倡导以公交、步行、自行车等绿色交通方式为优先导向的交通资源配置机制，探索合适的公共交通服务方式，建立城市更新项目交通影响评估机制。结合城市更新用地功能、业态特征，采取多种途径实现停车资源的集约高效利用。健全TOD更新改造公共保障政策，推动城市存量地区高品质再开发，提升城市综合服务水平。大力推广街区制更新，推动老旧城区微改造。

（4）创新驱动，提升产业发展质量，推动动能转换。大力推进老旧厂区环保改造、综合整治和有序更新。依托产业社区构建基本服务单元，有机整合制造业空间、研发检测空间、生活服务空间，推动产城融合。鼓励通过活化利用工业遗产和发展工业旅游等多样化的更新方式，将"工业锈带"改造为"生活秀带"、双创空间、新型产业空间和文化旅游场地。

（5）绿色韧性，走向城市与自然和谐共生。挖掘城市存量空间，建设绿地公园，进一步提升城市生态品质。多功能利用城市空间，构建雨洪调蓄系统。推进无废城市，实现源头减量和资源化利用。补齐防灾避难空间，提升城市灾害应对能力。

（6）传承历史，延续城市记忆，塑造特色风貌。保护历史文化，擦亮古城古镇古街新貌。活化历史街区，打造特色文化魅力空间，避免过度的开发造成的破坏，避免过度的庸俗化和商业化的倾向。

（7）智慧引领，推进智慧城市建设。鼓励适度超前使用新技术、绿色技术，提高城市再开发地区的可持续性、智慧化和韧性。合力打造"智慧园区"，谋划改造"智慧街区"，推进建设"智慧社区"。

5. 政策建议

完善城市更新法律法规政策体系，成立专职部门，理顺城市更新管理机制，构建科学合理的增量利益管控体系，完善城市更新规划编制体系，建立广泛、严格的城市更新协商和监督机制，建立健康、可持续发展的金融体系。

技术创新点

创新点1：该研究系统总结了我国城市更新的实践现状和发展趋势。

创新点2：该研究在实践的基础上总结新时期城市更新面临的主要挑战，系统总结城市更新在优化城市空间布局方面存在的关键议题，包括容积率管控、住房保障供给、产业升级、高密度建成地区的空间品质提升、城市记忆与风貌保护、城中村、交通市政支撑专项、多方公众参与方式等。

创新点3：该研究从城市空间布局优化的角度切入，面向可实施的导向，提出城市更新空间优化的策略，以系统性、差异化、可持续的战略思维，通过合理策划、有序实施，不断提升城市发展竞争力与可持续发展能力。

创新点4：该研究从整体层面提出基于城市更新体系优化的法律法规政策体系、城市更新管理机构调整等方面的建议。

应用及效益情况

研究成果产出包括《推进城市更新、优化城市空间布局的总体思路和制度体系研究》报告。报告了支撑《"十四五"新型城镇化实施方案》《国家新型城镇化规划（2021—2035年）》中城市更新相关内容的编制和研究，并与《中华人民共和国国民经济和社会发展第十四个五年规划和2035年远景目标纲要》中的实施城市更新行动相衔接。

（执笔人：杜宁）

城市更新体制机制与示范

项目来源：2021年住房和城乡建设部科学技术计划项目　　**项目起止时间**：2021年1月至2023年6月
主持单位：中国城市规划设计研究院
院内承担单位：城市更新研究所、城市设计研究分院、住房与住区研究所、上海分院、深圳分院、西部分院等
院内主审人：邓东　　**院内主管所长**：范嗣斌
院内项目负责人：朱子瑜　　**院内主要参加人**：范嗣斌、王仲、缪杨兵、王亚洁、郭君君、张璐、刘昆轶、杜宁、熊俊等

研究背景

2020年10月，党的十九届五中全会提出"实施城市更新行动"，次年11月，住房和城乡建设部开启了为期两年的城市更新试点工作。为支撑住房和城乡建设部试点工作开展，指导并跟踪总结试点城市经验，中规院开展了"城市更新体制机制与示范"研究项目。

研究内容

第一，城市更新体制机制框架构建。从城市更新概念内涵出发，结合国外城市更新体制机制构建经验、国内外相关研究综述，提出由目标体系、组织体系、规划计划体系、实施体系、政策法规体系和机制保障等要素构成的城市更新体制机制框架。

第二，国内先发城市与试点城市经验总结。全面总结北京、上海、广州、重庆等城市更新先发城市以及21个试点城市的经验做法、现存挑战，提炼可复制可推广的体制机制构建经验。

第三，提出我国城市更新体制机制构建的框架性思路。包括国家和地方两个层面，涉及城市更新组织体系和统筹谋划机制、城市更新规划计划体系和项目生成机制、城市更新实施体系和全生命周期管理机制、城市更新政策法规体系、多元资金保障机制、多元参与机制等方面。

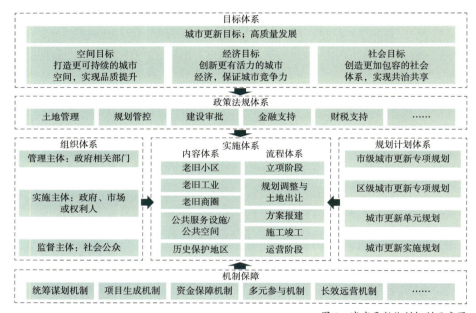

图1　城市更新体制机制示意图

技术创新点

第一，跨学科多专业融合。从行政视角切入和思考，统筹规划、建设和管理全过程，探索支撑城市更新的长效政策制度保障，系统提升城市治理水平；融入社会学视角，统筹政府、社会和市民等多元主体，以"共同缔造"理念探索多方参与推动城市转型发展的机制。

第二，系统构建中国本土城市更新体制机制框架。突破既往城市更新系统性不强、流程环节割裂严重等问题，结合城市更新的多系统、多环节、多类型特征，构建中国特色城市更新体制机制框架，为国家及各地方城市更新工作提供参考。

应用及效益情况

社会效益方面，研究精准识别民众需求，解决民生痛点问题，通过多个城市更新试点经验的示范推广，显著提升人居环境质量和人民生活满意度。

经济效益方面，城市更新是我国经济增长点，研究科学指导城市更新行动，积极推动多行业协同发展，对于拉动经济、激发创新具有重要推动作用。

生态效益方面，城市更新工作有助于推动生态修复、完善城市生态系统、保护城市山水自然风貌。本研究对于建设人与自然和谐共处的绿色城市具有重要意义。

（执笔人：王亚洁）

城市更新试点全过程跟踪指导

项目来源：住房和城乡建设部建筑节能与科技司
主持单位：中国城市规划设计研究院
院内主审人：邓东
院内项目负责人：王仲
参加单位：北京建筑大学、中国建筑设计研究院有限公司
项目起止时间：2022年5月至2023年5月
院内承担单位：城市更新研究分院
院内主管所长：范嗣斌
院内主要参加人：吴理航、仝存平、张祎婧、王亚洁、缪杨兵、柳巧云等

研究背景

2021年11月，住房和城乡建设部办公厅印发《关于开展第一批城市更新试点工作的通知》，在北京等21个城市（区）开展第一批城市更新试点工作，探索城市更新的统筹谋划机制、可持续模式和配套制度政策。为确保试点工作取得成效，亟须开展城市更新试点全过程跟踪指导，定期调研了解试点推进情况，及时解决试点中的难点问题，总结推广具有示范意义的好经验、好做法和好案例，研究城市更新规划和年度实施计划编制指引，为各地城市更新提供技术支撑。

研究内容

专题一"跟踪技术指导"，包括分阶段、有计划对城市更新试点进行专项调研和技术指导，聚焦城市更新统筹谋划机制、可持续模式、配套政策制度等方面，定期梳理试点城市工作进展情况，及时研究解决瓶颈问题。

专题二"示范案例遴选"，包括协助多渠道推荐城市更新示范候选项目，组织专家遴选，分类分批提出城市更新示范项目建议，总结各类示范项目的特色亮点、经验做法。定期起草城市更新情况交流等各类宣传材料，编制城市更新示范案例图集。

专题三"可复制经验做法总结"，包括总结试点地区城市更新工作先进经验，定期形成城市更新可复制经验做法清单推荐条目，配合建筑节能与科技司做好推广和宣传工作。

专题四"城市更新规划与年度实施计划研究"，包括对国内部分城市更新规划和计划的编制工作及实施效果进行跟踪研究，总结分析经验与教训，紧密衔接城市体检评估工作，围绕城市更新规划和年度实施计划编制的原则要求、主要内容、实施路径、公众参与、审批监督等内容，研究提出关键性技术方法，提出城市更新规划和年度实施计划编制指引。

技术创新点

一是通过大规模实地调研，选取不同城市更新试点定期进行实地走访和现场勘查，掌握城市更新工作实际推进情况，了解城市更新工作中面临的问题及阻碍，并提供全过程跟踪指导。二是通过对不同城市更新试点的工作开展情况及遇到的问题阻碍进行横向对比分析，评价得出各地城市更新工作开展快慢及优劣，指导并协助各地更新试点工作有序科学推进。三是通过对各地更新试点工作的推进情况及面临的问题阻碍进行分析归纳，总结先进经验及存在的各类问题，积极探索适合当下的城市更新模式。

应用及效益情况

在开展城市更新行动的背景下，城市更新试点跟踪评估取得了很好的社会效应，得到社会各界的认可。一是全面及时了解各地试点情况。通过对第一批21个城市更新试点地区进行定期跟踪调查和全过程指导，了解了各地更新工作组织、实施模式、支持政策等方面探索的进展情况及面临的各类问题，形成报告提交住房和城乡建设部。二是协助各地按住房和城乡建设部要求有序推进城市更新工作，及时向地方转达部相关政策要求并提供技术指导。三是总结试点地区在工作推进和突破瓶颈中的特色亮点，尤其是在工作组织机制、项目可持续运营模式和支持政策方面的可复制经验做法，以案例图集形式推广，供其他地区参考借鉴。四是在城市更新规划与计划方面，总结既往经验做法，结合首批城市更新试点地区应用跟踪，研究建立与城市体检工作相结合，规划周期、内容与"一年一体检、五年一评估"要求相匹配的多层次规划计划体系，组织编制城市更新项目实施方案，为各地规划计划编制提供依据，为国家部委出台相关政策文件提供技术支撑。

（执笔人：王仲）

旧商业区更新改造政策路径研究

项目来源：住房和城乡建设部建筑节能与科技司	**项目起止时间**：2022年4月至2022年10月
主持单位：中国城市规划设计研究院、北京市规划设计研究院	**院内承担单位**：城市设计研究分院
院内主审人：鹿勤	**院内主管所长**：刘力飞
院内项目负责人：陈振羽	**院内主要参加人**：魏维、顾浩、唐睿琦、郭文彬、王飞、王颖楠、魏钢、申晨、马云飞、马诗雨、谢静璇

研究背景

我国城市中的旧商业区大多位于城市的核心地段，由商业步行街区、传统商场集聚区等多种模式构成，在过去城市的发展过程中扮演着极其重要的角色，是我国城市发展历史的重要记忆场所。但是由于城市不断对外扩张，旧商业区已逐渐表现出活力不足、品质下降的现象，已经不能适应我国城市高质量发展的要求。因此在实施城市更新战略的背景下，急需研究我国旧商业区如何找到城市中的新定位、重塑城市风貌、激发空间活力。

研究内容

本次研究主要包括现状问题、更新价值、地方经验、工作建议四个部分的内容。

一是我国旧商业区的现状问题，随着城市新区的建设，城市居住人口大量外移，新建商业设施对旧商业区造成了极大的冲击。相比于旧商业区，新建的商业设施在运营模式、消费体验、整体风貌、交通联系等方面具有较大优势，对购物人口的吸引能力更强。旧商业区从城市活力的吸引点变成只是满足居民基本需求、体验相似的低质商业空间，再叠加电子商业的冲击，旧商业区吸引力进一步降低，老城活力加速衰退。主要表现在空间模式落后、商业氛围不足、建筑风格混杂、整体风貌不美，停车设施短缺、交通联系不畅三个方面。

二是旧商业区的更新价值，旧商业区的衰败是城市老区衰败的缩影，是城市人口逐步转移，老城吸引力降低的重要表征。旧商业区大多位于老城的核心区域，是老城区空间组织的核心节点、功能结构的重要组成部分、文化记忆的集中承载地。通过对旧商业区的更新可以重塑区域价值、引领老城复兴。重新梳理整合既有商业空间，向适应现代商业空间模式进行转变，同时提升公共空间品质，可以提升营商环境、激发空间活力。通过改造既有建筑、美化景观环境、提升人文内涵等方式展示城市风貌、城市性格、城市历史，可以重新塑造城市特色风貌的集中彰显区域，唤起缺失的城市记忆。

三是细致总结了旧商业区更新的地方做法，在更新主体、组织机制、资金来源、资金来源、运营维护、空间设计方面初步形成了一些可复制推广的典型经验和做法，比如多元的更新主体，政企互助的工作组织模式，市场资金主导、政府公益投入的更新资金筹措方式，市场主导、政府协调监督的长效运营维护，通过设计引领明确更新重点等。

四是对旧商业区城市更新的工作提出建议，建议在下一批城市更新试点工作中，将旧商业区城市更新作为特定的重点任务之一进行探索，及时总结一套可复试、可推广的好经验、好做法、好案例，引导全国各地相互学习借鉴。建立旧商业区城市更新工作体系，应当包含"更新主体、组织模式、资金来源、运营维护"四个方面的内容。编制旧商业区城市更新技术导则，重点突出不同类型旧商业区在"建筑本体、商业版块、开敞空间、交通设施、景观环境"等多方面的设计要点。出台旧商业区城市更新鼓励政策，联合出台土地、财政、金融、税收等政策。同时鼓励地方政府出台符合自身需求的旧商业区城市更新的相关支持方案。

技术创新点

本次研究通过案例分析法、文献分析法、比较研究法等方法系统梳理了我国旧商业区所面临的问题、旧商业区的价值、地方旧商业区更新的做法，并对未来旧商业区城市更新工作的推进提出了建议。

应用及效益情况

本研究为城市更新行动的基础性研究，通过分析更新实践案例，梳理了实施路径、资金来源、运营维护等方面的经验，建议进一步深化开展旧商业区的城市更新工作，构建旧商业区城市更新体系。本研究为住房和城乡建设部在接下来的城市更新试点工作，全国城市更新行动的推广与指导提供了技术性的支撑。

（执笔人：顾浩）

城市体检数据采集与智能诊断技术研究

项目来源：住房和城乡建设部建筑节能与科技司系列课题、2023年城市体检工作、2022年城市体检工作、2021年城市体检工作、城市体检指标数据采集及分析方法研究（2021）、城市体检评估技术方法优化研究（2021）、城市体检评估问题诊断方法研究（2021）

项目起止时间：2020年3月至2022年12月　　**主持单位**：中国城市规划设计研究院

院内承担单位：战略研究中心、绿色城市研究所、信息中心、遥感应用中心、住房与住区所、城市设计研究分院、城镇水务与工程研究分院、城市交通研究分院、风景园林和景观研究分院

研究背景

在持续推动城市体检体制机制探索，不断优化工作框架、组织模式、应用路径的过程中，围绕响应老百姓的切身关切、应对城市资源环境压力、探寻城市发展动力的新需求，对城市体检的技术方法及相应的数据、模型、工具、平台也提出了更加精准化、系统化、智能化的新要求。技术方法的优化调整与创新涉及指标体系构建、数据采集分析、问题诊断及成果应用各个环节，其中，城市体检数据采集技术与面向城市更新的智能诊断技术是当前城市体检技术工作的突出短板。

研究内容

1. 指标体系构建

以消除或缓解"城市病"为目标，前期的城市体检指标研究重在反映城市人居环境总体层面的短板与不足，逐步调整形成由住房、小区、社区、城市4个层面构成的基础指标，建立"1+N+X"城市体检基础指标体系。开展相应的单项指标、综合指数评价标准及评价方法研究，进行健康指数、高质量发展指数等探索研究。总结梳理各地结合实际情况细化基础指标的思路：细化新增指标、结合地方标准规范调整指标评价标准；结合城市特色、更新行动、专项规划及特殊人群需求，形成本地化的城市体检指标体系。

2. 数据采集分析

研究明确住房、小区、社区和城区维度差异化数据采集汇总方式。研究提出综合考虑人口密度分布、城市地形等多种因素，采用空间分层抽样法开展居民抽样问卷的调查方法；鼓励通过市民医生、体检观察员等方式，对社区、街区层面问题长期跟踪，积极推动建立公众参与机制。技术工具方面，课题通过遥感技术和大数据分析，校核建成区面积，解译计算公园绿化活动场地服务半径覆盖率等；开发住房、小区（社区）维度数据填报小程序。

3. 面向城市更新的问题诊断

研究围绕建立健全城市体检工作机制，从国家愿景目标和城市治理视角两方面切入，立足国际经验和国内实践，总结一套适合我国城市体检工作的问题诊断方法体系，包括诊断问题、诊断工具包，以及通过诊断结论来划分问题治理优先级方案。以目标导向和问题导向，探索具有高针对性、高衔接性、高操作性的体检评估问题诊断方法，梳理出一张中国城市"城市病"清单，一套城市体检样本城市问题诊断方法汇总，一套城市问题诊断方法工具包，为治疗和预防"城市病"，推动城市高质量发展提供了技术方法层面的支撑。

4. 体检成果及应用

开展对国家、省、市各层级体检成果形式、内容及应用路径的研究。为住房和城乡建设部开展试点省市体检工作培训及技术指导提供支撑，为国家层面汇总年度各地城市体检评估主要结论，系统分析全国层面的城市发展建设共性问题，长期跟踪监测全国城市发展建设的底图、底数提供技术支撑。

技术创新点

1. 探索形成不同层级差异化数据采集分析方法

结合全国层面第三方体检和各城市自体检实践，研究提出不同层级指标采取差异化的数据采集方式，具有不同填报主体、汇总主体及统计分析主体。技术创新点：一是通过微信小程序、APP等形式搭建城市体检更新数据调查系统，实现住房、小区（社区）维度体检指标数据的采集汇总与台账的查询。支持调研人员在楼栋、小区、社区层级进行现场精细信息采集、精准坐标落位；市、区县、街道管理者可对填报情况进行审核、填报进度查看。二是引入遥感影像、街景图片数据、LBS位置数据、导航POI等大数据资源，建立智能模型，精细化的监测城市人居环境相关指标现状及变化情况。支持指标的自动计算与自动生成住房、小区（社区）维度的调研台账表单。三是利用遥感技术，动态跟踪城市建成区人居环境变化。划定市辖区建成区范围，分析和评价样本城市的公园绿化活动场地服务半径覆盖率、绿道服务半径覆盖率和城市道路网密

各层次数据采集、填报、汇总、统计分析及上报主体　　表 1

层次	采集方式	调研与填报主体	汇总主体	统计分析主体	成果上报主体
住房	人工调研	由社区管理员现场调研并填报；部分指标由相关专业技术机构采集并填报	社区、街道汇总	技术团队完成数据分析	城市人民政府
小区社区					
街区	人工调研结合部门数据、第三方数据	由街道工作人员现场调研并填报	专业部门填报、区住建局汇总		
城区	部门数据、遥感数据、第三方数据	各部门和体检技术团队	专业部门填报、市住建局汇总		

重庆：街道层级建立“市民医生”机制
● 专业人士、社区管理员和市民志愿者
● 上门慰问困难家庭、残障人士及家属，了解特殊困难人群对无障碍设施、社会保障制度、社区服务及求助途径等方面的需求
宣讲
体检政策
反映
社情民意
市民
医生
协助
开展满意度调查
跟踪
问题整改

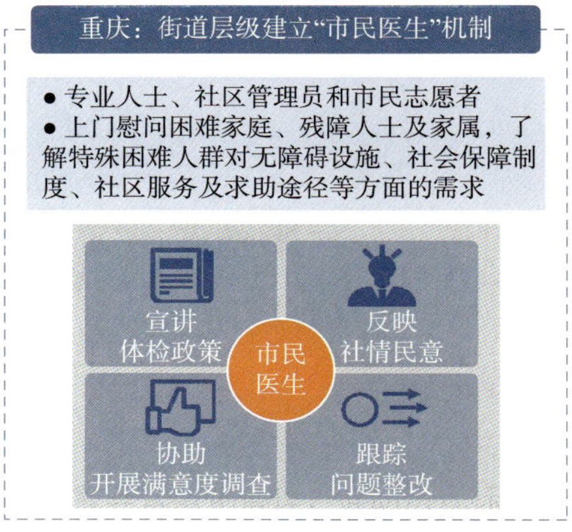

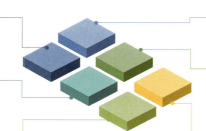

图 1　重庆在街道层面建立“市民医生”机制

评价知识图谱
对于城市评价案例、相关数据进行长期积累和跟踪，形成城市评价领域的知识图谱，长期目标希望能够实现多源数据的统一管理以及各类指标体系的收集、归类、总结
时空地图诊断
细化城市体检的时空参考，使用基于空间分析的工具，将“城市病”、城市问题在空间上可视化，同时在时间上展现出变化趋势
薄弱环节专项诊断
对于城市薄弱环节的具有针对性的专项诊断方法，总结归纳有两方面，一是构建体检特色指标；二是建立体检专项诊断
指标关联诊断
社会网络分析法 Social Network Analysis：最大互信息系数 MIC 模型核心指标法：Fuzzy AHP 法：关键要素的文献拓扑关系法等
居民满意度诊断
居民满意度调查、“12345”市民服务热线等渠道和其他形式问卷中反馈的居民对于相关指标的评价，对民声诉求数据进行的挖掘分析，可作为对指标计算识别出的问题进行校验
实地调查诊断
涉及空间类型的问题，可以根据问题反馈所在区域集中地区进行踏勘核查、访谈相关人士、现场反馈与确认

图 2　城市体检问题诊断工具包

度等指标，形成样本城市遥感监测分析评价报告。创新实现不同层次空间属性数据整合应用，使城市更新与城市体检的空间数据联网管理，利用遥感、高清影像、倾斜摄影等先进技术，突出历时性和即时性的动态监测，掌握体检指标相关数据的最新动态，便于在城市体检工作中实现动态监控与管理，高效辅助政府决策。

2. 探索形成面向城市更新的智能诊断技术方法

随着体检工作的深入推进，对城市体检问题诊断针对性不足、体检与更新衔接性较弱，治疗和预防“城市病”的政策措施欠缺系统性等问题依然存在，为突破“通过城市体检的指标计算与分析，仅能印证已知结论”的困境，课题以重庆、海口等地的体检工作实践为案例，开展面向城市更新的智能诊断技术研究。技术创新点：课题研究形成城市体检问题诊断工具包、城市体检问题诊断方法流程等系列成果，提出了层次分析法、指标间关联分析法、社会网络分析法、MIC 模型核心指标法、关键要素的文献拓扑关系法、核心指标提取等方法在城市体检问题诊断过程中的具体应用形式，优化了城市体检问题分析诊断技术方法，对国家、省、市各个层面的城市体检工作具有较强指导意义与实操性。

3. 建成国家—省—市三级联动的城市体检信息平台

课题围绕“发现问题—解决问题—巩固提升”的工作机制，推进功能设计，实现体检指标可持续对比分析、问题整治情况动态监测、城市更新成效定期评估、城市体检工作指挥调度等功能，为城市规划、建设、管理提供基础支撑。国家级平台突出全局统筹管理功能，省级平台突出上下互通、统筹管理与监测评估功能，城市级及以下平台突出数据采集、辅助决策功能。研究提出了通过建立多级平台数据共享机制，实现互联互通、资源共享、业务协同，形成自下而上的数据汇集、问题上报、整改跟踪和自上而下的工作管理、信息反馈工作机制，探索以体检平台为依托的创新工作模式，推动城市体检工作持续有效开展。技术创新点：一是作为数据汇聚展示平台，围绕城市体检指标，既满足住房、社区（小区）微观尺度的信息采集、数据治理、数据分析等需求，也满足街区、城区尺度指标的个性化、智能化和动态化计算需求，以支撑城市体检数据

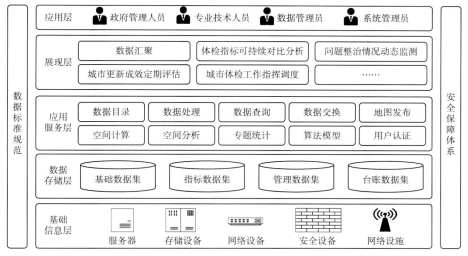

图 3 城市体检信息平台架构图

采集汇聚工作。二是作为分析诊断平台,将面向城市更新的智能诊断技术方法、工具系统化、平台化,服务城市体检工作。注重智慧化应用场景构建,结合城市建设管理,搭建城市绿道、城市更新、未来社区等场景,提供从方案制定到项目生成、项目申报、项目建设和项目管理等的仿真模拟,推动城市体检结果应用等。三是作为综合工作平台,通过城市体检工作,摸清城市建设底数,形成了"多维度、多尺度、高精度"的城市体检基础数据底座,为城市体检的系统性评估,城市更新的精准化施策提供数据支撑,为"数字住建"建设夯实基础数据底板。

应用及效益情况

该研究为住房和城乡建设部出台《关于全面开展城市体检工作的指导意见》提供了前期技术积累,也为历年来针对样本/试点城市的第三方城市体检报告的编写、地方自体检报告的综合分析评价、城市体检指标体系的优化调整及评价标准的制定提供了重要支撑。

全国城市体检信息平台作为重要应用示范成果之一,在近几年的样本城市体检工作推动中发挥了重要的作用。全国城市体检信息平台为部、省、市三级用户提供指标数据采集、城市体检可持续对比分析、问题整治情况动态、城市体检工作调度等功能。该项研究与信息平台建设过程中,还初步形成了全国城市体检数据建设规范、城市体检信息平台建设规范等,为全面开展城市体检工作提供了技术支撑。此外,重庆、宁波、杭州、海口、景德镇、兰州等地,结合实际情况,在此基础上探索信息平台建设,例如,宁波市通过城市更新相关专题场景和决策辅助功能应用,实现城市体检从量化评估到治理实践的重要转化。杭州市将城市体检与专项体检相结合,通过信息平台的生活圈评估模块对完整社区建设进行定量评估,为城市高质量发展"问诊把脉"。

(执笔人:徐辉、翟健、骆芊伊、翁芬清、王伊倜)

城市老旧住区更新改造配套设施标准适宜性研究

项目来源：住房和城乡建设部标准定额司、北京建筑大学未来城市设计高精尖创新中心
项目起止时间：2020年6月至2021年5月　　主持单位：中国城市规划设计研究院　　院内承担单位：城市设计研究分院
院内主审人：鹿勤　　院内主管所长：陈振羽　　院内项目负责人：魏维
院内主要参加人：郭君君、马云飞

研究背景

党中央对做好住房工作高度重视，多次在中央政治局会议上提出对住房发展的指示和要求，住房和城乡建设部也将老旧小区改造、住区环境提升等作为2019年以来的重点工作。

研究内容

1. 研究范围与目标

研究对象为城市老旧住区中的配套设施，即基本公共服务设施、市政配套基础设施和公共活动空间场地。重点关注城市老旧住区更新改造配套设施标准适宜性研究，形成城市老旧住区更新改造配套设施标准适宜性分析，为老旧住区更新改造工作提供技术依据。

2. 现行政策标准梳理与适宜性分析

目前与老旧小区改造相关的标准规范大致可分为三大类，分别为保障安全类：主要设计抗震规范和消防规范；完善提升类：主要包含无障碍设计、绿地、停车方面的标准；综合配套类：包含养老、托幼、卫生站等社区配套设施方面的标准。

抗震、消防等保障安全类的标准，属于底线类标准，在老旧小区改造过程中必须严格遵守。对建设年代较早，不满足抗震规范的建筑进行加固改造，提高抗震等级。加强住宅小区消防车通道管理，全面清理整治占用消防车通道的行为，确保消防车通道畅通，积极动员物业工作人员在日常巡查过程中向居民宣传占用、堵塞消防车通道的危险性。督促物业重新规划消防车通道，实现老旧小区消防车通道画线和标识规范。

完善提升类标准规范主要涉及老旧小区改造中的无障碍设计、绿地和停车方面的内容。《无障碍设计规范》中对居住小区在道路、建筑物出入口、电梯等方面提出了无障碍设计要求。《城市停车规划规范》对居住小区配建的停车位数量无硬性要求，仅提出可结合户数设置。《城市绿地规划标准》中提到居住区绿地规划的建设标准，需遵循《城市居住区规划设计标准》中的相关规定。

综合配套类标准中，2018年《城市居住区规划设计标准》GB 50180—2018对老旧住区的改造提出了许多的事项及指标。如明确老旧小区更新完善在不更改原有规划的情况下，完善提升不受《标准》技术内容的制约。除了《城市居住区规划设计标准》，老旧住区改造在增补设施时也需要参考《乡镇综合文化站建设标准》《幼儿园建设标准》《社区卫生服务中心站建设标准》《城市社区体育设施建设用地指标》《社区老年人日间照料中心建设标准》等标准细则。在条件允许的情况下，应尽可能满足各类建标提出的建设要求。多个住区统筹配置配套设施，可通过分点设置实现设置最低规模要求。以达到综合达标，逐步完善的要求。

技术创新点

在对现有政策标准梳理和老旧小区改造案例研究的基础上，提出相关政策建议。一是完善标准，建立健全的老旧小区改造标准体系。在与老旧小区改造相关的标准规范进行修编时，应考虑到老旧小区改造的实际情况，对不适宜老旧小区改造的标准内容作出合理化的调整。同时，也应因地制宜，鼓励地方制定适宜本地老旧小区改造需求的技术规范。二是统筹规划，通过统筹规划等工作方法，加强对标准的落实。通过从评估到规划再到建设的系统的工作方法，来提升政策标准在老旧住区改造过程中的落实程度，从而提升居民的幸福感和满意度。三是创新机制，加强体制机制创新，提升配套设施服务效能。我国老旧小区改造市场空间广阔，改造中面临的问题错综复杂，仅靠政府单方力量，传统的老旧小区治理方式已很难从根本上解决问题。应加强体制机制创新，在改造过程中调动多方力量参与。

应用及效益情况

研究成果在延安七里铺社区老旧小区改造规划中得以应用。基于延安七里铺老旧小区改造规划，以增补养老设施为目标，通过问卷调查与标准梳理，明确老年人在设施方面的需求与增补目标，提出整合空间单元、挖潜存量资源、设施复合利用等改造策略，为旧改中社区服务设施的增补提供方法对策。

（执笔人：郭君君）

城市体检方法与成果转化路径研究

项目来源：住房和城乡建设部建筑节能与科技司系列课题、2023年城市体检工作、2022年城市体检工作、群众需求导向下的城市体检指标研究（2023）、城市风险隐患通知书生成与督查工作机制研究（2023）、面向城市建设规划的城市体检指标体系研究（2022）、城市体检评估工作规则研究（2022）、城市体检协同工作机制研究（2022）、面向城市更新的城市体检评估方法研究（2021）、城市体检评估指标体系国内外比较研究（2019）、试点城市体检评估工作总结及比较研究（2019）、城市体检评估政策研究（2019）

项目起止时间：2019年3月至2023年12月　　**主持单位**：中国城市规划设计研究院

院内承担单位：战略研究中心、遥感应用中心、住房与住区研究所、城市设计研究分院、城镇水务与工程研究分院、城市交通研究分院、风景园林和景观研究分院

研究背景

城市体检是一项基础性工作，它对查找城市建设问题、综合评价城市发展状况、制定对策措施、优化城市发展目标和弥补城市发展短板具有重要作用。它不仅是实施城市更新行动、统筹城市规划、建设、管理的重要手段，也是推动城市人居环境高质量发展的重大举措。中国城市规划设计研究院从住房和城乡建设部2018年开展城市体检试点以来开展陪伴式支撑研究，逐步形成了一套"发现问题—解决问题—巩固提升"的城市体检方法，并构建了体检成果转化路径。

研究内容

1. 城市体检的作用与意义

研究城市体检方法，有助于全面了解城市人居环境领域基本状况，识别"城市病"及其"病理"的重要技术方法，为政府统筹推进城市现代化治理提供工具手段。通过开展周期性的城市体检工作，精准诊断人民群众身边的急难愁盼问题，同时查找影响城市竞争力、承载力和可持续发展的短板弱项，研究成果转化形式与转化路径，为构建宜居、韧性、智慧城市提供支撑，不断满足人民对美好生活的向往和需求。

2. 细化体检单元，构建四个维度的城市体检指标，全面推动人居环境的量化评估

住房维度方面，关注住房质量、宜居舒适度，从安全耐久、功能完备、绿色智能等方面进行体检，包括房屋使用安全、管线管道、入户水质、建筑节能、数字家庭等。小区（社区）维度方面，以社区服务基础为核心，关注设施完善、环境宜居、管理健全等方面，识别养老、托育、停车、充电等设施缺口以及小区环境、管理问题。街区维度方面，作为城市结构的基本组成单位，重点衔接十五分钟生活圈配置要求，从功能完善、整洁有序、特色活力三个方面进行体检，激发街道活力。城区（城市）维度方面，以生态宜居、历史文化保护利用、产城融合与职住平衡、安全韧性、智慧高效等方面为重点，识别影响城市竞争力、承载力与可持续发展的短板。不同空间维度的指标并非完全割裂，而是相互关联，共同反映人在不同空间尺度的需求，如与人民群众健康密切相关的公共活动场所、绿色空间建设指标是贯穿于小区（社区）、街区、城区（城市）多个空间尺度的。

3. 构建"年度体检+专项体检"方法，一体化推进城市体检与城市更新

研究提出了"年度体检+专项体检"方法，其中年度体检重点是对城市可持续发展重点领域的监测；专项体检是结合城市更新行动进行的针对性体检，包括改善住房品质、完善市政设施、保障韧性系统、健全公服体系、提升交通系统、优化公共空间、营造街道环境、活化文化遗产、改造商务楼宇商圈、更新老旧厂房与低效园区等城市更新工作和打造生命线系

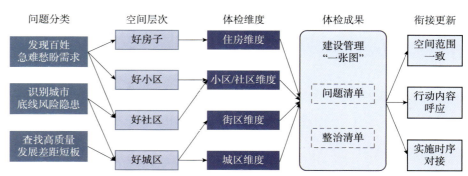

图1　一体化推进城市体检与城市更新工作示意图

统、新城建智慧运维等专项新行动。

4. 分类、分级推动问题清单、整治清单，为政府施策提供科学决策依据

研究提出将问题分为限时解决和尽力解决两类，形成问题清单和整治建议清单。同时，需要将整治清单分解到责任单位，提出具体治理方案，保障体检查出的问题得到解决。城市体检是一个系统化、周期化的过程，它通过构建城市体检数据库和信息平台，实现数据采集、智能计算、分析诊断、监测预警等功能，为城市精细化分析与管理提供支持。

5. 城市体检工作评估

研究形成了城市体检评估的政策建议、评估与督导工作机制初步方案、城市体检工作绩效评价打分表、城市风险隐患通知书生成、城市体检工作案例集等工作成果，对城市体检在工作流程、技术规程、成果应用等方面的工作体系建立提供支撑，推动了城市体检工作进一步规范化、制度化、有效化，进而推动各项决策部署落实到位，进一步完善城市体检的体制机制。

技术创新点

一是构建了一体化推动城市体检与更新的工作方法，梳理流程和技术衔接点，为全面实施城市更新行动奠定基础。

二是立足规划建设管理工作统筹，研究了全周期、全过程的体检技术体系，为精准查找问题，精确解决问题，精细治理城市提供了方法。

三是搭建了城市体检成果转化的路径，形成了从体检到更新的业务闭环机制。

应用及效益情况

该项研究为住房和城乡建设部出台《关于全面开展城市体检工作的指导意见》提供了重要技术支撑。同时研究形成了指导住房、小区（社区）、街区、城区四个维度的《城市体检工作手册》一套，切实发挥了指导并规范297座地级以上城市开展城市体检技术工作的积极作用。

（执笔人：张菁、徐辉、李倩、焦怡雪、窦筝、王颖）

新型城镇化背景下我国社区建设治理的趋势和对策

项目来源： 国家发展和改革委员会发展战略和规划司
主持单位： 中国城市规划设计研究院
院内主管所长： 陈振羽
院内项目负责人： 张菁、陈振羽
项目起止时间： 2020年11月至2020年12月
院内承担单位： 城市设计研究分院
院内主审人： 鹿勤
院内主要参加人： 刘善志、马云飞、魏维、王飞、黄思瞳、魏钢、申晨、韩靖北、顾浩、尹思南、马诗雨

研究背景

当前，我国社会经济发展已进入新时代，城市建设逐渐由大规模、高速度的粗放型发展阶段进入到关注城市人居环境品质、建立健全治理机制的精细化发展阶段。在过去几十年间，城市建设飞速发展，但在城市规模不断扩大，建设量快速增长的同时，也出现了居住社区规模过大、市政基础设施和公共服务配套设施不完够、公共活动空间不足、物业覆盖面不高、社区治理机制不健全等问题，居民普遍对社区没有归属感和认同感。因此，在推进新型城镇化建设的发展背景下，在社区治理向精细化转型的过程中，研究我国社区建设治理的趋势和对策具有十分重要意义。

研究内容

本项目的主要目标是通过理论研究、发展历程与现状梳理和实践政策分析，形成针对我国城市社区建设与治理的思考和总结，进而提出新型城镇化背景下社区建设治理的趋势和对策。

1. 社区建设发展的背景与总体要求

（1）社区相关概念阐述

2000年民政部对社区下了具体定义，即"社区是指聚居在一定地域范围内的人们所组成的社会生活共同体。目前城市社区的范围，一般是指经过社区体制改革后作了规模调整的居民委员会辖区。"社区建设是20世纪中期社会学家对现代城市管理开展研究时提出的概念，是目前国际上普遍采用的比较规范而且比较可行的城市管理新模式。我国社区建设自20世纪90年代提出，发展重心从社区服务、管理体制组织体系创新，逐步转向社区治理。社区治理是社区范围内的政府、社区组织等，依据法律、法规，以及社区规范、公约、约定等，通过协商谈判、协调互动、协同行动等对涉及社区共同利益的公共事务进行有效管理，从而增强社区凝聚力，增进社区成员社会福利，推进社区发展进步的过程。

（2）中央对于社区建设的总体要求

社区是城市建设的基本单元，随着社区治理体系的逐步完善，社区建设目标由"社会生活共同体"向"幸福家园"转变。2017年6月，《中共中央 国务院关于加强和完善城乡社区治理的意见》提出建设人本视角"幸福家园"的新目标，提出"完善城乡社区治理体制，努力把城乡社区建设成为和谐有序、绿色文明、创新包容、共建共享的幸福家园"。

社区也是中国共产党治国理政的着力点和支撑点，加强和完善社区治理是夯实国家治理现代化的基础，推动社区发展和进步是践行"以人民为中心"执政理念的关键。

2. 中国城市社区发展的历程与现状

（1）中国社区发展的基本历程

从闾里的出现到里坊制的建立，在中国传统城市营建中就初步形成了空间治理和社会治理的融合机制。自中华人民共和国成立以来我国城市社区的发展经过了计划经济背景下的单位制时期，改革开放至1998年住房改革前的街居制时期，1998年至十八大的现代城市社区建设起步期，以及现代化治理体系和能力提升要求下的当代城市社区提升期。

（2）中国城市社区建设现状的主要问题

当前，中国城市社区建设现状的主要问题如下：基层党建尚需加强，共建共治待参与。居民参与社区建设与治理的需求未能有效满足；条块分割建管脱节，社区运营管理需要协同。社区作为城市治理的最基本单元还未达成共识；服务粗放欠缺精准，社区普惠服务有待细化。高密度城市中，部分区域的服务设施并未完全配建到位，社区服务与居民需求不匹配，未能根据居民需求提供针对性的服务；资源能源使用粗放，社区生态绿色有待转型。社区居民还未能向绿色的生活方式进行转变，基础设施的节能性不高；社区认同感缺乏，社区文化氛围待塑造。居民构成复杂，缺乏认同感且居民参与社区文化营造的力量薄弱，居民参与社区文化活动的动力不强；规划建设缺乏对接，设施更新需主体。在城市规划与社区建设之间缺少中间层级，无法有效指导社区建设，原有建设管理主体过于繁杂，不利于社区更新建设工作的推进等。

3. 社区建设治理的实践和借鉴

以日本、新加坡，以及中国香港和中国台湾为例，研究借鉴亚洲社区建设治理模式：在组织层面，亚洲社区多为政府参与、

社会协作的多主体社区治理组织，如新加坡、日本；在运管层面，则形成了相对完善的社区治理法律体系；在服务层面，新加坡配建有分级分类、复合集约的社区公共服务设施；在文化层面，东京世田谷社区、台湾忠顺里社区、新加坡淡滨尼天地等社区开展了多主题、本土化的社区营造活动提升了居民的凝聚力，促进了社区人文环境的营造；在建设层面，亚洲社区则侧重于制定基于社区更新的公共空间品质优化政策。

以英国、美国、德国为例，研究借鉴欧美社区建设治理模式：在组织层面，美国依托民间团体形成高度自治的社区治理组织；在运管层面，受到IBM、微软等本土科技公司发展的带动，美国推行智慧化管理手段，自2008年起开展了"未来城市"等多项智慧城市计划；在服务层面，英国、德国、美国等国家均为老幼人群及特殊群体提供精准服务；在绿色建设层面，英国积极推进建设绿色低碳社区，倡导绿色生活方式。

以北京、上海、深圳、厦门为例，研究借鉴中国内地社区建设治理模式：在组织层面，内地社区多为党建引领的组织模式；在运管层面，北京、上海等城市建立社区运管协同协商机制，积极推行网格化管理手段。切实打通了规划在社区落实的"最后一公里"；在服务层面，北京西城区大栅栏街道以公益方式带动社区就业岗位增加；在文化层面，上海不断开展社区活动引领社区文化建设；在建设层面，厦门则着重于提升社区治理能力及规划设计水平，形成了完整社区指标体系。

技术创新点

（1）通过党组织领导的社区治理体系，促进从"行政社区"向"共治社区"的转变，实现创新发展：不断加强基层党建设，增强社区居民参与能力。推动基层治理的重心真正回归基层，进一步增强基层群众性自治组织开展社区协商、服务社区居民的能力。重塑责任边界，促进社区与基层政权的良性互动，激发社区以带来整体社会活力的提升。

（2）通过条块协同的社区运管统筹机制，促进从"条块社区"到"完整社区"的转变，实现协调发展：加强内部权责统筹，保障社区各项职能有机发展，把社区作为一个完整的单元，统筹考虑各项发展需求，以确保社区职能的协调发展。协调驻地周边关联利益，加强与社会力量的协同，实现社区的健康发展。

（3）通过低碳亲绿社区环境和优良社区文化，促进从"住房社区"向"品质社区"的转变，实现绿色发展：提高社区公共环境绿色品质和健康水平，满足良好的生活环境质量，尊重生命客观需要，创造条件保障人民生命健康。倡导低碳节能生活和建设方式，通过对低碳节能生活方式的引导，从社区物质环境建造和居民日常活动能量消耗两个方面整体上降低资源能源消耗强度。同时注重保护社区文化和社区精神，满足人们对家园的珍惜和眷恋，保护居民的城市"乡愁"。

（4）通过社区管理服务和基础设施与城市一体化，消除"最后一公里"阻隔，实现开放发展：优化社区功能，提高社会化服务效益。推进设施连通，充分发挥城市支持社区发展的作用，实现内部基础设施公共化，以解决城市基础设施系统化不足、堵在"最后一公里"的状况，提高通达性和适应能力。

（5）通过"居民为本"、普惠多效的社区服务体系，促进从"基本服务"向"按需服务"演进，实现共享发展：构建普惠共利，平等善待弱者和全龄友好的新型社区，同时因社施策，适应差异化服务需求应针对社区人群构成特征，为提供有区别的社区服务创造条件。在服务设施建设和使用上更精准、更具有灵活性。

应用及效益情况

在社区组织层面，推进社区组织强化机构建设，完善党委领导、政府主导、社会协同、居民自治的多方参与机制，促进社区共治、治理水平提升并不断加强服务型政府建设

在运营管理层面，优化社区建设管理的体制机制，打破左右条块壁垒，加强上下协调统筹，推行网格化管理和服务，构建简约高效的基层管理体制。将资源服务和管理重心下移至街道社区，创新服务供给方式，优化政府职能。创新单元建设的体制机制，以社区为单元，统筹建设、管理、服务等各项工作

在社区服务层面，全面提升社区服务水平，突出政府兜底保障职责，完善基本公共服务体系，健全公共服务设施、推动全龄友好社区建设、打通城市治理"最后一公里"，鼓励城市建设管理和服务向社区延伸，促进城市更新。

在绿色建设层面，建立以绿色为牵引的城市可持续发展模式，践行绿色生活方式，推进社区绿色生态建设。鼓励低碳生活和绿色消费方式并推进绿色改造，加强绿色设施建设，促进绿色发展。

在文化建设层面，加强社区文化建设，凝聚社区共同精神，以社会主义核心价值观为引领，挖掘社区文化资源，营造特色社区文化，同时组织丰富社区文化活动，注重居民身心健康。

在整体社区建设层面，着力提升社区规划、设计水平，构筑美好家园。结合城市体检工作，开展社区体检；推进完整社区建设，提高社会治理能力；推进责任设计师制度建设，提升社区规划设计水平。

（执笔人：刘善志）

活力街区建设研究

项目来源：住房和城乡建设部建筑节能与科技司
主编单位：中国城市规划设计研究院
院内主审人：朱子瑜
院内负责人：鹿勤
项目起止时间：2022年5月至2022年10月
院内承担单位：城市设计研究分院、深圳分院、院士工作室
院内主管所长：陈振羽
院内主要参加人：魏维、何凌华、纪叶、王煌、郭文彬、刘禹汐、唐睿琦、卓伟德、康馨、房佳萱、徐辉、骆芊伊

研究背景

早在2016年的《中共中央国务院关于进一步加强城市规划建设管理工作的若干意见》中就提出了关于开放街区的建设和更新要求。在2023年的住房和城乡建设部工作会议上,住房和城乡建设部提出活力街区的建设。无论在国土规划体系中还是在城市更新行动中,街区由于其规模适中、功能混合、系统全面等特点而逐渐成为城市规划管控和建设实施管理中重要的空间层次。本次研究对活力街区的划定、空间规模、场景建设、实施管理等方面进行了初步研究,以期对街区层面的城市更新行动提供研究支撑。

研究内容

本次研究工作旨在通过活力街区建设的研究,推进街区设施建设,补齐服务短板,提升街区活力,从完整社区进一步走向活力街区。主要研究内容包含以下几个方面:

1. 国内街区建设现存问题

分析了国内街区在功能布局、空间划定、服务能力、公共空间、基础设施、统筹能力等方面存在问题。研究了北京、上海、深圳等地街区建设的相关工作情况。

2. 活力街区建设的概念界定

活力街区建设包含了三个重要的内容,第一是研究空间范围是以街区为单元;第二是对街区功能状态的要求,要激发活力;第三是建设行为要包括从规划到建设到管理的全生命周期过程。

3. 活力街区的场景构建

强化街区类型、强化街区场景。各类活力街区可包含不同类型的活力场景,通过塑造各类活力场景来构建活力触媒,实现街区活力的打造或提升。根据我国街区建设的现状,可以将活力场景分为四个类型:生活型活力场景、消费型活力场景、产业型活力场景和文化型活力场景。各类活力场景的建设需要明确建设方向,并且通过具有典型特征的活力要素激发街区活力。

4. 活力街区建设的工作规程

活力街区建设与城市更新、城市体检工作紧密相关。活力街区建设应成为城市更新工作中的重要环节,并作为城市体检工作成果应用的重要组成部分。

活力街区建设的重要前置工作是活力街区的范围划分和认定,应根据体检结果评估街区更新工作推进的难易程度,精准推进活力街区范围划分和认定工作。

5. 活力街区建设的工作模块

本研究初步研究乐活力街区建设工作的具体工作实施。将活力街区建设初步确定为四个工作模块,即资源挖潜、设计统筹、融资实施、运营管理。

技术创新点

第一,辨析街区、片区、单元、社区等相似空间层次的关系,确定活力街区的概念界定,为活力街区的工作推进统一工作界面。第二,弱化类型,强调场景,利用多元场景,促进复合化街区的生成。第三,针对活力街区建设提出相应的政策建议,提出在国家层面、部门层面、地方层面活力街区建设可以发挥的作用以及政策建议。

应用及效益情况

通过街区的结构单元优化、空间更新与提升、既有资源盘活利用等方面工作,在城市基本单元维度有效支撑城市更新工作。通过街区的精细化服务完善、治理机制建立健全,有效延伸城市管理能力,在城市管理治理重要单元空间助力国家治理体系的完善。本课题研究成果全面支持了2023年城市体检街区维度的相关工作,并进一步积极通过片区街区技术服务、城市体检支持和地方技术标准研究等三个方面推广并深化研究成果。

（执笔人：何凌华）

《全国城镇住房发展规划（2016—2020年）》规划文本拟定

项目来源：住房和城乡建设部住房改革与发展司	**项目起止时间**：2015年3月至2017年6月
主持单位：中国城市规划设计研究院	**院内承担单位**：住房与住区研究所
院内主审人：王静霞	**院内主管所长**：商静
院内项目负责人：李晓江、卢华翔、焦怡雪	**院内主要参加人**：祝佳杰、张璐、高恒、李力、李胜全

研究背景

2015年3月，住房和城乡建设部委托中国城市规划设计研究院研究编制《全国城镇住房发展规划（2016—2020年）》，作为指导"十三五"时期全国城镇住房建设和发展、引导相关资源合理配置、建立住房发展规划引导住宅用地供应的调控新机制的重要依据。

研究内容

课题系统总结"十二五"时期住房发展成就和面临的主要问题，明确了深化城镇住房制度改革、促进住房市场平稳运行、加快住房租赁市场发展、完善公平可持续的住房保障制度、建立公开规范的住房公积金制度、全面提升居住品质、促进住房建设方式转型等方面的主要任务，并提出加强住房法治建设、推进住房信息化建设、完善住房发展规划制度、强化组织领导等方面的规划实施保障措施。

课题研究过程中，针对重点问题，同步开展了《全国城镇住房发展规划（2011—2015）》规划实施评估、"十三五"全国城镇住房发展规划前期研究、"十三五"住房发展规划目标及实施路径研究、"十三五"新型城镇化进程中"三个1亿人"住房问题研究、"十三五"城镇住房消费趋势与特征研究等多个支撑性课题研究，为《全国城镇住房发展规划（2016—2020年）》的研究和编制工作提供了扎实基础和技术支撑。

技术创新点

（1）准确研判和把握"十三五"时期我国从住房快速建设阶段转入住房量质并举阶段的发展特征，在规划基本原则中明确突出居住功能、坚持市场化方向、坚持创新绿色理念、坚持因城施策等取向，提出"城镇住房供应结构更加合理、空间布局更加优化、居住品质明显提升"和"通过购买或租赁等方式，城镇常住居民家庭居住条件达到小康水平"的总体发展目标。

（2）采用分类预测方法，综合考虑新增城镇人口住房需求、因城市更新和大型设施建设等因素拆迁部分既有城镇房屋引致的住房需求、城市空间拓展进入城镇范围的农民住房等因素，并充分考虑未来发展中存在的不确定性因素，与已有相关研究进行校核，科学测算城镇新建住房规模。

（3）结合深化住房制度改革要求和"十三五"时期城镇住房发展趋势，在主要任务中强化了重点解决非户籍居民住房问题、加快发展住房租赁市场、推进既有住区提质更新、建设老年宜居住区等内容。

（4）针对住房发展规划实施中存在的难点与困难，提出以住房规划为依据引导土地供应，完善住房规划的编制、审批、备案制度，建立住房发展绩效评价指标体系、制定绩效考核办法等措施。

应用及效益情况

2016年11月本课题通过专家结题验收，与会专家一致认为，课题准确把握了"十三五"期间我国住房转型发展的特征，提出了突出住房居住功能、量质并举、重点解决非户籍居民住房、培育住房租赁市场、推进既有住区提质更新、建设老年宜居住区等规划任务，对指导全国城镇住房建设和发展、引导相关资源合理配置具有重要的指导意义。

（执笔人：焦怡雪）

进城农民住房问题研究

项目来源：住房和城乡建设部住房改革与发展司
主持单位：中国城市规划设计研究院
院内主管所长：卢华翔
院内项目负责人：张璐、焦怡雪

项目起止时间：2016年4月至2018年9月
院内承担单位：住房与住区研究所
院内主审人：张如彬
院内主要参加人：高恒、周博颖、李胜全

研究背景

住房是外来务工人员在城市生活、工作和发展的必备条件，也是加速社会融合的中间机制，解决其住房问题，不仅是新型城镇化背景下促进农业转移人口市民化的重要保障，也是实现"全体人民住有所居"、建设和谐社会的重要要求。在这一背景下，中国城市规划设计研究院受住房和城乡建设部改革与发展司、住房保障司委托，开展了一系列针对进城务工人员、新市民、进城农民群体住房问题的研究。

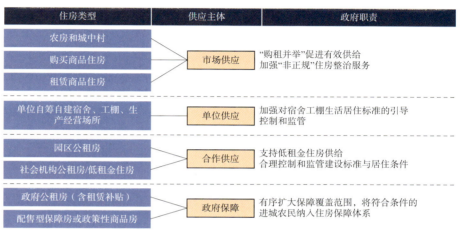

图1 不同供应方式下的政府重点职能分析

研究内容

（一）分析进城农民流动特征与变化趋势。提出总量增长增速放缓、近域流动趋势增强、各级城市承载作用分化等特征。

（二）分析进城农民的住房需求特征和现状供给问题。一是长期性、多样性安居需求持续增长，以雇主提供住房为主的传统方式有待调整。二是择居主要考虑居住费用与就业距离，住房消费意愿和支付能力相对不足。三是就业流向与定居意愿出现新变化，不同城镇的住房供需方式有待高效匹配。

（三）总结国内解决进城农民住房问题的实践经验。一方面通过市场与保障相结合，解决租房问题；一方面优化创新住房相关政策，吸引鼓励农民进城定居。

（四）明确进城农民住房供给思路。一是发挥市场机制在进城农民住房供应中的决定性作用；二是积极引导用工单位向进城务工人员提供低成本住房或补贴；三是政府积极"补位"保障进城农民公平享有基本住房权利。

（五）提出住房供给策略和政策建议。主要包括一套分级分类的住房供给策略，以及两个重点城市类型的住房供应政策。

技术创新点

一是对进城农民的住房问题展开了实证调研和数据分析，深入分析和归纳了进城农民的流动情况、住房现状、住房需求与意愿，以及制约农民居住的问题。

二是深入分析了政府、市场、用工单位在解决进城农民住房问题上的责任和作用。在发挥市场主导作用同时，强调政府对于市场供应、单位供应、合作供应和政府保障四种模式的职责和工作重点。

三是明确了分层分类的住房供应方式。结合不同的收入和支付能力，对务工增收带动型、公共服务吸引型、城市扩张带动型进城农民，提出相应住房供应体系。

四是提出分级分类的住房供给策略。以不同地区、不同城市和住房供需关系（住房支付能力）为主要分类因素，明确差异化的市场和保障导向政策。明确提出可支付性差、供应偏紧的特大城市和超大城市，可支付性较好、库存压力较大的中小城市两个重点类型，以及相应住房政策。

应用及效益情况

课题对支撑新型城镇化、改善城市治理、解决进城农民安居、促进农民融入城市，共享城市改革发展成果具有重要研究价值。

（执笔人：张璐）

非住宅改建租赁住房研究

项目来源：住房和城乡建设部房地产市场监管司
主持单位：中国城市规划设计研究院
院内主管所长：余猛
院内项目负责人：周博颖、卢华翔

项目起止时间：2020年5月至2020年12月
院内承担单位：住房与住区研究所
院内主审人：焦怡雪
院内主要参加人：王越、荆莹

研究背景

2016年国务院办公厅首次提出"允许将商业用房等按规定改建为租赁住房"，2021年又明确提出允许闲置和低效利用的非居住存量房屋改建为保障性租赁住房。在顶层设计已趋近完成的同时，政策落实方面尚不及预期，各地实践困难重重，亟须研究其背后的问题，提出引导非住宅改建租赁住房的政策建议。

研究内容

梳理非住宅改建租赁住房的现状和政策导向，研究改建的主要困难。从政府、企业和租户三方分析，改建的困难主要包括缺乏改建类验收标准、土地使用政策不清晰，政府审批依据不足；项目产权、审批流程复杂，税费繁杂导致企业改建成本高；民水民电执行不到位、居住证办理难等导致租户权益保障度不高等。

针对改建合理增益难，研究提出合理增容增益和利益相关方分配规则。根据改造后社会贡献度，分类明确用地性质转变与土地价款补缴政策；建立原产权主体利益保障制度；建立改建白名单制度，配套降低成本的多项政策。针对工业用地，明确部分容积率提高规则；建立容积率提高白名单制度，创新容积率调整程序。

针对改建审批许可难，研究提出多方协同管理的改建审批机制。建立面向存量空间的行政许可制度，针对"建筑功能改变"类更新项目核发"改建项目认定书"。强化建筑全生命周期管理，将"改建项目认定书"中信息纳入后续运营管理要求中。明确更新主管部门，强化并联审批。

针对消防验收难，研究提出通过提高消防技术措施，保障消防安全。针对既有建筑改建类租赁住房，提出不同于新建租赁住房的建筑设计及消防验收标准。出台租赁住房的建设及运营管理标准。

提出完善非住宅改建租赁住房的财税支持政策方向。包括建立企业金融信用平台，提高融资能力、专项贷款；简化合并房产、增值税、城建税、教育附加费，减免"非改租"中保障性租赁住房改建项目的房产税与增值税。

技术创新点

第一，创新提出改建类项目政策制定需"有序管控更新的同时，减少更新的交易成本"。通过政策刺激市场参与，提高存量更新收益的同时，有序管控增量空间。减少交易成本，指能够降低更新的多种交易成本，具体包括协商成本、审批成本、交易时间成本和安全风险成本。

第二，创新提出审批从"条块"管理到多方"统筹协同"管理。提出要建立面向存量空间的行政许可制度，强化全生命周期管理，强化并联审批。

第三，创新提出标准制定要从"空间管控"转向综合治理的"能力管控"。针对既有标准规范主要管控新建项目，难以适用改建类项目的问题，创新提出改建类项目要弱化"空间属性"，鼓励创新技术和方法提高治理能力。

应用及效益情况

课题从审批机制、土地配套政策、建设运营标准等方面，有针对性地提出了支持非住宅改建租赁住房的政策建议。

对后续制定出台非住宅改建租赁住房相关政策提出方向指引和政策建议方向。根据研究成果形成《非住宅改建租赁住房指导意见》（代拟稿），呈报住房和城乡建设部房地产市场监管司。

（执笔人：周博颖、王越）

保障性租赁住房规划编制及评价研究

项目来源： 住房和城乡建设部住房保障司
主持单位： 中国城市规划设计研究院
院内主管所长： 卢华翔
院内项目负责人： 焦怡雪、李烨

项目起止时间： 2021年4月至2021年12月
院内承担单位： 住房与住区研究所
院内主审人： 余猛
院内主要参加人： 荆莹、葛文静、曹诗琦、张琳娜、陈烨、张伟、徐海林、王越、张钦

研究背景

发展保障性租赁住房是中共中央、国务院的重要决策部署，2021年6月，国务院办公厅印发《关于加快发展保障性租赁住房的意见》，明确了住房保障体系顶层设计。

为有效指导人口净流入大城市科学编制"十四五"时期保障性租赁住房规划编制，支撑保障性租赁住房高质量发展，住房和城乡建设部委托开展"保障性租赁住房规划编制关键技术研究"课题研究，项目成果包含《城市保障性租赁住房发展规划编制导则》。

研究内容

形成"十四五"时期保障性租赁住房规划的编制要求与总体方法。明确保障性租赁住房规划的主要内容，并从发展规模、供给渠道、租金管控、建设品质、机制建设、社会效益六个维度建立保障性租赁住房发展指标体系，明确规划中约束性指标和预期性指标。

形成具有较强适用性、可复制的保障性租赁住房需求和供给潜力测算分析技术方法。其中，需求预测方法分为总量预测和分类预测两类；供给潜力测算方法按照五大供给渠道分类进行供给潜力分析，确定保障性租赁住房总供给潜力。

基于定量空间模型，形成保障性租赁住房空间布局指引技术方法。结合保障对象的需求特点和不同供给渠道的供应潜力，以职住平衡为原则，依据国土空间规划和功能布局要求，进行保障性租赁住房的空间布局和用地安排指引，实现需求与供给的空间匹配。

提出城市保障性租赁住房规划实施措施建议。明确规划定位，推进规划工作的常态化、制度化发展；落实政府部门责任，加强部门协调配合；强化保障性租赁住房规划实施监督、评估和动态调整机制；建立全国保障性租赁住房基础信息管理平台；强化对发展保障性租赁住房的金融支持。

技术创新点

明确目标群体特点，开创性提出多情景、强适用性的需求测算方法。提出具有较强适用性、可复制可推广的保障性租赁住房需求量化测算方法。首先明确新市民、青年人的定义，并具体在预测中细化为外来务工人员以及新就业大学生群体，便于预测；提出常用数据基础，明确总量预测方法和分类预测方法的测算步骤。

针对主要供给渠道，形成多向联动的供给潜力测算方法。分类分区、上下联动、部门协同测算保障性租赁住房的有效供给潜力。筛选需求旺盛且供给潜力较大的区域作为有效供给区，对于中心城区、重点产业功能区等区域，根据其需求类型与供给渠道特点，采取不同的评价标准和分析手段对供给潜力进行测算。

形成基于多因素定量空间模型的保障性租赁住房空间布局指引，助力保障性租赁住房建设。研究提出保障性租赁住房空间布局原则：一是充分结合重点就业地区，确保职住平衡，二是强化公共交通导向的TOD模式。确定以就业空间、地铁站点、公交站点、POI商业设施等为主要评价要素，形成保障性租赁住房选址适宜性评价，结合国土空间规划等相关规划要求，对保障性租赁住房项目选址进行详细指引。

应用及效益情况

有力支持住房保障体系构建，为国家保障性租赁住房相关政策的落实提供了重要技术支撑，有效指导城市保障性租赁住房规划编制。

本研究成果应用于指导北京、天津、济南、衢州等城市的保障性租赁住房相关规划、计划编制，并取得了良好的效果。

（执笔人：李烨）

城市危旧房改造研究

项目来源：住房和城乡建设部住房保障司
主持单位：中国城市规划设计研究院
院内主管所长：卢华翔
院内项目负责人：魏安敏、徐漫辰

项目起止时间：2023年6月至2023年11月
院内承担单位：住房和住区研究所
院内主审人：焦怡雪
院内主要参加人：李烨、王久钰、王越、曹诗琦、王旭鹏

研究背景

危旧房存在安全隐患，事关人民群众的生命财产安全和切身利益。

为切实保障危旧房群众生活需求，加快推进城镇危旧房治理改造，精准消除城镇危旧房安全隐患，需要研究危旧房改造工作遇到的问题和瓶颈，学习借鉴地方好的经验做法，并提出加快危旧房改造工作的可行性建议。

研究内容

通过理论研究、政策梳理、案例借鉴和实地调研相结合的方法，提出危旧房改造的责任分工、工作分工、改造模式、资金保障、改造流程、支持政策等要点，分析危旧房改造监测机制、资金保障、主体权责、利益诉求、协同机制、支持政策等难点，并形成危旧房改造的政策建议。研究内容重点包括以下三个方面：

一、危旧房改造要点内容。对危旧房改造过程中的要点内容进行研究，为全面把握危旧房改造工作主要内容奠定基础。具体包括：责任主体类型及其分工方式；工作组织机制及各层级管理部门所承担的职责；改造治理模式及其特征与适用性；资金保障渠道；危旧房一般改造流程；相关的支持政策，包括规划、土地、税费、补偿安置等方面的经验做法。

二、危旧房改造难点问题。对危旧房改造工作的主要难点进行剖析，为准确、清晰聚焦危旧房改造困难提供支撑。具体包括监测机制有待健全，资金保障压力较大，主体权责难以落实，利益诉求复杂、难以平衡，多部门协同工作机制有待完善，相关支持政策有待进一步完善等。

三、提出推进危旧房改造工作的相关建议。为更有效促进危旧房改造实施提供参考。具体包括：落实动态监测机制、提供多元资金保障、明确主体责任义务、形成多元主体参与模式、完善部门协同机制及优化支持政策体系等。

技术创新点

一是提出要在全国范围内建立全生命周期的房屋质量案例信息平台，健全房屋档案，与城市体检相结合，形成危旧房动态监测机制；二是要拓展多元化的奖金保障渠道，政府层面给予危旧房改造专项资金支持，同时要因地制宜确定产权人出资份额；三是要激发产权人参与改造的内生动力，压实相关部门的责任；四是探索多元主体参与的改造模式，因地施策，选择改造模式最优解，统筹多方利益，提升不同主体的参与度和获得感；五是要加强政府部门协同的机制，在项目过程中充分发挥各级政府作用，完善各部门常态化协同机制；最后，要进一步完善危旧房改造相关支持政策，在规划、土地、税费等方面加大对于危旧房改造项目的支持，同时制定从国家到省再到市级层面分层级的危旧房改造政策体系。

本研究综合运用理论研究、政策梳理、案例借鉴、实地调研等多种技术方法，同时针对不同类型的危旧房提出了有益的案例借鉴，并针对地方实际需求，提出了有针对性的经验和建议，具备较强的实操性。

应用及效益情况

本课题研究成果包括三方面组成：一个主研究报告，一套政策汇编，一套典型案例集，成果整体具备综合性、全面性、前瞻性和适应性，是对危旧房改造形成的一套组合工具包，在我国推进危旧房改造方面推广应用的前景非常广阔。

同时，本课题对危旧房改造的要点与难点把握精准，提出的相关建议具有一定实操性，成果具有很强的实践价值和现实参考意义，能够为未来城市危旧房改造工作提供有力的理论、经验与政策指导。

（执笔人：魏安敏）

城镇居民"住有所居"的量化指标研究

项目来源：住房和城乡建设部住房改革与发展司　　**项目起止时间**：2019年4月至2019年9月
主持单位：中国城市规划设计研究院　　**院内承担单位**：城市设计研究分院
院内主审人：朱子瑜　　**院内主管所长**：陈振羽
院内项目负责人：陈振羽、魏维　　**院内主要参加人**：黄思瞳、杨凌艺、焦怡雪、张璐、张伟

研究背景

"住有所居"是我国加快推进以改善民生为重点的社会建设目标。党的十九大报告中提出"坚持房子是用来住的，不是用来炒的定位"和"坚持在发展中保障和改善民生"。新时代新阶段的城镇住房建设必须适应新要求、应对新挑战，坚持高质量发展、以绿色低碳发展为路径，坚持系统观念，量质并举地引导住房建设与发展。

研究内容

以我国城镇家庭居民的住房水平为研究对象，围绕体现居住水平的数量指标、质量指标和经济指标展开研究。

数量指标研究重点侧重于人均住房面积，以人对居住空间尺度的基本需求为出发点，从人体工程学的角度研究人均住房面积的底线值、提升值及舒适值。同时结合我国的发展阶段、用地资源禀赋等要素，对现状和规划的人均居住用地指标是否与人均住房面积指标相匹配进行校核，以人的使用需求为主要考虑因素并结合用地资源供给，提出"住有所居"数量指标的合理取值范围。

质量指标研究从住宅建筑的安全底线要求、住区环境的舒适性要求、生态文明背景下的绿色发展要求三方面，按安全健康、生活舒适、绿色智能分类，从住区与住宅建筑的角度综合考虑，制定12项"住有所居"的质量指标，提出各项质量指标到"十四五"末（2025年）和2035年基本实现社会主义现代化时应达到的标准。

经济指标的研究重点侧重于可支付性指标，是在数量和质量指标的基础上对城镇家庭居民"住有所居"目标的进一步量化。结合我国现状情况和国际经验借鉴，为住房可支付性指标的确定提出基于各城市"住有所居"人均面积标准推算，同时基于城市房价、租金和家庭收入中位数确定住房支出与家庭收入，且应对于不同类型城市采取不同的可支付性指标。

"住有所居"的数量指标　　表1

适用对象	住有所居面积标准
个人或家庭	≥13平方米／人
城市、县城	20~40平方米／人
城市、县城、城市群、省、自治区、国家	住有所居面积达标家庭的比例
	引导性住房面积达标家庭的比例
城市群、省（自治区、直辖市）、国家	住有所居面积达标城市的比例

"住有所居"的质量指标　　表2

指标分类	指标内容
安全健康	1 不符合结构安全标准的危房比例
	2 不符合消防、通风采光等安全卫生标准的住宅比例
	3 新竣工房屋不符合室内空气环境质量的住宅比例
生活舒适	4 住宅成套率
	5 住区配套设施完善比例
	6 符合绿地率、人均公共绿地标准要求的住区比例
	7 无障碍设施覆盖率
绿色智能	8 绿色建筑占新建住宅建筑面积比例
	9 装配式建筑占新建住宅建筑面积比例
	10 住宅建筑及其设备设施维护周期
	11 垃圾分类回收比例
	12 智能化住区比例

技术创新点

一是创新量化研究方法。以人对居住空间尺度的基本需求为出发点，从人体工程学的角度研究人均住房面积的底线值、提升值及舒适值，提出"住有所居"数量指标的合理取值范围，并从土地资源供给层面进行校核。

二是创新数量指标体系。将城镇家庭住有所居的面积标准分为三层：微观层是针对个人和具体家庭的标准，也是实现住有所居宜参照的底线标准，随着经济发展和社会进步可适当提高；中观层主要指城市和县城的人均标准，既可作为个人或家庭的引导性住房面积标准，同时可对城市规划、土地供应、住房建设消费起引导和约束作用；宏观层不设具体数值，而是通过达标家庭占比、达标城市占比等数据，判定在国家、省（自治区、直辖市）、城市群等层面，是否实现住有所居。

三是构建质量指标体系。对标国际先进经验、结合我国居民关切，紧密围绕住宅建筑本身及其所处住区环境，从安全健康、生活舒适、绿色智能三个维度出发，形成符合我国高质量发展方向的质量指标体系。

应用及效益情况

本研究以我国城镇家庭居民的住房水平为研究对象，提出与我国"十四五"末和2035年基本实现社会主义现代化时住房发展目标相符的量化指标，为国家城镇家庭住房的高质量、绿色发展和人居品质提升提供了发展方向，为省市、区域、城市等不同层级的管理部门提供了评估依据，为城镇家庭住房相关领域搭建了多维多层的标准体系，为我国整体居住水平提升、住房保障工作开展夯实了基础。

（执笔人：杨凌艺）

历史古城保护改造与修复模式研究

项目来源：住房和城乡建设部城乡规划司　　**项目起止时间**：2013年4月至2014年4月　　**主持单位**：中国城市规划设计研究院
院内承担单位：历史文化名城研究所　　**院内主管所长**：郝之颖　　**院内主审人**：张兵
院内项目负责人：张广汉
院内主要参加人：王军、杨涛、王川、康新宇、钱川、徐萌、胡敏、赵霞、张帆、王玲玲、徐明、鞠德东、赵中枢、林永新、周浪浪、龙慧、陈睿

研究背景

历史文化名城是我国历史文化遗产的重要组成部分。随着国民经济和社会发展，各地城镇化进程明显加快，建设与保护矛盾日益突出。一些名城重开发、轻保护，新建"假古董"，造成许多历史文化遗产被损毁。

针对历史文化名城保护工作面临的一些亟待解决的问题，2008年，国务院通过了《历史文化名城名镇名村保护条例》，希望加强对历史文化名城、名镇、名村的整体保护。

然而，2008年以来，部分历史文化名城地方政府以"保护古城""改善民生"等为借口，继续拆真建假，复建仿古街区，破坏真实的历史遗存。"复建"问题不但没有令行禁止，而且规模和声势远超20世纪80年代。

研究内容

课题首先基本摸排了全国的情况。针对新闻媒体提到的"问题"名城，结合2011年住房和城乡建设部、国家文物局联合名城保护工作抽样检查，课题组对123个名城的保存保护状况和存在问题开展评估。调查评估工作分别从国家历史文化名城、中国历史文化名镇名村、非历史文化名城名镇名村"拆真建假"行为的发生程度、拆建数量、拆建地点、拆建时间、拆建计划等方面开展详细评估，并提出问题清单。根据历史古城保护改造与修复模式提出三种类型，一是古城还在，历史文化街区都有，但采取了拆真建新、拆真建假的方式；二是作为旅游景点重建古城；三是古城外再造古城。

课题全面梳理的现状问题。研究基于全国名城调查情况，提出目前古城改建面临的三大问题。问题一，遗产真实性遭到破坏，名城价值严重受损；问题二，古城的生活延续性和传统生活网络遭到破坏；问题三，拆旧建新误导普通民众和舆论，遗产保护的社会环境堪忧。

课题深入剖析了产生问题的原因。研究提出当前古城保护改造与修复问题的四大原因。一是对古城的价值认知和保护指导思想存在偏差，包括对古城的价值内涵和特色的理解不到位，对城市发展演变的客观规律认识不足，对古城保护的指导思想和方法存在误区。二是保护意识淡薄，以短期经济利益为导向，部分城市以复建古城、再造历史胜迹的方式发展旅游，或者以保护古城为名行房地产开发之实。三是大规模、粗放式拆建，以满足居民改善生活环境的迫切需求。四是法律法规不健全，管理监督机制缺失，包括法规贯彻不力、建设依据不足、规划编制滞后、监督管理乏力。

课题提出了系统的政策举措。研究从理论和政策、规划建设管理、体制机制三方面提出建议对策。理论和政策重点对古城文物古迹修复中关于真实性、完整性、重建、复建等方式的价值取向提出科学导向，对历史文化街区和历史城区的改造模式提出引导。规划建设管理重点根据目前个别城市存在规划建设管理的盲点，提出规划实施指导和监督管理的实操经验建议。体制机制建议从建立保护监管平台、完善督查体系、加强保护规划的编制和审批管理、加强保护规划备案工作等方面提出具体建议。

应用及效益情况

课题针对古城改造中出现的"大拆大建""拆真建假"等行为，全面普查全国历史文化名城存在的问题，并对成因机制进行研究，有效纠正并正确指引当前古城改造中偏离科学规划建设的行为，为有效地开展古城保护工作提供支撑。

课题研究提出的建议对策，支撑了住房和城乡建设部《关于在实施城市更新行动中防止大拆大建问题的通知》等相关政策的研究和发布。

（执笔人：王军）

全国"十三五"历史文化名城名镇名村保护设施建设规划

项目来源：住房和城乡建设部城乡规划司　　**项目起止时间**：2014年10月至2016年4月
主持单位：中国城市规划设计研究院　　**院内承担单位**：历史文化名城研究所
院内主审人：张兵　　**院内主管所长**：郝之颖　　**院内项目负责人**：张广汉
院内主要参加人：麻冰冰、王军、康新宇、王川、鞠德东、杨涛、赵中枢、王宏远、汤芳菲、陶诗琦、许龙、郭佳、王现石
参加单位：中国建筑设计研究院城镇规划设计研究院

研究背景

党的十八大提出要建设"美丽中国",给我国历史文化名城名镇名村街区保护提出了新的要求,注重民生、改善环境、传承文化成为未来历史文化名城名镇名村街区保护的目标和重要任务。由于历史文化街区、名镇名村年代久远,基础设施不完善,历史建筑和传统建筑年久失修,安全隐患严重,急需国家、省、市设立专项经费进行保护。

从"九五"规划时期开始,国家即建立专项资金制度用于补助历史文化街区基础设施的改善和传统建筑的维修,为开展全国"十三五"历史文化名城名镇名村保护利用设施建设中央预算内专项投资工作,建立专项投资项目储备库,特开展本课题研究。

研究内容

(1) 总结"十二五"中央预算内投资项目实施情况。选取"十二五"时期国家资金补助过的安徽省、江苏省、四川省、浙江省等4省17个历史文化街区、名镇名村进行实地调研,总结国家资金支持的历史文化街区、名镇名村保护设施建设实施的现状情况和面临的问题。

(2) 制定"十三五"保护设施建设规划。明确"十三五"历史文化名城名镇名村保护设施建设的指导思想和保护理念;确定保护设施规划建设的总体目标、主要任务、建设规模和时序安排;从继续加强基础设施建设、推动历史建筑和传统建筑的保护与利用、推进环境整治工作、完善公共服务设施建设、重点开展"十个一"保护整治工程等方面提出保护设施建设的具体措施建议。

(3) 编制"十三五"中央投资申报工作指南。根据"十三五"保护设施建设规划要求,结合国家"一带一路""长江经济带"、京津冀协同发展、支持中西部欠发达地区等国家战略确定资金优先支持方向。明确项目申报原则、中央预算内专项投资项目重点,提出申报项目内容、数量、投资总额的要求等。

技术创新点

(1) 规划树立保护也是发展的新理念,积极推动协调发展。坚持真实性完整性与生活延续性相结合,保护与利用相结合,古建筑保护与非遗相结合,文化遗产保护与"一带一路"倡议相结合,传统民居维修与改善民生、拉动内需相结合的创新理念,提出扩宽历史文化遗产保护利用资金筹措渠道,增加历史建筑和传统风貌建筑的合理使用途径,发挥遗产资源的文化、教育、科普、旅游休闲等功能,带动地方经济发展、促进就业、拉动内需,实现文化遗产有效传承、居民生活普遍改善与经济社会可持续发展的共赢目标。

(2) 研究提出重点开展历史文化名城名镇名村"十个一"工程,包括:为了记住乡愁抢救一条历史文化街区,挽救一组历史建筑,保护一棵古树、一处老园林,保护利用历史建筑设立一座乡愁展示馆,展示一处乡贤故居,修复一个传统戏台、一个老茶馆或酒馆,抢救一批老字号场所、一个老牌匾等。通过"十个一"工程,让历史文化资源保下来、挖出来、串起来、用起来、亮起来,把历史文化名城名镇名村建设成为历史底蕴厚重、时代特色鲜明的人文魅力空间。

应用及效益情况

在课题研究内容支撑下,住房和城乡建设部、国家发改委组织专家组进行申报项目评选,确定241个项目作为"十三五"时期中央预算内专项投资支持项目,68个历史文化名城(街区)、85个名镇、88个名村获得中央补助资金。

课题对"十三五"时期历史文化名城名镇名村保护设施建设项目的科学指导,使得到补助的历史文化街区、名镇名村的基础设施水平得到明显改善,历史建筑和传统建筑得到有效保护,居民群众的居住生活条件得到显著提高,地方优秀传统文化得到较好地传承与弘扬。

(执笔人:张广汉、麻冰冰)

历史文化名城管理机制研究

项目来源：住房和城乡建设部城市建设司
主持单位：中国城市规划设计研究院
院内主管所长：鞠德东
院内项目负责人：王军
项目起止时间：2018年6月至2019年6月
院内承担单位：历史文化名城研究所
院内主审人：赵中枢
院内主要参加人：胡敏、陈双辰、张涵昱、张子涵

研究背景

自1982年我国建立历史文化名城保护制度以来，国家层面构建了"三法两条例"骨干法律法规框架，颁布了一批部门规章和技术标准，为依法保护、科学保护奠定了坚实基础。各地保护机构逐步完善，保护管理日趋规范。

虽然我国名城保护工作成效显著，但保护和发展不平衡的问题仍然存在。部分城市存在重经济增长、轻文化保护，重前期申报、轻后期维护，重新区开发、轻老城保护，大拆大建有投入、保护修缮无资金等问题。因此，完善历史文化名城保护管理机制，提高历史文化名城治理能力，是一项具有重要意义的工作。

研究内容

1. 历史文化名城制度演变

历史文化名城制度的演变经历五个阶段，新中国成立初期城市与建筑风貌摇摆不定，从"社会主义内容，民族形式"到"大屋顶的批判"。1982年颁布的《中华人民共和国文物保护法》，第一次明确定义了"历史文化名城"，标志着中国特色的历史文化名城保护制度逐渐形成。研究从管理体制、政策法规、管理措施三大方面分析了名城管理机制的演变特征。

2. 历史文化名城管理经验

研究认为，我国各地的名城保护管理经验主要体现在以下十方面：一是认识和尊重城市发展规律；二是坚持"一张蓝图干到底"的保护管理理念；三是创新管理方式，重视法规建设；四是持续改善人居环境；五是重视公众参与；六是尊重世居居民，改善居住环境的同时激发街区活力；七是统筹保护与发展关系，引导保护与商业旅游有机结合；八是与时俱进，不断提高认识；九是自觉拓展保护对象；十是新建设对文脉的尊重与创造性传承。

3. 历史文化名城管理存在的问题

保护理念问题包括"大拆大建"造成严重破坏，"拆真建假"现象违背基本原则，过度商业化运作和旅游开发，基础设施与保护修缮欠账严重等。

管理机制问题包括规划管理机构不完善，法规制度有待健全，监督管理不到位，资金投入不足等。

保护技术问题包括保护规划编制水平时效性不强，传统建筑修缮设计与施工水平低下，市政基础设施技术落后等。

4. 历史文化名城保护整体工作提升建议

提高理念认识。各地区各部门要提高保护理念，认真贯彻党中央、国务院决策部署，将保护工作与新型城镇化发展、美丽中国建设、社会主义文化大发展大繁荣紧密联系。

系统调查摸底。进一步推进历史文化街区划定和历史建筑确定工作，开展建筑普查建档等。

加大资金保障。加强国家专项拨款在名城保护中的作用。引导地方政府加大资金投入。探索建立遗产保护基金会，吸引社会资本参与文化遗产保护等。

基础设施先行。从长远视角看基础设施的逐步更新，针对性完善市政基础设施，利用传统技术因地制宜开展工作。

强化风貌管理。深入挖掘历史城市风貌特色，开展风貌管理指引工作，鼓励在空间设计中体现场所精神。

提升保护技术。在具体的保护规划工程实施过程中提升保护技术。

5. 历史文化名城管理工作优化建议

第一，完善保护管理机构设置。名城名镇名村的所在的市县建立保护委员会、专家委员会等。

第二，协调多方利益，鼓励多方力量共议共治。

第三，尽快建立有利于遗产保护与永续利用的公共政策体系和管理机制。

第四，建立文化遗产保护规划建设数据库平台，定期维护更新，并建立动态监测预警的机制。

第五，建立实施评估与问责机制。将约束性指标纳入各级国土空间规划。

（执笔人：王军、张子涵）

历史文化名城名镇名村体检评估指标体系与方法研究

项目来源：住房和城乡建设部城市建设司
主持单位：中国城市规划设计研究院
院内主管所长：鞠德东
院内项目负责人：徐萌
项目起止时间：2019年1月至2019年12月
院内承担单位：历史文化名城研究所
院内主审人：苏原
院内主要参加人：胡敏、杜莹、汤芳菲、康新宇、杨亮、兰伟杰、王玲玲、许龙、徐妹、冯小航、张凤梅、汪琴

研究背景

历史文化名城名镇名村、街区及历史建筑是珍贵的文化遗产，是实现城市健康可持续发展的动力源泉。全面掌握我国历史文化名城名镇名村及街区的保护现状是一项具有重要意义的基础性工作，第三方评估是评估工作的关键一环，关乎名城的长远保护与发展。通过总结评估经验，建立可推广的第三方评估体系与标准，能有效提升保护规划的执行力与监管水平，以便实时动态管理。

研究内容

评估内容的选取以党的十九大提出的14条新时代中国特色社会主义基本方略为根本，结合历史文化名城保护利用的实际工作，从七个角度设定评估内容与十九大要求相衔接。从"以人民为中心"角度，对公共服务设施、基础设施、公共空间改善相关方面进行评估；从"全面深化改革"角度，对体制、机制方面相关内容进行评估；从"发展新理念"角度，对建筑活化利用、新业态引入等方面相关内容进行评估；从"人民当家作主"角度，对公众参与方面相关内容进行评估；从"全面依法治国"角度，对政策法规的制定以及法定保护内容等方面相关内容进行评估；从"保障和改善民生"角度，对公共空间、公共服务设施、基础设施改善等方面相关内容进行评估；从"人与自然和谐共生"角度，对自然环境要素保护方面相关内容进行评估。

选取杭州、广州、青岛等先行城市，总结其评估经验，梳理其评估体系、对象及效果，并剖析其面临的挑战，同时，深入研究第三方评估的技术路线、方法、内容及机制，确立技术路径，构建包含指标体系在内的完整评估体系，为全国性推广提供坚实基础。

技术创新点

关键技术包括：体检指标体系包括规划编制、保护管理、保护利用实施、公众参与四大方面评估类别，其中名城体检共19项指标，名城评估共46项指标；名镇体检共15项指标，名镇评估共26项指标；名村体检共14项指标，名村评估共26项指标。指标重点反映全国名城名镇名村在历史文化保护实施、城市可持续发展和人居环境改善提升等方面的整体进展情况。除以上基本指标以外，各地可以根据自身发展情况在指标体系中设置特色指标，指标解释和具体标准各地自行确定，特色指标数据每年随基本指标一并上报。

创新点包括：评估内容的甄选兼顾了实现有效管理和具备可操作性的要求，一方面将评估内容与管理实际相结合，加强名城保护利用的有效管控，促进长效保护利用体制机制的创新，明确指标相对应的政府主管部门；另一方面综合考虑评估内容的重要性、数据获取的难易程度以及动态监控的可行性，采用定量与定性相结合的评估方式。其中，定量指标重点对名城保护规划、国家及地方相关法规中明确要求的保护对象数量进行评估，定性指标针对无法用数据直接衡量的保护对象相关保护利用实施情况进行评估。

应用及效益情况

通过引入第三方评估机制，精准反馈名城名镇名村保护实施中的挑战与不足，从而持续优化我国的保护管理机制。为"一年一体检、五年一评估"项目奠定了坚实基础，利用评估系统的动态调整、稳定运行及永续发展的特性，促进保护管理工作的协调一致、连续不断及高度透明。通过科学评估与广泛宣传名城保护工作第三方评估体系，不仅提升了名城名镇名村保护工作的社会认知度和重要性，还激发了全民的文化保护热情，动员社会各界力量共同参与，形成了全社会关注、支持和参与文化遗产保护的良好氛围。

（执笔人：李亚星、徐萌）

大运河文化带布局和新型城镇化研究

项目来源：住房和城乡建设部城乡规划司
主持单位：中国城市规划设计研究院
院内主审人：赵中枢
院内项目负责人：杨涛、康新宇、付彬

项目起止时间：2017年9月至2017年12月
院内承担单位：历史文化名城研究所、村镇规划研究所、上海分院
院内主管所长：鞠德东
院内主要参加人：杜莹、陈宇、蒋鸣、陈阳、李鹏飞、陶诗琦、王曼、胡进

研究背景

2014年6月22日，中国大运河被正式列入《世界遗产名录》。大运河是我国古代伟大的水利工程和活态世界遗产，历经两千余年的持续发展与演变，直到今天还发挥着重要的交通和水利功能。在新的时代背景下保护好、传承好、利用好、发展好以大运河的"线"拓展开来的城乡历史文化聚落的"面"，是大运河在当下最重要的历史使命。2017年9月14日，国家发展改革委牵头运河沿线八省市和原文化部、住房和城乡建设部等16部委，共同起草了《大运河文化保护传承利用规划纲要》。其中，中国城市规划设计研究院参与了总纲要起草，并且承担了空间布局和新型城镇化两项专题研究。

研究内容

为了切实推动大运河文化带的建设发展，开展本次专题研究工作。本研究分为空间布局和新型城镇化两个部分，主要解决大运河文化带所覆盖的区域和空间，包括核心保护区域、辐射带动区域、城乡体系布局等问题；并梳理大运河沿岸的城市、县的城镇化要求和任务，沿岸乡镇、村的美丽乡村建设要求和任务以及沿岸历史文化名城名镇名村的保护要求和任务等内容。

技术创新点

一是重新梳理了运河文化内涵。提出运河文化应包括以"漕运文化"为核心、与运河共生的农业文明、技术文明、商业文明为延伸的"运河文化"体系以及与此相关联的物质载体系统（包含城乡聚落系统）。

二是创新了文化线路价值评估方法。突出强调要从中华五千年文明体系构建的角度去理解大运河文化带建设。强调大运河及其流经的线性区域所孕育的文化既是中国传统文化的一部分，也是形塑中国文化的基因之一，是中华五千年文明体系的重要构成。

三是探索了大运河文化带空间范围界定的方法。采用了空间分析为代表的量化研究新技术手段，量化了大运河文化相关要素的影响范围，划定了运河核心保护区的范围。指引大运河文化带政策区划定，更科学地引导政策、项目和资金的投放。

四是搭建了大运河文化带保护利用的整体框架。基于对大运河"多系统高度耦合的巨型活态遗产"整体性认知，应对国家关于大运河文化带、生态带、旅游带的发展思路要求，构建集宏、中、微观为一体的整体保护传承利用框架。

应用及效益情况

专题研究成果有力支撑了《大运河文化保护传承利用规划纲要》的起草。2019年2月，中共中央办公厅、国务院办公厅正式印发《大运河文化保护传承利用规划纲要》，成为推进大运河文化保护传承利用的纲领性文件。专题研究成果还支撑了住房和城乡建设部大运河文化保护传承相关课题研究，应用到相关省市的多样化制度探索和实践创新中，有力推动了全社会对大运河保护的重视。

（执笔人：付彬）

中国历史文化名镇名村数字博物馆建设

项目来源：2020年住房和城乡建设部科学技术计划项目、住房和城乡建设部建筑节能与科技司
项目起止时间：2020年5月至今
院内承担单位：历史文化名城保护与发展研究分院
院内主审人：赵霞
院内主管所长：鞠德东
院内项目负责人：杨开
院内主要参加人：李陶、丁俊翔、许龙、韩晓璐

研究背景

党的十八大以来，习近平总书记发表了一系列关于历史文化保护工作的重要讲话和重要指示批示精神，提出"让居民望得见山、看得见水、记得住乡愁""讲好中国故事"，为新时代历史文化名城名镇名村的保护工作指明了方向。

2019年5月，中共中央办公厅、国务院办公厅印发《数字乡村发展战略纲要》，明确提出"建立历史文化名镇、名村和传统村落数字文物资源库、数字博物馆，加强农村优秀传统文化的保护与传承"的总体战略要求。2022年1月，中央网信办、农业农村部、国家发展和改革委员会等十部门印发《数字乡村发展行动计划（2022—2025）》，明确了"推进乡村文化资源数字化""加快推进历史文化名镇、名村数字化工作，完善中国传统村落'数字博物馆'"等一系列行动要求。

当前，全国名镇名村资料分散各地，尚未形成统一的信息资源库，也未达到持续更新和个性化保护和展现。名镇名村数字博物馆的建设，正是弥补宣传不足，历史文档资料不全，民众全方位多层次参与的重要载体。

研究内容

1. 现状研究

通过文献研究、实地调研、访谈座谈等方式研究中国历史文化名镇名村保护管理现状情况、相关信息平台建设情况及存在的主要问题。

2. 数据标准研究

按照"数据建设、标准先行"的指导原则，数字博物馆建设之前首先必须制定符合国家相关标准、业务实际以及流程规范的数据入库标准，以保证各类数据采集的规范性、先进性、适用性。

3. 平台研发

研究搭建中国历史文化名镇名村数字博物馆，实现对中国历史文化名镇名村多源信息的存储、检索，通过文字、图片、视频、地图、地空360度全景、三维模型等手段实现名镇名村的多维度互动及展示。

技术创新点

（1）首次对我国名镇名村保护、管理与展示的数字化、信息化现状形成系统性认识，摸清全国数字博物馆建设现状与基础，梳理当前历史文化名镇名村数字博物馆建设存在的主要问题，为后续名镇名村数字博物馆建设打下坚实的研究基础。

（2）形成了中国历史文化名镇名村数字博物馆数据入库要求。针对文字、图片、影音、保护规划、空间等数据分别制定相应数据要求，明确数据入库、审核、发布流程，从而提升数据的质量，实现不同来源、不同格式的数据进行整合和共享。

（3）推动完成了中国历史文化名镇名村数字博物馆整体架构设计及核心功能研发。名镇名村数字博物馆建设坚持"扩展性、先进性、构件化、易用性"等原则，总体架构包括公众展示平台、后台管理系统、移动端三大板块。具体包括官网门户、镇村单馆。官网门户涉及首页、村镇名录、专题分类、文化旅游、热门活动、文创周边等板块；镇村单馆划分为精品馆和标准馆，涉及名镇名村介绍、历史文化、空间格局、建筑风貌、传统习俗、文化旅游等展示内容。

应用及效益情况

中国历史文化名镇名村数字博物馆通过数字化手段，按照百科式、全景式、互动式、规范化的数字博物馆要求，全面挖掘并集中系统展示历史文化名镇名村的人居环境及其所承载的传统文化遗产，实现对中国历史文化名镇名村数字化再现、价值展现和信息化传承，能够极大彰显名镇名城历史文化内涵，提升历史文化名城名镇名村知名度、曝光度，带动乡村旅游开发，促进乡村振兴，实现历史文化名镇名村的活化利用。此外，构建我国历史文化名镇名村的保护名录，为历史遗存保护管理提供数据支撑，从而进一步加强历史遗存动态监管和实时反馈，利用数字博物馆平台强化国家、省、市县各层级的联动管理。

（执笔人：杨开、李陶）

中国传统村落数字博物馆和传统村落管理信息系统开发建设

2021年度华夏建设科学技术奖一等奖 | 2021年度优秀城市规划设计奖二等奖

项目来源：住房和城乡建设部村镇建设司　　**项目起止时间**：2018年12月至2019年12月
主持单位：中国城市规划设计研究院　　　　**院内承担单位**：信息中心
院内主审人：张广汉　　　　　　　　　　　**院内主管所长**：徐辉、张永波　　　　　**院内项目负责人**：耿艳妍、王伟英
院内主要参加人：胡文娜、胡京京、张高攀、丁鑫、张海荣、史英静、李佳俊、赵大伟、孟凡伍、孔晓红、张双婕、段予正、吴江、马琰

研究背景

中共中央、国务院高度重视传统村落的保护与传承工作，习近平总书记多次强调传统村落保护与传承的重要意义。

2013年7月，习近平总书记在视察鄂州时谈到建设美丽乡村不能大拆大建，特别是古村落要保护好；2019年9月，在视察河南工作时，习近平总书记再次强调，要因地制宜、因势利导，把传统村落改造好、保护好，让人们记得住乡愁，让中华优秀传统文化生生不息。2020年10月26日，在党的十九届五中全会上再次明确提出要保护传统村落和乡村风貌。

为落实习近平总书记的指示精神，2017年中共中央办公厅、国务院办公厅印发的《关于实施中华优秀传统文化传承发展工程的意见》中，将传统村落数字博物馆建设列为其中一项重要工作，是借力数字化、信息化手段推动传统村落保护传承的一项创新性探索实践。2017年住房和城乡建设部印发《关于做好中国传统村落数字博物馆优秀村落建馆工作的通知》，在前期系列课题研究工作基础上，由中国城市规划设计研究院负责承担中国传统村落数字博物馆的建设与运维工作。

研究内容

传统村落数字博物馆的研发与建设解决了传统村落保护与传承中对于村落遗产价值信息的管理不系统、碎片化问题。

多年来，我国一直缺少全面反映村落价值与不同类型传统营建模式的基础数据底盘；同时也缺少分析、界定传统村落价值体系、保护传承的知识图谱。而借助信息化手段和其他新技术，对传统村落的认知、记载、分析、交流和展示十分必要。

第一，构建了"价值—知识—数字信息集成"的数字博物馆成果体系。通过搭建传统村落的数字博物馆平台，将传统村落价值体系、传统村落遗产知识图谱、数字博物馆建馆信息紧密关联在一起，通过标签化、流程化、智能化、空间化的信息技术实现了传统村落全领域信息的存储与展示，为传承中国传统营建模式和人居环境的价值体系奠定坚实的数字化科学基础，促进了中华文明的传统价值再现。

第二，形成独具特色的涵盖六批8155个村落数据的线上平台。其中总馆栏目分为首页、村落、专题、特展、活动、文创等栏目。各栏目通过文字、图片、影像、全景、三维模型的有序组织，全面系统展示中国传统村落的概况。村落单馆是将每座村落的概况、全景、历史文化、环境格局、传统建筑、民俗文化、美食物产、旅游导览进行详细介绍，为百科式、趣味性的村落数字化博物馆。截至2023年底，已经上线的村落单馆数量达到1053座。此外，开发了面向移动端的微信小程序。

第三，形成了全球规模最大的村落遗产数据库。包括：积累了100多万字的文字介绍，全面系统介绍传统村落的多元价值；多角度全方位呈现村落现状，包括全景漫游、三维实景、图片、文字、音视频等多种形式素材，数据库已达2.3T；保存了村落中43612栋传统建筑数据。

第四，形成一套数字文创技术。在挖掘和解读建村智慧和村落文化基础上，运用全景、VR、三维实景模型等沉浸式体验技术，将实体空间与非物质文化遗产充分融合。目前以景德镇"瓷之源"、福建土楼的"茶文化"为主题制作了数字沉浸式体验文化产品，受到社会各界的高度认同。

数博平台已稳定运行900多天；相继完成科研课题10项、著作2部，发表公开论文10篇，软件著作权3项，获得奖励1项。同时该项工作得到各省（区）的积极响应，其中云南、湖南、山西、河南相继利用数博平台搭建省级村落馆。同时也纳入相关部委工作，如2021年7月农业农村部多部门印发的《数字乡村建设指南1.0》将中国传统村落数字博物馆建设纳入农村文化资源数字化工作的重要部分。

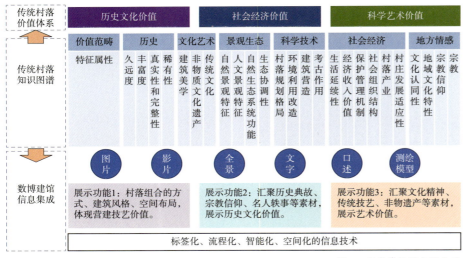

图 1　数字博物馆成果体系

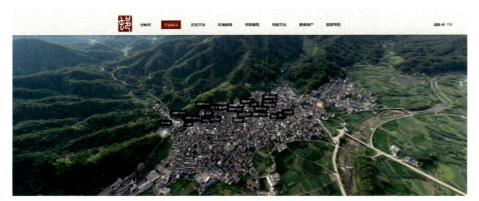

图 2　村落单馆

分类	内容	数据格式
村落历史		文字&图片&视频
生产生活	物产及集市	
	商业集市	
	生产工艺及工具	
	服装及美食	
	运输工具	
非物质文化遗产		
民俗文化	地方方言	
	特色文化	
村志族谱	村志	文字&图片
	族谱	
	村规民约	
	重要历史事件	

活态文化传承

分类	内容	数据格式
村落概况		文字、图片
自然地理	自然环境	文字、图片、视频
	风景名胜	
	文物古迹	
选址格局	村落选址	
	建村智慧	
传统建筑		文字、图片
历史环境要素		
交通导览		
村落全景漫游		VR全景
宣传片		视频

营造智慧与艺术

旅游和宣传

图 3　村落遗产数据库

数字博物馆平台的科技成果也受到充分肯定。首次将分散于我国各个地域角落的 8155 座传统村落进行了数字化建档与建馆，形成了世界上最大规模的乡村遗产数据库，社会效益显著，在我国文化遗产保护领域具有开创性，达到国际领先水平。

技术创新点

第一，首次建立“价值—知识—素材—展示”文化遗产类数字博物馆建馆技术体系。一方面，立足村落独具特色的文化遗产价值，融合各类数字技术实现文化遗产的全面系统原真性展示、查询与虚拟体验。另一方面，给每张数字素材赋予知识属性、打上分类标签，为后续大规模 AI 分类识别和系统化研究打下坚实基础。

第二，应用 GIS、AI、大数据等信息技术建立传统村落大数据中心。特别是为每个村落设置唯一编码，构成关联索引和目标索引，实现高效检索。在规范化传统村落地理坐标编码基础上，再叠合其他历史文化线索信息，可以全面挖掘并分析中国传统村落的演变规律、地域特色和文化价值。

第三，首次建立数博建馆的流程标准、素材采集标准。包括建立多学科融合的、标准化流程的信息采集工作方案和素材采集标准；建立标准化、工具化、智能化的素材集成网页展示关键技术两方面。

第四，研发了众包信息采集平台，便于联合城乡规划、建筑学、测绘学、文化遗产保护、档案、社会、信息技术等专业团队采集信息并加强交流。目前通过随行调研 APP 开展了两期大学生暑期活动，收集各地传统村落超过 200 座，近 4 万张照片资料。

应用及效益情况

第一，以数字化技术巩固拓展传统村落的扶贫攻坚成果，先后为湖北红安、安徽潜山等地开展建馆工作，并纳入到住房和城乡建设部"美好环境与幸福生活共同缔造示范"成果。第二，促进建立"一村一码"数字化工作，提高了"国家—省—市—县—镇"五级政府的业务管理水平。第三，记录珍贵的文化遗产，实现永久保存与数字化再现。特别是记录保留了因意外大火而消失的翁丁村的详细资料。第四，搭建了开放共享数据资源，大力推动村落遗产学术研究工作，出版了两本著作。与超过 10 所高校、科研机构开展了传统村落的价值研究。第五，积极开展国际交流，与大英博物馆、苏格兰博物馆等世界各地知名博物馆开展交流，获得广泛的国际社会响应。

中国传统村落数字博物馆在信息化时代为历史文化遗产保护传承、乡村振兴奠定坚实的基础，并为弘扬中国文化、讲好中国故事作出了重要贡献。

（执笔人：徐辉、王伟英）

历史文化遗产智慧化监督管理研究

项目来源：住房和城乡建设部建筑节能与科技司	**项目起止时间：**2022年5月至2022年10月
主持单位：广州市城市规划勘测设计研究院、 　　　　　中国城市规划设计研究院、哈尔滨工业大学	**院内承担单位：**历史文化名城研究所
院内主管所长：鞠德东	**院内主审人：**徐萌
院内项目负责人：许龙、韩晓璐	**院内主要参加人：**李陶、陈双辰、李志超、盛哲清、钱川

研究背景

党的十八大以来，党中央、国务院高度重视历史文化保护与传承。面对全国数量庞大的历史文化遗产，需要健全历史文化遗产数字化管理体系建设，强化对建设活动中产生破坏行为的预警机制。2021年，中共中央办公厅、国务院办公厅印发《关于在城乡建设中加强历史文化保护传承的意见》，强调了统筹规划、建设、管理，加强监督检查和问责问效的重要性，并明确提出加强监督检查的相关要求。

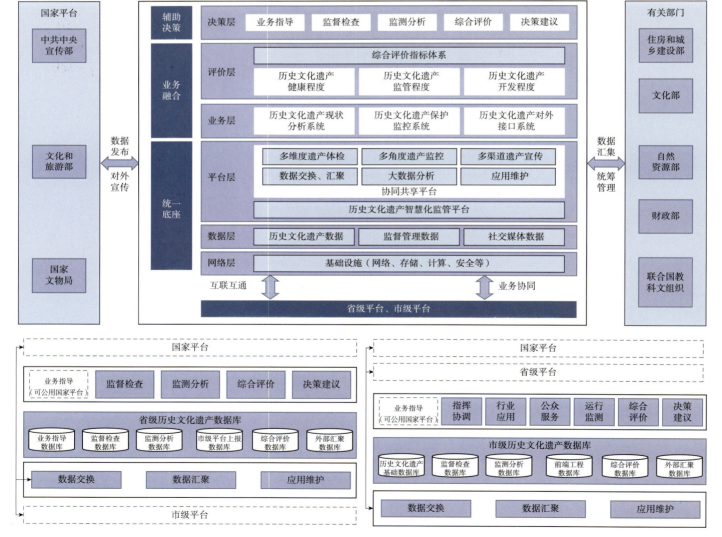

图1　国家、省级、市级监管平台架构建议

研究内容

（1）智慧化监管建设政策建议：一是建立全要素、多层次、立体化监管体系。二是建立部门协同、信息共享机制。三是拓展成果运用场景，强化成果效力。四是加强资金、技术、安全等保障措施。

（2）监督管理智慧化技术应用指南：针对历史文化保护体系中的历史文化名城名镇名村、历史文化街区（地段）、历史建筑三个层次，解读新技术应用在历史文化遗产智慧化保护管理中的实践案例与研究案例。以案例分析为基础，分层级提出文化遗产智慧化监督管理的技术路线、数据精准采集的内容和技术方法、数据提取与处理的技术方法，以及智慧化技术在监督管理中的应用。

（3）历史文化遗产智慧化监督管理数据采集研究：包括数据采集内容及指标、技术方法、提取与管理等内容。

（4）智慧化监管建设标准建议：包括分级监管建设规定，监管应用平台建设，监管数据采集，监管数据库建设等建议。

技术创新点

关键技术包括：通过文献角度，关注我国既有的关于历史文化遗产管理监督的法律法规及政策文件，目前在全国较好的实施案例，以及国外的案例研究，为课题研究的深入提供理论支撑。在案例调研及重点案例研究的基础上，对管理监督的监督对象、监督内容、责任主体、政策保障等内容进行综合研究。对调研所得数据进行对比分析及关联分析，进而进行总结。聘请专家和评估组共同进行现场调查、访谈，真实掌握政策与案例的一手资料和关键数据。本课题以现场调研或者函调的方式，对10个城市进行调研访谈，获取一手资料。

创新点包括：本课题围绕城乡文化遗产的监督与管理的问题，在智慧化的大背景下，试图建立新的工作机制。探究智慧化如何通过监管的各个环节（包括对象、主体、内容、环节、结果运用、保障措施）来一步步实现，解决现存问题，为城乡文化遗产监督管理改革提供政策储备。

应用及效益情况

本课题对智慧化监管支撑系统的研究，有利于开拓智慧化监管的应用环境，形成打通各监管环节的统一的技术应用规划标准，为智慧化技术介入遗产监管领域提供理论上的支撑。

（执笔人：韩晓璐）

城乡历史文化保护传承立法前期研究

项目来源：住房和城乡建设部建筑节能与科技司　　　　**项目起止时间**：2020年5月至2023年10月
主持单位：中国城市规划设计研究院　　　　　　　　　**院内承担单位**：历史文化名城研究所

专题组1：新时期历史文化名城名镇名村保护法规体系建设研究
院内主管所长：鞠德东　　　　**院内主审人**：赵霞　　　　**院内项目负责人**：鞠德东
院内主要参加人：许龙、张帆、张涵昱、汪琴、李梦　　　　**参加单位**：同济大学

专题组2：城乡历史文化保护传承立法关键制度支撑研究
院内主管所长：鞠德东　　　　**院内主审人**：钱川　　　　**院内项目负责人**：许龙、张帆
院内主要参加人：冯小航、汪琴、赵霞、苏原、王玲玲、王现石、邱岱蓉
参加单位：广州市城市规划勘测设计研究院、北京清华同衡规划设计研究院有限公司

专题组3：城乡历史文化保护传承管理办法研究
院内主管所长：鞠德东　　　　**院内主审人**：汤芳菲　　　　**院内项目负责人**：陈双辰、李志超、丁俊翔
院内主要参加人：张帆、叶昊儒、韩雪玉、李金宗、何娇阳、李陶、韩晓璐、兰伟杰、吴昊阳、王军

研究背景

中共中央办公厅、国务院办公厅印发的《关于在城乡建设中加强历史文化保护传承的意见》中提出，要为做好城乡历史文化保护传承工作提供法治保障。为了践行"依法治国"的方针理念，全面贯彻落实习近平总书记对历史文化保护传承工作的新要求，推动历史文化保护传承工作的制度创新，进一步突破当前全国历史文化保护传承工作的瓶颈，切实解决各地保护传承管理工作面临的问题与矛盾，亟需加快推进法律法规体系建设，为历史文化保护传承工作提供法治保障。

住房和城乡建设部建筑节能与科技司从2020年至2023年，先后委托中国城市规划设计研究院及其他相关单位开展立法基础研究工作，形成了《新时期历史文化名城名镇名村保护法规体系建设研究》《城乡历史文化保护传承立法关键制度支撑研究》《城乡历史文化保护传承管理办法研究》等系列课题成果，给城乡历史文化遗产保护立法工作奠定了坚实的基础。

研究内容

2020年开展的课题《新时期历史文化名城名镇名村保护法规体系建设研究》评估了国家和地方层面当前保护法规体系制度的情况，总结经验，归纳问题。同时提出法律层面的体系构建建议，形成以历史文化名城保护与传承法为主干的保护类法规体系，其中法律层面弥补现行历史文化保护传承法律体系空缺，出台一部综合性、协调性法律统领全国历史文化保护与传承工作，尽快修订《历史文化名城名镇名村保护条例》；行政法规层面，配套出台传承管理办法等，对历史文化名城保护与传承工作解释细化，加强对地方保护传承工作的指导。地方性法规层面，推动地方法律的研究和出台，促进当地具体保护工作，并提出与其他相关法律的协调统筹关系；研究还搭建了城乡历史文化遗产综合性立法的条文框架。

2023年开展的课题《城乡历史文化保护传承立法关键制度支撑研究》梳理评估城乡历史文化保护传承现行立法及其实施情况。对代表性省份、名城开展调研，征询各地对于城乡历史文化遗产的立法建议。针对重点难点问题，对关键制度开展研究，并提出政策举措，主要包括城乡历史文化保护与底线管控制度、各类城乡历史文化遗产利用传承制度、城乡历史文化保护管理与保障制度等，并根据研究提出立法的条文建议。

2023年开展的课题《城乡历史文化保护传承管理办法研究》充分梳理上位要求和住房和城乡建设部既有规定，借鉴各地先进经验，研究既有部门规章缺项及不足，广泛征求16个省份、30个市县近百条意见，最终形成研究草案。草案以保护对象全囊括、保护管理全科书为研究思路，主要包括申报认定和批准、保护规划、保护措施、传承利用、管理监督、奖励与处罚等六部分，力求解决保护内容不系统、规划体系不完善、保护传承不到位、监督问责不到位的问题。草案研究过程中充分参考部门规章制定的要求和行文

规范，邀请法学专家对表述严谨性进行审核，确保准确性。

技术创新点

（1）强化政治学习，确保方向正确。系统全面地学习习近平文化思想、习近平总书记对历史文化遗产保护传承的重要论述、重要指示批示精神，多次组织学习，全面梳理拟确立的关键制度，提升对于立法工作、部门规章制定工作的整体认识，对照完善研究工作。

（2）开展广泛调研，系统梳理情况。课题组多次走访调研各省级和城市保护传承工作，加强专项评估、督查检查等住房和城乡建设部重点工作的衔接，切实了解各地保护传承工作的困难和瓶颈，以问题为导向，为工作方向提供了支撑。

（3）开展对比研究，充分借鉴经验。课题组重点开展了两方面的对比研究，一个是我国与其他国家保护相关法律法规体系建设的对比研究，一个是我国保护传承领域与生态保护等其他领域立法工作的体系建构对比研究。借鉴其他领域和其他国家的先进经验，为我国立法工作提出可借鉴的经验要点。

（4）聚焦核心问题，研究关键制度。基于文献梳理、现行法律和政策文件的研究，以及我国优秀地方经验及国际经验的总结，从"保好、用好、管好"三个角度深入研究"保护与底线管控""传承利用"和"保护管理与保障"三方面的关键性制度，细化了各项制度执行与落实方式，并在法律条文建议中提出思路。

（5）搭建立法体系，形成条文建议。伴随三年的研究，课题组提出了立法体系的整体建议，为我国城乡建设领域统筹各类遗产保护的法治化管理提出了思路。同时在形成第一版立法条文建议后，不断根据实际情况动态调整，形成多轮综合性立法、保护条例修订、保护传承管理办法的框架和条文。

（6）形成的研究草案是城乡历史文化保护传承领域一次较为系统、全面的规章制度研究。创新性地提出了建立城乡历史文化遗产保护名录制度、健全城乡历史文化遗产的保护规划管理制度、加强城乡历史文化遗产的保护与管控、加强城乡历史文化遗产的利用与传承、强化管理监督和奖励处罚，加强对违规行为处罚等方面的创新举措制度。

应用及效益情况

通过研究形成了多轮立法条文建议、条文起草说明、条文制定依据、专题研究报告、保护传承管理办法草案，开展了多轮专家及部门意见征询。

2021年7月，中共中央办公厅、国务院办公厅印发《关于推动城乡建设绿色发展的意见》，明确提出要制定修订城乡建设和历史文化保护传承等法律法规。2023年，历史文化遗产保护法被列入十四届全国人大常委会二类立法规划。

本系列研究成果为城乡历史文化保护传承领域的立法工作提供了工作研究基础和技术支撑。

（执笔人：许龙、丁俊翔）

城乡历史文化保护传承体系第三方评估指标、标准与机制研究

项目来源：2022年住房和城乡建设部科学技术计划项目	**项目起止时间**：2022年1月至2022年12月
主持单位：中国城市规划设计研究院	**院内承担单位**：遥感应用中心
院内主管所长：刘斌	**院内项目负责人**：徐知秋
院内主要参加人：李倩、温婷、法念真等	**参加单位**：清华大学建筑设计研究院有限公司、上海同济城市规划设计研究院有限公司

研究背景

2021年8月，中共中央办公厅、国务院办公厅印发《关于在城乡建设中加强历史文化保护传承的意见》，提出"建立城乡历史文化保护传承评估机制，定期评估保护传承工作情况、保护对象的保护状况"。2021年10月，中共中央办公厅、国务院办公厅印发《关于推动城乡建设绿色发展的意见》，提出"建立健全'一年一体检、五年一评估'的城市体检评估制度，强化对相关规划实施情况和历史文化保护传承、基础设施效率、生态建设、污染防治等的评估"。

随着城市发展进入更新时代，历史文化遗产保护工作面临诸多挑战，保护力度不够、大拆大建、拆真建假行为时有发生。片面追求量化的静态评价方法，缺少对城乡历史文化遗产保护状况的评估，无法及时准确发现问题短板、制止破坏行为，是导致问题出现的根本原因。第三方评估因其独立、客观、专业的特点，被视为完善国家治理体系的重要途径以及推进治理能力现代化的一种有效手段，在政策评估、项目评审、绩效评价等领域得到越来越广泛的运用。目前，针对城乡历史文化保护传承的第三方工作尚处于起步阶段，缺少对第三方评估指标体系和机制的系统研究。本项目重点对城乡历史文化保护传承第三方评估指标和流程开展相关研究工作，为国家开展第三方评估工作提供必要的技术和政策支撑。

研究内容

项目围绕城乡历史文化保护传承第三方评估的重点内容、技术路线、评价指标、数据类型等方面进行了全面梳理和研究，充分借鉴国内外历史文化遗产保护评估好经验好做法，构建适用于我国城乡历史文化遗产保护传承的第三方评估指标体系和技术方法。具体研究内容包括：

1. 第三方评估指标研究

（1）对现存各类遗产保存状况的评估。重点包括历史城区格局风貌保护情况，历史城区范围内居住人口数量变化情况，历史文化街区保护情况；历史文化街区核心保护范围主要出入口设置标志牌情况，是否出现大规模突击式整治改造或过度商业开发等行为；历史建筑保护利用情况，保护范围及数量变化。

（2）主管部门的保护管理工作情况。重点包括历史文化街区划定和历史建筑确定工作情况，保护规划编制实施情况，各项建设活动是否符合保护规划确定的建筑高度等控制要求，地方法规及相关政策制定；基础设施改善与国家专项补助资金使用；对新的各类历史文化资源的普查情况；各类历史文化资源价值研究情况；各类保护对象日常巡查监管情况等。

（3）保护利用工作成效评估。包括历史建筑保护利用情况，留而不修、修后未用等空置状况；传统风貌建筑保护利用情况，具有保护价值的老建筑、古民居加固修缮、消除安全隐患、活化利用等情况；历史文化街区和历史地段的保护修缮进展以及环境整治、公共服务设施提升、基础设施改造等情况；城镇格局、自然景观、人文环境和非物质文化遗产等保护情况，包括历史风貌破坏问题及整改情况。

（4）保护风险评估。包括相关规划对历史文化遗产保护的影响分析；重大项目、公共设施、基础设施等项目对历史文化遗产保护的影响分析；气候、地理环境对历史文化遗产保护的影响分析；制定的保护行动计划的科学性和合理性。

2. 第三方评估流程研究

研究城乡历史文化保护第三方评估工作流程，通过前期资料收集准备、暗访调研、遥感监测分析、现场调研座谈、撰写报告、反馈经验和问题等步骤，形成全流程、全链条闭环的第三方评估工作流程，可以全面、准确掌握被评估的城乡历史文化遗产保护状况、管理情况和存在的风险问题。

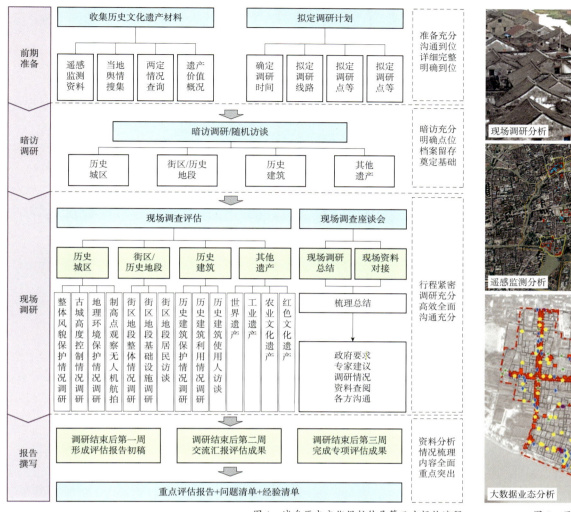

图1 城乡历史文化保护传承第三方评估流程

图2 历史文化名城第三方评估分析

3. 第三方评估方式研究

（1）资料调研。通过资料调研，收集汇总相关材料。主要包括数据资料、历史文献、地籍资料、古籍等相关材料，通过文字、图片、影像等内容的收集整理，全面地掌握类保护对象的历史文化脉络。

（2）现场调研。现场调研名城、名镇、名村、街区的整体风貌格局、山水自然环境的保护情况，针对历史文化街区、历史建筑的保护情况进行实地勘测，对历史文化名城、名镇、名村、街区保护范围内的新增建设情况进行调研，如有必要，可前往某一制高点拍摄城市的总体风貌格局，将各类信息进行归纳整理。

技术创新点

本研究从城乡历史文化保护传承体系价值导向、系统保护、高效管理的角度出发，改变现行遗产保护重数量轻成效、重单体保护轻整体保护的评估方式，建立起基于历史文化遗产价值特性、真实完整性以及要素全囊括的第三方评估指标体系，对城乡历史文化保护传承体系进行整体、系统、全面评估。

（1）从强化奖励激励和考核问责制度出发，建立定性与定量指标结合的第三方评估标准，并与奖励激励、列入濒危、撤销称号等机制流程相结合，提供更加客观、科学的评估依据。

（2）通过评估指标和标准的确立，推动遥感技术、地理信息系统、大数据等更多新技术手段应用于第三方评估工作。

（3）增强对历史文化保护传承公众参与，充分利用社会的智慧和监督力量，形成省部级自上而下督查评估和民间公众自下而上监督参与的双向合力，规范地方在历史文化保护传承上的方向和质量。

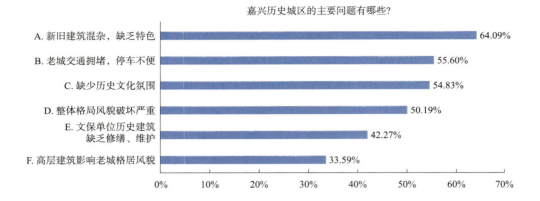

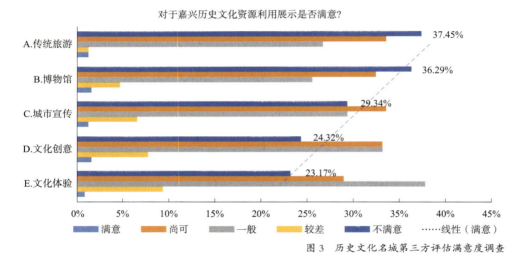

图3 历史文化名城第三方评估满意度调查

应用及效益情况

（1）为各级管理部门开展历史文化保护传承第三方评估工作提供技术支撑。本研究成果包含评估指标体系和评估技术指引，并建立起适用于我国城乡历史文化遗产特点的第三方评估流程，可以支撑全国范围各级管理部门开展第三方评估工作，促进地理信息系统、遥感技术、大数据等新科技手段应用于城乡历史文化保护传承体系的评估工作。

（2）指导各地建立起完善的保护传承体系。通过高质量的第三方评估指标体系和工作流程，帮助各地挖掘文化资源，实现应保尽保，建立起完善的保护传承体系，提高城乡历史文化保护传承管理水平。

（3）加强各地历史文化保护传承制度的完善。通过定期开展第三方评估，推动各地加强日常管理工作，对城乡历史文化遗产风险进行预警监测，发现和梳理各地在城乡历史文化保护传承工作中好的经验做法和存在的突出问题，促进各地进一步完善城乡历史文化保护传承制度。

（执笔人：徐知秋）

历史城区整体保护和有机更新策略研究

项目来源：住房和城乡建设部建筑节能与科技司　　**项目起止时间**：2022 年 4 月至 2022 年 10 月
主持单位：中国城市规划设计研究院　　　　　　**院内承担单位**：历史文化名城研究所
院内主管所长：赵霞　　　　　　　　　　　　　**院内主审人**：赵霞
院内项目负责人：鞠德东、冯小航
院内主要参加人：陈双辰、李晨然、刘倩茹、杜莹、张涵昱、兰伟杰、张帆、王玲玲、李金宗、徐知秋
参加单位：广州市城市规划勘测研究院、西安建筑科技大学

研究背景

新时期，中央高度重视城乡历史文化遗产的保护工作。中共中央办公厅、国务院办公厅印发的《关于在城乡建设中加强历史文化保护传承的意见》中明确提出，要保护历史文化名城、名镇、名村（传统村落）的传统格局、历史风貌、人文环境及其所依存的地形地貌、河湖水系等自然景观环境，注重整体保护，传承传统营建智慧。

我国设立历史文化名城保护制度之初就将名城作为整体保护的概念。1982 年国务院批转《关于保护我国历史文化名城的请示》中指出：对集中反映历史文化的老城区、古城遗址……等，更要采取有效措施，严加保护……。要在这些历史遗迹周围划出一定的保护地带。对这个范围内的新建扩建改建工程应采取必要的限制措施。2005 年《历史文化名城保护规划规范》GB 50357—2005 对历史城区的概念加以明确，即城镇中能体现其历史发展过程或某一发展时期风貌的地区。涵盖一般通称的古城区和旧城区。特指历史城区中历史范围清楚、格局和风貌保存较为完整的需要保护控制的地区。因此，历史城区是历史文化价值和特色突出的名城保护重点区域，也是未来需要重点强化的保护区域，是城市连续性历史的见证，是整体特色鲜明的城市空间，是丰富混合的功能载体。做好历史城区的整体保护更新，对在城市建设中系统保护、利用、传承好历史文化遗产，在城市更新中充分利用历史文化资源激发城市活力、提升城市功能、彰显城市品质具有重要意义。

研究内容

课题在对国内外历史城区整体保护的相关理论综述进行研究归纳的基础上，明确我国历史城市的整体性特征，通过梳理大量历史文化名城历史城区整体保护更新工作开展情况，归纳各城市在历史城区保护技术方法策略和制度建设、政策制定方面的措施，针对当前全国历史城区存在的破坏性建设、破碎化保护、静态保护、管理制度不配套、资金投入可持续性差等普遍性问题进行重点研究突破，总结先进城市的前沿经验；提出推动应保尽保，强化特色风貌；点面关联结合，彰显格局秩序；保护山形水系，延续城址环境；改善人居环境，延续生活网络；提升功能活力，传承城市文脉五大方面的技术方法策略；以及加强组织领导，健全日常管理；完善法律法规，创新政策制度；规划落实传导，强化技术支撑；引入社会资金，优化财政投入；推动多方参与，组织共同实施五大方面的制度完善和政策保障建议，鼓励进一步强化政府统筹引导能力，充分发挥市场、民众等多方力量，进一步优化资源配置，切实促进我国历史城区整体保护与更新的工作制度完善。

技术创新点

（1）系统研究梳理我国古代营城智慧的整体性特征。通过查阅相关书籍、文献，结合实践经验，总结归纳我国古代城市的整体性主要体现在五个方面：一是环境整体性，城市建设结合自然山水环境特征，自然环境与人工建设视为一个整体而展开统筹经营是中国城市规划的显著特征。二是要素关联性，中国城市规划遵循"人文优先"的原则，人文空间与城市制高点、风景网络焦点等空间均有密切联系，形成"城市人文空间结构"。三是文化层积性，中国城市规划有强烈的历史意识，重视古迹保护和历史遗迹修复，代代累积，形成了中国城市规划建设的文化层积性特征。四是生活融合性，中国城市建设强调"养民济民"与"民生日用"，养育百姓、保障民生、改善城市人居品质是中国城市的基本属性，也是城市营建的根本目标之一。

（2）完成理论综述的本土转化，明确历史城区整体性保护更新策略方法内涵，形成历史城区整体保护更新工作正面清单。结合国内外历史城区整体保护和有机更新的理论研究以及我国古代历史城市

营城智慧的"整体性"特性研究，将理论综述进行本土转化，聚焦我国历史文化名城的历史城区，梳理从物质文化遗产到非物质文化遗产，包含山水营城、自然与环境、空间尺度、历史风貌、传统格局、历史性城市景观、民俗文化、社会关系、经济发展、城市职能等多方面历史城区"整体性"理论特征，归纳为城址环境、特色风貌、格局秩序、生活网络、城市文脉五大部分，作为历史城区"整体性"保护更新方法的内涵基础。从推动应保尽保，强化特色风貌；点面关联结合，彰显格局秩序；保护山形水系，延续城址环境；改善人居环境，延续生活网络和提升功能活力，传承城市文脉五个角度对国内历史名城整体保护优秀经验进行总结提炼，明确历史城区整体保护更新工作正面清单，为后续建立历史城区整体保护更新指标体系提供研究基础，提出分类分项的工作重点和具体要求。

（3）面向管理，在优化组织管理、建章立制、完善技术支持，多样化引入资金以及创新实施模式五大方面，对国家、地方和历史城区三个层面提出相应的工作建议，为历史城区保护更新的工作开展实施提供指引。在城市转型发展的新时期，历史城区的保护更新工作也需要联合城市治理、产城融合等工作，从多方面探索新形式，推动保护更新工作的落地实施。

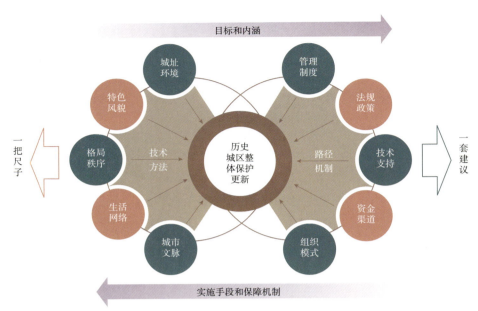

图1　历史城区整体保护更新技术方法与路径机制构建示意图

应用及效益情况

课题初步构建了历史城区整体保护更新的技术方法体系，提出了面向整体保护的管理制度完善建议，总结形成历史城区整体保护更新工作技术指引，旨在为历史文化名城保护管理提供技术支撑。

（执笔人：鞠德东、冯小航）

历史地段保护利用方法研究

项目来源：住房和城乡建设部建筑节能与科技司　　**项目起止时间**：2022年5月至2022年10月
主持单位：中国城市规划设计研究院　　　　　　　**院内承担单位**：历史文化名城研究所
院内主管所长：鞠德东　　　　　　　　　　　　　**院内主审人**：赵霞
院内项目负责人：王军、丁俊翔　　　　　　　　　**院内主要参加人**：汪琴、汪美君

研究背景

2021年8月，中共中央办公厅、国务院办公厅印发的《关于在城乡建设中加强历史文化保护传承的意见》第一次在中央文件层面明确提出了"历史地段"的概念和保护要求。推动历史地段保护利用是实现城乡高质量发展，推动城乡历史文化保护传承空间全覆盖、要素全囊括的重要抓手，但当前我国历史地段研究尚处于起步阶段，国内尚未有系统的历史地段保护利用的梳理和指引。

研究内容

研究内容主要包括历史地段类型特征与认定标准、历史地段价值评估与保护体系、历史地段保护利用路径与方法、管理工作建议。

历史地段类型特征与认定标准部分，主要是通过系统梳理历史地段的概念演化历程，分析历史地段内涵特征，梳理国内相关案例，提出文化名胜类、纪念设施类、生活住区类、经济产业类、科技文教类五类历史地段，并对五类历史地段提出价值认定和规模遗存标准建议。

历史地段价值评估与保护体系部分，主要是通过对历史地段价值特点的研究，提出分类型历史地段保护范围划定规则要求，并提出分类型保护框架体系。

历史地段保护利用路径与方法部分，研究了历史地段保护利用的基本理念与方法，并对五类历史地段提出差异化保护利用要点。

历史地段管理工作建议部分，主要是对历史文化街区等相关保护对象的申报认定程序进行研究后，提出国家级、省级、市县级三级申报认定流程建议，并提出日常管理和动态维护建议。

技术创新点

（1）通过对历史地段概念起源、演化历程的梳理，界定了历史地段基本内涵，提出历史地段是与历史文化街区互补，且没有划定为历史文化街区的文化名胜、历史纪念地、老住区、老厂区、老校园、重大工程等具有历史纪念意义、反映传统社会生活、体现经济产业与科技文化发展历史的地区，能够与历史文化街区共同实现地段层面的要素全囊括。

（2）开展了历史地段类型化研究，提出历史地段划分为文化名胜类、纪念设施类、生活住区类、经济产业类、科技文教类等五类，并精确指引各类历史地段的适应性保护利用。

（3）提出了历史地段管理全流程建议，保障历史地段认定—划定—保护—利用的全过程技术指引。

应用及效益情况

本课题研究成果前瞻性地提出了历史地段的认定、划定、保护利用方法，为国家、省、市县的历史地段普查认定、范围划定、保护管理提供了理论依据，并提出第一批中国历史地段名录建议。

本课题也积极通过试点工作持续推动历史地段的保护管理研究，指导辽宁省、安徽省、贵州省、四川省、重庆市等5省市组织开展历史地段试点工作，通过试点工作摸排出782片潜在历史地段，指导出台了《辽宁省历史地段认定管理办法（试行）》《安徽省历史地段普查认定导则（试行）》《贵州省历史地段普查认定标准》《贵州省历史地段保护管理办法（试行）》《四川省历史地段普查认定办法》《重庆历史地段普查评定工作规程》等相关的办法、导则、规程。

同时，课题成果也为广西柳州空压机厂历史地段、河南光山正大街历史地段更新保护利用提供了理论支撑。

（执笔人：丁俊翔）

中国城市规划设计研究院七十周年成果集 科研·标准（上册）

老工业地段更新利用模式与机制研究

项目来源：2021年住房和城乡建设部科学技术计划项目	**项目起止时间**：2021年3月至2023年3月
主持单位：中国城市规划设计研究院	**院内承担单位**：历史文化名城研究所
院内主管所长：鞠德东	**院内主审人**：赵霞
院内项目负责人：徐萌	**院内主要参加人**：杨亮、冯小航、盛哲清

研究背景

随着我国大量城市的产业结构从传统制造业向第三产业转型，城市功能也由传统的生产型城市向消费型城市转变。城市大量老工业地段退出生产功能，成为城市待更新的存量用地，也成为城市转型与复兴的特色资源和重要抓手。许多更新后的老工业地段面临老工业建筑或工业遗存历史信息被破坏、特色消失、人气不足、业态同质等问题。

因此，针对老工业地段更新与城市建设统筹协调的财税政策路径，社会资本参与搬迁企业改制重组和城区老工业区市政基础设施建设，城市土地供应协调、划拨工业用地变性和集约利用等方面开展政策机制研究，对破解目前的更新难题有着重要的意义。

研究内容

本研究就老工业地段更新利用中的几项关键内容进行深入研究，其中：

（1）我国老工业地段特征与更新现状。通过分析我国工业发展脉络及格局演化特征，对老工业地段的发展变迁过程、现状物质空间环境进行研究梳理，总结老工业地段的空间区位、功能布局、内部组织等特点，梳理面临的矛盾问题。

（2）老工业地段的更新利用技术方法研究。研究和归纳城市发展转型的典型特征，强调"人与自然和谐共处"理念，遵循生态、宜居、创新的新发展方向。从城市产业结构调整和功能转型的重构出发，结合土地区位价值、空间功能及社会组织方式的转变，研判生态文明时期老工业历史地段的功能更新与空间更新利用方法。

（3）老工业建筑改造利用方法研究。该部分重点探索老工业建筑改造利用方法，破解建筑改造的政策症结，从老工业建筑的历史文化价值与特色、空间利用与功能匹配类型、空间改扩建设计方法等三个方面展开研究。

（4）老工业地段更新利用的实施路径与政策机制研究。老工业地段更新伴随大量企业搬迁、改制重组和基础设施建设，面临着海量的资金投入，更新利用路径与政策机制研究是实现老工业地段更新利用的关键基础。

技术创新点

创新技术主要包括以下两点：

（1）创新性提出老工业地段、老工业建筑空间更新利用与功能适配的模式导则。本次研究结合城市与老工业地段的系列条件因子，建立一套功能选择算法体系，为不同条件影响下的老工业地段更新，提出适宜主导功能的正负面功能清单。以此为基础，结合老工业建筑的条件因子，开展主导功能下的业态类型细分，形成空间与功能匹配指引，为空间更新利用提出了选择菜单。

（2）创新性通过企业实践提出政策机制清单，探索老工业地段更新理论与实施路径的结合。本次研究团队由技术团队和企业实践团队组成，通过研究，探索更新的方法与机制模式，提出社会资本介入更新的财税政策，企业参与运营的模式方法，通过梳理一系列配套政策机制清单，做到更新理论与实践路径的创新性结合。

应用及效益情况

本研究开展工业遗产保护利用的综合效益评价工作，总结了工业遗产保护带来的社会、人文、经济综合效益，并做好对公众的宣传推广工作；提振了全社会对于工业遗产保护的信心；汇总了优秀实践案例，形成了政府主动引导的工业遗产保护利用实践经验亮点库，引导尚未开展活化利用的产权主体，学习既有实践在保护利用工作中的好做法。

以企业为单位，向全社会征集对工业遗产的共同记忆，整理汇编了工业发展相关的历史信息。鼓励社会各界推荐工业遗产，动态补充工业遗产名录，充分调动社会各界保护工业遗产的积极性。

（执笔人：李亚星、徐萌）

老房子、老街区历史文化价值的评估和保护利用机制研究

项目来源：住房和城乡建设部建筑节能与科技司
项目起止时间：2023年6月至2023年10月
主持单位：中国城市规划设计研究院、广州市城市规划设计有限公司
院内承担单位：历史文化名城保护与发展研究分院
院内主管所长：鞠德东
院内主审人：鞠德东
院内项目负责人：钱川、汤芳菲
院内主要参加人：王丽、冼怡静、王铎、宋维卿、张楠、苏原、赵霞、杨开、徐萌、王军、冯小航、许龙、王玲玲、张亚宣、任瑞瑶、汪琴、李陶、金石
参加单位：广州市城市规划设计有限公司

研究背景

《关于在城乡建设中加强历史文化保护传承的意见》提出，切实保护能够体现城市特定发展阶段、反映重要历史事件、凝聚社会公众情感记忆的既有建筑，不随意拆除具有保护价值的老建筑、古民居。

针对当前我国老房子、老街区在保护、更新、活化与监管等方面还存在价值认知有待全面提高、监督实施机制需进一步健全等问题，本课题研究试图建立一套针对老房子、老街区的历史文化价值评估和保护利用机制。

研究内容

一是针对"全域全要素"的城乡历史文化遗产保护，研究提出老房子、老街区的概念与内涵，建立老房子、老街区的历史文化价值评估标准。为全国各地推进老街区、老房子的筛选、保护与利用明确价值评估标准、评估流程、应用方法，构建基于历史研究、现场调研、公众参与、评估论证等评估方法的老房子、老街区历史文化价值评估体系。

二是针对"全生命周期"的历史文化遗产保护管理需求，研究提出老房子、老街区的保护管理机制，形成政策建议。针对非国家法定保护对象的老房子、老街区，梳理国家政策与地方探索，提出针对性的保护管理机制，为历史街区与古老建筑的相关政策制定提供基础研究支撑。

三是重点针对具有法定身份的历史文化街区和历史建筑，研究提出保护利用管理的工作机制，形成政策建议。从修复修缮、人居环境提升、活化利用、实施保障四大方面提出历史文化街区修复、历史建筑修缮和活化利用建议。

技术创新点

一是深入研究相关概念。综合多学科视角，借助多种文献检索和搜集方式，从中梳理出国内外老房子、老街区保护制度的相关理论、方法和实证研究成果，开展比较研究并实时跟进相关研究进展。

二是提出老房子、老街区的保护应建立以价值评估导向为核心的遗产科学化、精细化保护制度建议，进一步挖掘潜在保护对象的文化精神与价值。采用历史研究、深入访谈、总结归纳等方法，分析各地老房子、老街区保护在不同阶段的发展规律，掌握其本质特征。确定影响不同地区老房子、老街区保护实施的相关因素，定性构建价值评估体系，并制定定量评估方法。通过定性描述与定量控制的有机结合，提高研究成果的科学性、针对性和可操作性。

三是针对老房子、老街区现状面临的保护利用问题，课题将通过对各地保护利用机制、政策的对比研究，对于法定保护对象与非法定保护对象，分别构建差异化的保护利用机制并提出相应政策建议。

四是价值评估标准与方法构建以实用性为目标，让普通居民和名城管理者都能理解、认知与使用，指导后续保护利用。

应用及效益情况

本课题研究中针对老房子、老街区中非法定保护对象的价值评估与保护利用机制研究，完善了各类潜在保护对象的价值评估方法体系和活化利用路径。

本课题研究中针对老房子、老街区中法定保护对象历史建筑、历史文化街区开展保护利用机制研究，还支撑了住房和城乡建设部关于历史文化街区修复、历史建筑修缮和活化利用相关政策研究。

（执笔人：钱川）

历史建筑保护利用创新技术研究及示范应用

2022年度华夏建设科学技术奖二等奖 | 2021年度广东省优秀城乡规划设计项目三等奖 | 2021年度广州市优秀城市规划设计奖一等奖

课题组1：历史建筑综合利用研究
项目来源：住房和城乡建设部城市建设司
主持单位：中国城市规划设计研究院、广州市城市规划编制研究中心、广州市岭南建筑研究中心、广州市城市规划勘测设计研究院
院内主审人：赵中枢
院内主要参加人：冯小航、高原、张凤梅
项目起止时间：2018年10月至2019年7月
院内承担单位：历史文化名城研究所
院内主管所长：鞠德东
院内项目负责人：汤芳菲

课题组2：历史建筑测绘建档的技术标准研究
来源：住房和城乡建设部建筑节能与科技司
主持单位：华南理工大学、中国城市规划设计研究院、广州市城市规划勘测设计研究院、西安建筑科技大学、广州思勘测绘技术有限公司
院内项目负责人：徐萌
起止时间：2019年6月至2019年12月
院内承担单位：历史文化名城研究所
院内主管所长：鞠德东
院内主审人：苏原
院内主要参加人：李陶

课题组3：广州市历史建筑保护利用试点成果总结与政策研究
项目来源：广州市规划和自然资源局
主持单位：中国城市规划设计研究院、广州市岭南建筑研究中心、中国人民大学
院内主审人：赵霞
院内主要参加人：高原、张凤梅
项目起止时间：2018年8月至2019年8月
院内承担单位：历史文化名城研究所
院内主管所长：鞠德东
院内项目负责人：汤芳菲、冯小航

研究背景

历史建筑是城乡历史文化保护传承体系的重要组成部分，也是城市优质稀缺的存量空间资产，其保护利用是实现城市高质量发展转型的重要支撑。截至2024年，全国共划定历史建筑约6.72万处。作为新拓展的保护类型，历史建筑的保护利用理念、技术方法和政策体系都处于相对空白的阶段，面临底盘底数不清，缺少针对性保护修缮技术方法，难以活化利用，保护利用管理流程和审批机制不顺，缺乏资金政策保障等主要问题，亟待系统性的解决方案。2017年12月，住房和城乡建设部印发《关于将北京等10个城市列为第一批历史建筑保护利用试点城市的通知》，要求通过试点工作，提出破解当前历史建筑保护利用问题的政策措施，探索建立历史建筑保护利用新路径、新模式和新机制。

研究内容

项目集成了全国"历史建筑综合利用课题研究""历史建筑测绘建档的技术标准研究"课题的研究成果和"广州市历史建筑保护利用试点成果总结与政策研究"实施试点项目，形成全国试点+重点示范联动的组织方式，健全历史建筑保护利用全生命周期系统研究，形成行业标准—法规政策—应用技术—示范项目的成果体系。

技术创新点

（1）开创性地形成历史建筑保护利用核心理念—全周期体系—适应性技术—政策协同机制—多元治理模式的整体创新技术。项目提出历史建筑"价值优先，以用促保"核心理念，形成保护价值核心要素，其他部位可根据需求适当改变的基于价值识别的保护方法。通过新技术手段和传统修缮技艺的结合应用，加强历史建筑的现代生活适应性。提出鼓励功能织补融合的利用理念，明确充分发挥历史建筑多元使用价值的保护利用导向。剖析历史建筑从普查，到认定、挂牌建档、规划编制、修缮利用、监督管理全流程中的薄弱环节和主要问题，提出重点突破、系统解

决的关键方法，形成历史建筑保护利用的全生命周期方法体系。

（2）夯实历史建筑底盘底数，促进价值保护与功能提升的关键技术，首次在文化遗产领域实现了大规模、广地域、多维度的标准化数据入库。项目产出了行业标准《历史建筑数字化技术标准》JGJ/T 489—2021（以下简称《标准》），形成适用于价值识别保护、全国分级覆盖的历史建筑数字化采集建档的关键技术，规范历史建筑的数据采集、处理和图档编辑、存储，涵盖了二三维、矢量标量数据的各类数据标准化融合，推动了全国历史建筑数据库的建设和各地信息共联、共享。

（3）形成难点突破，覆盖城乡的历史建筑保护利用创新政策工具和协同管理机制，出台全国首个促进历史建筑活化利用的政策办法。针对目前保护利用流程中面临的"卡脖子"政策难题，提炼突破性解决策略，包括以保护责任主体落实为目标的产权管理机制，支持活态传承的传统工匠保育政策，促进关键性能提升、倡导多功能利用的审批机制，推动交易成本降低、动员多方力量参与的激励机制，基于集体产权流转和变更的乡村历史建筑活化政策等。并在全国率先制定出台首个历史建筑活化利用综合性政策《广州市促进历史建筑合理利用实施办法》，形成"首次"确权登记、合理改功能和加面积不计容不办产权、国有物业租期租金"解绑"、非国有物业修缮补助、消防审批"一案一议"、优化商事登记证明等创新政策包，将研究转化为法定政策，形成常态制度。

应用及效益情况

2019年1月，全国十个试点城市历史建筑保护利用现场交流座谈会于广州召开，将项目相关技术成果和先进做法进行全国示范，并在杭州、福州、平遥等城市以培训班、宣传周、工匠技能赛等形式推广工作经验。

研究产出的《标准》推动了全国各地历史建筑数字化信息采集建档，夯实了数据基础，在"历史文化街区和历史建筑数据信息平台"中建立了历史建筑数字化档案，提高了全国统一管理水平。研究也促进了全国历史建筑保护利用系列政策的制定，形成的政策建议融入了2021年9月发布的《关于在城乡建设中加强历史文化保护传承的意见》文件中。通过一批历史建筑保护利用试点项目的应用实施形成城市高质量发展的重要触媒空间。

（执笔人：汤芳菲、冯小航）

图1 研究技术路线图

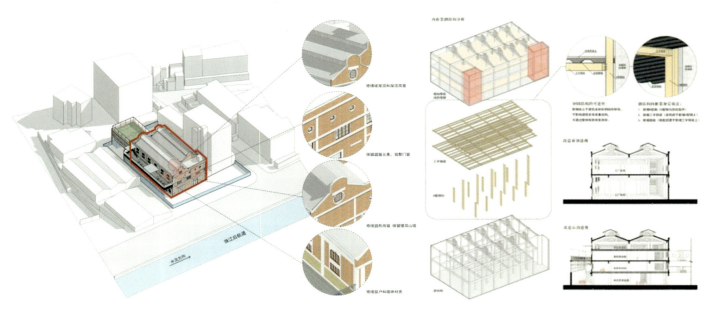

图 2　历史建筑保护利用试点案例

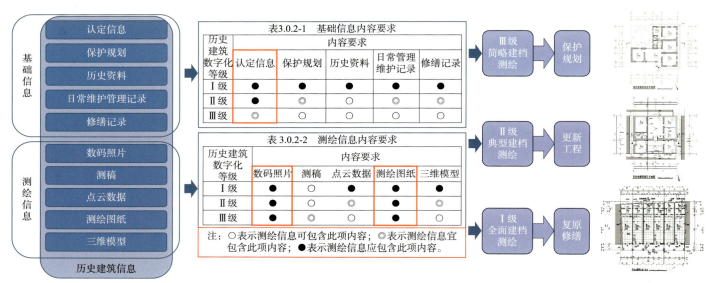

图 3　历史建筑多维信息的数字化对应分级

历史建筑活化利用、修缮技术指南与全生命周期管理制度研究

项目来源：住房和城乡建设部建筑节能与科技司
主持单位：广州市岭南建筑研究中心、杭州市文物遗产与历史建筑保护中心、中国城市规划设计研究院
院内主审人：鞠德东
院内主要参加人：王丽、李梦、李亚星、王川、赵霞
项目起止时间：2021年5月至2021年12月
院内承担单位：历史文化名城保护与发展研究分院
院内主管所长：鞠德东
院内项目负责人：张亚宣

研究背景

2016年，《中共中央 国务院关于进一步加强城市规划建设管理工作的若干意见》中明确要求"用五年左右时间，完成所有城市历史文化街区划定和历史建筑确定工作"。为了切实推进各地开展历史建筑保护利用工作，2016年，住房和城乡建设部印发《历史文化街区划定和历史建筑工作方案》，2017年9月，公布《住房和城乡建设部关于加强历史建筑保护与利用工作的通知》，同年12月公布《住房和城乡建设部关于将北京等10个城市列为第一批历史建筑保护利用试点城市的通知》，2021年1月，公布《住房和城乡建设部办公厅关于进一步加强历史文化街区和历史建筑保护工作的通知》，旨在探索积累一批可复制可推广的历史建筑保护与利用经验。

作为我国历史文化名城保护制度中的重要要素，历史建筑的保护利用方法和政策机制亟待进一步完善。

研究内容

在梳理研究历史建筑保护利用管理中的堵点难点、总结活化利用试点经验做法的基础上，研究历史建筑"全生命周期管理"机制，形成一套可复制可推广的历史建筑修缮保护和活化利用相关政策措施。

一是提出历史建筑"全生命周期管理"定义，明确其内涵与外延，以及管理的关键环节，借鉴国内外先进理论和经验，从部门分工、顶层设计、工作机制、管理程序、实施保障等方面提出政策建议。

二是收集整理全国历史建筑保护、修缮、改造等技术经验，研究制定供各地历史建筑利益相关者使用的修缮技术指南，并提出相关政策建议。

三是从政策、管理、技术、资金模式等方面总结我国历史建筑利用试点经验，结合保护利用现状，针对典型难点问题，制定操作性强、可覆盖面广的活化利用政策措施，并建立活化利用正负面清单，探索活化利用评估内容与指标。

技术创新点

一是注重全局性、系统性，对全国第一批10个历史建筑保护利用试点城市及58个省级试点城市的历史建筑总体保护情况和活化利用成效进行详细调研和评估，以此为基础总结问题经验，形成一套刚柔结合的历史建筑保护利用管理模板，建立历史建筑"全生命周期"的保护修缮及活化利用政策管理机制。形成《历史建筑全生命周期管理制度研究》课题成果。

二是注重科学性、针对性，区别于文物建筑的修缮方法，编制一套专门适用于历史建筑的保护修缮技术指南，从修缮查勘、设计、审批、施工、验收等全流程引导和规范各地历史建筑的保护修缮工作，提升保护修缮的管理和技术水平。形成《历史建筑修缮技术指南》课题成果。

二是注重实用性、可操作性，形成一套关于历史建筑活化利用管理的导则。以《关于在城乡建设中加强历史文化保护传承的意见》为纲领，提出国家、省、市在历史建筑活化利用工作中的管理职责分工建议，并在加强流程指引、更新活化理念、拓宽资金渠道、践行共同缔造等方面提出具体措施和指引，形成《历史建筑活化利用管理导则》课题成果。

应用及效益情况

本课题研究中针对历史建筑活化利用管理机制研究，支撑了住房和城乡建设部关于历史文化街区和历史建筑保护利用的政策制定相关研究。

本课题研究中对全国历史建筑的保护修缮和活化利用情况评估相关内容，还为《老房子、老街区历史文化价值的评估和保护利用机制研究》等相关课题开展提供了技术支撑。

（执笔人：王丽、李梦）

全国改善农村人居环境"十三五"规划

2016年度中规院优秀科研奖三等奖

项目来源：住房和城乡建设部村镇建设司	**项目起止时间**：2015年1月至2015年12月	**主持单位**：中国城市规划设计研究院
院内承担单位：村镇规划研究所、城镇水务与工程研究分院、城市交通研究分院、历史文化名城研究所、北京公司		
院内主审人：王凯	**院内主管所长**：靳东晓	**院内项目负责人**：靳东晓、陈宇
院内主要参加人：张全、桂萍、戴继锋、郝之颖、康琳、张昊、蒋鸣、魏锦程、郝天、黄伟、张澍、黎晴、杨开、张帆、钱川、赵暄、李慧宁、房亮、石咸胜、郑进、秦斌		

研究背景

改善农村人居环境、为农民群众创造一个干净、整洁的生产生活环境，是全面建成小康社会的基本要求，是建设美丽中国的重要内容，是缩小城乡差距的有力举措。"十三五"时期是全面建成小康社会决胜阶段，也是改善农村人居环境的加速提升和攻坚克难阶段。根据党中央、国务院关于改善农村人居环境的决策部署，《国民经济和社会发展第十三个五年规划纲要》以及《国务院办公厅关于改善农村人居环境的指导意见》（国办发〔2014〕25号，以下简称《指导意见》）和全国改善农村人居环境工作会议精神，编制《全国改善农村人居环境"十三五"规划》。

研究内容

1. 现状与问题

"十二五"期间，特别是2013年第一次全国改善农村人居环境工作会议以来，各地区、各部门深入学习贯彻习近平总书记关于改善农村人居环境的重要指示精神，认真落实国务院的决策部署，按照《指导意见》和全国改善农村人居环境工作会议精神要求，加强组织领导、加大工作力度，农村人居环境建设取得了重大进展。

但我国农村人居环境与城市相比、与农民群众的期盼相比、与全面建成小康社会的奋斗目标相比差距仍然较大。到2015年底，中部、西部地区分别有61%、69%的村庄生活基础设施还不完善。全国农村供水保障水平还不高，绝大部分农房达不到抗震安全要求，现有农村危房数量较多，38%的行政村生活垃圾未得到无害化处理，82%的行政村生活污水未得到处理。

2. 发展目标

"十三五"期间要加速改善农村人居环境，到2020年实现城乡人居环境差距大幅缩小，农村基本生活条件得到全面保障，村庄环境普遍干净整洁，建成一批美丽宜居村庄，大幅度改善贫困村人居卫生条件，构建较完善的村镇建设工作体系，初步建立起改善农村人居环境的长效机制，农民的生活环境与全面建成小康社会要求相适应。

3. 全面推进乡村规划编制与实施

合理制定县域乡村建设规划编制内容，明确乡村体系，划定乡村居民点管控边界，确定乡村基础设施和公共服务设施建设项目，分区分类制定村庄整治指引。

建立以村民委员会为主体的规划编制机制。制定符合农村实际的村庄规划内容。坚持简洁、管用、抓住主要问题的原则，以农房建设管理要求和村庄环境整治项目为主。分散型或规模较小的村庄可只编制农房建设管理要求。一般村庄还应提出村庄环境整治项目。特色村庄应在上述基础上依据实际需求增加相应内容。暂时没有条件村村编制规划的，可以乡、镇域或更大片区为单位编制规划，依法批准后，作为乡村建设规划许可的依据。

4. 全力保障基本生活条件

加快推进农村危房改造；推动农村饮水安全巩固提升，强化饮用水源保护和水质保障；实施农村新一轮电网改造升级；提高乡村道路服务水平，大力整治农村公路路域环境，实施新农村现代流通网络工

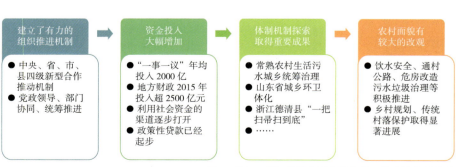

图1 "十二五"期间我国农村人居环境建设取得成效

图2 "十三五"期间加速改善农村人居环境的主要任务　　图3 加快建立全国农村人居环境改善的长效机制

程；深入开展农村厕所革命；全力推进建档立卡贫困村人居卫生条件改善，基本消除人居卫生健康隐患。

5. 大力开展村庄环境整治

开展非正规垃圾堆放点集中排查和整治，全面推进农村生活垃圾治理，推进农业生产废弃物资源化利用，规范处置农村工业固体废物；推广县域农村生活污水"统一规划、统一建设、统一运行、统一管理"模式，加强治理技术管理；整治私搭乱建，开展闲置农房和宅基地利用，加快农村宜居水环境建设；提升农房室内卫生健康环境，推动农房建筑节能；实施村庄公共照明工程；推进燃气下乡，开展农村散煤污染治理。

6. 稳步推进美丽宜居乡村建设

保护自然生态环境，提升农村建筑风貌，加强农房设计；大力推进绿色村庄建设，将绿色村庄建设与耕地保护、环境整治、村庄美化和农民增收相结合；完善传统村落名录，保护村落文化遗产，传承传统建筑文化；加快推进农村网络建设升级；大力推动休闲农业与乡村旅游发展。

7. 建立长效机制

坚持建管并重，推行台账式管理，建立责任明确的维护和管理体系，构建专业化服务平台；建立政府投入、村集体补贴、村民缴费、社会参与的经费筹集机制；坚持农民主体地位，动员社会广泛参与，加强宣传教育力度。

技术创新点

（1）针对当时我国农村人居环境面临的各项问题，深入挖掘问题根源，找寻对策，探索在居住条件、公共设施、环境卫生等各个方面实现全面改善农村人居环境的各项举措。

（2）结合脱贫攻坚目标，重点关注建档立卡贫困村的人居卫生条件改善，提出饮用水安全、居住环境人畜分离、提高卫生厕所普及率、消除人畜粪便暴露现象、治理农村生活垃圾、改善农户住房使其具有基本的通风、采光和保温功能并保障安全等针对性的措施。

（3）探索提出农村人居环境改善的长效机制，把设施建设、运营维护、管理服务等进行有机整合，以多数群众的共同需求为基本导向，按照轻重缓急原则，优先解决群众最紧迫、最需要的公益事业，支持各级党政机关、企事业单位、人民团体、社会各界人士，采取对口帮扶、捐资捐助、义务劳动和智力支持等多种方式，帮助改善村容村貌。支持本土乡贤、能人回归农村，参与农村人居环境建设。

应用及效益情况

为各地开展改善农村人居环境工作提供了行动指南；为地方制定农村人居环境相关专项规划提供了依据；为住房城乡建设部在乡村建设领域的相关政策提供技术支撑。

（执笔人：陈宇）

小城镇生活圈辐射带动农村研究

项目来源： 住房和城乡建设部村镇建设司
主持单位： 中国城市规划设计研究院
院内主管所长： 靳东晓
院内项目负责人： 谭静

项目起止时间： 2015年11月至2016年12月
院内承担单位： 村镇规划研究所
院内主审人： 陈鹏
院内主要参加人： 魏来、蒋鸣、卓佳、邓鹏

研究背景

进入21世纪以来，我国经济快速发展，城市建设突飞猛进，但与之相伴的城乡差距扩大已经成为影响我国经济社会健康发展的重要制约因素之一。党的十八大报告在"人民生活水平全面提高"目标中，首先强调的就是"基本公共服务均等化总体实现"，国家"十三五"规划纲要中，也进一步强调了"基本公共服务均等化水平稳步提高"的发展目标。我国的小城镇长久以来一直作为农村地区的中心，与广大的农村紧密联系，这一特点决定了其在我国实现基本公共服务均等化的过程中角色特殊。在这一背景下，住房和城乡建设部村镇建设司委托开展小城镇生活圈辐射带动农村研究。

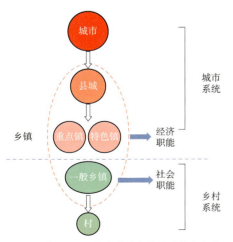

图1 从职能角度对小城镇的基本分类

研究内容

（1）第一部分为已有研究的综述。我国对小城镇的研究涉及小城镇地位与作用、小城镇分类、小城镇规划与建设几个重点方向。其中对于小城镇公共服务设施的配置研究近些年呈现理论基础创新、研究方法日益多元、研究内容不断深入等特点，但也存在重供给轻需求、对小城镇差异的认识相对简单、对生活圈理论的理解和运用相对狭隘等不足。通过对日本农村聚落变迁、生活圈概念提出、生活圈目标设定等研究，得出日本生活圈的研究重心从基础设施等物质性要素的建设逐步转向文化、产业、社会等影响地域共建共享的深层次因素。

（2）第二部分为小城镇的概况。首先界定本研究中所指的小城镇包含县（市）政府驻地镇之外的建制镇以及未设建制的农村集镇。在介绍小城镇基本情况中，指出我国乡镇具有驻地规模普遍偏小、内部分化日趋明显、重点镇、特色镇和一般乡镇承担职能有较大差异等特征。

（3）第三部分是新时期小城镇的职能演变，研究通过对农村商品流通、医疗卫生、基础教育、基础设施建设运营管理等领域现实情况的变化和小城镇作用的分析，提出伴随着农村生产生活方式的变化，小城镇一般性的服务职能发生了很大的变化，部分职能的重要性提高了，部分职能削弱了，一些新的职能出现了，而且服务的范围和方式也发生了很大的改变。

技术创新点

（1）该研究将重点关注在科技进步、物流方式、城乡交通条件、农业生产组织方式、农民收入水平、政策制度等方面的变化会带来镇村居民对服务需求的变化，以此作为小城镇生活圈研究的出发点。

（2）该研究关注不同地形条件、交通方式、经济基础、发展理念、产业结构乃至文化背景下的小城镇辐射带动周边农村的差异性。

（3）该研究通过大量的实地调研，充分了解村镇居民对各类公共服务（教育、文化、医疗、体育等）的真实需求，以判断小城镇在服务农村、联系农民上所扮演的角色。

（4）该研究深入分析日本、韩国生活圈理论的内涵，并将其因地制宜地应用到我国的村镇公共服务优化过程中，形成适合中国的小城镇生活圈理论。

应用及效益情况

该研究是落实"基本公共服务均等化"这一当前国家推动新型城镇化发展具体要求的基础性研究，对住房和城乡建设部推动后续小城镇建设相关工作起到了一定的借鉴作用。

（执笔人：谭静）

农村人居环境设施建设投融资体制机制政策研究

项目来源：住房城乡建设部村镇建设司
主持单位：中国城市规划设计研究院
院内主管所长：靳东晓
院内项目负责人：陈宇

项目起止时间：2016年9月至2016年12月
院内承担单位：村镇规划研究所
院内主审人：陈鹏
院内主要参加人：程颖、许顺才、白理刚、张昊、蒋鸣、国原卿

研究背景

我国经济增长进入中高速区间，财政收入增幅持续回落，主要依靠财政性资金开展农村基础设施建设的投融资模式难以为继。因此，迫切需要创新农村基础设施的投融资机制，加强对农村基础设施建设的支持，改善农村发展条件，加快农村全面建成小康社会的步伐。

研究内容

本研究属于"创新农村基础设施投融资体制机制政策意见研究"的专项研究之一。本研究将重点关注农村人居环境基础设施中的农村污水处理、农村垃圾处理方面的内容，并涉及农村危房改造、改厨改厕、绿色村庄建设等其他和农村人居环境改善相关的工作。

1. 农村污水处理设施建设及投融资创新

"十三五"期末，实现全国对农村生活污水进行处理的村庄比例提高到50%的发展目标，据测算共需要投资总额7000亿元。污水处理设施的建设费用主要由国家和地方省级财政承担，运行费用主要由农民负担，不足部分由地方补贴。

农村污水设施建设与投融资创新建议包括：建立农村污水治理技术模式、建设模式；建立以政府为主导的统一建设机制，加大财政投入，建立多渠道投入机制，广泛吸纳市场主体和社会力量参与；大力推动PPP模式，政府购买服务，并列入财政预算；强化农发行等政策性银行信贷支持；推动以企业为主体的统一建设和运营的模式，按照相关政策规定落实用地、用电、税收优惠；按规定收取污水处理相关费用，引导农村居民适当缴费。

2. 农村垃圾处理设施建设及投融资创新

"十三五"期末，全国90%以上村庄生活垃圾得到有效治理，据测算共需要投资总额约1300~1500亿元。从既有实践经验看，农村生活垃圾治理费用以县级投入为主，中央和省级财政适度补贴，村集体和农民缴费作为补充。

农村垃圾设施建设与投融资创新建议包括：因地制宜确定农村生活垃圾收运和处理方式；推行垃圾源头减量；中央财政加大一般性转移支付力度，省、市两级财政给予积极支持。县级将农村垃圾治理费用纳入财政预算，整合相关专项资金；鼓励采取政府与社会资本合作等方式将农村环卫作业中经营性服务项目推向市场；建立稳定的村庄保洁队伍。

3. 农村人居环境改善的其他相关工作

结合农村危房改造工作，推进改厕、改厨、通风、保温、抗震等工作。中央补助标准为每户平均7500元，贫困地区每户增加1000元，陆地边境县边境一线贫困农户、建筑节能示范户每户分别增加2500元。

加强对农村室内卫生健康环境整治、农村公共环境整治、村庄绿化工程、传统村落保护等工作的财政支持力度。

技术创新点

（1）针对农村公共设施项目一般规模较小、覆盖范围有限、缺乏盈利能力的特点，提出各级政府、社会主体、金融平台等在投资方面各自应当承担的角色。

（2）关注设施的可持续运营，充分发挥社会、企业的力量，将设施维护和管理的相关内容列入村规民约，增强村民自我管理、自我服务的能力。

（3）按照使用者付费的原则，提出逐步引导农民适当缴费，提高设施运营服务水平，并增强监督和评议的意识。

应用及效益情况

为地方开展污水、垃圾治理等农村人居环境改善工作的资金投入提供了系统性思路；为住房城乡建设部在农村污水治理、农村垃圾治理等方面的政策出台提供技术支撑。

（执笔人：陈宇）

四类村庄建设指南编制研究

项目来源： 住房和城乡建设部	**项目起止时间：** 2018年11月至2019年06月	**主持单位：** 中国城市规划设计研究院
院内承担单位： 中国城市规划设计研究院	**院内主管所长：** 陈鹏	**院内主审人：** 陈鹏
院内项目负责人： 曹璐	**院内主要参加人：** 向乔玉、张昊、邓鹏、魏来、白理刚、李亚、国原卿	

编制背景

根据中共中央、国务院印发的《乡村振兴战略规划（2018—2022年）》中"顺应村庄发展规律和演变趋势，根据不同村庄的发展现状、区位条件、资源禀赋等，按照集聚提升、融入城镇、特色保护、搬迁撤并的思路，分类推进乡村振兴，不搞一刀切"的相关要求，全国村庄分为集聚提升类村庄、城郊融合类村庄、特色保护类村庄和搬迁撤并类村庄四种类型。

考虑到全国不同地区乡村建设发展水平的差异性，受住房和城乡建设部委托开展本次课题研究，针对乡村振兴规划中提到的四类村庄的空间建设模式开展研究，根据相关案例总结提炼四类型村庄的建设规划编制技术要求，为制乡村振兴规划策略提供参考。

研究内容

结合新型城镇化发展的趋势，结合苏南、珠三角、北京、安徽等地的实际调研和案例学习情况，提出当前乡村地区影响村庄分类合理性的七大问题，分别为：乡村空间资源亟待整合、部分乡村地区衰退严重、农村环境问题突出、农村基础设施和公共服务供给短板、乡村发展的要素短缺、集体经济十分薄弱、农村区域之间不均衡。梳理了苏南、珠三角、北京、安徽等地村庄的分类方式、分类标准和对应空间政策。探讨在当前国家乡村振兴战略背景下，已有的村庄建设的成功模式和后续村庄建设的方向及面临挑战。

研究根据2015年宜居村镇申报数据，对东部、中部、西部及直辖市四类地区乡村人口的聚集趋势和聚集特征进行分析，总结各地的经验与调整举措。根据研究分析，我国东中西部村庄人口聚集趋势差异显著，各片区内部的村庄人居聚集趋势也存在巨大差别。从人口等级规模来看，直辖市周边、东部地区、中部地区和西部地区的村庄户籍人口倍数差基本在40~75之间，与常住人口规模倍数差的差距不大，说明村庄原有的等级规模体系关系相对稳定。而直辖市地区和东部地区村庄常住人口规模倍数差达到了250和141，说明这两类地区在快速城镇化过程中人口流动加速、乡村空间格局变动剧烈，村庄分异明显。相比而言，中部地区常住人口规模差值甚至小于户籍人口规模差值，说明中部地区乡村人口空心化情况严峻，村庄普遍存在衰败，片区内乡村空间格局分异缩小。西部地区户籍人口规模差值和常住人口规模差值接近，说明村庄人口外来总数不多，片区内乡村空间格局变化不大。在实操层面，无法以人口规模作为判定聚集类村庄的标准。根据已被地方政府划定为发展型村庄的案例数据分析，常住人口与户籍人口比值大于0.7的村庄约占此类村庄总数的90%。为此，研究提出将村庄常住人口规模高于地区常住人口规模

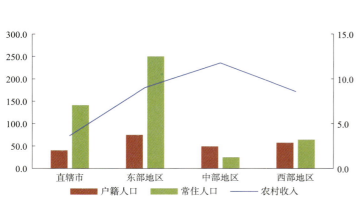

图1 直辖市及东中西部地区村庄人口及收入差

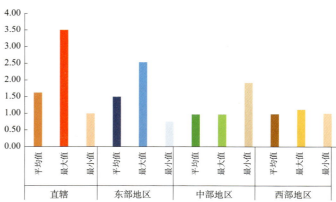

图2 直辖市及东中西部地区村庄常住人口与户籍人口比值

图3 东部不同案例地区村庄人口聚集态势分析

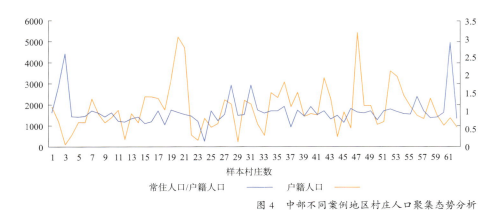

图4 中部不同案例地区村庄人口聚集态势分析

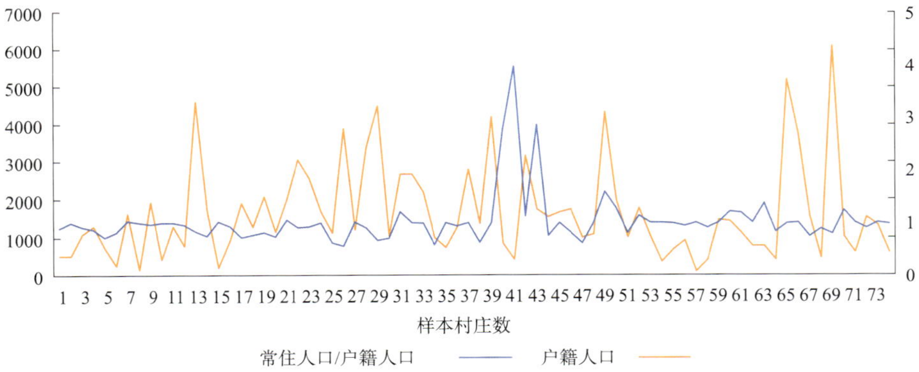

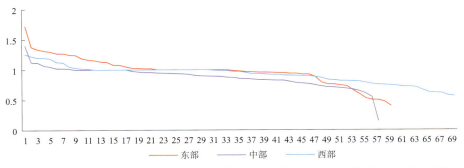

图5 西部不同案例地区村庄人口聚集态势分析

图6 东中西非城镇化地区村庄常住人口与户籍人口比值变化情况

平均值，且常住人口与户籍人口之比高于0.7的村庄划定为聚集提升类村庄。

研究以中部片区的一个县——歙县为案例，深入剖析各类影响村庄聚集的影响因素，包括村民的农业和非农生产情况、作物种植类型及其对劳动力的需求情况、交通便利程度、空间拓展可能性、村民的消费习惯和文化心理习惯等。借助大量现场调研，探讨了山区和平坝地区村庄公共服务设施和基础设施的配置的合理性及效率问题，并由此反思村庄分类的合理性问题及空间政策的配给问题。

此外，研究还提出了四类村庄建设规划的编制技术规范和编制内容建议。包括县、镇、村三级在村庄规划方面的总体编制要求，编制内容及侧重点，细化了四类村庄在公共服务设施规划、基础设施规划、多规合一与建设管控、风貌引导与危房改造、村庄风貌特色管控与环境整治、文化保护与活化、实施策略与行动计划等方面的规划要点。

技术创新点

研究针对我国不同地区村庄的差异性问题，通过大量案例数据和调研实证，分析了东中西部村庄人口变动趋势和空间格局变化情况，探讨了四类村庄的分类标准、分类细则以及对应的公共服务设施和基础设施的空间配置策略。针对东中西部村庄人口规模的差异性问题，研究提出"将村庄常住人口规模高于地区常住人口规模平均值，且常住人口与户籍人口之比高于0.7的村庄划定为聚集提升类村庄"。通过对多地典型案例的经验总结和对歙县的县域镇村空间布局的深入分析，提出了新背景下县、镇、村三级规划体系的工作重点调整建议，细化了四类村庄建设规划的编制技术规范和编制内容建议。

（执笔人：曹璐）

中国乡村活力评价数据库建设规范研究

项目来源： 自然资源部土地整治中心
主持单位： 村镇规划与设计研究所
院内主审人： 刘泉
院内项目负责人： 赵明

项目起止时间： 2020年04月至2020年12月
院内承担单位： 村镇规划与设计研究所
院内主管所长： 陈鹏
院内主要参加人： 许顺才、李亚、田璐、国原卿、冯旭

研究背景

随着我国经济社会的快速发展和农村人口城镇化，乡村地区格局不断演变分化。我国乡村振兴战略实施，对农村地域空间综合价值追求超过以往任何时代。自然资源管理进入国土空间治理的新时代，也必然要求推动乡村空间结构重塑。

我国乡村地区发展的差异明显，总体上处于维持、振兴、收缩并存的状态。部分区位条件、产业基础较好的乡村充满活力；部分乡村基础设施和公共服务设施严重不足，呈现出老龄化、空心化和衰败现象。《国家乡村振兴战略规划（2018—2022年）》提出，要顺应村庄发展规律和演变趋势，按照集聚提升、融入城镇、特色保护、搬迁撤并的思路，分类推进乡村振兴。然而如何准确把握乡村发展特征和趋势，进行准确分类与指导是需要解决的关键问题。

研究内容

学习借鉴国内外乡村活力评价做法，准确把握乡村活力评价的实质。开展乡村活力评价是世界发达国家解决乡村发展问题的一种普遍性做法和政策工具。特别值得注意的是，乡村衰落受自然条件、社会经济、政策制度等多方面因素的影响，不同时期影响的因素不尽相同，影响因素作用的强度也不尽相同。只有充分把握乡村发展在空间格局、空间规模、空间结构等方面的变化，才能真正把握乡村发展的活力与内在规律，才能开展科学合理的乡村活力评价。

构建具有中国特色的"三维六力"乡村活力评价指标体系，推进乡村活力评价实践。通过借鉴国内外相关研究和实践经验，结合我国乡村发展实际与区域差异等情况，提出构建"三维"（宏观、中观、微观维度）"六力"（组织凝聚力、产业发展力、人口吸引力、设施支撑力、土地承载力、特色资源潜力）乡村活力评价体系。

开展实证研究，检验乡村活力评价模型的适应性。对上海市金山区廊下镇、四川省西充县金源乡和山东省莒县3个实证研究对象的乡村活力评价结果显示，都较为准确地反映了当地乡村发展的总体情况和各乡村发展的特点；对二级指标的差异性分析，可以准确识别影响各乡村活力的关键性要素，为乡村空间治理和乡村振兴提出针对性指导意见，为当地村庄分类、公共服务设施完善、镇村布局优化等提供重要决策参考。

技术创新点

本研究综合考虑我国乡村发展实际与区域差异等情况，提出构建"三维六力"的乡村活力评价体系，对乡村发展现状、乡村自然资源禀赋、未来可发掘和拓展的独特价值等进行全面评价和科学分析，对于有序推进乡村多元化发展，应对乡村出现的各种退化问题，优化乡村地区国土空间布局，提高土地资源利用水平，促进乡村振兴战略实施等具有重大的现实意义，并为相关研究提供参考。

应用及效益情况

研究成果在四川省西充县金源乡和山东省莒县等地区得到了实证应用，研究对象的乡村活力评价结果显示，都较为准确地反映了当地乡村发展的总体情况和各乡村发展的特点，为乡村空间治理和乡村振兴提出针对性指导意见，为当地村庄分类、公共服务设施完善、镇村布局优化等提供重要决策参考。

此外，研究成果作为《中国乡村活力评价理论方法与实践》一书的部分章节出版。

（执笔人：李亚、赵明）

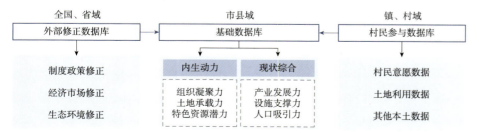

图1 "三维六力"的乡村活力数据库总体建设框架

农民参与乡村建设机制研究

项目来源：农业农村部发展规划司
主持单位：中国城市规划设计研究院
院内主管所长：陈鹏
院内项目负责人：赵明

项目起止时间：2022年3月至2022年12月
院内承担单位：村镇规划研究所
院内主审人：陈鹏
院内主要参加人：郭文文、李亚、田璐、许顺才

研究背景

为落实《乡村建设行动实施方案》中"完善农民参与乡村建设机制"的相关要求，受农业农村部发展规划司委托，开展相关研究。

研究内容

（1）分析我国农民参与乡村建设的现状与问题。在乡村建设过程中，农民参与不足，一些地区组织群众、发动群众不够，"政府干、群众看"的现象较为明显。

（2）阐述农民参与乡村建设的意义和工作原则。农民参与乡村建设是贯彻习近平总书记以人民为中心发展思想的重要体现，是全过程人民民主的重要内容，是推动乡村治理体系和治理能力现代化的重要方面，也是节约建设成本、提高建设质量和效益的有效举措。农民参与乡村建设要遵循党建引领、村民自治，全程参与、凝聚合力，尊重意愿、因地制宜，激励引导、示范带动和注重质量，有效监督的原则。

（3）梳理农民参与乡村建设的程序步骤。从为做好农民组织动员、引导农民参与村庄规划、带动农民开展乡村建设和依靠农民实施项目管护五个方面，梳理总结了农民参与乡村建设的主要程序与步骤。

（4）总结农民参与乡村建设的创新做法。在组织动员农民过程中需要加强基层党建、发挥村民理事会作用，把积分制与村规民约相结合等；在引导农民参与乡村建设方面，可以采用陪伴式规划、简化规划成果表达等方法；在农民参与项目建设环节中，如何简化项目程序，加强技能培训、培育乡村工匠等，在项目维护管理方面，根据项目收益人，采用门前三包、使用者付费等方法。在乡村建设实施的各个环节，可以因地制宜选取相应的程序和方法，提高农民参与积极性，实现乡村建设全过程的共谋、共建、共管、共评。

技术创新点

（1）广泛调研、总结全国各地农民参与乡村建设的成功经验与案例；对应农民参与乡村建设的主要程序步骤呼应，针对性的提出加强基层党建、陪伴式规划、积分制、工料法、共同缔造等方法，为农村参与乡村建设提供可操作、可借鉴的方法。

（2）聚焦农民参与的制度与政策保障，从加强农民参与的组织保障，优化农民参与乡村项目的实施流程，健全农民参与的人才、资金、土地等要素保障等方面，对如何突破政策的堵点，建立自下而上、村民自治、农民参与的实施机制提出了政策建议。

应用及效益情况

课题形成《农民参与乡村建设机制研究》的研究报告和《农民参与乡村建设指南（送审稿）》；成果支撑了2023年1月国家乡村振兴局、中央组织部等7部委出台《农民参与乡村建设指南（试行）》（国乡振发〔2023〕2号），成效明显。

（执笔人：赵明）

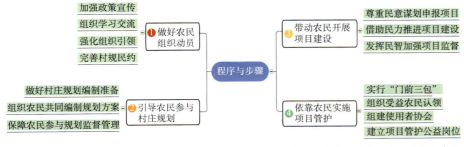

图1 农民参与乡村建设程序与步骤

县域推进村镇建设进展评估和典型案例研究

项目来源：住房和城乡建设部村镇建设司
主持单位：中国城市规划设计研究院
院内主管所长：陈鹏
院内项目负责人：魏来、蒋鸣、田璐

项目起止时间：2023年4月至2023年12月
院内承担单位：村镇规划研究所
院内主审人：杜莹
院内主要参加人：陈鹏、李亚、靳智超、张洁、郭文文、张雨晴

研究背景

党的二十大报告指出，要"坚持城乡融合发展，畅通城乡要素流动""要强化基础设施和公共事业县乡村统筹，加快形成县乡村功能衔接互补的建管格局，推进公共资源在县域内实现优化配置"。

作为推进村镇建设的重要单元，县域城乡融合发展缺乏有效协调，系统性不强。县镇村功能定位不清晰、建设存在明显短板，缺乏有效统筹机制，规划、建设、管理衔接不畅。亟须研究县域人口流动和县镇村迁移定居趋势，分析评估县域村镇建设情况，加强县域统筹城镇和村庄建设典型案例的深度剖析和经验总结，探索研究县镇村统筹建设的有效方法与路径。

研究内容

研究报告分为三大部分。

第一部分是县域推进村镇建设进展评估。按照"评估—结论—建议"的总体框架，坚持问题导向，坚持上下联动，坚持循序渐进，聚焦村镇布局与人口流动趋势不匹配、设施建设与实际需求错配、村镇设施运营维护压力大三大核心问题，围绕县域城镇高质量发展、资金投入效益提升等需求，评估研究"人口迁移—布局优化—设施建设—运营维护"在县域空间单元的耦合。

评估的重点内容包括村镇布局评估，设施建设评估和运营维护评估。评估分两个层面，一是基于统计数据的全国层面评估，二是基于县域单元的评估。全国层面的评估总结县域统筹村镇建设的主要成效和进展，包括因地制宜发展小城镇、分类引导小城镇发展成为主要方向。小城镇建设以示范试点为主，近期重点聚焦历史文化名镇、农业产业强镇、乡村振兴示范镇等多种类型。农村建设工作不断推进，人居环境改善成效显著。现代宜居农房建设、乡村建设评价、传统村落保护、农村生活垃圾收运处置体系等成为近期工作重点，并量化分析得出"基础设施建设水平普遍提高，公共服务覆盖率有效提升，人居环境逐步改善"的初步结论。

县域层面的评估主要是在东中西部选择代表性地区，对县域统筹推进村镇建设情况进行综合评估，分析不同地区县域统筹推进村镇建设的模式差异。不同统筹建设模式的差异性主要表现在：①空间上，体现为集聚和分散的关系，宜聚则聚、宜散则散；②标准上，体现为统一标准和差异标准的关系。根据设施建设的空间集聚程度以及设施建设的标准，县域统筹建设模式可以提炼出城乡一体化模式、分区统筹模式、小型化—生态化—分散化模式和流动服务模式四种主要类型，设施建设集聚程度和建设投入依次递减，设施的标准差异性逐步提高。四种统筹建设模式所适用的县域类型和建设领域不同，县域单元需因地制宜进行模式选择和合理搭配。

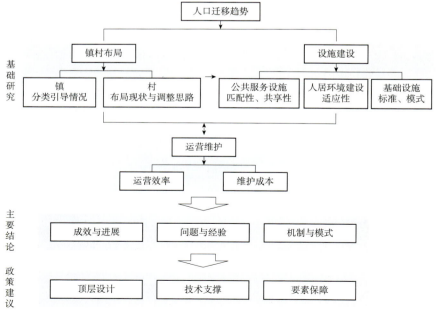

图1 研究内容框架

第二部分是城乡融合发展背景下县镇村统筹建设典型案例研究。通过第一轮湖北十县调研和第二轮四省六县的深度调研，总结了东中西不同地区的共性问题和四个领域的九条建设经验。镇村体系方面，提出县域顺应人口转移趋势制定特色战略，小城镇和乡村向特色化和品质化转型的经验；农房建设和基础设施建设方面，提出农房构建三级管控体系塑造风貌特色，以分级差异化和服务同标准促进城乡基础设施一体化，重点镇村提高基础设施供给促进区域提质的经验；公共服务设施建设方面总结了以城乡生活圈和共同体建设促进公共服务共建共享，梯度配置促进优质服务向县城集聚和乡村整合的经验；运营维护方面，总结了建立县域统筹建设管理平台和管护机制，市场化运营破解资金筹措和人才管理难题等经验。

第三部分是提出政策建议和制度创新。一是完善顶层设计，合理确定建设目标，正确处理"补短板"与"保底线"的关系，完善县域统筹专项资金的体制机制，正确处理"条"与"块"的关系，加强对小城镇建设的重视，正确处理"镇"与"村"的关系。二是强化要素保障，探索建立乡村建设维护费和完善共同缔造工作机制。三是加强技术支撑，完善乡村建设评价指标体系和加强技术指引与标准建设。

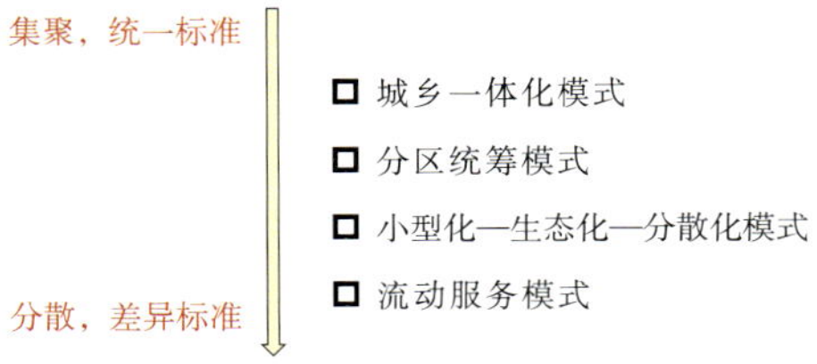

技术创新点

研究过程中采取了"两下两上"的创新工作方法。通过建立县域统筹推进村镇建设的评估方法，结合县域人口变化趋势，开展两轮典型案例研究，梳理总结县镇村统筹建设的经验和模式。

"一下"：开展湖北十县调研。湖北省在我国具有较强的代表性，课题之初，选取了湖北省10个县级单元（罗田、阳新、通山、监利、仙桃、大悟、咸丰、远安、竹溪、南漳）进行初步调研，深化对县域统筹村镇建设的基本特征和关键问题的认识。

"一上"：构建评估方法与案例研究思路。结合第一轮调研的情况，构建县域统筹村镇建设的评估方法，深化典型案例研究的工作思路，为开展详细调研建立理论基础。

"二下"：开展典型县域深入调研。在东中西部选取涵盖不同区域、地形条件、发展水平、城镇化发展阶段的六个县级单元（江苏省昆山市、浙江省临海市、湖北省大冶市、湖北省兴山县、四川省西昌市、四川省崇州市）开展深入调研。结合调研情况，对其中最具代表性的4个县级单元进行综合评估。

"二上"：总结提炼并形成评估结论。在典型县域调研评估的基础上，结合全国层面的数据分析，对县域统筹村镇建设的进展、问题、模式等进行系统总结提炼，并提出制度与政策建议。

应用及效益情况

课题结合不同地区典型案例研究，对各地城乡融合发展背景下县镇村统筹建设的实施效果、经验做法和存在问题进行了系统研究，总结了可复制、可推广的统筹建设经验和模式。主要有三方面的效益。

一是有助于增强政策制定的科学性。通过评估和研究，帮助政府更精准地寻找问题和短板，制定更有效的政策措施。二是有助于提升治理效能。评估工作强调村民参与和满意度，推动政府和社会各界共同参与乡村建设，提高乡村治理的透明度和效能。三是有助于形成长效机制。通过不断地评估和反馈，可以逐步形成"开展评估—查找问题—形成经验—反馈应用"的长效工作机制，持续推动县镇村统筹建设的改进和提升。总体而言，以上研究有助于提升县域建设的有效性，为城乡融合发展提供坚实的基础。

（执笔人：蒋鸣）

集聚，统一标准
☐ 城乡一体化模式
☐ 分区统筹模式
☐ 小型化—生态化—分散化模式
☐ 流动服务模式
分散，差异标准

图2　差异化统筹建设模式图

城乡格局变化对乡村建设的影响与对策研究

项目来源：国家乡村振兴局
主持单位：中国城市规划设计研究院
院内主管所长：陈鹏
院内项目负责人：赵明

项目起止时间：2023年3月至2023年10月
院内承担单位：村镇规划研究所
院内主审人：陈鹏
院内主要参加人：魏来、李亚、郭文文、许顺才

研究背景

在新型城镇化、城乡融合发展的背景下，我国城乡格局正发生积极持续变化，对乡村人口结构、功能体系和空间布局等产生了重大影响。习近平总书记在2022年底中央农村工作会议上指出"要对我国城镇化趋势、城乡格局变化进行研判，科学谋划村庄布局，防止'有村无民'造成浪费"。乡村建设作为推动乡村振兴战略实施、建设宜居宜业和美乡村的重要政策抓手，需根据城乡格局变化趋势和影响，在建设内容、建设模式上作出相应的转变与调整。

研究内容

1. 技术路线

围绕"城乡格局变化"和"乡村建设"两大关键词，研究按照"趋势研判—逻辑调整—策略建议"的思路展开。首先研判我国城乡格局的变化趋势，并分别讨论城乡格局变化对乡村基础设施、公共服务设施和人居环境建设三方面所产生的影响；进而分析在新形势下乡村建设的逻辑与建设重点的转变；并借鉴一些国外尤其是东亚国家等和我国情况相似的地区在城镇化中后期相关政策做法，提出顺应城乡格局变化的乡村建设策略。

2. 趋势研判：城乡格局变化对乡村建设影响

第一，人口持续流失，提高了村庄建设运维的成本。2022年我国城镇化率为65.22%，乡村常住人口约为4.91亿。相关研究预测，到2035年我国总人口约14亿人、城镇化率将达到75%，乡村的常住人口约为3.5亿人，较现状还将缩减1.4亿人左右。在城镇化的大背景下，乡村人口会持续向城市流动，村庄的空心化、农户空巢化会进一步加剧。同时，经过多年的持续投入，农村"水、电、路、气"等基础设施覆盖率大幅提高。如2021年全国村庄供水普及率已达85.33%，农村公路路面的铺装率达到89.8%。乡村存量基础设施的累计增加和实际服务乡村人口的持续缩减，客观上会造成农村基础设施的利用效率降低，运营维护成本居高不下。结合城乡格局演变趋势，在满足农民现代化生活需要的同时，探索可持续的建设模式，成为乡村建设必须应对的问题。

第二，老龄化程度加深，产生新的养老服务需求。从人口结构上看，农村流出的主要是青壮年劳动力，导致农村的老龄化程度持续加深。根据人口普查资料，我国乡村65岁以上人口占比由2010年的10.1%上升到2020年的17.7%，总体已进入了中度老龄化社会，未来会进入深度老龄化阶段。乡村人口老龄化造成农村教育设施需求逐步下降，而应对老龄化的医疗、养老相关服务设施需求显著提升。2021年全国乡村建设评价试点数据显示，县村级养老服务设施覆盖率仅为48.9%。农村老年人普遍较为勤俭，家庭养老的观念较重，在生活能够自理的情况下不愿入住养老机构，养老设施与农村老年人的实际需求脱节，养老服务供给模式有待优化。随着老龄化程度进一步加深，需要构建适应农户生活习惯的养老服务体系。

第三，城乡差距缩小，提出更高的服务需求。随着乡村振兴战略实施，我国城乡居民收入差距持续缩小。2015年至2021年城乡居民人均可支配收入比从2.73降低至2.50，农村居民人均可支配收入从11421.7元增加至18930.9元。随着生活水平提升，以及"新乡人"进入，农民向往更高品质的公共服务，更看重服务质量。目前乡村医疗、教育等公共服务设施硬件建设逐步完善，但存在"有设施、缺服务"的问题。以医疗为例，行政村卫生室覆盖率达到了95.8%，但农村卫生室专业医护人员不足的问题较突出，为了满足覆盖要求，部分地方采取了医生每周定时看诊的方式，还有的地方虽然建了场地，但实际招不到医生。现实中，农民对教育、医疗等服务的质量更为看重，更愿意多跑点路送孩子上更好的学校、享受更好的医疗服务。

第四，人口近域流动，凸显县域统筹的重要性。随着城镇化进入后半程，人口近域流动的趋势进一步明显。2010—2020年的新增流动人口中，省内占比达75%；河南、安徽、贵州、四川、黑龙江、吉林等农业大省，新增流动总人口中

省内流动的比例更是接近90%。近域流动中，县城成为农民工落户和返乡创业的重要载体，据统计县城占县域人口比重从2010年的23.7%提高到2020年的33.4%。还有很多农民在县域内形成居住在农村、就业在县城、部分公共服务在小城镇获得的本地生活模式。因此，未来乡村建设要突破村庄的单元，加强县域统筹，根据农民的生活模式在县域内统筹配置各类设施。

第五，多重因素影响，形成乡村差异化发展。宏观层面，城镇化发展阶段、经济发展水平造成不同区域乡村建设存在明显差异。整体上东部地区乡村建设综合水平较高，市政基础设施和公共服务设施等建设成效显著；中部地区乡村建设综合水平达到全国平均水平，市政基础设施和公共服务设施建设仍有提升空间；西部及东北地区乡村建设与全国平均水平存在一定差距，市政基础设施和公共服务设施建设仍需大幅加强。微观层面，乡村的资源禀赋、产业基础、区位条件等差别，也会形成不同的发展模式与路径。大部分村庄以农业生产、保障粮食安全为主要功能，人口流失严重；都市圈内等区位特殊或具有特色资源的乡村将更多发挥休闲体验、文化传承、生态涵养等功能，成为休闲旅游服务的承载地、传统文化的传承发展地等。不同村庄因功能价值的分化，在设施建设模式、建设类型、建设标准等方面都体现出明显的差异性，需要因地因类施策，避免"标准化"的建设模式。

3. 顺应城乡格局变化的乡村建设策略

对应城乡格局变化对乡村建设五方面的主要影响，研究提出对策建议。

第一，因地制宜，探索可持续建设与运营模式。在乡村人口整体减少背景下，乡村基础设施应科学选择建设模式、合理确定建设标准，提高设施运行效率、降低设施运行成本。如对现状问题较大的农村污水处理设施，应充分考虑人口、地形、区位等因素，邻近城镇的村庄可以接入城镇管网，布局相对集中；有较多产业发展需求的村庄，可对污水进行集中收集处理；而大量人口缩减布局分散的自然村组则应采取"小三格"或"大三格"的处理方案，降低设施建设和运营成本。污水排放标准也要结合污染物特征、所处地区的环境敏感程度合理确定，避免"一刀切"地盲目采用过高标准，提高成本。

第二，居家养老，推进农房适老化改造。应对乡村深度老龄化的挑战，并针对农民居家养老的习惯，需要尽快完善乡村地区的养老服务，重点开展农房适老化改造。同时有序推进农村老年人日间照料中心建设，利用存量空间，整合现有服务设施，推进重点完善老年食堂、老年助餐等服务职能，解决老年人就餐困难的问题。建议重点推进农房适老化改造行动，将农房适老化改造作为乡村建设的重点内容。考虑以政府补贴资金带动村民投资的方式，进行厕所、厨卫、无障碍等设施改造。改造过程中，根据家庭意愿，利用物联网、远程生命体征监测系统等技术远程看护老人，降低突发状况的风险。

第三，聚焦重点，提升乡村公共服务质量。面对乡村人口整体缩减和农民更高质量公共服务的需求，乡村公共服务投入的重心应适当上移，以小城镇或人口相对聚集的中心村为重点，这样可以确保相应设施服务人口规模，并提高服务质量和建设效益。在20世纪70-80年代，日本、韩国为应对乡村人口缩减给公共服务带来的挑战，都出台了以小城镇作为乡村地域中心加强公共服务配置的政策，并取得了较好效果。以小城镇为载体，建立"中心据点+圈层"的乡村公共资源配置方式，研究出台小城镇生活圈建设的指导意见，充分吸收浙江、上海等地乡镇生活圈建设的经验，借鉴现有技术标准，明确小城镇生活圈建设的基本原则、建设要点和保障措施。

第四，县域统筹，完善乡村建设机制。在城乡融合、人口近域流动的趋势下，乡村建设要从村庄为单元扩展到以县为单元，加强县域统筹，合理配置各类设施。探索"一县一方案"，在对县域人口流动趋势进行研判的基础上，合理编制县域层面的镇村布局规划，明确村庄分类和建设重点。通过分区分类精准施策，建立县域统筹镇村建设的模式，对基础设施建设、公共服务设施建设作出系统安排，对不同类型的基础设施制定具有针对性的配置模式，形成县域城乡建设的顶层设计。

第五，因村施策，明确乡村建设重点。大城市周边、经济发达省份的乡村地区，乡村建设基础较好，城乡格局基本稳定，未来乡村建设的重点是"拉长板"。在城乡融合的趋势下，促进城乡基础设施一体化、公共服务共建共享，并结合村庄特色与产业基础，完善旅游接待、健康养老等服务设施，提高乡村服务品质。而对大量以农业生产为主、人口还将持续收缩的村庄，乡村建设的目标是保障农房安全，满足农民日常用水用电和村庄污水处理、垃圾收集等基本要求，保持人居环境"干净、整洁、有序"。

技术创新点

推动乡村建设三大转变

长期来看，实现建设宜居宜业和美乡村，让农村基本具备现代生活条件的远期目标，需要乡村建设因时、因势而动，推动建设内容、建设方式、管理体系三方面的转变。

（1）建设内容由兜底保障转向品质

提升。"十四五"期间乡村建设行动的重点是兜底保障，配套各类基础设施与公共服务设施，而随着收入与生活水平的提升，农民对服务品质的要求也随之提高。因此乡村建设目标要逐步从兜底保障转向品质提升，主要体现在教育、医疗、文体服务等方面，尤其是应对深度老龄化带来的乡村养老服务需求。

（2）建设方式由新建为主转向设施运维。在乡村各项设施日益完善、人口的总体缩减的背景下，乡村公用设施的运营维护的成本将进一步提高。乡村建设要逐步从设施的补充新建逐步转向对既有设施的运营维护，尤其体现在道路、供水、污水等基础设施方面。因此，乡村建设必须将运营思维"前置"，将必要的运维资金纳入财政预算，并通过发动村民、利用公益性岗位等方式确保设施的正常运转，不造成设施的闲置与浪费。

（3）管理体系由单个村庄转向县域统筹。在城乡融合发展的背景下，村庄建设不能"就乡村论乡村"，需要在县域层面进一步加强对各类设施的统筹，逐步从单个村庄的配套建设，转变到以小城镇为中心的乡村片区乃至县域的统筹。同时，要整合利用各部门的专项行动和建设资金，合理安排建设时序，避免重复建设，促进设施的共建共享。

应用及效益情况

研究形成《城乡格局变化对乡村建设的影响与对策研究》的报告和政策咨询报告。相关成果已在《中国乡村振兴》杂志2024年第12期发表。

（执笔人：赵明、魏来）

全国特色景观旅游名镇名村建设指导意见和指南研究

项目来源：住房和城乡建设部村镇建设司
主持单位：中国城市规划设计研究院
主管所长：周建明
项目负责人：周建明

起止时间：2014年10月至2017年12月
承担单位：文化与旅游规划研究所
主审人：岳凤珍
主要参加人：刘扬、罗希、罗启亮、米莉、宋增文、苏航

研究背景

2009年以来，为贯彻党的十七届三中全会关于推进农村改革发展决定的精神，积极发展旅游村镇，保护和利用村镇特色景观资源，推进新农村建设，住房和城乡建设部会同原国家旅游局联合下发《关于开展全国特色景观旅游名镇（村）示范工作的通知》（建村〔2009〕3号），先后遴选公布3个批次553个全国特色景观旅游名镇（村）名录，形成了一定的规模和品牌效益。同时，随着名录内镇村数量增长，如何塑造特色鲜明、和谐宜居、富有活力、充满魅力的旅游名镇名村品牌形象，成为新的课题。2014年，为推动全国特色景观旅游名镇名村建设发展提质增效、启动新一批名录遴选创建，住房和城乡建设部村镇建设司拟起草《全国特色景观旅游名镇名村建设指导意见》并配套制发《全国特色景观旅游名镇名村建设指南》（以下简称《指南》），委托中国城市规划设计院承担相关研究任务。

研究内容

一是开展现状调研摸底。采用问卷调查与现地调研相结合的方式，对3批553个名镇名村进行了发展建设现状情况统计和矛盾问题研判。配合村镇建设司起草《关于填写全国特色景观旅游名镇名村调查问卷的通知》（建村建函〔2017〕31号），围绕基本情况、社会经济发展、特色景观资源、配套设施建设等4个方面设计调查问卷，深入了解特色景观资源价值与保护、旅游特色产业驱动社会经济发展、配套设施建设、旅游服务与宣传推广等方面经验做法与存在问题，形成专题调研报告。

二是研判发展路径方式。坚持问题导向，区分历史资源型、产业驱动型、自然资源型、文化特色型等4种类型，选取国内外10余个旅游特色镇村发展建设案例进行研究剖析，从区位与沿革、特色资源保护、旅游吸引物培育、综合服务管理等方面出发，梳理数据指标，总结经验教训，吸取有益做法，特别是对如何识别、保护、挖掘和利用特色景观资源，以及如何推动旅游产业发展必要的配套设施建设，形成了一套高质量的研究成果。

三是集智研编建设指南。在前期研究基础上，抽组业务骨干成立《指南》编写专班，区分名镇、名村两个层次，集中攻关编写任务，形成5个章节主要成果：（1）总则。明确《指南》编写目的和适用范围，提出建设基本原则。（2）术语。规范特色景观旅游名镇、特色景观旅游名村的概念内涵。（3）总体要求。提出分类启动、分期实现、望见山水、留住乡愁、全域统筹、特色发展、多业并举、融合发展、多元参与、利益共享等5个方面要求。（4）旅游名镇建设要求。提出特色景观资源保护、居游环境建设、乡村新业态发展、交通服务设施建设、接待服务设施建设、综合治理能力建设等6个方面具体要求以及综合指标。（5）旅游名村建设要求。提出特色景观资源保护、人居环境建设、乡村新业态发展、旅游配套设施建设、智慧乡村建设、管理与治理等6个方面要求以及综合指标。

技术创新点

一是全面掌握旅游型特色镇村发展建设基本情况。首次对全国3批553个名录内镇村进行大样本调研，积累了大量现实素材，为科学指导更多具备特色景观资源条件的镇村落实新发展理念、实现高质量发展奠定了研究基础。

二是系统规范旅游型特色镇村发展路径和建设要求。从保护为先、因地制宜、以人为本、创新发展的理念出发，统筹资源保护、产业发展、设施配套、综合治理等多维度能力建设，结合实际制定分阶段发展指标，形成了一套完整的理论体系，具有较强的实践指导价值。

应用及效益情况

研究成果得到住房和城乡建设部村镇建设司高度肯定，相关结论广泛应用于指导各类旅游型特色镇村规划编制和发展建设实践。

（执笔人：罗启亮）

全国城市生态保护与建设规划

项目来源：住房和城乡建设部城市建设司	项目起止时间：2014年3月至2016年12月
主持单位：中国城市规划设计研究院	院内承担单位：风景园林和景观研究分院、城镇水务与工程研究分院
院内主管所长：贾建中	院内主审人：唐进群　　院内项目负责人：王忠杰、束晨阳

院内主要参加人：顾晨洁、吴岩、孔彦鸿、叶成康、王巍巍、王玉圳、周广宇、陈战是、刘冬梅

参加单位：中国城市建设研究院、环境保护部规划研究院、北京林业大学、上海交通大学、上海市园林科学研究院、北京市园林科学研究院

研究背景

为贯彻党的十八大精神和中央城市工作会议部署，治理城市病，加强全国城市生态保护与建设，落实《全国生态保护与建设规划（2013—2020年）》提出的"建设和改善城市生态系统"工作任务，2014年，住房和城乡建设部委托中国城市规划设计院牵头，中国城市建设研究院、环境保护部环境规划院、北京林业大学、上海交通大学等多家高等院校、科研院所共同参与，编制《全国城市生态保护与建设规划（2015—2020年）》（以下简称《规划》），经过2年的编制，于2016年12月由住房和城乡建设部、环境保护部联合印发。

研究内容

《规划》明确了城市生态空间保护与管控、城市生态园林建设与生态修复、城市生物多样性保护、城市污染治理与市政环境基础设施建设、海绵城市建设、城市资源能源节约与循环利用、绿色建筑和绿色交通推广、风景名胜区生态保护等8个方面的主要任务和重点工程，并提出了落实目标任务的政策和保障措施。成果内容包括规划文本和10个专题报告。

技术创新点

《规划》构建了既有战略前瞻性，又有可操作性的城市生态保护与建设工作的考核指标体系，明确了以城市绿色生态空间保护和建设为引领的城市生态保护与建设的任务工程体系，围绕城市生态保护与建设工作搭建了《城市绿地系统规划》、《海绵城市建设规划》等相关规划的统筹框架。

应用及效益情况

《规划》明确了城市生态保护和建设工作的目标，既是全国城市生态保护与建设的行动纲领，也是园林绿化行业和各地编制相关规划的重要依据。

《规划》印发后，郑州、鞍山等多个城市纷纷响应，依据《规划》指导，开展具体城市的生态保护与建设工作。《郑州市城市生态保护与建设规划（2017—2035年）》是全国范围内首个落实《规划》要求，开展全域性、系统性的城市生态保护建设规划，为2020年郑州市成功创建国家生态园林城市奠定了基础，推动郑州市构建人与自然和谐共生的发展新格局，为全国城市生态保护和建设规划的编制推进工作作出了示范。

（执笔人：顾晨洁）

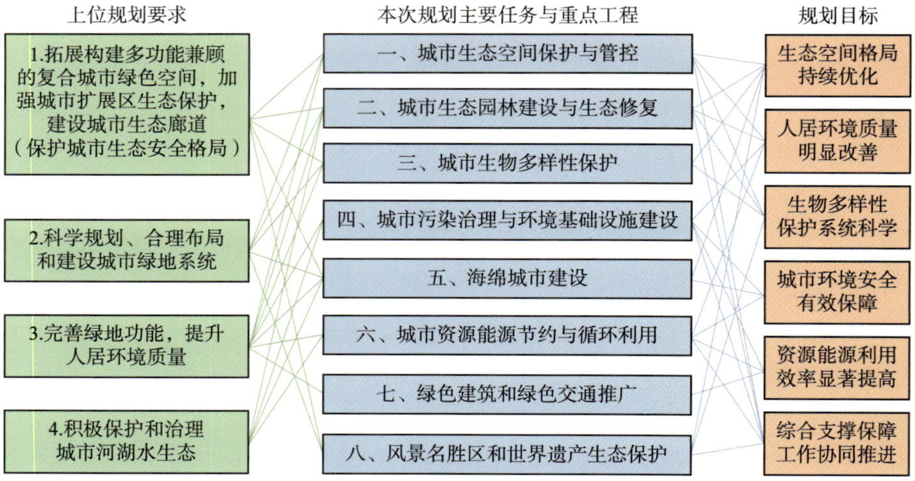

图1　规划技术路线

低碳生态城市规划方法导则研究

项目来源：住房和城乡建设部建筑节能与科技司
项目起止时间：2016年7月至2018年7月
主持单位：中国城市规划设计研究院、棕榈生态城镇科技发展（上海）有限公司
院内承担单位：上海分院
院内主管所长：郑德高
院内项目负责人：杨保军
院内主要参加人：林辰辉、朱郁郁、赵哲、吴乘月、闫雯、刘培锐、刘世光、汤春杰、李丹、陆乐、翁婷婷、王玉、胡魁

研究背景

针对目前国内低碳生态城市相关概念层出不穷、实践落地不足、低碳生态城市规划地编制方法多样、缺乏完整的规划体系梳理等问题，本研究以对规划评价理论的文献梳理以及国外规划评价的案例分析为基础，通过低碳生态城市规划方法体系研究、低碳生态城市规划评价体系研究以及低碳生态城市规划操作手册三项重点任务的研究，从现实发展需求及实践操作性角度提升并创新现有规划评估方法，实现对低碳生态城市规划编审全程指导。

研究内容

1. 低碳生态城市规划方法体系

研究在方法创新与技术创新方面，通过主动式和被动式相结合的方式，实现以实施为导向的生态城市规划方法。

被动式策略与方法：在城乡规划规模预测、用地布局之前应该进行的以保护为目标的策略与方法，其核心是以覆盖规划区的最小流域范围为研究范围，优先建立区域生态安全以及资源环境保护与利用体系。重点关注三个层面的设计优化：宏观层面以设计优化使城市格局与自然格局相匹配；中观层面形成多层次有机生长的单元组织模式；微观层面基于自然人文要素的空间布局优化。

主动式策略与方法：运用低碳、集约、智能的技术手段，结合社会组织、经济发展、功能运行、生态重构等要求进行空间资源的组织与利用，实现城市居住空间宜人、生产空间集约、支撑系统高效、地方特色鲜明，生态、低碳、活力、高效的发展与运行的规划方法。重点关注水资源综合管理、智慧互联的低碳能源系统、绿色交通支撑体系三大技术领域的集成。

2. 规划评价体系与规划评价方法

以规划质量评价两个维度理论为基础，结合国际案例的借鉴分析，构建低碳生态城市规划评价完整的评价体系。规划评价体系从规划成果着手，进行规划条目的梳理，依次进入规划内容先决判读、规划质量系统评价两步评价。

先决判读：通过是否符合生态文明的发展要求，是否体现绿色、生态、低碳的发展理念，是否提出生态资源环境相关的发展目标，是否坚持可持续发展的相关战略四项原则判读拟评价规划是否可认定为低碳生态城市规划。

规划质量系统评价：从内在有效性性关注成果完整和外在有效性关注多元协调为出发点，进行六大核心要点评判。完整性即按标准评价清单检查是否缺项；一致性即检查目标—政策—方法是否足以层层支撑、符合上位规划；可行性即检查行动计划是否能将其对应的目标政策予以落实；准确性即检查规划基础数据是否准确有来源；本土性即考核该低碳生态城市规划是否适应当地的发展条件；创新性即考核该规划编制过程中是否有规划技术、公众参与、体制机制等突破。根据系统性规划评价方法形成规划评价的标准清单，包含245分基础分和80分附加分。

被动式策略与方法		主动式策略与方法	
重点关注三个层面的设计优化		重点关注三大领域技术集成	
宏观层面	基于底线思维的要素评价 基于生态完整性的格局构建 基于自然格局的建设用地选择	水资源综合管理	系统化利用水资源 统筹城乡的雨洪管理规划方法 强化水环境生态保护
中观层面	基于生态完整性原则的多层次单元空间组织 基于职住平衡的单元功能构成	低碳能源系统	能源结构与能源安全 可再生能源与能源循环利用 区域性节能
微观层面	基于地域文化的特色营造 基于微气候特征的布局优化 基于微观场地和山水特征的布局优化	绿色交通支撑体系	建立绿道慢行服务体系 鼓励多种方式的公共交通 建立集约高效的道路网系统

图1 主动与被动规划策略与方法体系

3. 基于规划层次分类构建评分表

针对不同规划层次建立各自适用的参照评分表，对应规划方法体系中宏观、中观、微观不同层次的规划策略与方法。对城市层级规划进行相关评价时，微观层面的规划方法和要求并不适用，需要通过减少部分微观层次的规划策略方法所对应的评分细则，形成适用于城市层级规划的参照评分表，作为城市层级规划评价的统一基础评分表。最终形成各类规划内部可以相互比照的独立参照评价系统，避免不同层级的规划间使用相同的评分表打分。

4. 基于本土设计的相对打分设计

为适应不同的规划类型、不同的规划范围及不同的规划地域，构建多情景的参照评分表以适用不同的规划层级，并从体现地方特色与兼容可比性的角度出发创新相对打分的低碳生态城市规划评价体系。面对不同地域存在的差异，从本土设计的角度还需要进一步对评价清单项进行筛选设计，剔除不适用的指标，形成适用于该地域的最终评分表。从实现评价结果的管理应用出发进一步换算百分制，最终实现对低碳生态城市规划的完整评价体系研究。

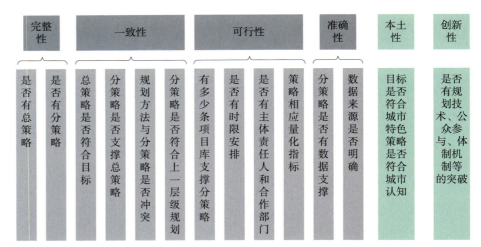

图3　系统性评价六大评分方法原则示例

技术创新点

从实施后的评估监督走向实施前的评价指导。对低碳生态城市规划评价体系的研究聚焦于规划实施前的编制成果评价，通过评价体系的构建形成对规划成果质量的科学、合理评价，将对规划科学性的考量前置，改变规划评估基于规划编制即是科学的假设前提，推动规划评价过程从实施后的评估监督走向实施前的评价指导。

首次提出从被动式和主动式两个维度，构建低碳生态城市规划方法体系。提出先决判读、系统评价、机制设计的规划评价体系。先决判读以四大原则为标准判定拟评价规划是否可认定为低碳生态城市规划；系统评价以内在有效性与外在有效性为出发点，重点形成一致性评价、可行性评价、准确性评价、本土性评价、创新性评价相结合的系统性规划评价方法；机制设计强调反馈和激励机制两大后续监督机制。

创新性引入"参照系"概念，提出由标准评分表衍生多情景的参照评分表，体现地方特色与兼容可比性，并将相对打分结果按权重进一步换算百分制及机制设计，实现对低碳生态城市规划的完整、可比、可用的评价体系构建。

进一步结合公众参与及企业责任等相关内容，形成面向多元主体的低碳生态城市规划的操作手册，具有很强的现实意义。

应用及效益情况

课题对低碳生态城市的内涵、低碳生态城市规划的方法体系和评价体系进行了全面系统研究，对提高我国低碳生态城市规划水平、促进我国城市低碳生态建设具有重要的参考意义。

将规划决策与实施这一连续统一体真正在规划评价这一环节实现连通，提高规划决策和成果编制的质量，指导规划编制成果的完善和修改。

将规划质量评价从编制单位的自我审视转向第三方参与的标准化评价过程。建立第三方评价的标准评价体系与完整评价方法。规划评价成果与编制单位进行反馈互动，监督其完善修改甚至考核校对结果，自下而上地推动规划编制质量提高。

（执笔人：吴乘月）

图2　低碳生态评价体系

城市生态建设工作第三方评估试点研究

项目来源：住房和城乡建设部城乡规划司　　　　**项目起止时间**：2018 年 07 月至 2019 年 04 月
主持单位：中国城市规划设计研究院　　　　　　**院内承担单位**：绿色城市研究所
院内主管所长：董珂　　　　　　　　　　　　　**院内主审人**：董珂
院内项目负责人：谭静、王亮　　　　　　　　　**院内主要参加人**：胡晶、冯跃、尚晓迪、翟宁

研究背景

2015 年底召开的中央城市工作会议强调"尊重自然、顺应自然、保护自然，改善城市生态环境，着力提高城市发展持续性、宜居性……要强化尊重自然、传承历史、绿色低碳等理念，将环境容量和城市综合承载能力作为确定城市定位和规模的基本依据"。提高生态建设水平成为城市工作的重点。十九届三中全会提出转变政府职能、创新城市治理方式、健全评估机制成规建管体系关键环节。在这一背景下，住房和城乡建设部城乡规划司委托开展城市生态建设工作第三方评估试点研究。

研究内容

课题成果包括四部分：第一部分研究背景和意义、第二部分相关评估体系回顾和借鉴、第三部分评估指标体系构建、第四部分评估机制的探索。

在第一部分研究背景和意义中，课题从新时期新理念下城市工作重点的转向、规建管体系的完善、指导绿色城市建设实践、纠正城市建设中不绿色不生态的做法，以及评估的时机相对比较成熟等五个方面指出当前开展城市生态建设工作第三方评估的意义。

在第二部分相关评估体系回顾和借鉴中，课题对各部委发布的和生态建设相关的指标体系和评价标准、地方在生态城市建设过程中使用的指标体系、国外用于鼓励绿色发展的第三方评估认证体系进行了

基本型指标	延伸型指标
国土开发强度	生态空间占比、耕地占比、基本农田占比
森林覆盖变化率	河湖水面变化率
人均城乡居民点建设用地	人均城市建设用地、人均镇建设用地、人均村庄建设用地
万元GDP能耗	公共建筑节能、住宅建筑节能、可再生能源消费比重
单位工业增加值用水量	再生水利用率、水资源开发利用率、管网漏损率
地表Ⅲ类以上水体比例	污水收集处理率、水源地水质达标率、黑臭水体比例
PM2.5年均浓度	空气质量优良天数
生活垃圾无害化处理率	城市生活垃圾回收利用率、工业固废综合利用率
绿色出行比例	公交出行比例、TOD集约开发度、城市绿道长度
新建建筑中绿色建筑面积比重	既有建筑节能改造比例、新建建筑绿色建材比例
公园绿地服务半径覆盖率	绿地率、绿化覆盖率、人均公园绿地、新改建居住区绿地达标率
15分钟社区生活圈覆盖率	10分钟邻里生活圈覆盖率、5分钟街坊生活圈覆盖率
综合物种指数	本地木本植物指数、鸟类指数

图 1　城市生态建设工作第三方评估建议基本型指标和延伸型指标

评估背景、评估机制和指标体系如何构建的深入分析。

在第三部分评估指标体系构建中，课题初步构建了围绕城市生态建设工作开展的第三方评估指标体系，具体包括概念界定、评估范围、构建原则、指标选取及构成、评估方式等，指出本研究中"生态"的内涵包括自然生态、资源和环境三个方面，应围绕"生态低冲击、资源低消耗、环境低影响"的要求对城市建设活动进行指标的选取和评价。研究设想了在不同评估方的不同评估需求情景下，包括基本型、延伸型等在内的多种类型指标，以及基本型评估、全面型评估、特定型评估等多种评估方式。

在第四部分评估机制中，研究指出了第三方评估的适用领域，对专家团队在评估过程中发挥的支持作用、数据的获取、动态评估等进行了初步的设定。

技术创新点

（1）创新性地提出构建由基本型、延伸型、特定型、鼓励型和一票否决型五类指标共同组成的城市生态建设指标体系，配套相应的基本型、全面型和特定型三种评估方式。

（2）研究提出了城市生态建设第三方评估可服务于多元对象、应用于不同场景、采用动态评估的方式，并对用于评估的数据来源分部委和机构进行了系统梳理。

应用及效益情况

该指标体系为住房和城乡建设部后续启动的城乡建设绿色低碳发展评估研究工作奠定了基础。

（执笔人：谭静）

绿色城乡建设指标体系和绿色城市政策和技术体系研究

项目来源：住房和城乡建设部标准定额司
主持单位：中国城市规划设计研究院
院内主管所长：董珂
院内项目负责人：谭静、翟宁

项目起止时间：2019年5月至2019年11月
院内承担单位：绿色城市研究所
院内主审人：董珂
院内主要参加人：冯跃、李薇

研究背景

十九大明确将生态文明建设作为"构成新时代坚持和发展中国特色社会主义的基本方略"之一，为住房城乡建设领域绿色发展提出了更高的要求。

近年来，在市县城市建设中，也出现了大量虽以绿色生态规划之名，但行非绿色生态之实的城市建设实践案例。这些错误做法的产生，是因为对绿色生态城市的内涵和实质缺乏清晰的理解，同时也是因为绿色生态城市建设缺乏行之有效的评价标准和监管措施。

研究内容

本研究课题全面系统收集、梳理和深入研究我国绿色城乡建设相关的理论与实践的总体情况，包括现状问题、实践研究、指标体系、政策与技术等，研究内容主要包括绿色发展理念与实践基础研究、绿色城乡建设指标体系建构、绿色城市政策和技术体系建构等。

子课题一"绿色城乡建设指标体系研究"通过分析各部委、地方及国外绿色城乡建设领域相关评价体系和指标体系，依据系统性、代表性、公平性、可操作性原则选取并构建了以约束性和预期性指标为基础，增设鼓励型指标和一票否决型指标的一套完整的指标体系，其中基础指标由绿色区域、绿色城市、绿色乡村、绿色建筑、绿色设施、绿色建造、绿色生活、绿色管理八大类52个指标项组成。研究成果包含绿色城乡建设核心基础指标体系和使用细则、绿色城乡建设面临问题研究、国内外绿色乡建设与发展指标汇编等。

子课题二"绿色城市政策和技术体系研究"由解析绿色城市概念出发，基于我国绿色城市政策与绿色技术的发展现状，借鉴国内外经验，梳理、总结、构建出涵盖绿色城市发展的十个重点内容，贯穿中央—部委—省—城市多个行政层级的绿色城市政策体系和覆盖规划、建设、管理多环节的绿色城市技术框架指南，提出绿色城市政策体系和绿色城市技术体系之间的相互作用关系，进而对绿色城市政策和绿色城市技术的既有基础进行梳理并提出政策建议，为构建助力绿色城市发展的政策引领与技术支撑协同互促系统打下基础。成果包含《绿色城市政策制定指导意见》《绿色城市技术框架指南》《当前城市绿色技术体系建构问题分析》，已出台《绿色城市政策与绿色城市建设实践汇编》《国外绿色城市政策案例汇编》《国外绿色城市技术汇编》等。

技术创新点

本次研究采用多系统综合的研究方法，构建了涵盖经济、社会、环境等领域，多种技术和方法的集成平台，从绿色城乡生态环境、绿色城乡土地空间、绿色城乡交通体系、绿色基础设施、绿色产业、绿色建筑等多个系统进行综合研究。同时，研究中将理论和实证相结合，即对既有的绿色城乡建设指标体系中的各指标项进行系统分析，构建绿色城乡技术评价指标初步方案，然后选择不同类型的典型地区，开展实地座谈与踏勘调研，对初步方案进行实证分析。根据问题导向、横向借鉴和目标导向的调研成果，筛选形成绿色城乡技术评价指标体系及其研究成果。

应用及效益情况

本课题研究成果是综合新形势下城乡建设绿色发展工作遇到的新情况、新问题，在国内外绿色发展理念和实践对比研究的基础上，进一步明确绿色城市的内涵和原则规律，构建绿色城乡建设指标体系，并系统研究绿色城市政策和技术体系发展动向及思路，形成对各地绿色城市建设切实有效的政策制定指导意见和技术框架指南，也为建筑节能和绿色建筑专项课题相关研究成果提供支撑。

（执笔人：翟宁）

重大绿色技术创新及其实施机制（一期、二期）

项目来源：中国环境与发展国际合作委员会　　　　　**项目起止时间**：2020年4月至2021年12月
院内承担单位：信息中心、城市交通研究分院、上海分院、　　**院内主审人**：王凯
　　　　　　　　深圳分院、西部分院、北京公司
院内主管所长：张永波　　　　　　　　　　　　　　**院内项目负责人**：李晓江
院内主要参加人：吕晓蓓、张永波、彭小雷、马璇、伍速峰、赵一新、王芮、任希岩、魏保军、王家卓、周俊、朱荣远、葛春晖、胡京京、秦奕、张园

研究背景

中国环境与发展国际合作委员会是中国政府批准成立的高层政策咨询机构，主要任务是就环境与发展领域的重大问题开展研究，邀请中外委员和顾问开展讨论，并向国务院及中央政府各有关决策部门提出政策建议。每年一度的政策研究报告既集中反映国内紧迫性和长远性的议题，又呼应国际社会的重大关切。

城市是中国实现减排目标的重要领域，是转变发展模式的核心场所。中国正处于绿色城市和绿色技术发展的重要机遇期。城市必须利用绿色发展理念摆脱高投入、高消耗、高排放的粗放发展路径"锁定效应"，通过绿色技术的广泛应用，兑现《巴黎协定》国家自主的承诺。同时，中国城市发展已经从扩张发展进入城市更新的新阶段。存量资源利用为主将减少资源能源消耗，更加绿色低碳。城市更新需要注重绿色技术方法的应用，城市社区绿色更新进而也成为城市发展的重要议题。

研究内容

重大绿色技术创新及其实施机制（一期）致力于城市范畴的绿色发展、绿色技术推广应用、评估方法和法规及政策研究；通过研究，推荐10~20项可推广的绿色创新技术，并从全生命周期角度进行综合评估，为"十四五"规划的绿色发展政策提供技术支持，同时提出绿色技术推广的政策保障体系的建议。

具体研究内容有：机遇、愿景与目标（分为：城镇化与城市发展的特征、问题与机遇，城市绿色发展的愿景与准则，城市绿色发展的目标与路径）；既有政策与问题（分为：城市绿色发展的既有政策、城市绿色发展存在的问题分析）；挑战与策略（分为：绿色技术创新与实施的挑战、绿色技术推广的重点领域识别）；绿色技术的评估方法（分为：评估方法的比较研究、建议的评估框架、设计评估方法、评估方法的应用检验）；中外经验与新兴最佳实践，以及六个重点领域"十四五"期间绿色技术推荐（分别分为：水领域、能源领域、交通领域、建筑领域、土地利用和规划领域、食物领域）；绿色技术推广的跨领域解决方案（分为：第四次工业革命、循环经济、数据治理）；绿色技术推广与实施的性别视角（分为：性别视角在城市绿色发展中的重要性、性别视角与城市发展的国际经验、绿色城市发展的性别视角、六个重点领域的性别视角）；以及政策建议。

作为一期的深化，重大绿色技术创新及其实施机制研究（二期）研究围绕与居民生活相关性最高的社区展开。着眼于绿色技术的应用落实，在既有研究和数据的局限下，综合考虑了社区区位，以及绿色技术等因素，选定四个城市中的五个社区（上海世博家园社区、景江苑社区，重庆红育坡社区，深圳和一社区，江山东塘社区）作为案例社区，全方位定量分析碳排放的现状，识别出社区碳排放未来发展趋势和去碳难点。

具体研究内容包括：①社区绿色更新的形势、机遇与发展目标；②中外经验与最佳实践研究，涉及国际视野的城市/社区脱碳路径，国内外社区绿色改造技术经

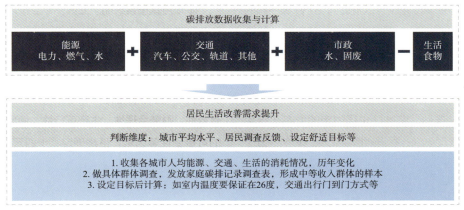

图1　社区碳排放数据收集和改造需求收集过程示意图

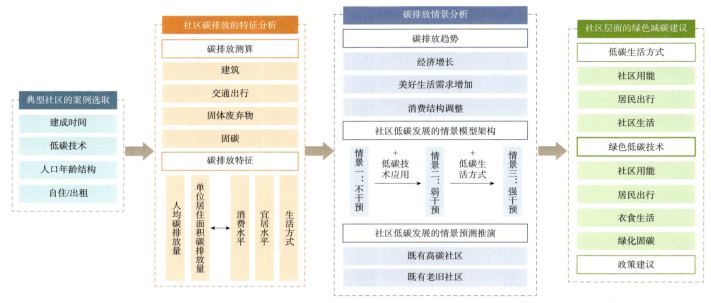

图 2 社区碳排放分析实证分析过程图

验；③基于五个国内社区实证案例的城市社区的碳排放特征研究，结合社区的基本情况与人口经济社会特征，开展社区层面碳排放数据收集、计量与分析，以及社区碳排放结构及影响因素分析；④社区碳排放的前景分析与去碳难点研究，包括城市社区未来碳排放需求与趋势分析，案例社区建筑改造方式与碳排放、能耗影响，城市社区去碳的难点与挑战研究；⑤"双碳"目标下社区绿色更新与绿色技术推荐建议，从对双碳目标、社区多元性的认识与应对出发，提出实现2030碳达峰前推荐的社区绿色技术和基于社区类型的绿色技术集成建议，以及面向2060碳中和的绿色技术创新建议；⑥社区绿色更新中倡导绿色生活方式研究，从低碳消费、减量使用、缩短碳链等方面提出绿色生活方式建议，并分析了推广绿色生活方式的保障条件；⑦推动中国城市的数字化绿色转型研究，根据对数字化绿色转型的五个因素分析，提出城市绿色智能转型建议；⑧创造绿色技术应用的有利环境研究，包括绿色技术应用面临的关键挑战和创造绿色技术部署的有利环境；⑨性别与人群视角的社区绿色发展研究，分析女性在社区绿色发展中的角色和作用，提出有利于老人和儿童、低收入人群和弱势群体的社区绿色更新建议，有利于的社区绿色更新建议；⑩提出相关政策建议，涵盖促进碳中和与城市、社区绿色发展，发展社区更新绿色技术两大方面。

技术创新点

本项目基于系统而全面的多专业技术和政策研究，前瞻性地提出中国城市未来几十年的绿色发展愿景及其准则和技术路径与重点领域任务，和国家各级体制机制保障支撑体系。并通过综合考虑减排降耗有效性、财务合理性、生产可行性、使用的可接受性等因素，最终确定"十四五"期间实施推广的绿色技术建议名单。

基于对策略差异性和社区多元性的认识，研究在建筑、能源、交通、市政领域分别提出绿色技术建议；开创性地为中国城市中各类典型社区类型提出了绿色改造的集成方案；提出在性别、老人与儿童、低收入群体方面，社区绿色改造应该遵循的原则；全面提出社区绿色改造中塑造绿色生活方式的具体办法。从城市和社区两个尺度分别提出了一系列促进碳中和与绿色更新的政策建议。本项目对全国城市绿色低碳规划和社区绿色更新，以及进一步相关学术研究均具有重大的指导意义。

应用及效益情况

本项目各参与单位积累了一系列绿色低碳规划相关技术，在当年和后续承担的多个项目中得到了应用，发表多篇学术论文和获得多项软著。

（执笔人：秦奕）

城乡建设绿色低碳发展评估研究

项目来源：住房和城乡建设部标准定额司（建筑节能和绿色建筑专项委托课题）
项目起止时间：2021年11月至2022年11月　　**主持单位**：中国城市规划设计研究院
院内承担单位：绿色城市研究所　　**院内主审人**：李迅　　**院内主管所长**：董珂
院内项目负责人：董珂　　**院内主要参加人**：谭静、常新、王秋杨

研究背景

碳达峰、碳中和目标的提出顺应了我国绿色可持续发展的内在要求，而城乡建设是推动绿色发展、建设美丽中国的重要载体，建立科学的城乡建设绿色低碳发展评估体系，是完善生态文明绩效评价考核制度的重要组成部分，是推进城乡绿色发展、生态建设的重要手段，使城乡建设绿色低碳发展水平可量化、可评估、可考核，为实现长期动态监测我国城乡绿色低碳发展的目标提供铺垫和积累。

同时，开展城乡建设绿色低碳发展评估研究、构建城乡建设绿色低碳发展评估指标体系和评估方法，是对《城乡建设领域碳达峰实施方案》中提出的"建立城市、县城、社区、行政村、住宅开发项目绿色低碳指标体系"等要求的进一步落实。

研究内容

研究内容一：结合我国生态文明建设的总体要求，探究建立城乡建设绿色低碳发展评估体系的必要性和重要性，明确评估方法、评估范围及适用场景。

从城市巨系统特征出发，以主题层次法构建指标体系框架，构建科学系统、具有可操作性和权威性的评估指标体系，对城乡建设绿色低碳水平进行量化评估。

城乡建设是碳排放的主要领域之一，城乡建设绿色低碳发展与实现碳达峰、碳中和目标息息相关。其中"绿色低碳"代表"低能耗、低消耗、低冲击、安全、舒适、便捷"的环境和生产生活方式。城乡建设绿色低碳发展反映在"城市、县城、社区、乡村"四个不同空间尺度和"布局、生态、能源、建筑、基础设施"等不同建设领域中。其评估方法适用于以绿色发展为主题的城市体检评估、新城新区建设、老城更新改造、运营动态监测、行政绩效考核等方面。

研究内容二：系统梳理国内外相关评估体系。国际方面包括联合国可持续发展目标指标体系、经济学人智库绿色城市指数、欧洲绿色之都评价体系等；先进国家包括英国、美国、日本等的绿色低碳发展评价体系；国内方面包括国家各部委和地方政府颁布的相关指标体系及标准导则。总结归纳了绿色低碳发展评估的现状成果，以及在我国当前国情下，绿色低碳发展评估应关注的重点内容。

总体来说，国外相关指标更聚焦于城市社会经济人文的综合发展，与"低碳"相关的指标仅在能源、工业、交通等方面，可视为辅助型指标。国内相关指标更聚焦于城

我国国家部委颁布的城乡建设绿色低碳相关指标体系统计表　　表1

发布机构	导则标准名称	颁布时间/年
住房和城乡建设部	宜居城市科学评价标准	2007
	低碳生态城市评价指标体系	2015
	绿色生态城区专项规划技术导则（征求意见稿）	2015
	城市生态建设环境绩效评估导则	2015
	生态城市规划技术导则（征求意见稿）	2016
	国家园林城市系列标准	2016
	绿色生态城区评价标准（国家标准）	2017
国家发展改革委	国家循环经济示范城市建设评价内容	2014
	低碳城市评价指标体系	2016
	美丽中国建设评估指标体系及实施方案	2020
生态环境部	生态县（含县级市）建设指标	2007
	生态市（含低级行政区）建设指标	2007
	国家生态文明建设示范市县建设指标	2019
	"无废城市"建设指标体系	2021
部委联合	循环经济评价指标体系	2007
	绿色低碳重点小城镇建设评价指标（试行）	2011
	国家智慧城市（区、镇）试点指标体系	2012
	海绵城市建设绩效评价与考核指标（试行）	2015
	绿色发展指标体系	2016

市生态环境的绿色发展。但到目前为止，国内在城乡领域还未完全形成国家层面的且聚焦于"绿色低碳"的评估指标体系。

研究内容三：确定"城市、县城、社区、乡村"四个空间层次的绿色低碳发展评估范围及指标体系。

根据城乡建设领域研究重点，确定城市层级绿色低碳发展评估范围为城市建成区；县城层级为县城建成区；社区层级为"城市中以居民步行五分钟可满足其基本生活需求为原则划分的居住区范围"，建议和社区管委会的管辖范围保持一致。同时，个别指标评估范围区分既有社区及新建社区；乡村层级为整个县域的乡村，不以单个乡村进行评价。

根据前述研究基础，四个层级评估指标的选取主要来自以下几个方面：①近期发布的涉及低碳建设和绿色发展的国家部委文件或标准中的重要核心指标，如《城乡建设领域碳达峰实施方案》《关于推动城乡建设绿色发展的意见》《关于加强县城绿色低碳建设的意见》《农房和村庄建设现代化的指导意见》等；②各地方涉及绿色低碳建设的相关文件；③"十四五"背景下国家对各领域总体发展的要求文件中的核心指标，如《中华人民共和国国民经济和社会发展第十四个五年规划和2035年远景目标纲要》《"十四五"建筑节能与绿色建筑发展规划》等；④各类易于获取的统计年鉴或国家标准，如《中国城乡建设统计年鉴》《城市居住区规划设计标准》GB 50180—2018等。

经研究论证，确定城市层级绿色低碳发展评估指标体系共分为"布局、生态、建筑、能源、设施、建造、文化、社区"8个维度，共计59项指标；县城层级绿色低碳发展评估指标体系共分为"布局、生态、建筑、能源、设施、建造"6个维度，共计31项指标；社区层级绿色低碳发展评估指标体系共分为"服务、交通、市政、能源建筑、生态"5个维度，共计19项指标；乡村层级绿色低碳发展评估指标体系共分为"格局、农房、能源、设施"4个维度，共计15项指标。根据指标重要性及数据获取难易程度，所有空间层次指标均分为必选项指标及选填项指标。

研究内容四：以"城市、县城、社区、乡村"四个空间层次的绿色低碳发展评估指标体系为基础，构建科学客观的评估方法。

首先划分评估等级：城乡建设绿色低碳发展指标体系分为控制项指标和评分项指标。控制项指标为刚性约束性指标，其评估结果划分为"不满足"或"满足"，相应等级得分为"0分、100分"。评分项指标根据各指标的现状参考值及规划目标值，其评估结果划分为"不足、一般、较好、很好"四个评价等级，相应得分为"40分、60分、80分、100分"。

其次确定各维度指标权重及得分方法：以"城市"层级为例，城市层级评价指标体系中8个维度指标评分项的权重W_1~W_n应按表2取值。在各维度指标权重确定后，应再确定各维度下各项指标权重。某一维度评估得分为各项指标等级得分与各项指标权重的乘积之和，所有维度得分为各维度得分与各维度权重的乘积之和。

城市层级各维度指标权重表　　　　　表2

维度	布局W_1	生态W_2	建筑W_3	能源W_4	设施W_5	建造W_6	文化W_7	社区W_8
权重	0.15	0.1	0.2	0.15	0.15	0.1	0.05	0.1

城市层级布局维度各项评估指标权重分布表　　表3

指标名称	备注		权重
小于50平方公里的组团面积占比	选填项	K1	0.08
人口密度在每平方公里0.7万~1.5万人之间的城市组团面积占比	必选项	K2	0.2
新城新区就业住宅比	选填项	K3	0.08
常住人口平均单程通勤时间	必选项	K4	0.2
城市生态廊道密度	选填项	K5	0.08
城市道路网密度	必选项	K6	0.2
更新单元或项目内拆除建筑面积占比	选填项	K7	0.08
地下空间与同期地面建筑竣工面积的比例	选填项	K8	0.08

技术创新点

城乡建设绿色低碳发展评估研究所建立的指标体系及评估方法与碳达峰、碳中和目标衔接，聚焦"绿色低碳"领域，建立了目标更明确、普适性更强的绿色低碳指标及评价体系，也为城市、县城、社区、乡村等不同空间层次的绿色低碳发展方向及重点提供依据和参考。

应用及效益情况

城乡建设绿色低碳发展评估研究构建了城市、县城、社区、乡村四个层级的绿色低碳发展评估指标体系，初步确立了四个层级绿色低碳发展评估方法。以该评估方法为理论基础，绿色城市研究所顺利完成了青岛市绿色城市建设发展试点中期及终期评估工作，并协助举办"城乡建设绿色低碳发展"专题讲座，归纳总结了绿色城市建设的"青岛模式"并向全国推广。

（执笔人：常新）

县城绿色低碳建设跟踪评估与经验总结

项目来源：住房和城乡建设部村镇建设司
主持单位：中国城市规划设计研究院
院内主管所长：陈宇
院内项目负责人：陈鹏、魏来

项目起止时间：2022年7月至2022年12月
院内承担单位：村镇规划研究所
院内主审人：陈宇
院内主要参加人：蒋鸣、李亚、张洁、田璐、国原卿、靳智超、郭文文

研究背景

住房和城乡建设部等15部门印发《关于加强县城绿色低碳建设的意见》，从十个方面提出了加强县城绿色低碳建设的有关要求。中共中央办公厅、国务院办公厅印发《关于推进以县城为重要载体的城镇化建设的意见》，全面系统地提出了县城建设的指导思想、工作要求、发展目标、建设任务、政策保障等，要求分类引导县城发展方向，从产业配套、市政设施、公共服务、历史文化和生态保护等方面因地制宜补齐县城短板弱项，增强县城综合承载能力。

为掌握各地县城绿色低碳建设工作推进情况，总结经验做法，为相关部门制定指导县城建设的政策提供参考，开展本项课题研究。

研究内容

研究内容分为四个主要部分：第一部分为总体评估；第二部分为典型案例评估；第三部分为主要结论；第四部分为县城绿色低碳分类建设指引的建议。

（1）总体评估。结合县城绿色低碳建设的有关要求及乡村建设评价中关于县城绿色低碳的指标，依托乡村建设评价等数据对全国县城建设进行评估。整体来看，县域常住人口稳中有降、县城人口增加显著，2010~2020年同口径对比，全国县域总人口减少0.34亿人，县城总人口增加0.41亿人；县城建成区面积稳步扩展，经过了20余年的快速发展，县城建成区实现了面积翻番，近年来仍保持稳步扩展的态势；县城公共空间尺度有所改善，与自然环境相对协调，依据相关数据，县城与自然环境的平均协调度为7.19，处于较好的水平；县城绿色建筑比例有所提高，生活垃圾无害化设施基本覆盖。县城取得成效的同时，也存在如下问题：人口密度相对适宜，但建筑高度失序明显，县城建筑层数六层及以下建筑平均占比仅为20%，九成以上的县城新建六层以下建筑占比低于70%；县城建设忽视山水特色，侵占生态空间，如水域等生态空间减少现象非常普遍。基础设施建设模式亟待调整，存在基础设施建设脱离县城实际现象，盲目模仿大城市，制定过高的建设标准，基础设施建设运营成本提高，可持续发展能力下降；县城公共服务短板明显；县城绿色低碳建设资金压力大。

（2）典型案例评估。为更好了解全国各地县城建设现状，项目组分别选取山西省、浙江省、广东省、四川省等不同地区的县城开展调研。山西省沁源县作为山西省绿色低碳县城试点县，主要聚焦绿色建筑和建筑节能、绿色节约型基础设施、县城历史文化保护传承和人性化公共环境四个板块，通过加强基础设施建设、改善人居环境、强化维护管理等补齐县城建设短板，并多模式多途径争取建设资金，实现市场化运作。浙江省安吉县作为全省低碳试点县，主要工作侧重于建筑交通绿色低碳转型、循环经济发展、居民绿色生活推广等，并充分结合"两山理论"、聚焦共同富裕，打造城乡协同绿色发展单元。广东省翁源县结合相关部署要求，落实城品质提升行动要求，开展县城"439"品质提升工程，以"文明城市、森林城市、卫生城市、园林城市"四城同创为抓手，"垃圾、污水、六乱"三项整治和"九项品质提升工程"为重点，推进县城建设。四川省蒲江县主要围绕建设紧凑城市、清爽城市、绿能城市、森林城市等建设绿色低碳产业新城，并构建了"1+6"碳达峰碳中和行动体系，即1个行动方案、6个专项领域行动。

（3）主要结论。总体层面，我国县城建设水平逐步提升，但距离绿色低碳目标仍有差距；部分省份出台了相关政策，但地方试点进展较为缓慢；开展县城绿色低碳建设对于提高县城绿色低碳建设的认识水平、争取各级资金支持、提升县城品质等意义重大。县城绿色低碳建设是一项系统性工作，涉及部门工作组织、实施方案制定、平台公司选取、重点项目谋划、建设资金筹措、后期运营维护多个环节。从调研案例来看，由于工作总体上启动时间并不长，各地经验主要集中在工作组织方面，主要包含成立工作领导小组、科学制定工作方案、拓宽资金渠道、推动生态资源资产化、探索市场化运营、因地制宜结合发展阶段确定建设重点等。此外，县

城绿色低碳建设也面临困难，如县城绿色低碳建设意义重大，亟须加强政策与技术指引，总体上看，各个县在绿色低碳建设的具体技术、方法、模式上可推广的经验较少；现有建设方案难以体现差异性，如建设水平较低的县建设重点在于补齐县城的设施短板，发展潜力较大的县建设重点在于探索绿色建筑、绿色园区建设、"两山"价值转换等；亟须探索适合县城的低成本建设方式与运营模式，由于推动县城绿色低碳建设资金需求量大，仅仅依靠县财政收入无法支撑等。基于上述困难，建议一方面开展全国县城绿色低碳建设试点并加强工作指导，形成"部指导、省统筹、县实施"的工作机制，破解当前工作中存在的政策瓶颈；另一方面，建议研究制定《县城绿色低碳分类建设指引》，加强对不同地区、不同类型县城绿色低碳建设工作的指导。

（4）县城绿色低碳分类建设指引的建议。基于上述研究，依据《关于加强县城绿色低碳建设的意见》中县城绿色低碳建设的十个方面，并结合城乡建设领域碳达峰实施方案、乡村建设评价和相关研究，建议从安全底线、开发强度、住房和建筑、设施建设、环境风貌五个维度进行县城绿色低碳建设指引。首先，对县城进行分类，明确不同类别县城的定义与功能内涵，确定县城建设的主要方向；安全底线层面，明确韧性防灾、生态安全的建设要求；开发强度层面，明确人口密度、建设强度、建筑高度的建设要求；住房和建筑层面，明确住房供给和住房安全、绿色建筑和建筑节能的建设要求；基础设施建设层面，明确绿色节约型基础设施、绿色低碳交通系统及以街区为单元的统筹建设方式的建设要求；环境风貌层面，明确园林绿化、历史文化保护、景观风貌和公共环境的建设要求；保障措施层面，

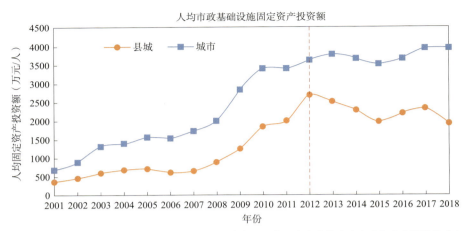

图 1　城市、县城人均市政基础设施固定资产投资额对比

图 2　山西沁源县县城建设项目

图 3　广东翁源县教师新村改造前后对比

明确县城建设的组织协调、示范试点、资金保障、用地保障等措施。

技术创新点

（1）科学判断县城、县域人口流动趋势。准确把握人口流动趋势，合理确定各类设施配置需求，是开展县城绿色低碳建设的基本前提。然而，目前缺少对县城、县域人口规模及其变化趋势的深入分析。本次课题研究通过识别出全国1481个县的县城所在镇（街），并将其与人口普查的乡镇层面数据建立关联，从而相对准确地计算出 2010~2020 年县城、县域人口变化情况，为本课题及其他相关研究建立数据基础。

（2）重视实证研究，建立总体情况评估与典型案例分析相结合的评估方法。总体情况评估针对《关于加强县城绿色低碳建设的意见》中提出的重点内容，基于乡村建设评价等数据分析，选取相关指标开展定量分析，发现建设工作的关键进展和主要问题。典型案例分析则通过选取我国东、中、西等不同区域、不同类型的县城开展调研访谈，进一步深入观察县城绿色低碳建设的主要情况。

（3）建立县城绿色低碳分类建设指引框架。对照相关政策要求，结合评估发现的关键问题，提出县城分类体系。基于县城分类，从不同方面分别提出县城绿色低碳建设的共性和差异性指引思路。

应用及效益情况

推动以县城为重要载体的新型城镇化建设，成为我国城镇化和经济社会发展的重要战略。提高县城绿色低碳建设水平，能够有效增强县城的承载能力，助力新型城镇化健康发展。本课题的研究成果，为后续相关研究及政策制定提供参考。一是评估发现的建筑高度失序、基础设施建设模式亟待调整、公共服务短板明显等主要问题，对后续开展县城体检等工作具有参考意义；二是调研过程中总结的主要经验与做法，可以为各地开展县城建设提供借鉴；三是县城绿色低碳分类建设指引框架为下一步出台相关技术标准建立了基础。

（执笔人：魏来、李亚）

中国城市规划设计研究院七十周年成果集 科研·标准（上册）

绿色低碳城市试点研究

项目来源：住房和城乡建设部标准定额司（建筑节能和绿色建筑专项委托课题）
项目起止时间：2023年5月至2023年11月　　**主持单位**：中国城市规划设计研究院　　**院内承担单位**：绿色城市研究所
院内主管所长：董珂　　　　　　　　　　　　**院内主审人**：董珂　　　　　　　　　　　**院内项目负责人**：谭静
院内主要参加人：王昆、吴淞楠、孟惟、王秋杨、常新

研究背景

在"双碳"目标要求下，在住房和城乡建设部对于城市工作的新方向下，绿色低碳发展任务十分紧迫，但针对全过程多领域的城市绿色低碳建设技术路径不清晰、政策机制保障不完善等问题，想实现较为全面、成效显著的绿色低碳建设还具有较大挑战，并在绿色低碳建设领域缺乏试点示范。综上，探索"绿色低碳城市试点"可行方案，鼓励有基础有条件的城市先行先试，探索绿色低碳发展路径，为其他城市提供可复制可推广的绿色低碳发展建设经验。

研究内容

绿色低碳城市试点研究通过研判住房和城乡建设部对城市工作的新要求及绿色低碳相关政策文件，提出建设绿色低碳城市的必要性，并针对发达国家典型绿色低碳建设实践进行分析总结，充分借鉴国外绿色低碳城市建设经验。结合我国国情及发展阶段，提出我国绿色低碳城市建设的基本概念及技术框架，并分析归纳青岛市、攀枝花等国内七大绿色低碳建设的地方实践项目，总结出我国先行先试地区绿色低碳建设的可复制可推广经验。基于以上研究，尝试提出绿色低碳城市试点工作方案。

研究内容一：发达国家绿色低碳城市典型案例研究。发达国家针对城市绿色低碳转型发展的研究和实践起步较早，在城市、社区、建筑等不同尺度均进行探索和实践，形成如"丹麦哥本哈根、瑞典生态城、德国弗莱堡、新加坡绿色城镇"等经典实践项目，通过总结发达国家绿色低碳建设技术及政策机制经验，加快探索适合我国国情的绿色低碳城市建设路径。技术方面，绿色低碳先行城市均将宜居环境打造作为根本目标，将能源、交通、建筑、生态等作为重点领域，将规划布局的合理性作为减碳源头，积极探索新技术的使用，充分应用智慧化的手段来节能减排，形成了以降低能耗为核心，协同碳汇、固废循环、基础设施、建筑和环境控制等方面的减碳技术体系。政策机制方面，以形成广泛共识为基础科学编制规划，推广循序渐进的开发模式，实施国家财政补贴，以金融手段募集资金，并不断提升公众参与力度。

研究内容二：绿色低碳城市理论研究。明确绿色低碳城市概念及内涵，探索建立绿色低碳城市建设的技术框架。

通过整合国内外研究基础，辨析"生态城市、绿色城市、低碳城市"等相似概念，在现阶段中国城市绿色低碳新发展要求背景下，提出绿色低碳城市概念：以"因地制宜、节约集约、高效循环、协同互促"等为基本理念，采用有助于降碳、减污、扩绿的技术和产品，倡导绿色低碳的生产生活方式，从而实现生态低冲击、资源低消耗、环境低影响和安全低风险的城市发展模式。

同时，探索建立覆盖全过程全要素的绿色低碳城市建设技术框架。"全过程"是指在规划设计、建设更新、治理运营各个阶段全面落实绿色低碳要求，在规划设计阶段科学合理地布局，在建设更新和治理运营阶段延长城市各项基础设施的使用寿命、提高设施的运行效率、降低运行中产生的碳排放，"全要素"是指在建筑、能源、交通、水系统、固废处理、园林绿化等不同领域协同推进绿色低碳发展。

研究内容三：绿色低碳地方实践案例研究。选取国内不同规模、不同气候区、不同建设阶段、不同类型的7个绿色低碳城市实践案例，重点分析各自在绿色低碳发展方面的主要做法及取得的成效，并总结归纳出适合我国国情的，可复制可推广的五大方面绿色低碳城市建设经验，以便后续试点城市参考借鉴。

第一，系统谋划、协同推进，加强试点示范作用。青岛、雄安、攀枝花等先锋城市在绿色低碳建设过程中，均实现从筹备层面的工作组织，到谋划层面政策规划引领，再到实施层面的技术支撑和保障机制进行全过程统筹安排；绿色低碳城市建设需全面深化生态、建筑、建造、基础设施、固废、智慧管理等城市系统，找准优势发展重点领域，协同推进降碳、减污、扩绿。从前述7个地方实践案例在全面推动建设领域绿色低碳转型的基础上，找准突破点重点发展，既全面又深入；而在试点示范方面，青岛试点初期差异化布局

"上合示范区绿色城市建设发展试验区、青岛国际邮轮绿色港区试点、西海岸新区零碳先行区、中德生态园零碳园区、青岛奥帆中心零碳社区"五大绿色示范区，试点期间实现从大范围示范区到精细化示范项目发展。

第二，因地制宜发展特色领域。青岛、雄安及攀枝花把握政策机遇、充分发挥新建城区优势及资源禀赋，在绿色低碳建设中大力发展特色领域，创建城市名片。青岛成功获批全国首个绿色城市建设发展试点城市后，借力人民银行及银保监会支持政策，紧抓"金融"机遇，聚焦绿色城市融资需求，积极构建绿色金融保障体系；雄安新区自设立之初，就把智慧创新写入基因，在中国城市建设史上首次全域实现数字城市与现实城市同步建设，高站位打造全球创新智慧建设高地；攀枝花市依托得天独厚的钒钛资源和光热气候资源优势，持续做好钒钛、阳光"两篇文章"，以资源禀赋加快新能源产业发展。

第三，以指标体系引导绿色低碳发展。指标体系对于绿色低碳城市建设意义重大，在建设初期以指标体系框定发展目标和发展内涵，在建设过程中以指标体系指导建设实施，实现定期评估及动态监测，实时调校发展方向。雄安新区、天津中新生态城、青岛中德生态园、南沙、海南博鳌近零碳示范区均在绿色低碳建设初期制定相应的指标体系，摸清底数，框定发展目标，指导城市绿色低碳建设；而青岛、攀枝花所设立的指标体系更多用于评估绿色低碳建设成效，发现短板弱项，不断更新发展路径及发展方式；中新生态城及中德生态园则均以指标体系指导绿色低碳建设管理，建立以指标体系为核心的"分解实施—监测统计—评估反馈"的闭环管理机制。

第四，夯实绿色低碳技术应用。青岛、天津、攀枝花注重科技研发、成果转化和产业培育协同发展。青岛推广装配式、被动式建筑，吸引绿色建材、装备制造、设计咨询等机构落地，形成完整的上中下游产业链，绿色建筑产业年营收超过150亿元，培育装配式建筑产业基地22家；天津生态城以北方大数据交易中心建设为突破口，围绕数据要素市场展开持续探索，塑造数字经济比较优势；攀枝花已形成全世界产业链最完整的全流程钒钛资源综合开发体系，提出打造"钒电之都"，建设包括电解液规模化生产、电堆和电池储能装备制造等在内的全钒液流电池储能全产业链，建设储能示范试点项目。

在推动标准化建设方面，雄安新区、中德生态园、中新生态城、南沙等地，在推进绿色低碳建设的过程中，坚持标准引领和标准转化，为高质量城市建设打下了坚实的基础。同时，区别于以往常见的绿色建筑、海绵城市等单个领域或单项技术应用示范的案例，博鳌零碳示范区、天津生态城、中德生态园等示范项目均是多领域多项技术集成应用示范的代表。

第五，建立政策保障体系。中德生态园以绿色发展理念贯穿规建治全阶段、南沙新区"绿色生态总师管理模式"是先发城市中探索全链条规划建设治理体系的重要代表。同时，各典型城市在绿色建筑、绿色金融及绿色基础设施等领域均形成了一系列政策文件指导绿色低碳建设实施。

技术创新点

绿色低碳城市试点研究尝试提出在新发展理念下，适合我国国情的"绿色低碳城市"概念及内涵，从顶层设计到绿色低碳技术再到政策保障，系统总结了城市、片区、社区等不同尺度下、新建或改造的典型绿色低碳项目先进做法，探索绿色低碳发展路径，为其他城市提供可复制可推广的绿色低碳发展建设经验。

应用及效益情况

绿色低碳城市试点研究所总结的绿色低碳城市建设经验及先进做法为国家标准《绿色低碳城市及社区设计技术标准》及团体标准《绿色低碳城区规划标准》的立项及编制工作奠定了理念和研究基础，其拟定的"绿色低碳城市试点工作方案及指标体系"为其他城市的绿色低碳建设提供了借鉴及方向。

（执笔人：常新）

国内绿色低碳城市、片区、社区典型案例情况汇总表 表1

类型	实践项目	绿色低碳建设阶段	特色领域
城市	青岛市绿色低碳城市发展试点	新建/改造	绿色金融、绿色建造
	攀枝花	新建/改造	新能源应用
片区	中新生态城	新建（2008年至今）	生态城市建设、智慧城市建设
	中德生态园	新建（2013年至今）	超低能耗建筑、零碳社区
	雄安新区	新建（2017年至今）	绿色发展城市典范
	南沙新区	新建（2017年至今/2022年至今）	绿色生态及基础设施、绿色建筑
社区	博鳌近零碳示范区	改造（2022—2024年）	零碳示范区

中新天津生态城经验总结

项目来源：住房和城乡建设部建筑节能与科技司　　**项目起止时间**：2023年4月至2023年11月
主持单位：中国城市规划设计研究院　　　　　　　**院内承担单位**：绿色城市研究所
院内主管所长：范渊　　　　　　　　　　　　　　**院内主审人**：谭静
院内项目负责人：董珂　　　　　　　　　　　　　**院内主要参加人**：范渊、王昆、尚晓迪、王秋杨、孟惟、苏冲、牛玉婷

研究背景

项目由住房和城乡建设部委托，对中新天津生态城开展经验总结。中新天津生态城是中国、新加坡两国政府间重大合作项目，位于天津滨海新区北部，原始地貌三分之一是盐碱荒滩、三分之一是废弃盐田、三分之一是污染水面，承担着在资源约束条件下建设生态城市的示范任务。

按照住房和城乡建设部部署要求，中国城市规划设计研究院总结中新天津生态城的发展历程和建设进展，研提在规划、设计、建设和管理等领域的发展经验和典型案例、存在问题和下一步工作建议，形成专题研究报告，为生态城下一步发展、推动我国城市绿色低碳发展提供借鉴。

研究内容

项目主要研究两个方面的内容，一是系统梳理生态城建设背景与发展历程。二是围绕中新天津生态城双边合作机制、规划设计方法、开发建设模式、城市治理策略、绿色技术创新体系等重要方面，梳理生态城政策举措、工作方法和取得的成效和经验，通过资料整理、实地调研和提炼总结，结合数据分析研判，总结出可复制、可推广的经验做法。

技术创新点

形成5方面20条中新天津生态城能复制可推广经验总结。

一是确立顺应时代、共谋发展的双边合作机制。包括3条具体经验，分别为：①两国政府务实合作，构建与时俱进合作之路；②相关部门全力支持，助力生态城经济社会发展；③建立中新联合工作组，全面有效沟通衔接。

二是建立区域协同、生态优先的规划设计方法。包括4条具体经验，分别为：①融入区域协同发展格局，提升京津冀一体化水平；②创建生态城市指标体系，引领规划目标实施落地；③筑牢生态安全格局，落实"复合生态观"规划理念；④创新规划管理审批制度，提高城市空间环境品质。

三是坚持设施先行、均衡普惠的开发建设模式。包括4条具体经验，分别是：①统筹建设基础设施，夯实城市发展根基；②构建三级居住体系，提升公共服务水平；③完善住房保障体系，实现人民住有所居；④建立资金保障机制，推进城市有序开发。

四是实施智慧赋能、共治共享的城市治理策略。包括3条具体经验，分别是：①推进智慧城市建设，提高城市治理水平；②加强基层社会治理，实现共建共治共享；③促进绿色低碳产业聚集，推进产城融合发展。

五是打造多元综合、市场导向的绿色技术创新体系。包括6条具体经验，分别是：①开展盐碱荒滩治理，着力推进生态修复；②构建100%绿色建筑管理体系，树立绿色建筑标杆；③加强可再生能源综合利用，推动能源绿色低碳转型；④创建全国首批"无废城市"，促进资源节约集约利用；⑤探索全域海绵城市建设模式，保障城市用水安全；⑥制定碳减排相关政策制度，促进全维度减污降碳。

应用及效益情况

项目将中新天津生态城经验做法、典型案例等成果汇编成册，为进一步经验推广，在此基础上，形成《中新天津生态城能复制可推广经验》白皮书，为推动我国城市绿色低碳发展提供经验借鉴。

（执笔人：董珂、王昆）

城市生态基础设施体系专项研究

项目来源：住房和城乡建设部城市建设司　　**项目起止时间**：2020年3月至2020年12月
主持单位：中国城市规划设计研究院　　　　**院内承担单位**：风景园林和景观研究分院、城镇水务与工程研究分院
院内主审人：王忠杰　　　　　　　　　　　**院内主管所长**：王忠杰　　　　　　　　　　**院内项目负责人**：束晨阳
院内主要参加人：王忠杰、龚道孝、郝钰、郝天、吴岩、王斌、莫罹、程鹏、杨眉、景泽宇、朱静文、韩笑、顾晨洁、王鹏苏

研究背景

"生态基础设施"这一概念在1984年的"人与生物圈计划"研究中首次提出，旨在强调自然景观和腹地对城市的持久支持能力，作为学术热点近四十年被持续关注。2020年年初，为贯彻落实新发展理念，推动致力于绿色发展的城乡建设，住房和城乡建设部提出"城市生态基础设施体系"建设，同年，受住房和城乡建设部城市建设司委托，中规院风景院与水务院共同开展"城市生态基础设施体系专项研究"。

研究内容

本研究通过辨析生态基础设施体系的概念内涵，研究国际相关实践，制定适用于我国国情的城市生态基础设施体系评价指标，并探索提出推进城市生态基础设施体系建设的相关建议。

1. 城市生态基础设施体系概念内涵辨析

精准界定"城市生态基础设施体系"的概念内涵，有助于凝聚共识，进而更好地开展"城市生态基础设施体系"建设工作。研究选取美国、英国、日本与新加坡等发达国家案例，分析各国生态基础设施建设的基本情况、构成做法和建设特点，辨析"生态基础设施"的概念内涵。结合我国实际，同时聚焦到城市范围，提出中国语境下"城市生态基础设施体系"的概念释义，即城市生态基础设施体系是由城市中的山水林田湖草等自然要素和生态化的灰色基础设施共同组成的综合网络，包括城市水系、绿地、风廊和生态化的灰色基础设施等系统。

2. 多学科视角构建城市生态基础设施体系指标体系

在明晰我国城市生态基础设施体系概念内涵基础上，研究针对"国内涉及生态基础设施的指标体系多分散在生态环境保护、园林城市、海绵城市等标准规范中，其中环境保护方面关注多而城市生态的关注少，对人的使用关注多而对生物多样性关注少，反映静态结果的比较多而反映动态变化的比较少"的问题，借鉴国外指标体系"专业综合性较强，且具有动态调整以及数据的动态监测机制"等成功经验。结合生态基础设施体系整体性、系统性、复合性、适应性与灵活性的五大特征，从水环境、绿地、生物多样性、气象等单一专业评价拓展到城市水循环系统、绿色网络系统、风廊系统的多领域集成，从全维视角、多学科、多专业统筹协调城市生态空间格局、生态系统服务功能与管理支撑，搭建一套城市生态基础设施体系的指标体系，以准确识别城市生态基础设施体系的关键问题，解决城市生态建设中的真问题、严守城市生态安全底线。通过指标体系的定期监测、动态评估，以评促建，引导城市生态基础设施体系建设进入良性循环。

3. 推进城市生态基础设施体系建设的实施建议

通过指标体系引导规划和建设，并对成果进行量化评估，是遵循城市发展规律，保障我国城市生态建设的科学基础。课题组结合近年来在海绵城市、国家园林城市建设方面的经验，提出推进城市生态基础设施体系建设的实施路径，一是重建与自然和谐的城市空间格局，二是提升城市自然生命机体健康活力，三是恢复城市灰色基础设施自然生命，四是提供回归自然的健康服务，结合上述四个维度，形成13项具体的行动策略；从强化组织统筹、开展试点示范、加强科技支撑、做好管理保障四个方面给出符合当前城市发展阶段的实施策略。

技术创新点

（1）提出了适应我国现阶段城市发展要求的城市基础设施体系结构框架，有助于推进"治病健体"和"转型升级"两大主要任务，促进城市化发展模式和路径转变。

（2）构建了一套具有中国特色、可量化、可考核的综合指标体系，使城市生态基础设施体系内涵具体化，可引导和督促各城市在城市生态基础设施建设过程中进行横向纵向比较、系统诊断、寻找差距、明确目标、有序实施。

（执笔人：束晨阳、郝钰）

韧性城市建设研究

项目来源：2021年住房和城乡建设部科学技术计划项目　　项目起止时间：2021年4月至2024年6月
主持单位：中规院（北京）规划设计有限公司、中国城市规划设计研究院
院内承担单位：北京公司　　　　　　　　　　　　　　　院内主审人：尹强
院内主管所长：王家卓　　　　　　　　　　　　　　　　院内项目负责人：张菁、邹亮
院内主要参加人：吕红亮、刘继华、罗兴华、张士宽、刘荆、羊娅萍、沈哲焱、陈玮、李利、李帅杰、陈宇、陈志芬、寇永霞
参加单位：北京科技大学

研究背景

打造宜居、韧性、智慧城市，是深入贯彻党的二十大精神、响应人民群众新期待、推动城市高质量发展的重要举措。严守城市安全底线，从更宽领域、更高层次防范"黑天鹅"和"灰犀牛"等事件带来的风险，确保人民生命财产和城市运行安全，是城市发展建设的应有之义。立足当前城市安全发展新形势，建设安全韧性城市，提高城市面对灾害风险的承受、适应和快速恢复能力，需要对韧性城市的建设重点与实施路径进行研究，建立完善的韧性评价体系，为更好地推进韧性城市和好房子、好小区、好社区、好城区"四好"建设提供技术支撑。

研究内容

本课题研究从我国城市风险防控治理现状与安全保障需求出发，对国内外韧性城市相关理论体系进行梳理，同时总结提炼国内外韧性城市建设案例的经验；在此基础上分析我国开展韧性城市建设的必要性与紧迫性，明晰韧性城市建设内涵，提出韧性城市建设总体思路；研究顶层设计要求和韧性建设目标，基于韧性城市目标体系，构建城市安全韧性评价指标体系框架；探索构建适用于我国的韧性城市建设实施路径与建设策略，使研究成果更具可操作性和可推广性。课题主要研究内容包括以下几个方面。

（1）阐明韧性城市建设的内涵。对我国城市尤其是超大和特大城市的致灾风险类别、风险区划特征和风险表现形式等进行系统梳理和统计分析，在明确城市风险防控治理现状和短板的基础上，分析我国城市在安全韧性方面存在的问题。在此基础上，基于韧性城市相关理论研究和建设实践，对韧性理论的起源、概念演进、韧性与韧性城市内涵、韧性城市完整体系等概念进行系统梳理和深入解析，分析其定义和内涵，并立足我国城市实际，明确韧性城市建设的概念内涵，提出合理可行的韧性城市建设总体思路。

（2）总结韧性城市建设的实践经验。一是从韧性视角对我国传统营城理念进行归纳总结，主要包括城市选址和安全防御体系构筑、因势利导建设城市排水防涝体系等；二是对国际上韧性城市建设的先进经验进行研究和系统总结，主要包括完善法律法规、注重规划引领、统筹风险评估和实施管理、形成评估反馈长效机制等，形成可供我国城市借鉴的经验。

（3）梳理城市灾害风险评估方法。基于城市安全风险评估相关研究现状和实践，重点从风险识别、风险分析和风险评价等方面梳理出可服务于韧性城市建设的城市灾害风险评估技术方法，一方面可以从空间维度掌握城市所面临的灾害分布特征，发现潜在危险区域，指导优化城市规划用地布局，为合理布置各类防灾设施提供指引；另一方面也可为韧性城市建设指明方向与建设重点，为制定超标准的灾害应对非工程方案提供依据，最大限度地降低灾害影响，以期提高城市安全风险评估的科学性。

（4）构建韧性城市建设目标与制度框架。研究国内外城市韧性建设目标制定的方法和内容，系统总结城市未来在安全韧性方面应该达到的功能目标，以风险管理为手段，构建贯穿准备、抵抗、适应和恢复各阶段多道防线的城市韧性目标体系，包括总体目标和分解目标。针对我国当前推进韧性城市建设的实际需求，开展可自上而下推进且可开展示范应用的制度设计研究；按照顶层设计先行、分层级和分步骤落实韧性城市建设工作的思路，研究构建包括韧性城市建设的保障政策、评价指标、技术规范、管理平台、评估反馈等内容的韧性城市建设制度框架。

（5）构建韧性城市评价指标体系框架。基于韧性城市建设内涵和国内外相关研究成果，以国际评价框架（如洛克菲勒基金会的韧性城市评价体系）、国际标准（如ISO 37123等国际标准）和国家标准（如《安全韧性城市评价指南》GB/T 40947）等现有评价体系框架为切入点，

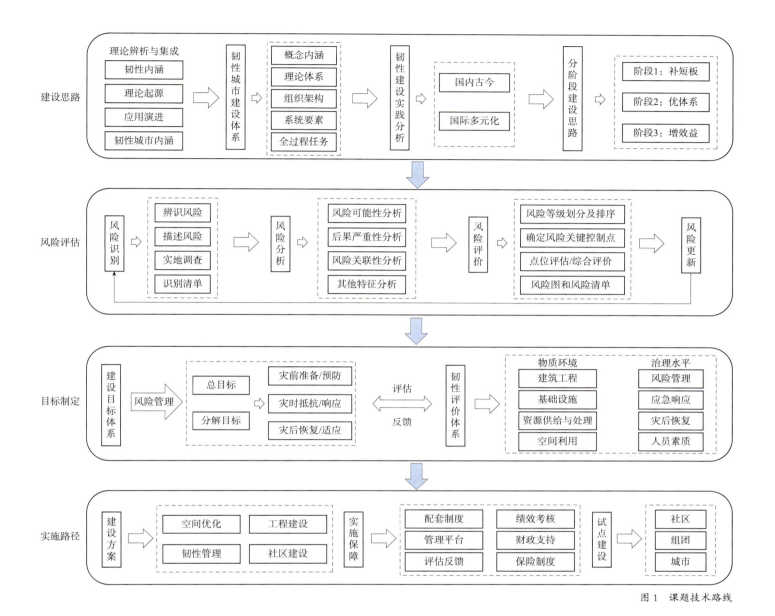

图 1 课题技术路线

梳理韧性城市评价指标体系构建方法；综合考虑城市系统的不同维度和多领域评估，基于灾害全周期管理的视角，从物质环境和治理水平两大维度构建兼顾经济性与可靠性的城市韧性评价指标体系框架。评价指标体系的设计原则是能够反映城市在不同灾害水准情景下的容灾、适应与恢复能力，并可结合具体城市的实际情况进行定制化和个性化设计，从而构建一个全面、系统、动态更新的韧性城市评价指标体系框架，有效指导和评估城市韧性。

（6）探索韧性城市建设的实施路径。研究包含风险监测预警、空间结构与设施布局、建筑与基础设施防灾减灾、体制机制建设等内容的韧性建设技术路径，从城市规划、工程建设、物资保障和社区建设等方面提出提升城市韧性的建设方案，并从加强顶层设计、推进规划编制、建立完善政策体系、完善技术指南和标准体系等方面探索提出符合我国国情的韧性城市建设实施路径；结合韧性城市建设制度设计、韧性城市评价体系框架以及建设实施路径等综合研究成果，分别以社区、组团、城市等作为不同尺度韧性城市建设示范基本单元，提炼韧性城市试点建设工作思路、实施方法和操作流程，形成可推进试点示范工作的技术体系。

技术创新点

（1）形成了城市安全韧性评价指标体系框架。针对目前评价体系不系统，无法反映城市空间格局、设施布局、资源调配等客观因素对韧性的影响等不足，同时考虑经济性和可行性，基于灾害全周期管理的视角，从物质环境和治理水平两大维度构建了城市安全韧性评价指标体系框架，包含 8 个大类、18 个中类和若干小类，各指标具有代表性和典型性，能有效体现出韧性指标的内涵，一方面反映城市功能状态，另一方面反映抗荷载冲击与恢复性能，同时体现包容性、多样性、适应性、恢复力、冗余性等韧性特征，并可进一步结合指标体系评价法、统计模拟法、空间分析法、模拟仿真及参照标准规范等技术和方法，进行定量、定空间、平急多情景的韧性评估，便于明确韧性短板与提升需求，并可作为指导韧性城市建设的抓手。

（2）构建了较为系统的城市韧性提升技术路径。统筹考虑城市的硬件设施和软件管理，从城市空间、工程、管理和社区等方面构建了提升城市韧性的技术路径。以城市空间的安全韧性提升为例，提出通过"避"（避开地震、地质灾害等高风险区）、"让"（让出河道、绿地等生态调节空间）、"多"（实施多中心、分布式、组团式发展模式）和"管"（管控城市竖向、危险源安全距离）等措施来强化城市空间安全本底；通过"连"（生态源地、节点之间成环成网，形成容灾防灾空间）、"留"（预留冗余、弹性的发展空间，

急时能立即投入使用）、"织"（地上地下统筹布局，织密点、线、网状的防灾备灾空间）等措施来优化城市防灾空间格局；通过统筹平急需求，构建分类分级的设施体系布局，形成立体多途径协同网络等措施来保障疏散救援避难空间。同时也在工程建设、物资保障、社区建设等方面提出了合理可行的技术措施。相关成果有助于推动城市的建设发展由"抗灾"向"耐灾"转化，将为韧性城市和韧性社区建设工作提供技术支撑。

（3）提供了可操作性较强的技术方法和案例指引。在风险与韧性评估、韧性目标制定、建设方案与实施保障等韧性城市建设各环节提供了一系列可供参考借鉴的技术方法和典型案例。在风险评估环节，提供了包括风险识别、风险分析、风险评价全过程的实用方法及成果表达示例；在韧性目标制定环节，提供了以愿景目标＋具体目标＋倡议行动为核心、以"目标—事件"导向为核心、以灾害风险应对和管理为核心及以功能恢复目标性能和相应恢复时间为核心的韧性目标制定的方法案例；在韧性社区建设环节，一是提供了公共空间优化、应急设施建设、建筑与基础设施功能提升等空间与设施建设方面可参考的工程案例，二是提供了强化社区的组织韧性、构建"智慧社区"、加

强宣传教育等治理能力建设方面可借鉴的政策措施。

应用及效益情况

项目组先后赴郑州、西宁、珠海、唐山、济宁等洪涝、地震、台风等灾害典型的城市开展研究工作，并在《西宁市中心城区安全韧性城市专项规划》《唐山市中心城区防疫专项规划》《济宁市健康安全城市建设规划》等项目工作中很好地应用了本课题研究成果。近年来，我国韧性城市建设加快推进，预期本课题研究成果可为相关部门推进韧性城市和韧性社区建设等工作提供技术支撑，并可应用于以下方面：一是指导韧性城市建设相关规划的编制；二是指导新城开发、旧城改造、城市更新等过程中安全韧性内容的落实；三是指导城市规划、住建、应急、消防等有关部门管理实施和监督韧性城市建设有关工作。

推进韧性城市建设，是应对当前城市安全发展形势的客观要求，是推进城市治理现代化的重要一环，也是提升人民群众幸福感安全感的必要举措，对于贯彻落实总体国家安全观、促进城市安全发展具有重要意义。

（执笔人：张士宽、邹亮）

低碳韧性城市发展与适应气候变化
——气候变化背景下的流域治理研究

项目来源：生态环境部国际合作司
主持单位：中国城市规划设计研究院
院内主管所长：张永波
院内项目负责人：李晓江
院内主要参加人：张永波、胡京京、吕晓蓓、肖莹光、刘昆轶、吕红亮、李昊、秦奕、冀美多、尹俊、潘晓栋、张尊昊、杜晓娟、雷夏、苟倩莹、邹亮、沈哲焱、陆品品
参加单位：大自然保护协会、荷兰环境评估署

项目起止时间：2021年11月至2022年6月
院内承担单位：信息中心、上海分院、西部分院、北京公司
院内主审人：金晓春

研究背景

大型河流流域易受到各种其他人为和自然压力源的影响。在气候变化背景下，流域治理面临一系列新挑战。对中国而言，包括长江在内的大河流域是国家应对气候变化、实现生态文明的关键区域。诸多研究表明，气候变化对长江流域的长期影响与短期冲击已经显现，正在对水安全和水系统的诸多方面造成重大影响，并且这些影响和风险还将不断快速提升。因此，应加强对应对气候变化下长江流域系统性、协同性和紧迫性问题的治理行动和治理能力建设措施的研究。

研究内容

课题以推动气候变化背景下的流域可持续治理为主题，主要开展三方面研究。

（1）以长江流域为重点，与莱茵河、多瑙河、密西西比河等全球其他流域在自然地理特征、人口经济发展特征、流域治理流程等方面开展对比研究，总结全球范围内气候变化对大河流域的影响及其对流域综合治理带来的挑战和机遇。

（2）根据国内外对流域治理的新认识和案例经验，建立气候变化背景下流域可持续治理的综合评估框架和关键步骤，提出建立流域韧性能力的治理目标。

（3）通过回溯长江流域历史上气候灾害发生的频次、影响规模、损失，以及空间分布，结合流域人口、城镇和经济产业分布，研究灾害影响暴露度，并进一步研判气候变化影响下长江流域灾害风险的空间格局特征。

（4）以长江下游岸线为案例，研究了高度工业化和城市化流域地区的岸线利用问题和优化策略，通过对岸线空间的更高质量保护利用，助力流域可持续发展。

（5）提出长江流域面向2050年的治理愿景、准则、重点行动领域和应对气候变化的韧性策略。在为长江流域治理提供参考建议的同时，也为中国乃至全球其他流域提供示范。其中，本课题提出在气候变化背景下，应深刻把握气候变化下的长江水资源变化特征，流域经济社会发展与生物多样性保护协调关系，坚持"共抓大保护，不搞大开发"，将长江流域建设成为更绿色低碳、更协调均衡、更安全韧性、更共享包容、更开放共治的"流域生命共同体"，为国际大河流域治理提供"长江样本"。

（6）研究了长江流域流域治理目前

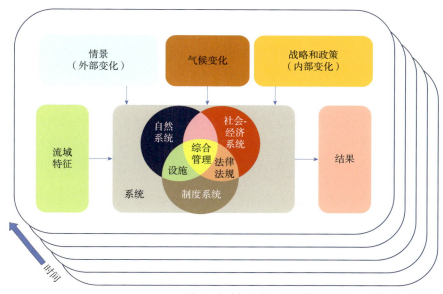

图1 应对气候变化的流域治理的概念框架及组成部分

面临的社会公平和性别问题，流域治理的社会公平与性别策略。包括：①制定并监督落实性别敏感和社会包容的流域气候战略规划，使性别和社会包容目标成为各领域在政策和项目的规划、实施、评估阶段的优先考虑因素；②关注贫困、落后地区，重新发现乡村留守人群的社会贡献价值；③加强对性别与社会公平的流域管理机制和资金保障等。

（7）提出对大河流域适应气候变化的流域治理政策建议。①立即采取行动应对气候变化，共建"流域生命共同体"，坚持以百年为计，建立新的监测机制，重点关注人为压力和气候变化的影响，开展长期（2050—2100年）风险评估，为可能的多种情形作好准备；②积极加强对各种自然灾害的防护，包括洪水、干旱、火灾和滑坡；采取基于自然的解决方案（NbS），恢复河湖水系，重新平衡流域的自然和人工要素；③建设"韧性城乡聚落"，提升安全韧性。通过城乡空间布局优化减少对极端气候事件的暴露度和脆弱性，从源头减少灾害风险；把自然环境布局（蓝绿空间）作为空间规划的起点；将经典工程措施与基于自然的解决方案相结合；倡导城市组团式布局；重视城市与流域防洪能力的统筹协调；④制订低碳时代重点工业港口城市综合规划，建议选取高价值高敏感性的主要支流、三角洲地区开展试点探索；⑤加强流域岸线的水陆统筹治理，推进下游工业港口岸线向生态岸线、生活岸线的转型；⑥加强应对能力建设，提升地方政府和公众的应急响应能力。

技术创新点

（1）本课题提出适应气候变化的流域可持续治理的评估框架和流域韧性能力概念。评估框架从流域基本特征出发，重点关注社会经济发展等外部变化、气候变化、流域治理战略和政策等内部变化对流域系统当前和未来发展、韧性能力，以及流域治理的影响。基于该框架，可以按照结构化的方法对不同流域案例开展分析。流域韧性是指面对变化时，流域自身不断调整以持续当前发展、到适应变化，或积极转变为一种新的发展模式的能力，具体包括持续性、适应性和转变性三个方面。通过建立流域韧性，可以处理气候变化等对流域治理构成重大挑战的不确定性。

（2）运用联合国灾害风险评估框架，结合长江流域气候变化趋势和灾害事件的实证分析，分区域识别长江流域灾害风险的空间特征。研究识别气候变化作用于长江流域的压力主要表现为升温、强降水、干旱和其他极端天气事件四类，然后分类统计各类气候压力导致的灾害事件数量、空间分布。进而结合长江流域的人口暴露度、经济暴露度，识别出长江流域由气候变化导致的主要灾害风险的空间分布格局等特征。

（3）基于国际大河流域比较研究，提出长江流域应对气候变化的韧性策略。围绕提高长江流域适应气候变化的韧性能力，研究提出应当统筹工程措施与基于自然的解决方案（NbS），通过生态保护、空间优化、设施建设、应急管理四个方面形成综合性安全韧性策略；并根据长江上、中、下游面临灾害风险的差异性，提出针对性的区域韧性策略。

应用及效益情况

课题相关政策建议被纳入中国环境与发展国际合作委员会2022年政策建议报告，并以书面形式提交给有关政府部门供决策参考。

（执笔人：李昊、张永波）

长江流域主要气候变化压力及导致的主要灾害风险类型与分布　　表1

气候变化压力	长江上游	长江中游	长江下游
升温	·热浪/极端高温（四川盆地） ·冰川/冻土退化（长江源头）	·热浪/极端高温	·热浪/极端高温 ·海平面上升
强降水	·城市内涝 ·滑坡、泥石流等地质灾害	·洪灾 ·城市内涝	·洪灾 ·城市内涝
干旱	·旱灾 ·森林火灾	·旱灾 ·森林火灾	
其他极端天气	·低温冷冻与雪灾	·低温冷冻与雪灾	·台风、风暴潮等

环首都国家公园规划研究

项目来源：住房和城乡建设部城市建设司
主持单位：中国城市规划设计研究院
院内主管所长：王忠杰
院内项目负责人：贾建中、束晨阳

项目起止时间：2014年7月至2016年6月
院内承担单位：风景园林和景观研究分院
院内主审人：唐进群
院内主要参加人：肖灿、顾晨洁、田皓允、于涵、邓武功、刘颖慧

研究背景

2013年11月中共中央召开十八届三中全会，首次提出要"建立国家公园体制"。这是党中央关于我国保护地管理思路的重大创新。我国的国家公园既应与国际上的国家公园概念相吻合，又要体现中国国情和特色。

2014年2月26日习近平总书记主持召开的京津冀协同发展座谈会强调，实现京津冀协同发展"是探索生态文明建设有效路径、促进人口经济资源环境相协调的需要"，是一个重大国家战略。京津冀区域内的各类保护地是生态环境保护中的一些关键区域或精华地段，是协同发展中的重点。

基于这样两个背景，决定了京津冀国家公园体系的构建不能局限于单一国家公园概念，而要站在落实国家战略高度，通盘谋划，既要有助于保护好自然文化遗产资源，服务公众欣赏和休闲，又要有利于保护重要生态空间和区域生态环境。

研究内容

通过对国际上国家公园、保护地等概念和发展演变，以及对我国保护地现状的分析研究，明确适合我国特点的国家公园体系框架和管理目标。

通过对京津冀地区生态环境问题分析和生态敏感性研究，构建区域生态安全格局，提出生态保护建设策略。

全面梳理京津冀地区现状保护地，按照国家公园体系框架，提出环首都国家公园体系整合优化建议。

提出国家公园入选标准，以及京津冀地区拟建国家公园名单和试点建议。

提出国家公园管理体制政策建议。

技术创新点

基于保护地的管理目标，参照IUCN（国际自然保护联盟）对于保护地类型的划分，结合我国的实际情况，充分尊重我国的自然、文化类景观资源价值，创造性地提出了包含国家自然保护区、国家公园、国家景观保护地三种类型，具备我国特色的保护地体系全新框架。

对京津冀区域范围内现有278处各类保护地从资源特征、面积、重点保护对象等方面进行梳理、归纳和整合，最终提出了5个国家公园、24个国家自然保护区、73个景观保护地的环首都国家公园体系方案。

对于5个国家公园，研究提出了具备国家代表性资源的、高度可实施性的国家公园名单，对于每个试点地都给出了明确详细的实施方案。

结合国外国家公园的实践经验，创新性地提出了高度集中和适度集中等两个国家公园管理体制方案，对十八届三中全会提出的"建立国家公园体制"进行了有效的探索，为国家公园在我国的实践打下了良好的基础。

对于京津冀区域内各类涉及游憩体系、保护地等的规划编制过程起到了有效的指导作用。

应用及效益情况

《京津冀城乡规划（2015—2030）》采纳了本研究的部分成果；《北京市绿地系统规划修改的研究》采纳了本研究的部分成果；《通州—北三县统筹规划》采纳了本研究的部分成果。

（执笔人：肖灿）

全国绿道网络建设发展规划（2015—2020年）

项目来源：住房和城乡建设部城市建设司
主持单位：中国城市规划设计研究院
院内主审人：官大雨
所内主审人：束晨阳
院内主要参加人：郝钰、王璇、丁戎、陈笑凯、张宇、李想、耿雪、吴岩、兰伟杰等

项目起止时间：2015年7月至2016年7月
院内承担单位：风景园林和景观研究分院、城市交通研究分院
院内主管所长：王忠杰
院内项目负责人：王忠杰、王斌
参加单位：住房和城乡建设部规划管理中心、中国城市建设研究院有限公司、广东省城乡规划设计院、深圳北林苑景观与建筑规划设计院

研究背景

推进全国绿道网络建设是新型城镇化发展的需要，对促进城乡基础设施建设、改善城市人居环境、推动生态文明建设具有重要的意义。

为了落实中共中央、国务院《关于加快推进生态文明建设的意见》及国务院《关于加强城市基础设施建设的意见》，推进"十三五"期间全国的绿道发展，规范和协调各地的绿道网规划和建设，根据住房和城乡建设部《全国绿道网络建设发展规划》编制工作方案，编制《全国绿道网络建设发展规划（2015—2020年）》。

研究内容

本规划分析了当前我国绿道建设取得的主要成就和存在的突出问题，明确了中国绿道与绿道网络的概念和体系构成。绿道是以自然空间为基础，以线性空间为特性，以非机动交通为主，串联自然文化遗产和生态休闲空间，具有生态、休闲、游憩、文化和美学等功能的绿色基础设施。绿道网络是由国家级绿道、区域（省级）绿道、城市绿道和社区绿道共同构成的开放的、多功能的绿色开敞空间系统。

本规划明确了"十三五"时期全国绿道网络建设的指导思想和规划目标。至2020年，绿道网络建设工作在全国层面得到全面推广，国家级绿道全部启动建设，"十三五"期间完成绿道示范段工程1.2万公里，完成重点旅游城市和优先发展区的示范段工程6000公里。

本规划确定了全国绿道网络构建的基本原则，并明确了19条国家级绿道的总体布局、选线和建设要点，明确了全国绿道网络的区域协调和交通接驳等内容，并对华南、华东等七个分区提出了建设指引，并明确了绿道建设的行动计划和保障措施。

技术创新点

一是在无国家标准的背景下，首次明确了中国绿道的内涵、分类和体系构成。项目团队对国际绿道进行了系统性的专题比较研究，结合国内既有绿道实践评估，立足我国资源环境特性，提出将绿道建设纳入绿色基础设施建设，绿道由绿廊系统、游径系统和设施系统构成。根据绿道所处的区位分类，分为郊野型绿道和城镇型绿道；根据绿道的功能分类，包括五类：生态型绿道、风景型绿道、游憩型绿道、历史文化型绿道和连接型绿道。

二是首次提出国家级绿道概念和评价方法。规划构建了以资源富集度、城市优先性、风景独特性和旅游发展潜力等为重点的评价体系，作为国家级绿道的筛选原则，与全国城镇体系规划和国家魅力发展区相协同，提出19条国家级绿道的选线布局，其中滨海绿道1条，长江、黄河等滨河绿道5条，太行山—秦岭、天山北坡等山地风景游憩绿道7条，京杭大运河、茶马古道、红军长征等历史人文绿道6条。

三是明确了全国7个分区绿道的建设要点和区域协调内容。本规划在综合分析华南、华东、华北、东北、华中、西北和西南地区资源禀赋和城乡发展的基础上，以国家级绿道和区域级绿道为重点，提出了绿道网建设要求和区域协调重点机制。

应用及效益情况

本规划与《全国城镇体系规划（2016—2030）》《全国生态保护与建设规划（2013—2020）》同步编制，专项研究内容支撑了国家综合规划的编制。本规划研究提出的中国绿道概念、分类分级和体系构成内容，部分纳入部技术导则《绿道规划设计导则》和国家行业标准《城镇绿道工程技术标准》（CJJ/T 304—2019）。

作为住房和城乡建设部绿道领域的专项研究，为后续全国绿道政策制定提供了有力技术支撑。

（执笔人：王斌）

城市交通基础设施智能监测与评估集成系统

2020年度中国城市规划学会科技进步一等奖 | 2021年度华夏建设科学技术二等奖 | 2020年度中国智能交通协会科学技术二等奖

项目来源：2019年住房和城乡建设部科学技术计划——首批重大科技攻关与能力建设项目
项目起止时间：2019年8月至2022年8月
院内承担单位：城市交通研究分院
院内主审人：马林
院内主要参加人：殷广涛、付凌峰、吴克寒、曹雄赳、冉江宇、康浩、王芮、戴彦欣、王洋、梁昌征、王庆刚、王森、廖璟瑒、田欣妹、张凌波、刘燕、凌伯天
主持单位：中国城市规划设计研究院
院内主管所长：赵一新
院内项目负责人：伍速锋
参加单位：北京航空航天大学、同济大学、重庆大学、北京世纪高通科技有限公司

研究背景

本项目源自2019年《住房和城乡建设部科学技术计划——首批重大科技攻关与能力建设项目》，旨在建立城市交通基础设施智能监测与评估系统，形成城市交通基础设施相关规划建设、使用状态的数据信息和监测中心，开展面向治理应用的指标体系研究与系统功能建设，实现城市交通基础设施的状态可监测、效益可评估、决策可支持、绩效可考核，为促进城市宜居绿色生态发展、缓解"城市交通病"提供信息支撑和辅助决策手段。

研究内容

项目成果形成一个信息平台、一个创新平台。信息平台完成了城市交通基础设施智能监测与评估系统设计与开发，具备服务全国城市的能力。创新平台建立了住房和城乡建设部城市交通基础设施监测与治理实验室，发布行业报告，提供为部及行业的服务职能。

1. 信息平台：开发城市交通基础设施智能监测平台，形成40个主要城市数据监测能力

（1）4项核心功能。平台面向城市交通基础设施治理业务，攻克基于遥感图元计算的城市建成区边界识别技术、非集计多元数据时空融合路况计算技术、高空间精度与识别信度职住地通勤特征提取技术、海量数据的计算支撑框架等关键技术，重点构建路网及高品质设施监测系统、通勤及人居环境监测系统、停车及充电设施监测系统、慢行及绿道系统监测系统4个智能监测平台模块。形成面向治理决策支持、规划设计应用、数据资源共享的平台服务与运行机制。形成对中国主要城市道路网密度监测、中国主要城市道路运行状态监测、中国主要城市通勤监测等"中规智绘"系列平台产品。

（2）数据监测体系。汇聚覆盖中国40余个主要城市道路目的、路况运行、职住通勤、充电基础设施、慢行骑行、气象环境等板块数据资源与评估分析技术。

2. 创新平台：建成住房和城乡建设部城市交通基础设施监测与治理实验室，发布5个方面数据监测年度报告

（1）项目建成住房和城乡建设部城市交通基础设施监测与治理实验室，开展面向治理应用的指标体系研究与系统功能建设。

（2）面向城市人居环境及交通基础设施提升的主要方向，攻克高空间精度与识别信度职住地通勤特征提取技术、基于复杂网络的城市通勤空间识别与度量技术、基于气象数据的城市人居环境评估技术、源融合的空间业态识别与充电桩关联分析技术、个体级共享骑行碳减排计算技

图1　1个信息平台（4项核心功能5个平台）

术、基于拓扑计算的职住空间与交通服务耦合分析技术、基于最优通勤理论的职住空间结构量化解析技术等关键技术，形成城市交通基础设施数据监测与量化评估的系列指标体系和计算标准。

（3）面向社会发布《中国主要城市道路网密度与运行状态监测报告》《中国主要城市通勤监测报告》《中国主要城市共享单车/电单车骑行报告》《中国主要城市充电基础设施监测报告》《中国主要城市、县域人居环境气象监测报告》等年度报告。

3. 应用示范：西安、西宁两城应用示范

（1）西安在项目成果基础上，构建6个维度城市绿色出行指数，发布《西安市绿色出行指数年度报告》，作为西安城市规划和交通建设、管理的评估、考核标准，促进高效的城市空间组织，减少居民出行的次数，缩短居民的出行距离，从源头上提高绿色出行水平。

（2）西宁采集包括道路网络数据、浮动车数据、道路网状况数据等12种数据类型，基于GIS与大数据进行大数据与地理信息融合技术、路网密度评估技术和道路运行状态评估技术进行量化评定，实现对西宁市城市道路网络密度权威、可靠的动态监测。

技术创新点

突破10项关键技术，获得6项国家发明专利，3项软件著作权。历经3年科研攻关，项目团队针对城市交通基础设施数据监测中数据解析、特征解析、规律解析的技术瓶颈，取得"道路运行状态评估

图2 发布系列智库年度报告

方法""市道路网交通承载力计算及承载力瓶颈因素的识别""时空数据通勤特征提取""城市通勤空间识别与度量""职住空间结构量化解析""职住空间与交通服务耦合分析""海量时空数据敏捷计算引擎"等10项关键技术突破，申报国家发明专利6项，取得3项软件著作权，发表学术论文10余篇，获得3项相关领域全国性科技进步奖。

应用及效益情况

支撑多部委工作。编制《关于开展"城市道路网密度提升三年行动计划"的建议》，提出当前主要城市面临的问题与挑战，根据中央文件和住建部重点工作的要求，形成"城市道路网密度提升三年行动计划"，作为提高城市基础设施品质和城市治理水平的具体工作。5项指标纳入住房和城乡建设部城市体检指标体系，项目提供"城市道路网密度""建成区高峰期平均机动车速度""城市常住人口平均单程通勤时间""通勤距离小于5公里的人口比例""轨道站点周边覆盖通勤比例"等5项指标的定义、计算标准，以及不同类型城市的评估标准。项目成果形成以通勤为核心的都市圈空间界定方法纳入自然资源部《都市圈国土空间规划编制规程》。

形成政策建议。项目工作形成10余篇政策建议，配合撰写住房和城乡建设部《关于城市道路间距有关情况的报告》、配合原建设部部长汪光焘教授撰写《学习贯彻十九届五中全会精神，关于建设现代化都市圈问题的建议》，以及《中国主要城市共享骑行特征、问题及建议》《2020全国主要城市通勤监测报告》等获得相关领导重要批示。

影响城市行动。推动北京、上海、广州、成都等多个城市专项行动。其中，成都制定幸福美好生活十大工程，实施交通综合治理行动，提高了45分钟通勤比重。上海发布《上海市交通发展白皮书》，降低极端通勤人口。广州发布产城融合职住平衡指标体系，深化城市更新的抓手。长沙开展智能网联定制公交，精准改善极端通勤。

社会高度关注。主流媒体专题报道，转载量超过1000万。多次进入微博热搜榜首，最高阅读量超过5.1亿。

（执笔人：伍速锋、付凌峰）

城市交通现代化治理关键问题与应用技术研究

项目来源：2020年住房和城乡建设部科学技术计划项目　　**项目起止时间**：2021年4月至2022年12月
主持单位：中国城市规划设计研究院　　**院内承担单位**：城市交通研究分院
院内主管所长：赵一新　　**院内主审人**：李凤军
院内项目负责人：马林、伍速锋
院内主要参加人：王继峰、付凌峰、王芮、王庆刚、曹雄赳、李岩、赵鑫玮、赵珺玲、白颖、王森、廖璟瑒、康浩、刘燕、田欣妹

研究背景

改革开放40余年，伴随中国高速的城镇化和机动化进程，城市空间规模的迅速扩大和机动车数量的急速增加在各大城市相继引发了交通拥堵加剧、通勤时间增加和城市空气污染等问题。本研究将预判影响未来城市交通治理的重大要素，开展攻关研究，为推动以人民为中心的城市交通发展、提高城市交通综合治理能力提供技术支撑。

研究内容

本研究主要包括3项内容。针对城市交通系统运行状态，建立了前瞻性的评价指标体系。基于通勤时空特征，界定了都市圈范围。针对疫情防控背景，提出了韧性交通建设方面的政策建议。具体如下：

（1）城市交通系统运行状态评价。评价指标按照三级架构进行组织。一级指标分为面向居民，面向城市和面向区域。二级指标包括通勤便利、生活宜居、出行服务、经济可持续、社会可持续、环境可持续、客运联络和物流辐射8个维度。三级指标是具体计算指标，共27个。

（2）通勤视角的都市圈范围界定。国际常用的向心通勤率和1小时通勤圈不适合作为我国都市圈界定标准。应采用1小时交通圈范围来确定都市圈的范围边界。着重推进从以1小时通勤为主的都市圈低水平发育阶段，向以1小时交通圈为主的高水平发育阶段转变。1小时交通圈分为城际铁路、公路客运和货运物流1小时交通圈。

（3）疫情防控背景下的韧性交通建设。研究提出应立足城市现代化的城市交通治理，聚焦城镇化国家战略、公共交通现实困境和共享交通服务创新3类重点场景。需要形成"府际之间""政社之间"和"政企之间"多种合作模式。

要素	既有理论范式	新的研究范式
时代背景	交通设施大规模建设	由增量为主转向存量优化，有序建设，适度开发
关注点	满足交通工具的移动	满足交通出行者的需求
理论对象	交通流—交通设施	交通服务—交通网络
基本逻辑	被动适应需求：增加交通设施满足交通流运行要求	适应并主动引导需求：构建、组织、调控交通网络满足一体化出行服务要求
核心内容	交通基础设施：分方式单一交通物理设施网络独立构建（如道路网、地面公交网、轨道网等）	交通服务体系：多方式复合交通网络（物理设施网络、运输组织网络、信息诱导网络）整体构建与运行调控
应用场景	面向中长期设施建设	既面向中长期设施建设，又面向短期甚至实时管理调控

图1　城市交通治理的6个转变

技术创新点

（1）基于通勤时空大数据分析的跨界交通治理研究。采用基于复杂网络理论的都市圈范围界定技术以及区域协同和体系融合下的现代都市圈交通规划技术。编制了现代化都市圈交通规划指南。

（2）应对疫情等非常态状况的城市交通治理对策。采用后疫情时代城市公交韧性提升技术。分析疫情对城市公共交通运行的影响，提出7项推动公交可持续发展的政策建议。

（3）面向新型治理场景和规则的城市交通发展研判与评估。采用基于出行服务的城市交通系统运行状态评价技术和基于核心场景的未来城市交通愿景展望。

应用及效益情况

（1）都市圈界定方法纳入国家标准。获得国家发明专利《一种基于通勤大数据的都市圈范围确定方法及系统》。都市圈界定方法纳入国家土地管理行业标准《都市圈国土空间规划编制规程》TD/T 1091—2023。

（2）学术成果。形成专著《新发展阶段的城镇化新格局研究——现代化都市圈概念与识别界定标准》。发表论文《新时期城市交通需求演变与展望》。

（执笔人：伍速锋、付凌峰、王继峰）

TOD城市大数据监测分析平台前期研究

项目来源：2017年住房和城乡建设部科学技术计划项目
主持单位：中国城市规划设计研究院
院内主管所长：徐辉
院内项目负责人：翟健

项目起止时间：2017年11月至2019年11月
院内承担单位：信息中心
院内主审人：赵一新
院内主要参加人：冀美多、张淑杰、李克鲁、余加丽、赵越

研究背景

在全球环境基金可持续城市综合方式示范项目中国子项——国家层面TOD平台建设项目2017年7月获得世行批准之后，住房和城乡建设部委托开展TOD城市大数据监测分析平台前期研究，以建立我国城市TOD发展的监控和管理机制，为城市提供可供学习推广的TOD成功案例和操作范本，建立国内外相关部门沟通交流的长效机制，以及推广TOD发展理念，引导城市居民生活方式的改变为目标，开展国家层面TOD平台建设技术路线研究。

研究内容

项目研究形成了TOD城市大数据监测分析平台系统架构初步方案以及基础数据库建设方案，围绕多尺度TOD监测评估指标体系进行了相关大数据采集标准研究、三维可视化监测分析方法和模型研究，完成了TOD城市大数据监测分析平台前期研究报告，为世界银行国家层面TOD平台项目的正式启动提供了数据、模型、方法和技术支撑。

平台包括两大系统6个功能模块，其中，知识类模块——TOD资源库、TOD资讯、TOD规划构成资源资讯系统；空间类模块——TOD诊断、TOD影响评估、TOD监测构成监测评估系统；在此基础上，面向TOD监管需求，扩展辅助决策功能。

技术创新点

1. 面向部、省、市的三级架构

平台搭建了部、省、市三级联动的系统架构。其中，"中国城市TOD资源资讯系统"为部、省、市统一入口，通过账号密码进行权限管理；"中国城市TOD监测评估系统"为部、省、市独立入口，依各层级管理内容确定数据及功能使用权限。该平台的数据库标准及平台建设标准与统筹城市规划建设管理的综合工作平台——城市体检评估信息平台统一设计、同步开发。

2. 基于业务流的场景设计

扩展设计了"辅助决策"模块，旨在为国家和地方相关部门的审批决策、项目规划、监测评估提供技术支撑。该模块将面向线网规划联合审批、新增线路选线、已规划线路的建设时序选择、城市更新背景下的TOD站点改造等应用场景，以"TOD诊断"模块中的评估指标体系为核心，形成基于业务流的评估分析功能。

3. 不同尺度体现差异化评估原则

在强调部分底线型指标的基础上，差异化主要体现在以下几个维度：①城市、廊道、站点不同尺度的差异性；②城市尺度上强调城市人口规模、经济发展水平、线网规模及成熟度的差异性；③线路尺度上关注建成周期、沿线城市功能布局的差异性；④站点尺度上关注空间区位、功能类型的差异性。

4. 建立一体化的知识体系

平台的一体化知识体系体现为空间数据、资源资讯数据的互联互动：①在空间数据方面，平台数据库建立了围绕TOD评价指标体系的多源数据间的属性对应关系及空间拓扑关系，建立跨专业领域的数据采集、存储标准。在此基础上，进一步梳理监测、诊断影响评估间的数据组织流程，以及城市、廊道、站点不同尺度上的数据组织结构，从而为向应用场景的数据调用、指标计算及问题诊断提供统一的数据基础。②在资源资讯数据方面，平台建立了"资源库""资讯""案例研究""学

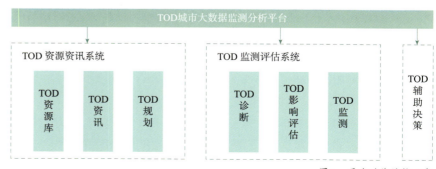

图1 平台功能结构示意

术专栏""内部资料"等栏目，栏目内部又组织了不同的子栏目。平台针对这些资源资讯，进行了地理空间位置、TOD尺度、所属规划建设管理环节、信息来源机构或个人、信息传播平台、成果产出时间及传播时间等诸多维度的标签化工作，支持资源资讯的属性查询及空间查询。③在空间数据与资源资讯的互联互动方面，平台尝试了在空间化的监测评估系统内，进行相关资源资讯的推送。系统根据所选空间数据的地理空间位置、TOD尺度、所属规划建设管理环节等特征，推送相关案例研究、动态资讯等内容，为用户提供空间属性一体化的信息资源利用模式。

应用及效益情况

项目成果在北京城市体检、北京城市活力研究等地方政府规划管理，以及"城市高质量发展指标体系研究"等部委委托的专题研究中得到应用，为全球环境基金可持续城市综合方式示范项目中国子项——国家层面TOD平台建设项目的正式签署提供了技术支撑，并为宣传推广TOD发展理念起到了积极引导作用。

（执笔人：翟健）

城市轨道交通建设规划审查要点研究

项目来源： 2021年住房和城乡建设部科学技术计划项目	**项目起止时间：** 2021年7月至2022年6月
主持单位： 中国城市规划设计研究院	**院内承担单位：** 城市交通研究分院
院内主管所长： 赵一新	**院内主审人：** 李凤军
院内项目负责人： 卞长志	**院内主要参加人：** 谢昭瑞、马书晓、杨少辉、赵洪彬、李长波、张晓田、李国强

研究背景

为规范新时期城市轨道交通建设规划管理、引导地方政府推动城市轨道交通高质量发展，住房和城乡建设部标准定额司于2021年确定了本课题，以"提高城市轨道交通建设规划审查工作效率和质量"为目标，立足轨道交通既有政策法规、新时期轨道交通发展需要，形成完整的城市轨道交通建设规划审查要点和政策建议。

研究内容

一是系统梳理我国城市轨道交通规划建设管理方面的政策文件，总结提出既有政策文件对建设规划审查的程序要求、成果要求和技术要点。

二是开展我国城市轨道交通发展现状评估和问题识别，从运营里程、万人拥有线网长度、万人拥有车站数量、负荷强度、轨道出行人口占比、轨道站点覆盖通勤人口比重等方面分析我国城市轨道交通发展的阶段性特征，结合案例调研、文献整理、专家咨询等方法总结提出当前我国城市轨道交通发展在换乘衔接、客流效益、融合发展等方面存在的突出问题，为审查要点制定奠定基础。

三是立足新发展阶段，深入研究新型城镇化建设、交通强国建设、统筹发展和安全等国家战略对城市轨道交通发展的全局性、系统性影响，提出我国城市轨道交通发展已由追求速度规模全面进入注重质量效益的新时期，建设规划审查程序和审查要点要适应阶段变化，实现国家政策对地方发展的引导作用。

四是提出包括受理条件、线网规划、建设规划三个方面的建设规划审查要求。针对线网规划审查，从规划依据充分性、规划目标合理性、功能组织协调性、规划方案可行性、规划实施可行性等五个方面提出了20个关键技术要点的审查要求。针对建设规划审查，从方案合规性、建设必要性、方案合理性、方案可行性、建设保障条件等五个方面提出了19个关键技术要点的审查要求。

五是提出了提高审查工作效率的政策建议，包括完善轨道交通建设数据监管平台、明确建设规划上报和审查要求、加强线网规划管理、开展轨道交通建设效果专项体检、加强对建设规划省级审查指导等五个方面。

技术创新点

关键技术包括：以多源数据为基础构建我国城市轨道交通发展现状评价体系，并提出指标计算方法；提出以运营视角、乘客视角、城市视角评估我国城市轨道交通规划建设方案合理性的技术方法；综合我国人口、城镇化、交通建设、经济增长、地方债务等多因子的城市轨道交通发展阶段研判方法；匹配新阶段轨道交通自身发展要求、具有政策可操作性的建设规划审查工作方法。

创新点包括：构建了我国城市轨道交通发展现状评估指标体系，并运用城市轨道交通运营数据、交通出行数据、城市建设统计数据等多源大数据进行评估分析；基于城市轨道交通建设规划审查案例、实际运营案例的系统调研分析，提出了城市轨道交通规划阶段应予审查的关键要素；综合研判我国城市轨道交通发展与城镇化建设、交通强国目标、地方政府债务风险的关系，提出了我国城市轨道交通发展在新发展阶段的关键方向和要求；提出了匹配主管部门职能、引领规划建设方向的建设规划审查要点，形成了包括大约40个审查要点、具备可操作性的审查体系；提出了保障建设规划审查工作高效完成的政策建议体系。

应用及效益情况

本课题研究成果以完整性和可操作性，为住房和城乡建设部完善城市轨道交通规划建设管理政策、引导地方政府高质量推进城市轨道交通建设、促进轨道交通与城市协同发展等方面提供明确的应用价值。本课题已通过住房和城乡建设部标准定额司组织的成果验收，部分研究建议已被《住房城乡建设部关于全面推进城市综合交通体系建设的指导意义》等政策文件采纳。

（执笔人：卞长志）

"十四五"城市基础设施建设规划实施保障机制研究

项目来源：住房和城乡建设部城市建设司
主持单位：中国城市规划设计研究院
院内主审人：王立秋
院内项目负责人：唐兰

项目起止时间：2021年3月至2021年12月
院内承担单位：遥感应用中心
院内主管所长：王立秋
院内主要参加人：安超、程彩霞、温婷、张月、李程、高伟、许士翔等

研究背景

城市基础设施是保障城市正常运行和健康发展的物质基础，也是实现经济转型的重要支撑，改善民生的重要抓手以及防范安全风险的重要保障。为贯彻落实《中华人民共和国国民经济和社会发展第十四个五年规划和2035年远景目标纲要》，统筹推进"十四五"时期城市基础设施建设工作，住房和城乡建设部会同国家发展改革委组织编制了《"十四五"全国城市基础设施建设规划》（以下简称《规划》），围绕构建系统完备、高效实用、智能绿色、安全可靠的现代化基础设施体系，提出了"十四五"时期城市基础设施建设的主要发展目标，4方面重大任务和8项重大行动，着力补短板、强弱项、提品质、增效益，以指导各地城市基础设施健康有序发展。为保障《规划》顺利实施，本课题系统研究"十四五"时期基础设施建设实施的保障措施。

研究内容

本课题结合《全国城市市政基础设施建设"十三五"规划》实施评估工作，系统分析全国27个省（自治区、直辖市）及重点城市的建设实施情况，在广泛吸纳地方部门、专家建议基础上，深入研究分析了目前我国城市基础设施建设实施保障机制、工作经验及存在问题。结合"十四五"时期我国城市基础设施建设发展需求，提出加强"十四五"全国城市基础设施建设规划实施保障的措施建议。

1. 我国城市基础设施实施保障经验

一是创新基础设施建设组织保障，落实工作责任。二是加强基础设施建设规划的指导，探索制定综合性基础设施建设规划。三是强化法规标准的管控指导作用，完善地方法规标准体系。四是在基础设施建设的立项、选址、规划、建设、管理等关键环节建立公众参与及共建共享机制。五是探索多元化的资金保障措施，鼓励社会资本和专业经营单位参与。六是探索建立城市基础设施普查及评估制度、信息动

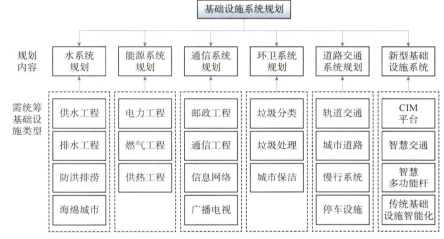

图1 城市基础设施系统规划

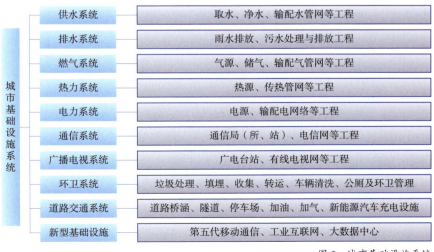

图2 城市基础设施系统

态更新、信息脱密及共享机制。七是推进智慧化转型发展，加快大数据、物联网、云计算等现代信息技术与市政基础设施的深度融合。八是优化市政公用行业市场营商环境，全链条优化审批制度、加强市场培育、完善有偿使用和价格机制、提升基础设施服务水平、加强全过程监管。

2. 我国城市基础设施实施保障措施改善需求

我国城市基础设施投入力度持续加大，设施建设与改造工作稳步推进，设施能力与服务水平不断提高，城市综合承载能力逐渐增强，城市人居环境显著改善。同时，城市基础设施领域发展不平衡、不充分问题仍然突出，体系化水平、设施效率和效益有待提高，安全韧性不足等问题，成为制约城市基础设施高质量发展的瓶颈。城市基础设施规划建设管理系统性不足，资金土地要素保障不足，部分基础设施供需不平衡，法规标准体系及长效管理机制还有待完善。

3. "十四五"城市基础设施建设规划实施保障建议

系统研判了"十四五"全国城市基础设施建设规划实施保障需求，从创新组织保障、加强基础设施建设规划的指导、强化相关地方法规政策及标准规范的管控指导作用、建立公众参与共建共享机制、探索多元化的资金保障措施、加强基础设施信息普查、建立基础设施体检评估和监督管理机制、推进智慧化转型发展等方面，提出了城市基础设施规划实施保障的措施建议。

技术创新点

本次研究从国家级规划的层面，围绕构建系统完备、高效实用、智能绿色、安全可靠的现代化基础设施体系的国家战略要求，结合《"十四五"全国城市基础设施建设规划》提出的重大任务和重大行动，在总结全国各地"十三五"规划实施经验和存在问题的基础上，提出了"十四五"全国城市基础设施建设规划实施保障措施建议。

应用及效益情况

2022年7月，住房和城乡建设部和国家发展改革委印发了《"十四五"全国城市基础设施建设规划》，从落实工作责任、加大政府投入力度、多渠道筹措资金、建立城市基础设施普查归档和体检评估机制、健全法规标准体系、深化市政公用事业改革、积极推进科技创新及应用等方面提出规划实施保障措施要求。本课题对指导"十四五"时期城市基础设施健康有序发展，确保《规划》顺利实施并取得实效提供了研究基础。

（执笔人：唐兰）

城市地下综合管廊建设实施管理研究

项目来源：住房和城乡建设部城市建设司
主持单位：中国城市规划设计研究院
院内主审人：李倩
院内项目负责人：唐兰

项目起止时间：2022年4月至2022年12月
院内承担单位：遥感应用中心
院内主管所长：刘斌
院内主要参加人：赵靖、王伊倜、王雅雯、窦筝等

研究背景

推进综合管廊建设，是贯彻新发展理念、保障城市安全、提高新型城镇化质量的重要举措。近十年来，中共中央、国务院从推动城市基础设施高质量发展、提高城市安全韧性的战略高度，部署推进综合管廊建设。2022年4月26日中央财经委员会第十一次会议、2022年6月15日国务院常务会议作出重要部署，要求结合城市老旧管网改造，因地制宜推进地下综合管廊建设。我国自2015年启动建设综合管廊试点工作以来，建成了世界上最大规模的综合管廊群体，并逐步向常态化建设管理有序推进，积累了丰富的实践经验，推动了城市社会、经济和环境效益相统一。为了有序推进地下综合管廊建设，有必要基于新时期发展需求，系统研究我国综合管廊建设实施管理情况，研提优化综合管廊规划编制、完善运行管理长效机制的措施。

研究内容

课题通过调研全国综合管廊建设实施管理现状及制度经验，总结地方综合管廊规划编制、建设施工、管线入廊、管廊有偿使用、运维管理等方面的工作经验，分析导致综合管廊投资难、入廊难、收费难等痛点难点问题和现行制度机制存在的短板。从提高新时期综合管廊建设科学性、合理性和落地性等角度，研究提出综合管廊规划技术优化思路，为住房和城乡建设部修订《城市地下综合管廊建设规划技术导则》提供研究基础。围绕政府部门、管线单位、管廊运营单位等各方责任主体，研究提出建立完善综合管廊运行管理长效机制的建议。

1. 全国城市地下综合管廊建设实施情况调研

住房和城乡建设部在2022年4月组织开展全国综合管廊建设情况摸底调研。截至2022年5月底，全国30个省（区、市）累计建设地下综合管廊6364公里，已完成综合管廊投资共计5839亿元。投入运营的综合管廊占开工建设综合管廊规模的48%。项目中采用PPP模式的项目占比20%。此外，重点分析了全国各省（区、市）每公里综合管廊平均投资单价，各地综合管廊管线入廊总体情况和各专业管线入廊情况，以及地方管线管廊立法工作和政策制度建设情况。

2. 综合管廊试点城市实施评估

全国两批25个中央财政支持的地下综合管廊试点城市建设已全面完成，试点城市的选取考虑了中国东、中、西部不同的发展阶段、经济发展水平的城市，具有较好的代表性。课题系统研究了试点城市综合管廊规划及实施情况。从实施效果看，试点工作建成运营综合管廊总里程达1076.2公里，试点方案得到了较好实施，社会、环境和经济效益显著。有效节约了城市土地资源和地下空间；促进管线运维管理水平跃升，提升了管道运行环境的质量，降低管网漏损率，延长了管线的使用寿命；加速了地下空间规划管理、产权登记、有偿使用等制度建立和完善。试点城市带动综合管廊在全国快速发展，目前已经建设综合管廊的城市达到279个。

3. 我国综合管廊建设面临的问题

我国综合管廊还处于初级发展阶段，规划建设管理等方面制度尚不健全，还存以下问题亟待解决：一是综合管廊规划的可实施性有待提高；二是综合管廊成本过高，管线单位分担压力偏大；三是项目投融资渠道不畅，社会资本吸引不足，建设资金短缺；四是管线入廊率和管廊运维比例不高，收费定价机制不完善，电力等入廊协调困难；五是综合管廊统筹管理制度尚不完善。

4. 建立完善综合管廊实施保障机制的建议

（1）完善综合管廊所有权、规划权、建设权、管理权、经营权和使用权等规定。从强化政府投资属性、科学决策、建立高效运维体系、明确管线入廊及有偿使用长效机制等方面进行创新，破解实施难题。

（2）降低综合管廊建设成本。通过修订《城市地下综合管廊建设规划技术导则》《城市综合管廊工程技术规范》GB 50838及相关技术标准，推动各地建设经济、适用、集约、安全的综合管廊。

（3）平衡综合管廊建设投资和收益。发挥财政资金引导作用，创新政府出资方

式。明确与储备土地直接相关的综合管廊建设费用，按规定纳入土地开发支出。运用各类金融工具切实解决投融资难题。

（4）建立完善管线入廊和管廊有偿使用制度。创新建立管线综合管理工作机制，建立综合管廊产权共有制度机制，推动各类管线入廊。

5.《城市地下综合管廊建设规划技术导则》（以下简称《导则》）修订建议

（1）着重提升综合管廊规划建设的实效性。"导则"修订应将"经济、实用、集约、安全"作为综合管廊建设的基本准则，贯彻到规划总体要求、技术路线、规划内容各方面。

（2）因地制宜分类指导新老城区综合管廊规划。我国已进入城市更新时期，由于老城区综合管廊实施的影响因素较多、建设难度较大，相比新区建设有较大不同，本次《导则》修订需加强新老城区的分类指导，补充新老城区规划编制的通用要求以及特殊要求，加强对历史风貌地区综合管廊建设指导。

（3）加强统筹协调，提高基础设施建设的系统化。逐步形成保障城市高质量发展需求的综合管廊与直埋管线相结合的城市地下管网体系，有效治理"马路拉链"和"架空蜘蛛网"。在管线入廊分析中，发挥综合管廊集约布局管线作用，促进更多管线入廊敷设，形成管线集中廊道，提高管廊建设实效。突出地下空间分层管控，加强各类建设统筹协调，鼓励有条件的项目采取共建方式实施。进一步强化市政管线穿越重要节点地区建设综合管廊的要求。兼顾工程造价和地下空间分层利用需求，合理控制管廊埋深，预留发展空间，避免管廊成为后续地下空间开发的障碍。

（4）增加绿色低碳、智慧发展等技术要求。针对新时期城市地下管线建设管

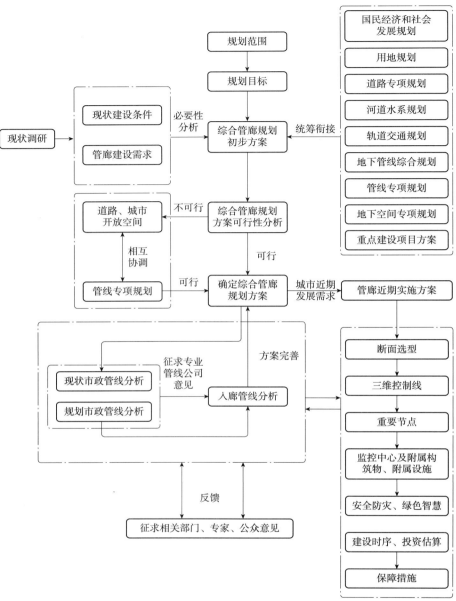

图 1　城市地下综合管廊建设规划技术路线

理需求，一是明确综合管廊工程建设、运维管理过程中应贯彻低碳智慧理念，宜采用数字化、信息化、智能化新技术进行辅助工程设计、施工组织、运行维护等。二是应在管廊本体和入廊管线本质安全的基础上，控制建设和运行成本，并同步建设信息化管理平台，系统提升综合管廊运行效能。三是应结合建设区域施工条件、工程技术经济情况等因地制宜采用预制装配等绿色建造技术。

（5）基于实践需求，完善综合管廊类型。增加干支混合型综合管廊，并完善小型支线综合管廊的技术要求，对末端综合管廊断面布置进行规定。明确综合管廊分级分类配置相关附属设施，以及各类口部集约组合设置的要求。

（6）进一步明确规划编制及实施管理责任。综合管廊建设规划由城市人民政

府组织有关部门编制。完善政府组织、部门合作、各方参与的工作机制。规划编制过程中充分征求各相关行业行政主管部门及有关单位、行业专家、社会公众的意见，统筹协调各方的建设管理要求。综合管廊主管部门应做好综合管廊建设规划的实施管理。强调建立综合管廊建设规划 + 近期建设方案的规划设计体系，突出近期建设方案对建设工程的指导作用。

（7）做好《导则》与标准规范的统筹协调。避免对现行国家和行业标准规范的内容进行重复规定，删减与现行标准规范重复的消防、通风、供电、照明、监控和报警、排水、标识等附属设施规划要点，简化部分技术要求。相关国家和行业标准规范也同步开展修订，对综合管廊的体系、缆线管沟、附属设施配置等技术要求进行完善，保障《导则》与标准的一致性。

技术创新点

为适应新时期城市存量发展和老旧管网更新改造的需要，在分析全国综合管廊建设实施总体情况和试点城市实践经验的基础上，以建设经济、适用、集约、高效的综合管廊为宗旨，完善了综合管廊的规划编制方法、技术路线和规划内容。加强综合管廊的可行性分析，结合新老城区实际需求，建立直埋管线和综合管廊衔接的整体系统，提高基础设施的整体性、系统性。为提高综合管廊建设的实效性、降低建设成本，要求规划编制从地方实际建设条件、管线发展需求和经济可承受能力出发，合理确定综合管廊建设规模和规划布局，采用集约型断面设计选型，统筹地下各类建设，科学确定综合管廊埋深，分级分类设置附属设施，倡导运用绿色智慧等新技术方法。此外，还对加强规划实施保障提出了措施建议，提升综合管廊建设质量和建设效益。

应用及效益情况

课题研究为 2023 年 5 月住房和城乡建设部印发的《城市地下综合管廊建设规划技术导则》提供研究基础，在指导我国各地城市地下综合管廊建设和运行维护工作中发挥了积极作用。

（执笔人：唐兰）

建设工程消防审验政策实施成效评价

项目来源：住房和城乡建设部城市建设司
主持单位：中国城市规划设计研究院
院内主审人：王立秋
院内项目负责人：徐匆匆、李昂

项目起止时间：2021年6月至2021年12月
院内承担单位：遥感应用中心
院内主管所长：刘斌
院内主要参加人：李波茵、张艾嘉、李倩、王伊倜、唐兰、杨芳、李金凤、田萌

研究背景

建设工程消防审验工作是建设工程消防安全的源头关，直接关系到建设工程火灾安全防范保障能力。自2019年7月1日住房和城乡建设部门全面履行消防审验职责以来，目前部级层面消防审验工作管理体制机制已基本建立，各省市也根据各自实际情况，紧盯重大火灾风险、创新监管举措，从多个维度、多重视角相继出台了一系列消防审验政策技术文件，着力构建系统科学、衔接有效、匹配实际的消防审验政策技术体系。然而现阶段，我国消防审验工作仍存在消防审批困难、办事证明材料复杂、监督检查、第三方技术服务机构管理等瓶颈问题。同时，随着新技术、新领域、新产品、新业态、新模式的不断发展与更新，消防审验管理工作面临的新问题、新挑战逐渐增多，火灾风险防控难度进一步加大。对消防审验政策实施成效的评价研究有助于从理论视角帮助住房和城乡建设部及各级消防审验主管部门更清晰、直接、可靠地明晰政策导向与政策部署。

研究内容

本项目着重建立消防审验政策第三方评价指标体系，通过指标体系的建立，逐项验证各省市消防审验主管部门工作的开展情况、责任落实情况以及体制机制运行情况等，为改进消防审验监督管理工作提供数据支撑和决策依据，以期未来逐步付诸实施，达到"以评促建，以评促改"的目的。

一是通过梳理分析境外消防审验管理制度和政策法规，分析提炼具有借鉴意义的经验做法；系统整理国内现行各级消防审验政策及技术指导文件，总结归纳消防审验政策体系现状及存在的问题。提炼政策背景、政策依据、目的意义、主要内容、核心举措、适用对象、执行标准、时限、专业名词释义、对相关专业技术行业可能带来的影响等方面的关键要点，初步明确第三方评价核心指标目录并进行解释。

二是结合全国消防审验工作开展的实际情况，明确第三方评价指标关键因素，设计定性、定量指标的选取，对可定量的指标设计指标算法，初步建立政策实施第三方评价指标体系。

三是结合政策实施方面具有典型问题或特点的地区实际情况，对初步设立的第三方评价指标体系和技术流程进行验证。通过社会满意度调查等手段，选取不同城市开展指标体系验证研究，立足评价指标体系，分析其政策制度在制定的方向性、技术的专业性、实施的可操作性、执行的监督力度等方面暴露的问题，从准确性、高效性、自我完善性等方面验证，并进一步完善第三方评价指标体系。

1. 梳理基本情况

对美国、英国、日本、加拿大、德国、法国、意大利等国家的建设工程消防设计审查与验收工作管理制度模式进行初步梳理，了解境外典型国家建设工程消防设计审查与验收工作管理制度模式，为我国消防审验工作及评价指标体系设定方向提供依据。

对全国各地目前已出台的消防审验有关法规政策、技术指导文件等进行分类分级的收集归纳（按内容、层级、部门、地域等）和异同点分析、规律特点研究，分类探索研究不同类型主管部门在法规政策、技术指南和导则等文件制定方面存在的问题以及改进建议等。经整理，将各地出台的文件分为消防审验综合管理、消防审验专项管理、特殊消防设计、既有建筑改造、工程消防质量管理、专家库建设、消防审验技术服务、消防审验执法、消防审验档案管理等九大类。

对与消防审验、突发火灾事件相关的网络舆情进行信息收集、定向分析和快速通报，获取与建设工程防火设计审验相关的民众声音，对社会民众的情绪、态度、看法以及意见和行为进行梳理汇总，以建设工程火灾案例为研究视角，深入分析发生火灾的政策制度等管理方面的原因，进一步调整完善政策实施评价技术方法和指标体系。

2. 消防审验政策评价指标体系设计

对世界银行营商环境便利度指标、联合国可持续发展目标指数、亚洲绿色城市指数等国际城市评价指标体系进行研究，将相关方式方法及理念作为参考；将我国相关城市评价指标体系案例按城市综合评价指标体系、专项评价指标体系、规划指标体系进行分类研究参考，综合指标体系包括中国人居环境评价指标体系、宜居城市科学评价标准等，专项评价指标体系包括全国文明城市、国家园林城市等，城市规划指标体系包括中新天津生态城指标体系等；最后对住房和城乡建设部相关工作评价指标体系案例进行分析，包括2023年乡村建设评价指标体系、城市体检评价指标体系等。

在以上工作的基础上，开始构建消防审验政策评价指标体系。围绕实际需求、政策梳理、相关研究、实地调研、专家咨询五个方面对指标体系的设计进行初步的构建。一是按照横向思路对指标体系进行设计。通过评价省、市两级消防审验主管部门的实际工作，考虑以各级消防审验主管部门为中心的全国消防审验项目工作开展情况，根据工作职能与内容分类，建立横向模块——模块化评价单元。根据各级主管部门和相关单位开展建设工程消防审验工作的不同类别及职责，该体系围绕基本情况、技术支撑、政策标准、项目实施、执法监督、档案及信息化管理、市场管理、工作评价、重点专项工作、重大影响10个模块开展（图1）。在体系的建立过程中落实分区分块，识别建设工程审验工作的强项与弱项；发现短板模块，及时分析问题原因；查漏补缺，推动建设工程消防审验工作进一步完善。

二是按照纵向思路对指标体系进行设计。考虑到同级辖区的行业差别，或经济发展水平差异，造成建设工程类别的差异化，完全一样的指标体系很难适用于全国所有地区的主管部门。因此建立纵向模块——三类指标：即：基本指标、特殊指标与补充指标，从而再建立三类评分类型：减分项、加分项和判定项（图2）。减分项是指相关政策文件中要求现阶段应达成的目标值，达成方式为提供相关证明材料，具体评分方法为指标自带基本分值，如未达成或部分未达成，则扣减一定分值，如机构基本情况、政策颁布情况、审验项目情况等；加分项是指相关政策文件中建议达成或发展趋势中应当达成的目标，达成方式为提供相关证明材料，评估达成效果，具体评分方法为指标基本分值0分，如达成或部分达成，则增加一定分值，分值达到本项总分则不再加分。如协会建设、移动端信息化、政策创新与试点等；判定项是指指标本身具有重大负面影响及判定意义，该类指标如产生则直接判定本次（轮）评价为不合格或不达标，如重大负面影响等。

对于各项指标的评价类型，分为形式评价和质量评价。形式评价指标：该指标根据评价对象提供的相关材料进行评价，即能够提供相关支撑材料，则视为满足该指标要求，可获得该指标全部分值；质量评价指标：该指标将根据评价对象提供的相关材料数量或质量进行评价，结合指标内容进行综合评分，酌情扣分或加分。

对于各项指标的评价方式，分为资料审查、抽查检查和复核评估。资料审查：针对部分较客观的指标，根据评价对象提供的相关材料直接进行评价赋分；抽查检查：针对部分资料数量较多且复杂的指标，根据评价对象所提交的相关资料，随机选取一部分进行检查和审查；复核评估：该指标需由第三方根据评价对象提供的资料，同时通过其他方式（线下沟通、现场评估等）进行该指标效果复核评估。

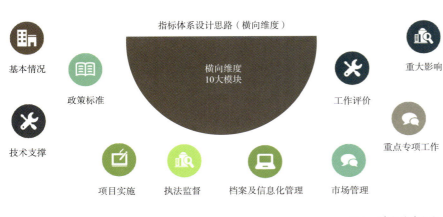

图1　横向维度指标

图2　纵向维度指标

技术创新点

本项目通过指标体系设计和实地试评价等多方了解手段，针对建设工程消防审验工作提出 10 大模块，39 项二级指标，114 项三级指标，详尽地包含了全国范围内各地方行政层级在建设工程消防审验工作中的各项行为。一是客观评价和主观评价相结合。对政策的全面评价，既需要评价政策客观上"做出了什么"，即对政策实施过程所产生的客观事实进行评价，如某项政策实施后所产生的经济效益和社会效益，也需要评价主观感受上"做得怎么样"，即目标群体对政策执行效果主观感受的评价。二是当前评价与未来调整相结合。对政策实施效果进行评价的主要目的是为了考察政策在实施中所取得的成效并发现所存在的问题，系统综合分析政策的优缺点，并将评价结果作为政策下一轮修改完善的重要依据。为此，政策评价指标体系不仅要立足于对现实情况的评价，同时也要预留对政策调整修订的意见和建议，以便进一步提升政策实施的质量，提高宏观政策的协调性。三是定量分析和定性分析相结合。设计政策评价指标体系需采取"定量＋定性"方法，但以"定量"方式为主，因为定量指标往往更为客观，说服力更强。在定量指标无法适用时，再以定性指标进行评价，以提高评价结果的全面性。

应用及效益情况

指标体系建立后，按照有关政策实施情况选取不同评价对象，开展案例试验研究。根据案例试验情况对政策评价指标体系、方法和流程进行修正、完善。运用指标体系对山东省、陕西省及济南、青岛、西安、延安、汉中等多个地市的建设工程消防审验政策实施开展评价，通过填写调查问卷的方式反馈意见建议，修改完善建设工程消防审验政策实施评估指标体系。

通过全面对照住房和城乡建设部工作要求进行案例研究，基本掌握了选取案例地区近三年来建设工程消防审验工作开展情况，了解了省、市两级消防审验工作在某些模块尚有欠缺，有助于在将来的工作中进一步明晰工作目标，有针对性地补齐短板弱项，并及时总结推广全省或地市好的经验做法。同时根据现有指标体系的试评价情况和各地方意见反馈分析筛选，综合各地方具体情况，对指标体系提出了下一步修订完善的相关建议。

（执笔人：徐匆匆）

城市信息模型（CIM）基础平台建设理论与制度标准系列研究

项目来源： 住房和城乡建设部建筑节能与科技司、2021年和2022年住房和城乡建设部科学技术计划项目
项目起止时间： 2021年1月至2023年9月
院内承担单位： 遥感应用中心
院内主管所长： 刘斌
院内主要参加人： 杨柳忠、王新歌、王梓豪等
主持单位： 中国城市规划设计研究院
院内主审人： 汪科、刘斌、杨柳忠
院内项目负责人： 季珏
参加单位： 奥格科技股份有限公司、中设数字股份有限公司

研究背景

CIM基础平台是数字住建、智慧城市、数字孪生城市建设的空间数字底板。目前，推进CIM基础平台建设已被纳入国家"十四五"规划纲要、"十四五"数字经济发展规划等多项国家战略任务中。为贯彻落实党中央、国务院有关部署，住房和城乡建设部自2018年起在发展BIM的基础上，开始牵头推进CIM基础平台工作，2020年以来，住房和城乡建设部总结试点经验，联合工业和信息化部、中央网信办印发了《关于开展城市信息模型（CIM）基础平台的指导意见》，指出"全面推进城市CIM基础平台建设和CIM基础平台在城市规划建设管理领域的广泛应用，带动自主可控技术应用和相关产业发展，提升城市精细化、智慧化管理水平"。此后，逐步印发了《城市信息模型（CIM）基础平台技术导则》《城市信息模型基础平台技术标准》CJJ/T 315—2022等一批行业标准，指导各地开展平台建设。CIM基础平台建设是智慧城市建设的新型城市基础设施，在国内外均属于新生事物，关乎数据融合、软件研发、应用探索等多个环节，需要从顶层设计、关键软件、标准规范、制度体系等方面进行研究和探索。

研究内容

自2018年起，研究组全程跟踪住房和城乡建设部BIM报建和CIM基础平台建设的试点工作，作为主要力量参与了行业管理的政策编研和标准制定工作，先后承担了CIM基础平台的试点跟踪、政策研究、标准发布等方面的系列研究。具体研究内容包括：

1. 城市信息模型（CIM）的基础理论及保障机制研究

研究城市信息模型的概念内涵；以地方信息化实践成果和国家颁布的政策文件为线索，全面刻画我国城市信息模型的发展脉络；以建设智慧城市的数字底座、完善我国新型城市基础设施为基本出发点，对CIM的内涵、CIM的要素分类体系及作用机理进行研究。

（1）CIM基础平台的内涵剖析。城市信息模型（CIM）是在建筑信息模型（BIM）基础上，向城市级进化而来的数字平台与技术，与国际上的数字孪生城市（Digital Twin Cities）概念类似。BIM是基于工程项目的小场景模型，而CIM是在城市宏观领域的大场景模型。在BIM的基础上，CIM需要汇聚和管理时空基础地理信息、感知监测信息、公共专题数据、业务数据和三维模型等城市级别海量的多源异构信息，支撑城市在规划、建设、运维管理全生命周期各阶段的数据汇聚共享和业务协同管理。CIM的提出既有模型的内涵，也有基础平台的内涵。模型内涵中，CIM是城市空间的建筑与设施、资源与环境等实体的数字表达，是整合城市地上地下、室内室外、历史现状未来等多维多尺度信息模型数据和城市感知数据，构建起三维数字空间的城市信息有机综合体。平台内涵中，CIM基础平台是城市信息模型集成、管理、应用和共享服务的支撑平台，是智慧城市的数字底座。

（2）国际平台建设案例分析。目前世界上"智慧城市"的开发数量众多，各城市的"智慧城市"建设均有各自特色。通过对比国际比较典型的数字孪生城市平台案例，包括新加坡、法国雷恩、加拿大多伦多等，研究发现目前各类平台集中于时空数字化底盘构建、可视化能力展示、数据轻量化、室内外一体化快速构建等方面，以城市为目标三维建模仍主要依赖单一数据来源（机载LiDAR、车载LiDAR和倾斜影像）进行交互式的半自动建模。同时研究发现，国际对于CIM的研究关注点聚焦在BIM和三维建模领域，并未深入城市规划建设运行管理全流程的数据融合和业务协同。

（3）CIM平台建设的保障机制研究。

经过研究认为，CIM基础平台的建设应在明确的需求牵引、成熟的技术体系支撑下，从顶层设计、标准体系、数据治理、平台建设、制度建设、支撑应用几个维度，设计相应的保障机制，同时要充分考虑平台建成后的基础设施运维、监督检查评估等各方面的机制，强有力地推进CIM平台的建设和应用。

2. 城市信息模型（CIM）基础平台的工作体系和应用制度设计

（1）CIM基础平台建设的三级架构设计。CIM基础平台是智慧城市的新型基础设施，汇聚了城市的房屋建筑、市政基础设施、人口等城市建成环境数据和专题业务数据，并在统一的空间参考下进行了对齐。这使CIM基础平台不仅具备向各类CIM+应用提供服务支撑的能力，同时还是数据资产积累的重要设施。基于此，研究建议CIM基础平台应按国家—省—市三级分级建设。国家级平台，主要实现对于省级和城市级CIM基础平台业务的监督和指导以及重要数据汇聚；省级CIM基础平台，主要实现对于城市级平台重要数据汇聚、核心指标统计分析、跨部门数据共享、监督和指导，以及对于国家级CIM基础平台数据传输作用；城市级CIM基础平台，应具备数据汇聚与管理、数据查询与可视化、统计分析、场景配置、运行与服务及开发接口等功能。各级平台能够实现横向和纵向互相联通，在数据上充分融合共享，在业务上实现协同。

（2）CIM基础平台建设的技术路径。CIM基础平台的建设，应综合考虑数据、业务、应用等现状特征以及未来需求。一是以业务串联和流程优化为抓手，实现业务融合创新，构建一条业务链。二是以数据底板构建为基础，实现多维数据汇聚融合，编织一张数据网。三是建立业务与数据之间的映射关系，建设具体应用系统，实现数据与业务的双向赋能。四是制定标准规范要求，统一数据工程及应用系统建设要求。从技术环节来剖析，CIM基础平台建设的具体内容主要包括顶层设计、数据库建设、标准建设、基础平台搭建、应用体系构建五个具体的部分。

（3）CIM基础平台建设和应用激励机制设计。CIM基础平台的建设涉及政府、企业、科学研究机构等多方多主体参与，也涉及技术攻关、软件研发、标准编制、制度设计等多个环节。研究认为，通过合理的激励机制设计，可以在政府主导的前提下，通过理性化的制度来规范各部门、企业的行为，调动参与CIM基础平台建设和应用的工作积极性，以达到有序管理和有效管理。具体在遵守公平开放、共享协同、安全多样的原则下，可以从人才、数据、应用等层面开展CIM基础平台建设和应用激励机制的深化研究。

图1　CIM基础平台建设内容

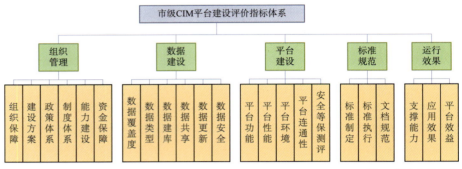

图2　评价体系架构

3. 城市信息模型（CIM）平台建设评估

考虑到CIM基础平台建设涉及多尺度、多领域以及多个关键环节等层面，研究以第一批CIM平台建设的试点城市（北京城市副中心、广州市、南京市、雄安新区、厦门市）为案例，以CIM基础平台建设全生命周期，覆盖顶层设计、标准规范、数据治理、平台建设、应用支撑几个关键环节，提出一套普适性高的CIM基础平台建设的评价体系。评价体系可有效支撑开展CIM基础平台建设效果的评估，以及辅助开展CIM基础平台的验收工作。

整个评价体系分为三级指标体系结构，涵盖了技术要素、政策制度、应用体系、社会效益层面的建设内容。其中一级指标有5项，具体包括：组织管理、数据建设、平台建设、标准规范、运行效果五大类评价指标；二级指标有23项，诠

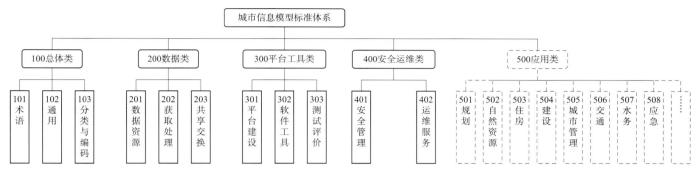

图 3　标准体系架构

释了每个一级指标所涵盖的相应内容。

4. 城市信息模型（CIM）基础平台标准体系研究

本项研究围绕目前国内城市信息模型（CIM）基础平台建设工作对标准化的需求，基于全国 CIM 建设成效与经验，梳理分析 CIM 现行国家标准、行业标准和地方标准，找出下一步需编制的标准规范，协调体系内各项标准之间的相互关系，建立一套科学、实用、引领性强的 CIM 基础平台标准体系。

本研究从 CIM 基础平台全生命周期的角度，考虑标准体系的内容设计，整个标准体系框架可分按总体类、数据类、平台工具类、业务应用类、安全与运维类进行设计。

（1）总体类标准。总体标准是在 CIM 领域中作为其他标准的基础并被普遍使用，它对其下位标准具有指导、制约作用，包括数据分类及编码标准、应用统一标准、应用评价标准等。

（2）数据类标准。CIM 模型数据相关标准是对城市信息模型数据生产、收集、存储、传递、应用等相关过程的标准约束，包括元数据标准、数据资源目录、数据交换格式标准、数据加工技术标准等。

（3）平台工具类标准。CIM 基础平台建设过程对相关平台技术、与其他系统衔接接口、对外提供服务、平台功能性能等相关标准约束，包括平台技术标准、数据治理工具软件规范、平台服务规范、平台接口规范、平台开发规范、平台验收标准等。

（4）安全运维类标准。包含 CIM 平台中相关基础性设施安全、数据安全、敏感及涉密数据、平台安全、接口安全、应用安全等框架内容的规定，如平台安全技术规范、数据安全规范、平台运维规范等。

（5）业务应用类标准。CIM 平台在城市规划、建设、管理、运行、服务等细分领域应用，以城市信息模型为载体，提供跨领域、跨学科共享数据与应用相关标准约束，如城市运行管理服务平台技术标准等。

技术创新点

围绕"试点跟踪—经验总结—制度设计—应用验证"这一主线，以上系列研究在理论框架、技术体系、标准体系方面有以下创新：

（1）系统提出了 CIM 基础平台的理论框架，明确了 CIM 基础平台的内涵和建设意义。首次提出了 CIM 的"模型"和"平台"的双重内涵。从模型内涵上，提出了 CIM 是融合建筑物 BIM 模型以及基础设施等三维数字模型，表达和管理城市历史、现状、未来三维空间的综合模型，具有空间、时间、感知三个基本的维度；从平台内涵上，提出了 CIM 是汇聚、管理和融合各类模型，建构一个与城市空间相孪生的"信息空间"的基础平台。从技术特点上，归纳了 CIM 是 BIM、GIS、IOT 的技术集成。同时明确了 CIM 对于推动城市规划、建设、管理各环节数据汇聚和业务协同的重要作用。早期这一理论框架的提出对于统一各界共识、明确 CIM 基础平台工作推动的技术路径具有重要的意义。

（2）研提了 CIM 基础平台建设的三级架构和总体技术路径。系统研究了国家—省—市三级 CIM 基础平台在功能架构、数据汇聚、制度建构层面的相互关系和具体要求。同时，从顶层设计、标准规范、数据治理、平台建设、应用支撑几个维度，提出了 CIM 基础平台建设的具体技术路径。

（3）建构了 CIM 基础平台标准体系和评价体系。瞄准 CIM 基础平台建设目前标准缺位的现象，基于系统论的角度，贯穿 CIM 基础平台建设的全生命周期，提出了 CIM 基础平台的标准体系架构、标准明细、建设时序等，为完善标准建设提供了技术遵循。同时，面向 CIM 基础平台建设的技术环节、管理环节、应用环节等，设计了 CIM 基础平台建设评估的评价体系，可有效支撑 CIM 基础平台验收及 CIM 基础平台建设效果评估等实际工作。

应用及效益情况

（1）研究成果支撑了行业主管部门的CIM政策制定。支撑《住房和城乡建设部 工业和信息化部 中央网信办关于开展城市信息模型（CIM）基础平台建设的指导意见》（建科〔2020〕59号）、《住房和城乡建设部办公厅关于印发〈城市信息模型（CIM）基础平台技术导则〉的通知》（建办科〔2020〕45号）、《住房和城乡建设部办公厅关于印发〈城市信息模型（CIM）基础平台技术导则〉（修订版）的通知》（建办科〔2021〕21号）等政策文件发布。

（2）研究成果支撑了省市区的地方CIM基础平台建设和应用。项目团队在湖北省住房和城乡建设厅、黑龙江省住房和城乡建设厅，以及雄安新区、南京市、武汉市、长沙市、苏州市、厦门市、青岛崂山区等地参与了CIM基础平台建设相关工作。

（3）研究成果推广了CIM基础平台建设的经验。基于系列研究成果，总结出版了《城市信息模型（CIM）工作导读》并热销，举办了两届"CIM与智慧城市建设论坛"，与多地政府开展CIM平台建设经验交流。

（执笔人：季珏）

城市黑臭水体卫星遥感监测

项目来源：住房和城乡建设部城市建设司
主持单位：中国城市规划设计研究院
院内主管所长：刘斌
院内项目负责人：张宁
项目起止时间：2022年4月至2024年12月
院内承担单位：遥感应用中心
院内主审人：杨柳忠
院内主要参加人：程彩霞、赵晔、柳絮、解婉颖、张月等

研究背景

国家高度重视城市黑臭水体的治理，明确指出要"基本消除城市黑臭水体"。"十三五"期间，全国地级及以上城市黑臭水体已基本消除，总体实现攻坚战目标，而"十四五"时期，城市黑臭水体监测需满足设市城市黑臭水体全面精细化排查、水体返黑返臭排查预警等长时间、大范围的监测管理需求，加之黑臭现象具有偶然性、季节性规律，传统调查监测手段难以满足要求。遥感技术等现代信息技术的快速发展，为城市黑臭水体大规模监测提供条件。高分系列卫星等高空间、高光谱分辨率卫星传感器的广泛应用，极大提高了大范围、高精度的水体监测水平，为实现城市黑臭水体的长效管理长治久清提供技术保障。

研究内容

基于遥感技术手段，通过分析黑臭水体在高分辨率影像上的光谱、纹理等特征，构建黑臭水体识别模型，实现对设市城市建成区的疑似黑臭水体提取，进一步排查县级市黑臭水体情况，跟踪地级市返黑返臭水体情况，主要包括空间信息采集、数据融合处理、水体识别提取、空地协同验证和报告展示等方面。

空间信息采集：以本地化的黑臭水体成果数据为基础，采集台账、排查、整治、督查和公众举报信息，获取城市黑臭水体矢量化信息，持续更新成果数据，形

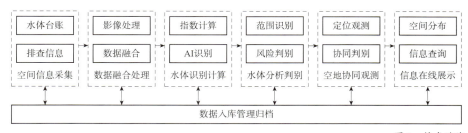

图1 技术路线

成城市黑臭水体空间分布数据。

数据融合处理：接收来自不同平台的遥感影像，进行正射校正、辐射定标、大气校正和图像融合，适当进行图像裁剪、立体建模和分级渲染。

水体识别提取：进行水质参数、水色指数、黑臭指数计算，利用标签数据搭建机器学习模型，识别水体范围，提取疑似黑臭水体范围，输出风险评估分布范围。

空地协同观测：输出疑似黑臭水体的空间信息，地面调查人员定位观测，实时录入关键水质参数和多媒体资料，作为协同判断依据。

报告展示：展示全国城市疑似黑臭水体精细化空间分布，可查询历史数据、治理进度和水体空间信息。

技术创新点

以卫星遥感技术为依托，实现城市黑臭水体监测和管理的数字化、精细化。通过集成遥感监测、水质分析、历史数据等多种信息来源，实现关联数据的统一管理与高效利用；通过集成数据分析和人工智能辅助判别技术，实现城市黑臭水体空间精细化识别和动态监测；通过城市黑臭水体分布空间制图，结合数据统计和监测报告，支持决策者科学精准决策。

以卫星遥感技术为依托，实现遥感监测与实地观测协同、部门和区域协同，通过黑臭水体遥感识别、空地监测、动态评价及决策支持形成全流程可追溯的监测范式，为实现城市黑臭水体的长效管理，长治久清提供了技术保障。

应用及效益情况

通过本项目，已服务全国31个省市自治区120个地级市、340个县级市城市黑臭水体监测排查，向部机关报送监测报告18期，覆盖城市202个。

构建的城市黑臭水体遥感监测技术体系，形成的全国城市黑臭水体空间数字化资产，极大地实现了全国城市黑臭水体的持续监测监管的目标，为黑臭水体治理的长效管理机制提供了技术支撑。随着遥感监测的持续和深入，城市黑臭水体的动态监测监管将更加精准高效。

（执笔人：柳絮）

地方委托项目

推进京津冀协同发展首都城市立法问题研究

项目来源：北京市人民代表大会常务委员会法制办公室
主持单位：中国城市规划设计研究院
院内主审人：李晓江
院内项目负责人：王纯、张娟
项目起止时间：2015年9月至2016年1月
院内承担单位：规划研究中心
院内主管所长：殷会良
院内主要参加人：殷会良、刘航、黄道远、刘谦、徐颖、张乔

研究背景

2015年出台的《京津冀协同发展规划纲要》（以下简称《纲要》），是党中央着眼于优化国家发展区域布局作出的重大国家战略，落实《纲要》涉及很多法律问题。在依法治国的背景下，为了确保在法治的轨道上推动京津冀协同发展，需要认真研究落实《纲要》涉及的立法问题。北京市人民代表大会常务委员会作为地方国家权力机关，主动担负起在落实《纲要》中人大及其常委会应当承担的责任，发挥立法的引领和推动作用，实现立法决策与改革决策相衔接，对相关的立法问题及时启动研究。2015年8月，中国城市规划设计研究院规划研究中心受北京市人民代表大会常务委员会的委托，以立法预案研究的方式，承担"推动京津冀协同发展立法问题研究"的课题研究，通过研究，明确推动京津冀协同发展涉及哪些法律问题，明确地方立法工作的行动方向和地方立法、修法的重点，用法治手段保障顶层设计和重大决策落实。

研究思路

以《纲要》为指导，以分工方案为依据，以十八届四中全会精神为方向，以国际大都市城市病问题解决案例为借鉴，针对北京的实际问题，从需要国家层面立法的事项、需要国家作出授权的事项、需要本市地方立法的事项和需要京津冀立法协同的事项四个方面开展专题研究。

研究过程

2015年8月，"推动京津冀协同发展立法问题研究"课题组成立，课题研究的具体组织工作由常委会法制办负责，整个研究工作分为三个阶段。

第一阶段是以国际首都城市治理案例分析和经验借鉴为重点进行研究。主要选择伦敦、巴黎、东京、首尔和华盛顿五个首都城市，从空间层次和规模、城市发展和治理历程、问题和治理措施、治理成效等方面，全方位比较分析了国际首都城市治理的经验，为疏解北京非首都功能和治理"大城市病"提供决策参考和立法建议。

第二阶段是研究政策依据，分析北京面临的突出问题，提出立法建议。课题组研究了《纲要》和分工方案、"2·26"重要讲话、十八届四中全会和《立法法》、京津冀协同发展相关规划等中央和北京市重要精神。针对京津冀地区发展面临的诸多困难和问题，特别是北京集聚过多的非首都功能，"大城市病"问题突出，人口过度膨胀，交通日益拥堵，大气污染严重，房价持续高涨，社会管理难度大等问题，实地与多个部门开展座谈。在此基础上，课题组于2015年12月初提出了初步研究报告，包含43个立法项目建议。

第三阶段是通过征求意见、开展研讨，对课题内容进行总结和完善。2015年12月底，组织召开与项目相关的16个部门座谈会，听取市人民政府有关部门的意见和建议。

立法建议

研究报告从四个方面，最终提出46项立法项目建议。

1. 国家层面立法建议（3项）

在国家层面立法方面，由于首都特殊的政治地位，中央在首都城市治理上扮演非常重要的角色，需要构建国家和地方共同参与的治理模式。研究报告建议可以借鉴美国制定《哥伦比亚特区自治法》、日本制定《首都圈整备法》、法国制定《巴黎大区整治计划》等，由中央直接进行首都统筹管理和区域协调的经验，制定《首都法》《京津冀协同发展促进法》和《区域协调发展促进法》。

同时，建议提请国家立法机构授权方面的立法项目建议。可以借鉴全国人大在自贸区上的授权做法，提请全国人大常委会授权国务院在京津冀暂时调整有关法律规定的行政审批，主要包括：财税方面，调整税收政策，促进疏解北京非首都功能；治安管理方面，调整相关治安管理政策，促进首都的城市安全和管理工作；土地管理方面，调整土地相关法律法规，促进首都土地的合理利用；住房和城乡规划方面，授权调整住房和城乡规划的相关法规和政策，促进京津冀三地协同发展；人口管理方面，调整有关户籍、社保方面的政策，加强首都人口规模调控。

首都城市立法项目建议一览表   表1

方面	类别	立法建议名称
一、国家立法建议（3项）		建议制定《区域协调发展促进法》、建议制定《京津冀协同发展促进法》、建议制定《首都法》
二、提请国家立法机构授权建议		提请全国人大常委会授权国务院在北京市暂时调整有关法律规定的行政审批
三、本市地方立法和政府规章制定	人口与功能疏解（6项）	尽快制定《北京市居住证管理条例》、尽快制定《北京市房屋租赁管理条例》、尽快制定《北京市新城建设条例》、制定《北京市促进产业升级调整条例》、制定《北京市公共服务及资源性产品价格管理条例》、制定《北京市科技创新促进条例》
	交通与城乡规划（7项）	尽快制定《北京市缓解交通拥堵治理条例》、尽快制定《北京市机动车停车条例》、尽快制定《北京市公共交通条例》、制定《北京市道路管理条例》、修订《北京市出租汽车行业管理条例》、制定《北京市城市开发边界管理条例》、修订《北京市城乡规划条例》
	生态环境（4项）	修订《北京市大气污染防治条例》、修订《北京市水污染防治条例》、制定《北京市清洁能源条例》、制定《北京市生态空间保护与修复条例》
	历史文化（3项）	制定《北京市非物质文化遗产保护条例》、制定《北京市历史街区保护与更新条例》、制定《北京市历史文化风貌区和优秀历史建筑保护条例》
	基础设施与公共安全（3项）	制定《首都重要基础设施及特殊地区安全管理条例》、制定《北京城市基础设施运行安全管理条例》、修订《北京市安全技术防范管理规定》
	城市管理（6项）	制定《北京市城市管理综合执法条例》、制定《北京市城市管理相关部门协调管理和公务协作办法》、制定《北京市固体废弃物及垃圾处理条例》、修订《北京市市容环境卫生条例》、修订《北京市燃气管理条例》、修订《北京市安全生产条例》
	城市更新与治理（5项）	制定《北京市中心城区城市更新条例》、制定《北京市城中村改造管理条例》、制定《北京市社区管理条例》、制定《北京市集体建设用地管理条例》、制定《加强在京外国人管理服务的意见》
四、京津冀区域协同立法（9项）		制定《京津冀环境污染防治条例》、制定《京津冀生态屏障建设与管理条例》、制定《京津冀区域排污权有偿使用和交易管理办法》、制定《京津冀促进区域基础设施互联互通条例》、制定《京津冀促进统一市场建设条例》、制定《北京市与外省市共建产业园区管理条例》、制定《北京新机场临空经济合作区条例》、修订《中关村国家自主创新示范区条例》、修订《北京市经济技术开发区条例》

2. 本市地方立法建议（34项）

对北京市建议从人口、交通、生态、历史文化、基础设施、城市管理、城市更新等七个重点方向进行立法。人口与功能疏解方面6项，严控人口数量、疏解北京非首都功能。交通与城乡规划方面7项，缓解交通拥堵，优化城乡空间布局，统筹考虑人口资源环境承载能力，控制城乡建设用地规模和开发强度，划定城市增长边界和生态红线，遏制城市摊大饼式发展。生态环境方面4项，促进城乡公共环境基础设施体系基本建立，区域生态环境质量明显提升。历史文化保护方面3项，推进首都历史文化保护机制加快建立。基础设施与城市安全方面3项，保障首都地区基础设施运行安全和特殊地区的安全管理。城市管理方面6项，加快形成与世界城市相匹配的城市管理能力。城市更新与治理方面5项，面向存量时代加强城市更新与治理。

3. 京津冀区域协同立法建议（9项）

在环境污染防治、生态屏障建设、区域排污权、区域基础设施互联互通、统一市场建设、共建产业园、新机场合作区、中关村和亦庄合作等方面开展立法工作。

应用及效益情况

从2016年开始京津冀三地召开年度"京津冀立法协同工作座谈会"，探索、试验贯彻落实《纲要》和立法协同工作。

报告提交后，首都立法工作提上日程。据不完全统计，截至2023年底，课题研究提出的46项立法或修订建议，有19项已经完成立法和修订，涉及居住证、住房租赁、促进科技成果转化、机动车停车、城市道路管理、生态控制线和城市开发边界管理、城乡规划、大气污染防治、水污染防治、可再生能源利用、非物质文化遗产、历史文化名城保护、生活垃圾管理、燃气管理、安全生产、城市更新、京津冀机动车和非道路移动机械排放污染防治、国际科技创新中心建设、北京经济技术开发区等。有1项（北京市公共交通发展条例）已列入立法计划。

（执笔人：王纯）

大国首都发展与治理的经验启示研究

2017年度中国城市规划设计研究院科技奖三等奖

项目来源：京津冀协同发展专家咨询委员会
主持单位：中国城市规划设计研究院
院内主管所长：殷会良
院内主要参加人：殷会良、王婷琳、刘航、王玉虎、王昆、王颖
项目起止时间：2014年6月至2018年4月
院内承担单位：规划研究中心
院内项目负责人：李晓江、徐颖

研究背景

习近平总书记在2014年2月考察北京时提出明确城市战略定位、疏解非首都核心功能等要求，并将京津冀协同发展上升至国家战略。作为全球第二大经济体的首都，北京的国际地位与日俱增，世界影响力得到极大增强。但与此同时，作为人口超过2000万的超大城市，北京的交通拥堵、环境污染等"大城市病"以及与周边区域发展差距明显等问题日益凸显。受"京津冀协同发展专家咨询委员会"委托，我们对世界重要国家首都城市的功能发展规律与治理经验展开了深入的专题研究，希望通过国际经验借鉴，认识首都城市发展的特殊性，对未来北京优化首都功能和推动首都良好治理有所启示。

研究内容

本课题从认识大国首都、建设大国首都、治理大国首都三个维度，深入剖析不同类型首都在国家社会经济管理与全球事务中的角色地位，全面分析世界各国首都的人口发展、功能演进、空间布局、交通网络等特征，并重点梳理各国在面临人口与功能过度集聚带来"大城市病"难题时的多样化举措，从而提出推动北京功能优化和治理现代化的对策建议。

1. 认识大国首都

课题通过对世界各国首都功能分析，发现因政治体制、文化背景差异，发展模式各有不同。总体上可分为复合功能型首都、简单功能型首都两类。这两类首都的主要区别在于：是否拥有庞大的经济管理与经济服务职能。复合功能型首都，既是国家的政治、文化中心，也是全国重要的经济中心、交通中心；简单功能型首都，则仅仅是政治中心或者政治—文化中心，其产业经济职能往往并不突出。

课题研究发现功能复合化是大国首都城市发展的普遍规律，也是大国首都发展为世界城市的支撑条件。世界上80%以上国家的首都属于复合功能型首都，尤其是单一制国家，如伦敦、巴黎、东京、莫斯科、首尔、曼谷等。这些首都城市大多在现代国家建国之前就有悠久的历史和良好的发展基础。从伦敦、巴黎、东京等城市的历史经验来看，大国首都要发展成为具有全球竞争力的世界城市，复合功能也是一个优势。美国、澳大利亚等联邦制国家受历史条件和制度限制，首都的选址和发展要兼顾区域发展利益平衡，形成了华盛顿、堪培拉这样简单功能型的首都，简单功能限制了这些首都在全球城市体系中的竞争力。

我国的首都北京是一座拥有2500年建城史和800多年建都史的历史文化名城。作为14亿人口大国和世界第二大经济体的首都，北京属于复合功能型首都。参考世界各国首都的发展经验，北京未来的发展目标应当是能够有力带动和促进国家和区域发展的、具有全球竞争力的、能够在全球治理体系中发挥重要作用的大国首都。北京应以保障首都功能的高效发挥为前提，同时肩负城市提升发展的重要使命。

课题提出北京作为大国首都，未来应着力构建"双核心、一基础"的职能体系。"双核心"指的是"作为世界城市的核心职能、作为全国首都的核心职能"，包含政治中心、文化中心、国际交往中心、科技创新中心；"一基础"指的是北京作为国际竞争力城市、可持续发展城市应具备的城市基本职能。

2. 建设大国首都

课题通过对伦敦、巴黎、东京等复合功能型首都城市的人口、功能、空间的发展演进分析，发现在政治、经济、文化多种优势的共同作用下，它们都经历了类似的基本规律：人口从稳步中心增长，到中心—外围交替增长；功能从逐步复合集聚，向国际化、区域化职能不断拓展；空间从中心城区"摊大饼"无序蔓延，到区域圈层分异、协同发展。尤其是发展到一定阶段后，对于这些能级强大的复合功能型首都城市而言，区域层面的职能重构和协同发展是必经之路，也是可持续发展的必由之路。

从空间组织上看，首都城市大多以中心城区为核心，近郊边缘组团、远郊新城共同组成"圈层分异、廊道拓展"的首都

圈模式。在这基础上,伦敦、巴黎、东京等首都城市都还努力构建了丰富多样的生态景观网络和多层次、多方式集合的综合交通系统。一方面,绿色环保、生态宜居是大国首都圈长期坚持的发展理念,合理利用自然资源、保护自然环境、保持生态多样性是建设宜居首都的重要保障。常用的方式是在"环形＋斑块＋网络"的生态安全格局基础上建设区域休闲绿道、大型主题公园(国家公园)和郊区游憩基地。另一方面,公交优先和需求导向的交通策略是大国首都适应人口和功能的扩张的重要手段,通过多层次、多方式集合的综合交通体系构建,强调首都圈各类功能的分工与网络化发展,引导城镇走廊、中心及专业节点的开发。

3. 治理大国首都

在城市化快速发展的中后期,复合功能型首都基本都不可避免地面临了人口与功能过度集聚带来的"大城市病",造成住房、交通、环境、社会秩序等方面的巨大压力,影响了城市宜居品质和综合竞争力提升。伦敦、巴黎、东京等城市都曾在不同阶段通过区域协调、规划统筹、立法保障、行政管控、经济调节和交通整合等多种手段,对城市发展进行管控和调节。课题详细梳理了这些城市不同阶段的管控重点与管控手段,主要包括:

一是央地统筹协调的管理体制。大国首都及其周边地区往往通过设立跨行政区的管理机构来加强治理,统筹各项规划建设任务。国家与地方两级政府的管辖事权和空间管理范围明确清晰,中央政府或者跨区域政府与地方政府之间,通过联席会议制度磋商协调具体事务。

二是首都圈和各类专项规划引领。跨区协同、高位统筹和立法保障是首都圈规划相对于一般大城市和城市群规划的主要特点。各国政府一般均将首都圈规划的核心内容通过立法予以明确,并根据规划的实施情况对法案进行阶段性修订。同时,规划建设卫星城、新城、环城绿带等也是大国首都重组区域格局,促进功能疏解、缓解人口压力的重要手段。

三是行政管控和经济手段多管齐下。除了规划调控发挥基础性作用外,还有一套完善的政策管控体系来支撑。具体方法包括通过征收拥堵税费、提供转移补贴等价格性手段,提高中心城区生产运营和生活成本,引导企业、机构和人员向城市外围转移;或通过强制性的行政命令实施空间管制,疏解特定产业和机构。

四是整合区域交通网络和公共服务设施。要有效疏解中心城区人口,必须通过推进区域公共服务均等化、加强"中心—外围"联通性交通网络建设等措施,为人口转移创造有利条件。伦敦在新城开发建设过程中为了解决郊区教育资源不足的问题,采取了优化外围地区的公共服务供给等一系列措施。同时,追溯世界大城市轨道交通发展历程不难发现,在构建中心城区高密度地铁系统的同时,无一例外地采用城际铁路、市郊铁路、市域快线和有轨电车等模式,加强"中心—外围"联通性交通网络建设,以满足都市圈不同功能层次的出行需求。

技术创新点

(1)本课题从认识大国首都的角色定位入手,深入分析世界各国首都在国家中角色地位和功能发展模式差异,提出首都城市的两种不同功能类型,并基于不同类型首都的发展动力和竞争力比较,提出北京一直属于功能复合型的大国首都,这也是其发展为世界城市的支撑条件,进而提出其未来应着力构建优化"双核心、一基础"职能体系的对策建议。

(2)本课题基于建设大国首都的方法路径,层层递进、系统地分析了大国首都人口和功能的发展规律,在此基础上总结提炼出建设更优更强的大国首都所需要的城镇空间布局、交通设施网络和区域生态环境,继而立足区域视角,提出将北京放在京津冀城市群的大格局当中统筹谋划首都圈建设发展的建议。

(3)本课题聚焦治理大国首都的多样化举措,全面梳理总结了首都圈规划和各类专项规划的基础性调控作用,并着重分析了行政管控、经济调节和立法保障等政策调控手段的利弊,从而提出北京在当下"大城市病"问题日益突出的背景下,应尽快提出一套完善的城市治理和功能疏解政策管控体系的建议。

应用及效益情况

京津冀协同发展是习近平总书记亲自谋划、亲自推动的国家大战略。本课题是2014年6月中央成立"京津冀协同发展专家咨询委员会"后第一批上报的专题报告。专题报告对优化首都功能定位、疏解北京非首都功能、建设世界级城市群等重大问题的深入调查研究,为京津冀协同发展做好顶层设计提供了有力的科学决策支撑。

(执笔人:徐颖)

首都地区功能体系与空间布局优化研究

项目来源：北京市规划和自然资源委员会
主持单位：中国城市规划设计研究院
院内主审人：陈明
院内项目负责人：王凯
项目起止时间：2022年4月至2022年12月
院内承担单位：院士工作室、信息中心、文化与旅游规划研究所、风景园林和景观研究分院
院内主管所长：徐辉
院内主要参加人：徐辉、张娟、王忠杰、胡京京、束晨阳、杨忠华

研究背景

为落实2035年初步建成社会主义现代化强国首都的总体目标，中国城市规划设计研究院开展《首都地区功能体系与空间布局优化研究》。

研究内容

研究结合新版北京城市总规第二阶段实施工作，在以"都"定"城"、以"城"促"都"原则指引下，进一步推动新时代"都"与"城"有机融合。

"都"的功能提升方面，对首都"四个中心"建设的现状进行深入分析，立足中国式现代化视域下的社会主义大国强国首都发展目标，在城市总规、副中心控规、核心区控规等规划的基础上，对首都核心功能进行深化完善，研究新时代社会主义大国强国首都的内涵，形成新时代首都功能发展的理论基础。

"城"的品质提升方面，坚持以人民为中心，对标世界一流宜居都市，按照首善之区要求提升北京及首都圈的整体宜居品质，增强人民群众获得感。利用投入产出模型深入分析首都经济体中各生产部门或产品的投入与产出关系，体现首都经济系统内部的互联性、规模效应以及循环关系。

"都"与"城"的关系方面，聚焦核心区、中心城区、首都圈等不同空间层次"都"和"城"的关系，提出按照功能类型的空间组织关联性，进行细分功能的优化调整，提出各项功能优化调整原则与策略，提出持续优化政务功能布局，构建国家文化与国家交往功能拓展新空间，优化国家科技创新中心空间格局，提升城市宜居品质，加强生态服务一体化保障，以及完善重大公共卫生事件下的物流保供和应急保障体系。

技术创新点

关键技术包括：结合新时代的要求，对首都的内涵进行了新的阐释，强调了首都在国家治理体系和治理能力现代化中的重要角色。通过国际比较视角，对北京"四个中心"建设的现状进行了深入分析，识别了优势和短板。提出了构建新时代首都功能体系的框架，包括"四个中心"的职能明确和相互关系。对首都地区功能一体化进行了全面展望，包括政务功能布局优化、国家文化与交往功能拓展、科技创新中心空间格局优化等。

创新点包括：创新性地提出了非首都功能的疏解策略和首都功能优化的空间层次，推动了"都"与"城"的有机融合。聚焦当前"都"与"城"的突出矛盾，提出空间优化策略，从国家运行、全球价值、底线保障等多个维度，对首都功能、非首都功能、城市基本服务功能进行梳理，提出按照功能的内在关联性，分类进行优化提升或区域疏解。

应用及效益情况

研究提出首都功能体系和空间格局优化的具体要求以及相应的规划编制和管理建议，提出了提升城市宜居品质和基本公共服务水平、加强首都地区生态服务一体化保障的具体策略，有力支撑了首都行动措施的制定，为首都地区的高质量发展和国家战略目标的实现提供了有力支撑。

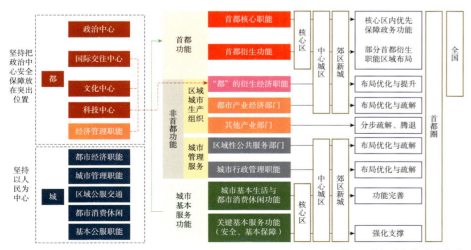

图1 首都功能体系示意图

（执笔人：徐辉、王颖）

北京市国土空间规划督察制度研究

项目来源：北京市规划和国土资源管理委员会	**项目起止时间**：2018年5月至2018年11月
主持单位：中国城市规划设计研究院	**院内承担单位**：绿色城市研究所
院内主审人：张菁	**院内主管所长**：董珂
院内项目负责人：董珂、解永庆	**院内主要参加人**：尚晓迪

研究背景

2016年6月17日中共北京市委、北京市人民政府发布《关于全面深化改革提升城市规划建设管理水平的意见》，提出"建立市级城乡规划督察员制度"。2017年9月13日中共中央、国务院关于对《北京城市总体规划（2016年—2035年）》的批复提出"健全城乡规划、建设、管理法规，建立城市体检评估机制，完善规划公开制度，加强规划实施的监督考核问责"。在此背景下北京市规划和国土资源管理委员会督察处委托中国城市规划设计研究院开展本市规划督察制度和办法研究工作。

研究内容

研究内容包括背景和意义、国土空间规划督察发展现状、当前我国国土空间规划督察存在的问题、国内外空间规划督察经验借鉴和北京市国土空间规划督察制度框架五个章节，以及"北京国土空间规划督察实施办法（建议稿）"一个附件。从国家要求和北京需要出发明确北京市建立国土空间规划督察制度的意义，细致梳理住房和城乡建设部城乡规划督察、自然资源部土地督察制度发展现状，总结当前我国国土空间规划督察存在的主要问题，学习国内外先进城市督察经验，提出适应北京发展阶段的国土空间规划督察制度框架。

1. 国土空间规划督察发展现状

目前我国空间规划督察主要涉及住房和城乡建设部的城乡规划督察职能和原国土部的土地督察职能。空间规划督察职能归属于新组建的自然资源部。自然资源部三定方案，明确提出设立国家自然资源总督察办公室。北京市的土地督察工作从2010年开始逐步走向规范化、制度化和程序化，形成了较为完备的工作体制机制。北京市委、市政府高度重视土地督察工作，督察整改成效较为显著，成为助推北京市土地管理水平不断提高的加速器。但是随着国土空间发展的形势需要以及机构改革和职能的转变，北京市土地督察的内容和职责已经远远不能满足城市发展所需。因此着手探索适合北京城市发展的国土空间规划督察工作体制机制极为迫切。

2. 我国国土空间规划督察存在的问题

一是法律地位不明确，体制机制不健全。现行规划督察以督察员制度为主，缺少相关制度约束，出现了"越权""非标准化手段"等现象和苗头。二是督察方式着眼于后端环节，督察意见权威性不足。目前空间规划督察的主要工作方式是参加相关会议以及通过遥感进行图斑核查等方式进行。由于其决策层面高、涉及范围大，单独依靠现有的体制机制往往无力纠正和处罚。三是信息缺乏共享，城乡规划督察和土地督察衔接不够。目前北京市城乡规划督察和土地督察工作的开展仍相对独立，土地督察自2010年始已基本形成一套较为完备的工作流程，但城乡规划督察工作仍处于起步阶段，暂未形成较为完备的工作流程和制度，工作开展进度的不平衡、制度的不协同可能会影响最终的督察效果。

3. 国内外空间规划督察经验

督察制度是很多国家普遍采用的监管行业部门与相关主体的手段。长期以来为相应的国家行政监管和问责都提供了重要帮助，其积累的先进经验需要在符合中国国情的情况下予以转化、借鉴与吸收。通过明确、稳定的法律法规设计，将国外先进经验与中国实际相结合，设计具体、可操作的条款，确保先进理念与做法转化为制度设计。

4. 北京市国土空间规划督察制度框架

北京空间规划督察制度建立的核心在于建立对空间规划问题"主动发现—主动整改—主动督察—主动奖惩"的解决机制。所采用的方式主要为"重划事权"，通过调整生产关系增强规划实施的力度；"形成政策"，通过政策制度建立提升效力位阶增强规划实施的力度；"落实主体"，推动专项行动增强规划实施的力度；"过程监管"，建立及时反馈机制，增强规划实施的力度。在督察定位方面，北京国土空间规划督察应当是北京市政府授权对各区及相关部门在自然资源和国土空间规划等法律法规执行情况的监督和检查。在督察内容方面，北京空间规划督察应该建立在对城市层面的督察，重点督察对"综合规划＋管制分区规划＋专项规划＋发展时序规划"的实施落实情况。北京空间规划督察的内容应紧密结合空间规划体系和相关配套法律法规，聚焦空间规划相关的法律落实、规划编制实施、用途管制及其他相关内容。在督察机构和人员配置方面，北京空间规划督察的行为主体是北京市人民政府。从行政关系来看，当前规土委所行使的督察权力是代行北京市政府的督察职责。因而，提高督察效能需要从市级层面进行推进。建议在市级层面成立北京国土空间规划督察领导小组，由主管规划的副市长任组长，北京规划和国土资源委员会主要领导任副组长，相关部门主要领导任组员。依托北京规划和国土资源委员会下设北京空间规划督察办公室，负责全市城乡规划督察和土地督察工作。区级层面，将北京行政辖区划分为四大片区，在每个片区分设规划督察组，设组长1名、副组长2~3名、督察员若干。对本区的空间规划的编制、审批、实施管理工作进行监督，对本区土地利用管理情况进行事前和事中监督。在督察方式上，采取核查、巡查相结合的方式。针对督察结果，强化全过程监督，及时发现违法违规问题，建议督察员根据违法违规问题的严重程度明确不同的处理方式。尤其是督察员在督察中发现情节较重的违法违规行为或对规划实施影响较大的问题，或对《督察建议书》的要求整改不力或逾期不予整改的，经北京市空间规划督察办公室批准后，由督察员和督察组组长加盖工作印章并签名后，向所督察区人民政府发出《督察意见书》，抄送区人大常委会、抄报北京市人民政府。在配套制度建设方面，建议在健全部门规章的基础上，明确"约谈—信函—督察建议书—督察意见书"等行政行为的法律效力。通过立法确立各类违法情况的行政处罚措施，并确立和强化行政强制执行制度，明确行政执法的主体和责任人。同时建立离任审计制度，督察员应当参与派驻地人民政府主要负责人离任审计中关于空间规划实施及管理情况的审计工作，对于任期内对督察结果落实不力的，追究相关责任，如有违法违规行为，移交纪检监察机关处理。根据督察开展情况，适时建立督察年度评估制度，各分区督察小组每年对被督察区空间规划的编制、审批、修改、实施及审批后管理情况进行评估，对规划管理情况进行审核，对各区发现问题案件数量、整改比率等情况进行总结，形成年度督察报告，由北京市空间规划督察办公室汇总，书面报告北京市人民政府，并抄送各区人大常委会、区人民政府。年度督察报告是各区政府年度工作考核的重要依据。

5. 督察要素支撑

建立规划制定、管理信息化平台，推进地方建设"一张图"系统。在此基础上，叠加规划、审批、开发、执法等内容，共同构建统一的城市规划建设管理综合信息平台，以实现常态化动态监管的目标。同时充分利用遥感图斑技术的辅助手段，协助督察员及时深入调查和外业核查，获取违法信息证据；进一步完善图斑辅助督察的制度建设，重点补充图斑底图依据的更新管理制度；合法合理判断总规用地规划图与图斑出现差异的情况，分类指导、差异处理，并落实遥感督察属地管理责任。充分发挥社会公众监督和申诉作用，建立正规化、法治化、程序化的督察员与人民群众间的沟通机制。

技术创新点

多维度、多层次构建出一套适应北京城市发展特征的城乡规划督察框架。在制度框架上，实现了城乡规划督察与土地督察的有机融合，形成了综合督察机制，显著增强了规划实施的预见性和主动性。在机构设置上，构建了上下联动、协同作战的督察网络，确保了督察工作的全面覆盖和高效执行。在督察方式与方法上，提升了督察的精准度和时效性，还借助大数据、云计算等先进技术，实现了督察工作的智能化转型。此外，在配套制度上，进一步强化了督察结果的权威性和执行力，为规划实施提供了坚实的制度保障。在公众参与机制上，通过建立正规化、法治化、程序化的沟通渠道，鼓励社会公众积极参与到规划监督中来，形成了政府、专业机构与公众共同参与的规划治理新模式，增强了规划的透明度和公信力。最后，在体制机制保障方面，通过建立制度明确了各类行政行为的责任主体，并强化了法律执行力度，确保了督察工作的合法性和规范性。这一系列创新点补充完善了北京市国土空间规划督察制度体系，为提升城市规划建设管理水平、促进城市可持续发展提供了有力支撑。

应用及效益情况

北京市国土空间规划督察制度的创新应用在实践中取得了一定收获。通过开展督察研究，提升了规划执行刚性约束及后督察的重要性，完善了北京城乡规划管理体系，保障了城乡规划的严肃性和权威性。为接下来建立北京市城乡规划督察制度提供了基本框架，也为全国城乡规划管理提供了借鉴范例。

（执笔人：尚晓迪）

北京100个特色旅游小镇创建标准及实施方案规划

项目来源：北京市旅游发展委员会	**项目起止时间**：2016年10月至2017年4月
主持单位：中国城市规划设计研究院	**院内承担单位**：文化与旅游规划研究所
院内主管所长：徐泽	**院内主审人**：罗希
院内项目负责人：周学江、罗启亮	**院内主要参加人**：王一飞、岳晓婧

研究背景

"十三五"时期，北京市旅游发展委员会把京郊旅游作为旅游业供给侧结构性改革的突破口，推动"五十百千万亿"京郊旅游休闲体系建设，特色旅游休闲村镇的创建是其中的重要内容。本研究针对北京特色旅游小镇现状发展的特征问题，为特色旅游小镇的创建培育提供一套技术性标准框架和规范性工作方案建议。

研究内容

本课题主要包括以下三个方面的内容：

北京特色旅游小镇特征与问题研究：针对京郊48个代表性旅游小镇开展问卷调查及实地踏勘，从旅游产品、旅游市场、文化价值、景观环境、服务配套、居民参与等六个维度进行分析，明确北京市特色旅游小镇发展中存在有产品无特色、有市场无效益、有文化无体验、有局部缺整体、有景区缺配套、有参与缺深度等6个方面的问题。基于对现状问题的精准识别，为京郊系列特色旅游小镇的创建指明改进方向。

北京特色旅游小镇创建标准研究：分析国内外特色旅游小镇案例，学习和借鉴成功经验和创新做法，围绕旅游供给侧改革的新趋势、新理念、新目标，以问题为导向，从六个方面搭建北京特色旅游小镇创建标准的三级体系框架。产品方面突出旅游产品的创新提质和文化价值的挖掘与融入，市场方面突出京郊微度假市场的培育和市场影响力的强化，环境方面突出村镇风貌、环境品质与居游氛围的整体改善，配套方面突出游客体验感的提升，社区参与方面突出社区的共建共赢，机制体制方面突出规划引导和服务品质提升。在体系框架基础上，按照前瞻性、适用性、协调性原则，细化确定评定指标和相应评分标准。

北京特色旅游小镇创建实施方案研究：系统梳理当下国内特色小镇创建的做法和经验，总结"审批制"和"创建制"两种方式的优缺点，以创建制为基础，结合北京实际，制定"自愿申报—分批审核—分级培育—验收命名—监督管理"的分级分批创建实施方案。围绕产品、市场、环境、配套、社区参与、机制体制等六个提升方向，面向不同行政主管部门提出针对性的任务目标和多部门分工落实举措，明确各行政主管部门的协调机制，协同推进北京特色旅游小镇的创建。

技术创新点

创新点一：突出聚类导向基础上问题导向与目标导向的结合。根据小镇所依托的特色资源，聚类划定历史风貌类、特色产业类、特色景观类、特色文化类四大类型，针对不同类型区分问题影响权重与目标导向的优先序，在评分标准中设定差异化指标权重，实现特色旅游小镇的精准化评定。

创新点二：突出以"人"为核心的特色旅游小镇指标体系构建。指标体系的构建将游客体验感与原住民的获得感有机统一，并与人民群众对美好生活多样化、多层次、多方面的需求相结合，充分体现以"人"为核心的理念。

创新点三：突出文化与旅游的深度融合和高质量发展。将文化因子融入特色旅游小镇创建的全要素环节中，通过丰富指标体系的文化内涵及相关条款，引导特色旅游小镇创建主体坚持"以文塑旅、以旅彰文"。

应用及效益情况

本课题经过专家组评审，被认为对培育京郊地区特色发展动力，助推京郊旅游的全面升级转型具有积极意义。依托此研究成果，北京市旅游发展委员会制定出台了地方标准《旅游特色小镇设施与服务规范》，先后两批次评定了66个特色旅游村镇，有效提升了京郊旅游品质，更好地服务首都居民多元化的旅游休闲需求。

（执笔人：周学江）

铁路领域TOD发展模式研究

项目来源：北京市发展和改革委员会
主持单位：北京城建设计发展集团股份有限公司、北京市市政工程设计研究总院有限公司、中国城市规划设计研究院
院内主管所长：赵一新
院内项目负责人：杨少辉、田欣妹

项目起止时间：2022年1月至2022年12月
院内承担单位：城市交通研究分院
院内主审人：李凤军
院内主要参加人：付凌峰、刘燕、王楠、凌伯天

研究背景

北京市发展和改革委员会组织本项目研究，旨在引导铁路领域落实TOD理念，推动铁路引领城市发展模式的探索和实践研究，分类分项研提发展策略，为北京市开展铁路领域资源综合开发利用提供基础支撑。

研究内容

1. 实践经验总结

梳理国内外铁路TOD领域的实践情况和经验教训，以案例分析的形式，总结我国相关城市开展铁路领域TOD开发模式的情况。

2. 政策参考借鉴

汇总国家和省市目前铁路领域TOD相关政策研究情况，充分借鉴长三角地区、粤港澳大湾区、成渝都市圈等类似城市相关经验，结合北京市客观实际，提出顶层制度设计建议。

3. 实施模式研究

根据北京市城市总体规划、分区规划及"十四五"时期各专项规划，结合铁路规划建设的具体情况，从功能业态布局、实施时序策略、可持续发展等多角度研究北京市铁路领域TOD开发模式，促进行业高质量发展。

技术创新点

1. 铁路领域站点TOD开发具有重要意义，30座已纳入轨道微中心名录的站点是重点推进项目。其中，13座为涉及铁路条状用地站点，可借鉴霍营综合交通枢纽的实施路径，统筹考虑站城融合、产城融合基础上，稳步推进站点一体化综合利用；17座涉及铁路整块用地站点的TOD开发模式，综合各利益方的发展诉求，提出给予国铁集团的两条选择路径：路径一是按照"路市会谈"的要求，会商铁路部门将市郊铁路服务与铁路职工保障房安置进行置换；路径二是国铁集团通过平台公司将土地作价进入市场，补缴出让金，结合区域产业功能布局，与相关区政府合作开发，共享北京市总部经济的"红利"，获得可持续经营收入。

2. 30座铁路微中心站点根据先易后难，分类、分批次有序推进。其中，第一批微中心站点共10座，以霍营综合交通枢纽为示范，实现点状突破；第二批实施微中心站点共7座，应随东北环线、新城联络线、通密线整体提升等市郊铁路新建、改造提升工程的推进，与铁路方深入探讨合作方式；第三批实施的微中心站点共13座，此类车站铁路持有大量土地资源，需进一步结合区域产业功能定位、物流流通体系建设等，与铁路方共同研究多样化综合利用线路站点的策略。

应用及效益情况

本项目通过梳理国内外市郊铁路的发展经验，结合北京市郊铁路发展存在的问题及现状，旨在寻求适宜北京市铁路领域的TOD开发模式，分类、分项提出发展策略，为北京市铁路领域资源综合开发提供支持，从而真正实现路市双方"坐在一条板凳上谋发展"。

（执笔人：杨少辉）

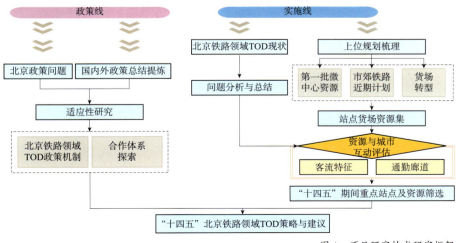

图1 项目研究技术研究框架

海淀区"十三五"时期"一城三街"发展建设的目标、重点和措施研究

项目来源：北京市海淀园管委会	**主持单位**：中国城市规划设计研究院
项目起止时间：2015年3月至2015年7月	**院内承担单位**：城乡治理研究所
院内主管所长：尹强	**院内主管主审人**：曹传新
院内项目负责人：许尊	**院内主要参加人**：杜宝东、张峰、刘岚、董博、周婧楠

研究背景

北京市委、市政府在2014年提出建设"一城三街"的发展构想，使"一城三街"成为发挥科技引领、推动创业生态环境建设的重要抓手。"一城三街"所在的地区是中关村的核心科研资源集聚地区，拥有强大的知识创新能力，是北京市创新活动最为密集的地区，更是国家创新引领的核心地区。

《海淀区"十三五"时期"一城三街"发展建设的目标、重点和措施研究》（以下简称《研究》）是为了进一步发挥整体规划运行效力，满足区域协同发展、首都"瘦身、健体"和"万众创新"的发展新要求，对海淀区软件城、中关村大街、知识产权一条街、科技金融一条街等地区在产业发展、空间优化、公共服务、基础设施和城市环境品质等方面提出具体建设策略与发展路径，为"十三五"发展提供依据。

研究内容

1. 形成产城融合的北部"软件城"

依托中关村软件园、上地信息产业基地建设中关村软件城核心区，引领北京市软件与信息产业发展的产业示范核心。以核心区为中心向周边辐射打造拓展区，形成新兴产业孵化、培育和产业化的成长基地。以核心区与拓展区为主体建设国家级软件产业创新基地，与周边区域形成产业联动。

2. 打造空间优化与功能提升的南部"三街"

在功能复合的基础上，根据资源优势引导特色发展，并非强调功能导向的绝对规定，形成5+3+2的特色区段。

中关村大街——5个区段。依托北京大学、清华大学、北大科技园、中国科学院等高校和机构打造协同创新功能区。依托中关村西区已有的功能基础打造创新核心功能区。以智能硬件、创业培训等领域为主建设专业创新功能区。结合中坤大厦、天作国际、财大金融产业园等项目的建设打造科技金融创新功能区。结合艺术院校、紫竹院公园、长河打造文化创新功能区。

知识产权一条街——3个区段。以学院路为纵轴，吸引标准化研发机构和知识产权综合服务机构的聚集。以知春路为横轴，提升知识产权服务水平与机构优化。依托西区高端要素的聚集优势，形成国内外技术交易核心区。

科技金融一条街——2个区段。依托西区中关村PE大厦现有资源集聚优势，形成集聚全球影响力的科技金融资本地区。依托中坤广场的业态调整、交大东校区的改造，加强面向初创企业的创业服务职能。

技术创新点

（1）创新提升路径。以产业结构调整引导人口和就业结构的优化，加快疏解存量低端业态。引导部分专业市场和物流功能的逐步退出和区域转移，同时引入高端业态，推动业态升级。

（2）内外联动策略。规划重点研究海淀区"大院"的特殊性，处理好"大院"内外的空间联动，释放大院的空间资源，利用低成本土地与空间集聚地区创新要素。

（3）空间优化模式。区别于以往用地识别，研究突出楼宇空间的梳理，从而提出低效疏解策略，研究依托现有空间的使用特征，总结了四种空间优化模式。一是以空间置换为导向，以商业、卖场服务业态改造为主。二是以功能提升为导向，以现有优势空间利用为主，统一定位、整体提升。三是以空间合作为导向，以高校、科研院所、科技园利用为主，合作与利用。四是以土地开发为导向，以集体土地改国有为主，统一开发与利用。

应用及效益情况

（1）《研究》作为"十三五"规划的前期支撑，有效地推动一城三街地区的创新功能提升，优化创新创业生态环境相关内容纳入海淀区"十三五"规划中。

（2）《研究》有效地指导了重点任务建设。中关村大街楼宇塑造工程、创意环境提升工程、交通优化工程等内容均在后续城市建设中推进实施。

（执笔人：许尊）

"十三五"期间昌平旅游及文化产业融合发展研究

项目来源： 北京市昌平区旅游发展委员会
主持单位： 中国城市规划设计研究院
院内主管所长： 徐泽
院内项目负责人： 周建明、宋增文
项目起止时间： 2014年9月至2015年4月
院内承担单位： 文化与旅游规划研究所
院内主审人： 罗希
院内主要参加人： 郑童、周辉、马诗梦

研究背景

文化是旅游的灵魂，旅游是文化的载体。没有旅游的文化没有活力，没有文化的旅游没有魅力。昌平区是北京的历史文化大区，历史悠久、人文荟萃，素有"京师之枕"的美称，其丰富的明文化、长城军事文化、运河源头文化、宗教文化、民俗文化在北京市各区中独具特色。但同时文化资源挖掘利用不足，部分文化资源停留在待利用阶段，价值未得到充分发挥。在这样的背景下，受北京市昌平区旅游发展委员会委托（报昌平区发展改革委员会同意），中规院承担本"十三五"规划前期课题的研究工作。

研究内容

本研究分析了昌平区文化与旅游产业融合发展的背景与趋势，在梳理现状与问题基础上，结合文旅融合发展的环境条件，提出了昌平区文旅融合发展的目标与思路，研究了昌平区文旅融合发展的模式与路径、机制，确定了"十三五"期间昌平区文化与旅游融合发展的重点内容，提出了昌平区文旅融合发展的政策措施建议。

本研究认为昌平区有世界文化遗产等丰富、优质的文化资源，有规模不断扩大、项目建设稳步推进的旅游产业，为文化旅游融合发展奠定了坚实的基础。在北京建设"文化中心""国际一流旅游城市"的机遇下，要通过政策引导、项目带动等措施，使昌平区旅游产业与文化产业在产品、服务、市场等领域广泛融合，形成文化旅游上下游产业链，实现相互促进、相互提升、共同发展的良好局面，成为北京市旅游与文化产业融合发展的先行示范区。"十三五"期间昌平区文化旅游融合的重点是要整合提升文化旅游融合产品，做强"世界文化遗产"旅游区，提升打造文化旅游精品景区，打造国家文化旅游重点项目，完善文化旅游设施与服务配套，强化文化旅游市场营销推广，加大文化旅游融合发展政策扶持，以建设国家文化旅游示范区。

技术创新点

1. 基于旅游产业与文化产业融合的动力模型，确定区域文旅融合发展策略

本课题研究了文旅融合动力源，即技术创新助力、市场需求拉力、制度创新推力、竞争格局压力等方面。围绕动力模型，提出了昌平区文旅产业融合发展的总体思路，即建立和完善促进融合的顶层制度设计、推动文化与旅游产业专业化品牌化特色化发展、强化科技信息互联网等对文化旅游支撑发展智慧旅游，以及线上线下旅游与文化产业市场平台建设的策略。

2. 基于旅游产业与文化产业融合关联机制，确定区域文旅融合发展模式路径

本课题研究了文旅产业融合的机制，即文化产业通过向旅游产业提供永续利用和可更新的文化旅游资源，旅游产业通过向文化产业延伸服务，实现两大产业的融合，并创造兼具文化产业和旅游产业双重性质的文化旅游产业新业态。基于机制研究，提出昌平区文旅产业融合的模式，即空间集聚、产品融合、活动整合，融合路径即业态融合、企业融合、市场融合和渠道融合。

应用及效益情况

本课题对昌平区的文旅融合发展起到了重要引领作用，为昌平区全域旅游发展规划、文化旅游融合发展专项规划的编制奠定了基础，为昌平区文化旅游融合发展指明了方向。在本课题引领下，大运河文化带、长城文化带建设提速，大运河水源承载地大运河源头遗址公园开园，"文旅融合高峰论坛""明文化论坛""农业嘉年华活动"持续举办，昌平区被评为"国家全域旅游示范区""国家中医药健康旅游示范区"和"全国休闲农业和乡村旅游示范区"，文物活化利用、乡村民宿、艺术乡村等文旅融合业态不断涌现。

（执笔人：宋增文）

国家战略下的浙江空间布局优化提升研究

项目来源：浙江省推进城市化工作协调指导小组办公室
主持单位：中国城市规划设计研究院
院内主审人：王凯
院内项目负责人：陈勇、季辰晔

项目起止时间：2016年7月至2017年11月
院内承担单位：上海分院
院内主管所长：郑德高
院内主要参加人：张亢、李鹏飞、罗瀛

研究背景

十八届五中全会强调，必须牢固树立并切实贯彻创新、协调、绿色、开放、共享五大发展理念。要求一方面更加关注开放的格局、创新的增长动力，注重区域综合竞争力的发挥；另一方面更加强化生态价值和区域协同，关注区域可持续能力的提升。这些理念对于区域城镇空间布局将产生深刻影响，需要提前预判趋势，做好空间优化调整。同时，浙江在互联网经济的带动下，出现了各类新经济、新业态，对空间发展提出了新要求，这就需要及时跟进研究，持续思考空间优化思路，更好地适应未来的经济发展与人的生活诉求。

研究内容

1. 对浙江省空间发展历程进行回顾

改革开放至今，浙江空间格局的形成与演变，受到国家战略的深刻影响，每一时期的省域空间布局均体现了同一时期国家战略的要领，一步步从低水平散点式城镇布局发展为高水平网络化布局。同时，浙江省过去的发展不仅仅是落实国家战略，更是推动了国家战略在全省范围内实施，其背后的主要原因是浙江省人多资源少的先天本底造就了敢为人先、勇立潮头的全省文化。20世纪80年代流行乡镇经济，造就了享誉全国的温州模式；2000年左右外资进入，各类出口加工区和经济开发区的设立使得浙江省的县域经济发展水平雄踞全国前列；到2017年的产业创新和服务业经济时代，浙江省又涌现出诸如阿里巴巴的互联网龙头。因此，步入新时期，浙江省应继续响应和推动国家战略的深化落实，发挥全国性示范引领作用。

2. 对现行城镇体系规划实施情况作出评估

现行省域城镇体系规划"以都市区引领，网络化发展"的空间格局思路清晰，符合当前空间发展实际，为保障全省经济社会发展提供了良好的指引，有序地推进了城市化进程。因此，在空间发展格局基本清晰的基础上，浙江省未来空间优化应重点着眼于重大战略的新机遇、新要求，结合自身发展中的问题，根据战略性功能进行针对性优化完善而非全局性改变。

3. 明确新时期重大战略要求

（1）"一带一路"

21世纪海上丝绸之路以长三角、环渤海、珠三角三大港群为核心，重点打造东向太平洋航线、西向印度洋航线、北向北冰洋航线，浙江需要提升沿海港口城市的能级。丝绸之路经济带则以中欧班列为主要载体，依托新亚欧大陆桥、中蒙俄、中国—中亚—西亚三条对外经济走廊形成西、中、东3条中欧铁路运输通道，浙江未来需要加强沿海和内陆的通道连接。

（2）长江经济带

要求加强流域保护和生态功能区的建设，打造海上对外开放门户，发挥自主创新示范区的引领作用以及强化区域合作、生态环境协同保护等。

（3）长三角城市群发展规划

要求构建杭州、宁波都市区，推进创新链产业链深度融合，建立高标准开放平台和舟山自由贸易港区、推动生态共建环境共治。

4. 提出浙江空间布局优化策略

（1）开放与国际化策略

大湾区需进一步转型，突出全球格局中的平台城市，重点建设杭州国际性交通枢纽和交往门户、宁波—舟山自由贸易港区和港航服务中心以及温州沿海开放合作平台，建设温州跨境金融战略支点。内陆需提升贸易服务功能，重点打造金华—义乌专业性国际贸易中心，着力推动金义都市新区建设。强化沿海—内陆国家级开放通道，在现有沿海通道和沪昆通道基础上，重点加强华东二通道、海西二通道和甬杭黄通道的建设。完善省级开放通道，重点加强与江苏、上海两省市之间的联系，包括新建通苏嘉城际铁路、湖苏沪城际铁路、沪乍杭铁路、舟山本岛至上海的大陆连岛高速公路等。

（2）创新发展策略

打造以杭州、宁波为中心的环杭州湾创新示范区，强化基础创新，尤其以杭州大城西未来科技城、青山湖科技城、宁波新材料科技城等创新平台为核心重点，强化创新策源能力，关注技术型创新，包括制造业的智能提升、互联网+的创新发

展类型，尽快争创综合性高水平国家科学中心，推进国家重大专项科技创新工程。培育温台、浙中地区创新节点，强化应用创新，重点建设温州、台州、金华—义乌、衢州、丽水等多个创新节点，加强与本地产业的耦合。

（3）生态发展策略

培育国家级和地区级魅力特色区。划定跨区域的国家级魅力特色区，包括浙皖闽赣国家东部魅力特色区、宁波—舟山海洋特色国家魅力特色区。在其他地区，有重点地筛选一批地区级魅力特色空间，如京杭运河、富春江等魅力特色空间。推进国家级和地区级魅力风景道建设。加快国省干线公路的升级改造，提高公路、铁路、机场的覆盖，提升地区交通可达性，建设完善的城乡公路网。建设铁路、公路、机场无缝换乘枢纽，依托特色镇、村建设交通换乘中心。

（4）协同发展策略

促进四大都市区与省内其他地区协同发展，重点建立健全生态共担利益共享机制，包括生态保护补偿机制等。加强环杭州湾的产城发展协同，促进沪甬通道、沿海大通道等跨湾通道的建设，进一步缝合环杭州湾、压缩湾区的时空距离。促进环太湖地区的生态保护协同，严格控制滨湖产业岸线，强化太湖流域生态连接，推动区域、流域大气、水环境、土壤的联防联治。加强浙西南地区的生态发展协同，以浙皖闽赣国家东部生态旅游实验区为基础，充分挖掘生态旅游优势，加强四省边界地区的合作，创建浙皖边界黄山—千岛湖组团、浙赣边界三清山—江郎山组团、浙闽边界太姥山—白水洋·鸳鸯溪—千峡湖组团等跨省生态旅游组团。

技术创新点

（1）运用大数据方法从企业视角审视浙江空间发展的问题。基于全国工商总局的全国县域单元企业信息动态监测平台大数据库，分析历年各类企业的空间分布、增长趋势、空间关联等特征，剖析省域各项功能发展中存在的关键问题和瓶颈，探索浙江省域功能网络的空间关联和组织模式。

（2）运用比较研究方法从国际视角探寻浙江空间发展的策略。基于浙江省的资源环境特点、经济发展阶段，借鉴发达国家和地区在新兴功能组织、城乡空间规划的经验，重点关注创新地域系统建设、非城镇密集区的魅力特色区建设等理论与实践，为浙江省空间优化发展提供借鉴。

应用及效益情况

在经济增长方式转变的大趋势下，国家对城市发展理念、空间治理的主要思路发生重大调整。本课题提出开放与国际化、创新发展、生态发展、协同发展四大方面的空间优化策略，作为一项决策咨询建议，以其较强的前瞻性、适应性获专家组验收通过。

一方面，课题研究通过文献、数据等分析，对浙江省过往空间的发展脉络、取得成效、存在问题进行了系统性梳理，为后续其他研究或政策文件提供了扎实的基础。

另一方面，课题研究提出的一系列对策建议，包括建设杭州国际性交通枢纽和交往门户、打造宁波—舟山自由贸易港区、建设金义都市新区、建设沿海大通道、塑造省域风景道、共建浙皖闽赣国家东部生态旅游实验区等均获得了相关城市和省级部门的实质性推进。

此外，课题研究综合了开放、创新、生态、协同四大核心职能和相应的战略空间布局，形成全省"一湾、四极、两区、井字形"的整体空间优化布局，为后续浙江省国土空间规划"一湾引领、四极辐射、山海互济、全域美丽"空间格局的提出提供了有价值的参考。

（执笔人：季辰晔）

浙江省湾区未来城市、未来社区规划建设研究

项目来源：浙江省城市化发展研究中心　　　　**项目起止时间**：2018年8月至2018年12月
主持单位：中国城市规划设计研究院　　　　　**院内承担单位**：上海分院
院内主管所长：郑德高　　　　　　　　　　　**院内主审人**：张永波
院内项目负责人：古颖　　　　　　　　　　　**院内主要参加人**：刘迪、朱慧超、赵宪峰、顾祎敏、俞为妍、刘竹卿、周杨军

研究背景

2018年浙江省两会提出富民强省十大行动计划，以落实党的十九大精神和省第十四次党代会决策部署，该计划是新时代深入实施"八八战略"的内在要求和具体抓手。其中，浙江省大湾区大花园大通道建设作为区域核心计划，是引领浙江未来发展的重大战略，是建设未来城市、未来社区的宏观背景和战略目标。

研究内容

研究当前及未来城市建设背景，从政策导向总结新时期、新政策、新规范的聚焦点。从五个视角分析未来城市、未来社区规划建设趋势。从实践视角对国内外城市远景规划、未来城市建设标准进行研究；从理论视角梳理未来学、科学学、未来城市理论；从更新视角研究未来城市、未来社区的更新路径；从技术视角研究未来城市、未来社区的技术变革方向；从创新视角研究未来城市、未来社区创新发展的逻辑、模式及空间特征。归纳总结浙江省湾区未来城市、未来社区的发展目标及建设标准的维度，根据国内外案例经验，提炼归纳建设策略和指标体系，从而构建浙江省湾区未来城市、未来社区规划建设标准体系，并提出实施路径和机制保障。

技术创新点

关键技术包括：聚焦人群梯度化和交互性需求层次，关注人群对创新、就业、社区、休闲、消费等需求类型特点，研究匹配市民需求、顺应技术变革的空间特征，形成未来城市、未来社区建设策略。通过对国内外城市建设、社区建设指标体系的研究，针对浙江省省情地情，提出未来城市、未来社区的城市更新标准、公共空间标准、社区营建标准、环境建设标准、智能技术标准，最终形成一个相对完善的、可操作性强的建设标准体系。

创新点包括：基于协同创新理论和积木式创新趋势，创新提出未来城市小型化、插件化、精致化的街区开发模式；基于人与公共空间的互动关系，提出市民高度参与的、非标场景营造路径；基于人民对美好生活需求的升级，提出街道回归生活的营建方法，以及设施小型化高密度的布局方式；结合前沿生态绿色技术和智慧城市技术，研判未来城市多中心、组团化的空间趋势，提出生态场景、智能场景嵌入城市和社区的路径。

应用及效益情况

本课题成果在浙江省未来社区相关政策和技术规范中充分体现，并已在未来社区实践中发挥了很好的引导作用。

（执笔人：古颖）

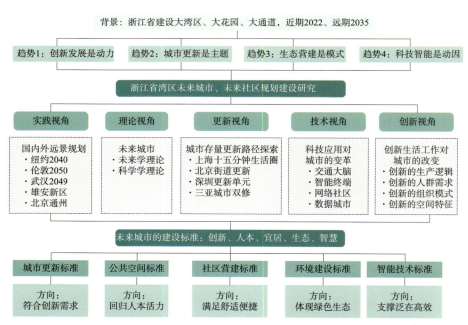

图1　研究技术框架

浙江省城市微更新、微改造的模式和实施路径研究

项目来源：浙江省城市化发展研究中心
主持单位：中国城市规划设计研究院
院内主管所长：孙娟
院内项目负责人：刘迪
项目起止时间：2019年7月至2019年12月
院内承担单位：上海分院
院内主审人：郑德高
院内主要参加人：赵宪峰、刘昊翼

研究背景

随着城市发展从传统增量扩展向存量提升转型，城市更新成为城市建设的主题。全国诸多省市已经开展了大量城市更新实践和制度建设，与空地建新城不同，城市更新必须结合本地特征，提出因地制宜的更新政策体系和策略模式，才能有效发挥城市更新的作用。

浙江省现有更新实践大多依托于政策式的更新运动，如"四边三化""三改一拆""小城镇环境综合整治""美丽县城"等一系列更新实践都是依托阶段性的政策任务而实施，尚未形成常态化的更新制度。如何根植于浙江特色，探索因地制宜的城市更新，尤其是有机更新的模式和路径，成为浙江省城市规划和建设未来的核心关注点之一。

研究内容

研究内容主要包括以下三个方面。

第一，在理论研究层面，通过现有的城市微更新、微改造相关研究的整理分析，归纳总结微更新、微改造的概念内涵、规划原则和主要特征，探究政策、经济、社会三重因素驱动城市微更新、微改造的动力机制，并结合历史文化保护，研究微更新、微改造对于城市更新的意义。

第二，在案例研究层面，分析不同国家和地区微更新、微改造的发展历程、政策体系、管理机制与建设开发模式，归纳各地区微更新、微改造模式的异同。从法律体系、规划体系、管理体系、运作体系四个维度分类总结微更新、微改造的制度范式和主要特征。提出社会经济发展阶段、行政管理体制机制、法定规划体系、更新改造目的作用是影响更新制度体系构建的核心因素。

第三，在政策研究层面，归纳总结浙江省城市微更新三个方面的主要特征（即在空间方面待更新空间类型多样，板块更新特征突出；在发展历程方面运动式更新快速推进，但尚未形成完善的更新制度体系；在管理方面职能不断下放，县镇行政权力增强）基础上，探索适合浙江省的城市微更新、微改造模式和实施路径，并提出针对性的政策建议。

技术创新点

关键技术包括：构建由法律体系、规划体系、管理体系和运作体系构成的微更新制度体系模型，并通过对美国、英国、法国、德国、日本等不同国家的微更新制度体系研究，分析不同制度体系在实施层面的优势与劣势；结合浙江现状特征，探索构建适应浙江城镇现状的微更新、微改造制度体系，并提出相应的政策建议和更新建设指引。

创新点包括：提出更新法规体系，主要包括"城乡规划法＋都市更新专项法"为核心的多层级法规体系以及城市更新专项法为核心的金字塔型法规体系两种不同模式；提出基于与法定规划体系衔接模式，更新规划体系可以划分为完全纳入法定规划体系，宏观衔接、微观替代法定规划，逐层衔接法定规划，没有独立更新规划四种不同类型；提出构建与浙江省行政管理体系相适应的差异化更新计划体系模式，地级市应构建从宏观到微观的多层级更新计划传导体系，县城应构建"总体计划＋项目详细计划"的双层计划体系，乡镇应以小城镇综合整治规划作为核心更新计划；提出针对旧厂房、城中村、旧市场、旧社区、历史街区，"四旧一古"五类空间的微更新、微改造建设指引和标准模式。

应用及效益情况

本课题成果为浙江省后续的更新相关政策和规范标准的编制提供了有利的技术支撑。

（执笔人：赵宪峰）

浙江省美丽城镇建设评价报告

项目来源：浙江省住房和城乡建设厅	**项目起止时间**：2022年8月至2022年12月
主持单位：中国城市规划设计研究院	**院内承担单位**：村镇规划研究所、院士工作室、上海分院
院内主管所长：陈宇	**院内主审人**：陈宇
院内项目负责人：陈鹏	**院内主要参加人**：蒋鸣、魏来、田璐、郭文文、王潇、张洁

研究背景

近年来，浙江践行"八八战略"，奋力打造"重要窗口"，沿着习近平总书记亲自擘画的路径，在"千村示范、万村整治"工程基础上，于2016年至2019年实施小城镇环境综合整治行动，2020年启动美丽城镇建设。根据住房和城乡建设部的工作部署，由中国城市规划设计研究院对浙江省小城镇建设工作进行综合评价。

本研究结合《浙江省美丽城镇建设指南》《浙江省美丽城镇建设评价办法》《浙江省美丽城镇集群化建设评价办法》中的相关评价标准和要求，聚焦"五美"建设（环境美、生活美、产业美、人文美、治理美）以及城乡融合等关键维度，对"十个一"标志性工程进行系统梳理评价，对美丽城镇建设取得的成绩和创新点进行系统评估。对不同类型的美丽城镇建设的共性与个性进行分析研究，总结差异化的发展建设路径。评价镇级单元在"县—镇—村"三级体系中的作用。

研究内容

研究主要包括四部分内容。

一是总结浙江省美丽城镇的"五美""四新"建设成就。二是总结一整套行之有效的经验。三是梳理当下面临的问题与困难。四是针对问题提出相应的四方面工作建议。

第一部分总结了浙江省美丽城镇"五美""四新"的建设成就。浙江通过美丽城镇建设，全省1010个小城镇实现了美丽蝶变和跨越提升，城乡融合发展水平走在全国前列。探索了城、镇、村联动发展的城镇化新模式，已成为全域共富共美、协同长治长效的优质样板。浙江小城镇覆盖服务全省约55%的居民人群。浙江的美丽城镇建设，通过"五位一体"的"环境美、生活美、产业美、人文美、治理美"集成推进，形成了"新模式、新路径、新机制、新标杆"融合的"四新"道路，真正使小城镇实现"造血—生肌—健体"的良性循环发展。

第二部分总结了浙江省一整套行之有效的工作经验。面向新型城镇化时代要求，浙江始终做到"五个坚持"：坚持践行战略、久久为功，省委省政府亲自谋划部署，构建省、市、县、乡镇四级组织架构，一茬接着一茬干，探索了一条小城镇全方位提升的新路径；坚持高位推动、协同联动，精准定位小城镇在城镇体系中的功能、地位、作用，完善了一种城、镇、村联动的城镇化新模式；坚持规划引领、要素支撑，省级财政每年补助5亿元，拉动全省每年超过3000亿元的有效投资，健全了一套人、地、财系统性保障的新机制；坚持重点示范、分类施策，每年评定100个左右美丽城镇省级样板予以激励，树立了一批辐射带动乡村振兴的新标杆；始终坚持以人为本、共同缔造，把城镇打造成为服务人民的现代化区域中心，让群众切身感受到真实变化，打造一个夯实共产党长期执政基础的新格局。评估认为，美丽城镇建设筑牢了共同富裕的坚实基础、成为"美丽浙江"的展示窗口、承担了乡村振兴的带动功能、打造了经济发展的新增长极。这一整套方法和经验，在当前全国构建"双循环"新发展格局、促进城乡融合的关键时期，显得尤为重要。

第三部分针对"两个先行"奋斗目标提出目前建设还存在的一些瓶颈。在资金和土地要素投入效率、经济发展的质量和特色、设施的适配性和共建共享、"建—管—运"一体化等方面仍有进一步提升的空间。对标新阶段共同富裕示范区的更高目标和要求，提出进一步"提质—联动—创新—示范"的未来举措，以更好打造中国式现代化小城镇建设的浙江样板，为全国小城镇建设作好引领。

第四部分提出了具体工作建议。首先是进一步提质升级，成为更坚实的共同富裕现代化城镇单元。将美丽城镇建设作为土地综合整治的重要抓手，按照有机更新理念促进有机生长。协调推进板块工作，进一步夯实共同富裕现代化城镇单元。推动"五美"互促共融，促进美丽城镇迭代升级。加强设施建设与人口规模的适配性。其次是进一步联动城乡，更好地服务新型城镇化和乡村振兴战略。将美丽城镇融入省域城镇化"四核四带四圈"总体格局。紧密结合"百县提质"，奋力推进美丽县城、美丽城镇、美丽乡村联创联建。加强美丽城镇创建对乡村振兴、粮食安全、农业农村现代化等国家战略的支撑作用。推进美丽城镇片区发展，促进共建共享，发挥城镇化承载作用。第三是进一步创新突破，加快形成永续发展的长效机制。完善美丽城镇建设政策支撑。加强资金、土地、人才等要素投入保障。重点提升资金和土地使用效率。完善建设管理运营一体化模式。第四是进一步示范推广，发挥美丽城镇的全国引领作用。加强小城镇建设模式的总结。注重各地方建设经验的挖掘。加强小城镇建设理论总结。加强媒体宣传与推广。

都市节点型	县域副中心型	文旅特色型	商贸特色型	工业特色型	农业特色型
文体中心	体育场馆	星级酒店	商贸市场	工业园区	农业园区
医养中心	养老院	民宿集群	商贸综合体	工业邻里中心	农产品市场
优质教育	商贸综合体	旅游集散中心	物流园区或设施	物流园区	农业品牌
研发中心	邻里中心	文化IP	商贸品牌	研发中心	农旅项目

图1 各类型美丽城镇创建的重点功能

技术创新点

首先，这是全国第一个以省域为单元的小城镇全面建设评价（2020—2022年）。进一步阐述了浙江省美丽城镇建设在共同富裕示范区、美丽浙江、新型城镇化、乡村振兴四个方面发挥的重大作用。进而对推动小城镇实现中国式现代化的有机构成和重要载体进行了论述。

其次，全面梳理和总结浙江省美丽城镇的建设经验。浙江美丽城镇建设之所以成就斐然，主要得益于构建出一整套行之有效的经验——"明路线、抓机制、强保障、树样板、共参与"。其中，"明路线"是指践行战略、久久为功，坚持以"八八战略"为指引、压茬推进，这是整个工作的引领和总纲。"抓机制"的重点是突出高位推动、协同联动，"强保障"的重点是突出规划引领、要素支撑，"抓机制"和"强保障"是关键，是工作得以顺利开展并取得成功的两个重要抓手。"树样板"是指重点示范、分类施策，既符合规律，也有利于调动地方积极性；"共参与"是指以人为本、共同缔造，体现以人民为中心的发展思想，也有利于整合政府、市场、居民等多元主体的力量；"树样板"和"共参与"是基础，是工作能够得到广泛支持并深入人心的两个重要方法。

最后，进一步明确美丽城镇下一步创建方向。重点突出完善各类保障措施，增加拉动有效投资的相关数据和内容。增加美丽城镇集群建设内容，全省打造一批设施共通、服务共享、产业共荣、治理共通、风貌共塑美丽城镇集群。进一步优化小城镇产镇融合、有机更新、空间活化、基础设施完善等内容。

应用及效益情况

小城镇建设评估报告的应用及效益情况主要体现在以下三个方面：

一是总结了浙江小城镇建设实践的共性经验和推广意义。包括长期改革、因地制宜、让利于民、久久为功的"四个坚持"和先易后难、由点及面、由表及里、由简趋繁的"四个规律"，以及处理好城镇村、人地财、政府社会群众三组关系，为全国其他地区提供借鉴经验。

二是分析了三组趋势，进而为长远规划建设提供定性和定量支持。通过评估分析浙江各类小城镇的人口发展特征与趋势，可以了解人口规模、增长趋势以及老龄化情况，进而为小城镇的长远规划提供详细支持。通过经济发展特征与趋势评估，揭示四大类城镇的产业基础、经济实力和发展潜力，有助于确定城镇在区域经济中的定位和发展策略。通过公共服务建设特征与趋势评估，有助于识别小城镇在教育、医疗等公共服务方面的资源配置情况，为改善和提升公共服务水平提供依据。

三是反映小城镇建设政策的实施效果，为政策调整和优化提供依据。通过既有制定的政策《浙江省美丽城镇建设指南》《浙江省美丽城镇建设评价办法》《浙江省美丽城镇集群化建设评价办法》等与实施效果评估，提出小城镇健康发展的建议。推动实施小城镇复兴战略，成为坚实的共同富裕现代化城镇单元，更好地服务新型城镇化和乡村振兴战略，加快形成永续发展的长效机制，发挥美丽城镇的引领作用。

（执笔人：蒋鸣）

创新房地产业发展机制 提升城市竞争力研究

项目来源：浙江省住房和城乡建设厅	项目起止时间：2017年11月至2018年5月
主持单位：中国城市规划设计研究院	院内承担单位：住房与住区研究所
院内主管所长：余猛	院内主审人：张如彬
院内项目负责人：卢华翔、焦怡雪	院内主要参加人：张璐、高恒、陈烨、李烨、葛文静

研究背景

城市竞争力是城市实力的综合体现，宜居性是其中的重要内容。浙江省省委、省政府高度重视房地产平稳健康发展，提出要研究如何创新房地产业发展机制、保持房价基本稳定，促进房地产业平稳健康发展和城市竞争力不断提高。在这一背景下，浙江省住房和城乡建设厅组织开展了课题研究，以期创新对房地产市场引导与管控的体制机制，实现房地产市场平稳健康发展，提升城市竞争力。

研究内容

（1）本课题分析了浙江省房地产市场发展的总体形势，并梳理了房地产业经济贡献、居民住房条件、保障性安居工程、公积金支持消费等方面的发展成就。从总体供需关系趋紧、户型结构不匹配、新市民住房困难、长效调控机制尚未建立等方面分析了当前发展中的主要问题。明确了国家住房发展导向。

（2）本课题研判了住房价格对城市竞争力的影响。分析了全省和主要城市的竞争力排名情况，提出宜居竞争力对人才吸引力的影响，基于房价与竞争力倒"U"形的关联趋势，提出浙江要保持与居民支付能力相适应、在区域中具有比较成本优势的住房价格的总体思路。

（3）本课题提出基于提升城市竞争力的房地产发展导向。包括"坚持居住属性，严控投机炒房，创新发展机制""发挥市场作用，转变经济供献方式，满足多元需求""提升宜居品质，保持成本优势，增强城市竞争力"等。

（4）本课题明确了发展总体思路和目标。立足针对性、高质量的房地产发展方式促进城市竞争力的提升，提出数量、结构、质量和价格等四个维度的发展具体目标。

（5）本课题提出了稳定市场的近中期政策储备。提出充实近期市场调控政策工具箱、丰富多主体供给类型支持多层次人才安居、优化住区空间布局营造优美住区环境、推动城市群（都市区）城市协同发展、编制住房发展规划稳定社会预期、建立以住房价格警戒线和住房库存警戒线为核心的市场双预警机制、因城施策分类指导等七大类针对性储备政策。

（6）本课题基于改革创新提出了房地产发展长效机制。土地方面，建立低成本可持续的征地机制、探索土地出让收入的分期缴纳、建立城乡统一的建设用地市场；财税方面，探索住房抵押贷款利息抵扣个税、试行住房租金收入的税收减免；金融方面，加强长期政策性资金支持、实行差异化信贷政策；管理方面，完善地方性住房相关法规、部门联动统筹市场调控、建立区域性房地产市场协调机制。

技术创新点

一是创新性论述了房地产市场发展和城市竞争力的关系，提出适宜住房面积、房价收入比是城市宜居性的重要体现，确保合理住房价格是保持和提升城市竞争力的重要手段和途径。

二是基于问卷调研，重点分析了创新型人才的现状居住条件、政府住房支持、租购住房需求和希望获得的支持，进一步提高政策针对性。

三是基于提升城市竞争力，明确了房地产发展导向和目标，针对性提出了近中期储备性政策和长效机制改革创新建议。

应用及效益情况

研究具有较强的前瞻性和现实意义，对浙江省探索创新创业地区保持城市竞争力的住房发展模式，建立平稳可持续的房地产长效机制和制定相关住房政策，提供了研究支撑和决策参考。

（执笔人：张璐）

房地产与城市化的关系研究

项目来源：浙江省城市化发展研究中心
主持单位：中国城市规划设计研究院
院内主管所长：卢华翔
院内项目负责人：焦怡雪

项目起止时间：2020年6月至2020年12月
院内承担单位：住房与住区研究所
院内主审人：卢华翔
院内主要参加人：陈烨、高恒、叶竹、徐漫辰

研究背景

2020年，我国开启由全面建成小康社会到全面实现现代化的新征程，而浙江省的城市化发展已经进入高质量发展新阶段，率先进入现代化、高收入、高城市化的富裕阶段。进入新时期，伴随经济社会转型、产业结构调整、人民需求变化，浙江省住房发展面临着新形势。如何提高城市化的发展质量，在住房发展上满足人民居住品质提升和住房类型多元化的新需求，是下一阶段浙江城市化的主要任务。

研究内容

研究旨在立足新时期国家城市化和住房与房地产发展的新特征，落实"房子是用来住的，不是用来炒的"的总体要求和实现"住有所居"总体目标，研究房地产与城市化的互动发展规律。通过回顾浙江省房地产与城市化互动发展的"加速起步""快速增长""量质并举"三个阶段历程与经验，分析了城市化发展新阶段下浙江省中长期发展趋势，并从数量、结构、质量和可支付性四个方面，提出浙江省"十四五"阶段房地产与城市化协调发展目标，对杭州、宁波、温州等省内重点城市提出了城市住房发展指引。

技术创新点

研究了房地产与城市化的互动发展规律，房地产发展与经济发展水平、城市化进程相匹配。主要体现在住房快速发展与经济中高速和城市化快速增长阶段同期；随着城市化质量提升，房地产对经济的贡献更趋多元化逐步向服务业转型；随着城市化水平提升，人均住房面积不断增加，并趋于稳定后，以提升住房品质为主。

并基于互动发展规律，研判了未来城市化发展下我国和浙江省中长期住房发展趋势，以及要重点解决的问题。浙江省已经进入量质并举的过渡阶段，住房发展受到城市化影响，出现区域分化，住房供给规模回落、但仍处于较高水平，存量住房更新加快、住房相关服务不断完善等特征。未来要重点以都市区为重点，因地制宜引导增量住房供需空间匹配；解决对多元人群需求应对不足等问题。

应用及效益情况

研究提出的浙江"十四五"阶段房地产与城市化协调发展目标和相关政策建议可行性强，获得了地方委托单位和专家的高度认可，对浙江实现"三地一窗口"的定位、发挥示范作用、促进房地产与城市化发展良性互动具有重要意义。

（执笔人：叶竹）

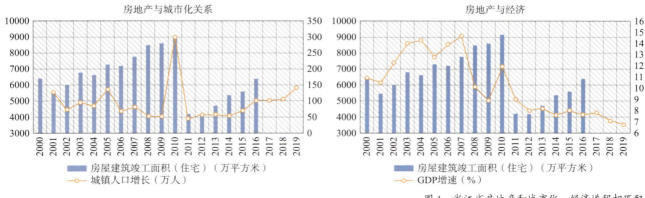

图1 浙江省房地产和城市化、经济进程相匹配

湖南省城市发展新动能研究

项目来源：湖南省住房和城乡建设厅
主持单位：中国城市规划设计研究院
院内主管所长：陈鹏
院内项目负责人：陈鹏

项目起止时间：2021年2月至2021年12月
院内承担单位：村镇规划研究所
院内主审人：刘泉
院内主要参加人：陈宇、邓鹏、蒋鸣、田璐、靳智超、魏来、郭文文

研究背景

创新是推动人类发展的重要动力，经济社会和城市发展的阶段性规律是从要素驱动、投资驱动转向创新驱动发展。目前，全球正迎来新一轮科技革命，将对城市发展产生深刻的影响。党的十八大以来，我国对城市与经济社会发展的政策导向出现了重大转变，随着经济发展步入新常态和城镇化进入后半场，土地、人口、全球化三大红利逐渐消退，城市发展应在建设资金来源、进城人口结构、产业选择等方面作出新的抉择，城市发展动力机制也需要进行重构，城市发展的逻辑起点由吸引产业转变为吸引人，城市发展新动能的培育要与城镇化下半场促进以人为核心的新型城镇化结合起来。

研究内容

内容包括战略篇和行动篇两大篇章七个部分。

第一部分全球思维论述创新驱动将成为推动城市发展的核心动力。通过回顾工业革命以来与经济周期相伴的城市兴衰及其代表性城市，认为创新推动了人类发展。我国正处于从投资到创新的过渡期。当前，世界创新发展的趋势主要体现在创新模式的多样性与阶段性、物质环境与社会环境并重、大城市与小城市兼有以及个人、企业的分散型创新与政府支持的组织型创新结合等方面。"人居三"《新城市议程》也提出"我们的共同愿景是人人共享城市（Cities for all）"，引领城市发展思维转变。

第二部分国家战略论述了我国城市发展逻辑的转变。过去20年，顺应城市化发展趋势，我国充分利用土地、人口和全球化红利，形成城市不断扩张的内在动力机制。城市发展新动能的核心是要保持和提升城市竞争力，增强城市在人口和产业方面的吸引力。新阶段新理念要求我国城市发展动力从经济发展传统的"人口、土地、外贸"老三大红利，转向统筹"改革、科技、文化"新三大动力，城市新旧动能转换已经从单一经济维度转向城市建设发展模式的转变，应从传统的城市规模扩张和空间增长，转向品质提升和人居优化。

第三部分地方行动是总结国际经验和国内探索。国际经验方面重点研究法国"均衡化"政策、德国鲁尔区转型、英国的绿带政策和伦敦老城更新的典型经验；国内探索方面系统总结浙江省转型升级战略、杭州市高质量发展、温州模式与衢州"两山"实践示范、浙江省县级单元城乡统筹和乌镇发展与演变的先进做法，提炼出3条重要启示：一是创新驱动是培育城市发展新动能的核心；二是协同开放是发挥城市比较优势的关键；三是内涵发展是城市发展动力转型的基本模式。

第四部分历史启示是回顾剖析湖南省城市发展特点。历史上湖南省城市兴旺的根源有3个：一是商贸经济依赖于交通区位优势，交通组织变革引起商贸格局重塑；二是工业经济自身存在循环累积效应，受市场形势影响引起工业格局重塑；三是国家战略对城市兴衰始终发挥着重要作用，面临着市场规律的约束。湖南省城镇化发展与全国不同步，经历了波动的发展阶段，省内城镇化水平"东高西低差异大"特征明显，总体来看仍有较大的提升空间。湖南省虽然经济首位度较高，但人口首位度明显偏低，省会城市对全省的辐射带动能力仍有待提升。

第五部分现实需求是研判分析湖南省城市发展条件。湖南三湘四水的地理特质形塑了融山汇水的城市格局，居中畅达的区位格局承载了联通接续的战略职责，底蕴深厚的工业积淀诞生了大国重器的智造高地，兼收并蓄的湖湘文化孕育了敢为人先的进取精神。新时代湖南省城市发展既有国家"三高四新"的战略部署、自贸区建设等发展机遇，又面临着区域竞争与合作关系重构、高铁时代带来的双刃剑效应、人口外流与老龄化加速以及实现"双碳"目标要求等严峻挑战与困境，尤其是省会带动不足，外围城市动力偏弱，长远公共服务投入欠缺，土地开发逻辑不可持续等结构性问题突出。

第六部分未来方向是论述湖南省城市发展新动能的战略举措。坚持以人为中心，以"三高"为导向，聚焦住建事权，研究提出湖南省城市发展新动能十大战略对策。首先推进高质量发展。一是核心带

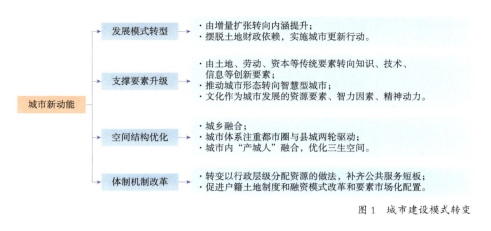

图1 城市建设模式转变

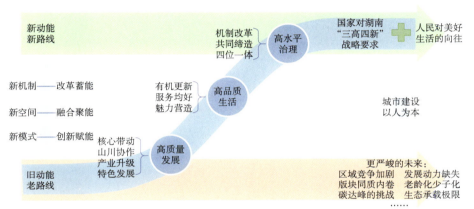

图2 湖南省城市发展新动能路线图

动,进一步提升长沙能级;二是山川协作,强化平原与山地之间的区域协作;三是产业升级,顺应国家战略助推建筑行业变革;四是特色发展,以县为单位进行分类施策。其次创造高品质生活。一是更新提质,有机更新促进功能提升;二是服务均好,推进生活圈和完整社区建设;三是魅力营造,以特色村镇建设助推乡村振兴。最后实施高水平治理。一是机制改革,以人为核心的"人地房财"系统化改革;二是共同缔造,以共建共治共享推进城乡建设;三是四位一体,构建规划—建设—管理—评估一体化。

第七部分总结归纳课题研究的核心结论。首先构建湖南省城市从旧动能向新动能"换档升级"的路径框架。其次优化省域城镇格局,创新区域治理模式。最后针对城市更新、县城发展、乡村建设等重点领域提出政策建议。

技术创新点

课题通过研判分析城市发展新旧动能的内涵、现状与转换的必要性,探索湖南省城市发展新动能的方法路径,是对省域城市新旧动能转换的深入思考,研究的技术创新点主要包括三方面。

一是本次研究提出城市发展新旧动能转换不只是单一的经济维度,而是城市发展动力机制的全面转型,其核心是发展模式的转型,从增量扩张转向内涵提升,从以地生财转向城市更新。

二是立足国家战略和人的定性定量分析,基于湖南省城市发展的优势与不足,按照湖南省城市的发展阶段与趋势研判,从省级层面科学谋划湖南省城市发展新动能的战略举措,为我国省级单元城市发展新动能提供了经验做法。

三是按照创新赋能的新模式、融合聚能的新空间和改革蓄能的新机制,重点从区域协同、城市更新、城乡融合等方面提出政策建议,保障新动能新路线的有效实施。

应用及效益情况

课题研究成果得到了有效应用:

一是形成《湖南省城市发展新动能研究》的报告,并向湖南省住房和城乡建设厅主要领导汇报,对支撑湖南住建部门实施城市更新行动、支撑共同缔造美丽宜居村镇建设、支撑智慧城市建设和数字化治理能力建设,以及协调发展改革、经济信息、文化旅旅、自然资源、公安等部门研究出台相关政策,具有科学性、系统性较强的咨询指导作用。

二是形成学术论文《城市发展新旧动能转换的路径探索——以湖南省为例》,在《〈规划师〉论丛》杂志发表。

三是通过进一步深入研究,研究成果作为学术专著《城市发展新动能·研判与行动》一书的部分章节出版。

(执笔人:邓鹏)

澳门总体规划编制技术指引

项目来源：澳门特别行政区运输工务司、中国城市规划学会　　　**项目起止时间**：2013年11月至2014年4月
主持单位：中国城市规划设计研究院
院内承担单位：绿色城市研究所、北京公司、院办、经营管理处、历史文化名城研究所、城镇水务与工程研究分院、城市交通研究分院
院内主审人：张菁　　　　　　　　　　　　　　　　　　　　**院内主管所长**：董珂
院内项目负责人：李晓江、张菁、董珂
院内主要参加人：王佳文、耿健、苏洁琼、张广汉、郝天文、孔令斌、吕晓蓓、詹雪红、杨明松、朱子瑜
参加单位：北京市城市规划设计研究院、上海同济城市规划设计研究院、江苏省城市规划设计研究院

研究背景

随着澳门《城市规划法》《土地法》《文化遗产保护法》的相继颁布与实施，澳门特区跨入了依法编制、核准、实施、检讨和修改城市规划的新阶段，确定了"总体规划+详细规划"两级规划编制体系，总体规划编制将纳入法治轨道。为了统一对总体规划编制内容、编制程序、技术要点、成果要求的认识，有必要对相关内容进行专项研究，尽快制定《澳门总体规划编制技术指引》。

受澳门土地工务运输局和中国城市规划学会（以下简称"学会"）委托，中国城市规划设计研究院负责其中的《总体规划编制内容及成果要求研究》专题报告，研究制定总规编制内容和技术要求，提出成果构成内容和技术报告的成果深度要求。

项目组于2013年12月启动研究，借鉴了葡萄牙以及我国香港、内地对城市总体规划编制内容的要求，先后在北京、上海、澳门进行了方案沟通和交流，最终于2014年6月形成了《澳门总体规划技术指引》《澳门总体规划技术指引条文说明》和《澳门总体规划编制内容与成果要求研究》专题研究报告。

研究内容

技术指引包括"澳门总体规划编制内容要求"和"澳门总体规划成果要求"两部分。其中"编制内容要求"的技术指引包括"一般要求、发展条件图、城市规划策略性指引、都市性和不可都市化地区、城市整体空间结构、土地使用分区、公用设施规划、绿地或公共开放空间、交通设施规划、市政基础设施规划、综合防灾减灾系统规划、被评定的不动产、澳门历史城区、旧区重整、生态平衡与环境保护、土地使用和利用的一般条件"共十六条；"成果要求"的技术指引包括"文件构成、规划文本、技术报告、公众咨询文件、最终报告"共五条。

技术指引条文说明是对现有法律依据，涉及相关部门及相关法规、指引、部门规划，规划内容的定义和范畴，以及具体的技术方法等方面进行的详细说明。

专题研究报告详细研究了技术指引的编制背景、编制原则，国内外城市规划编制的相关案例，技术指引的编制过程和各轮方案对比，以及最终的技术指引、条文说明和更进一步的详细说明。

技术创新点

1. 提出了"遵循上位法律、尊重现有产权、对接下位规划、分区分类指导"的编制原则

针对澳门特点，强调了"尊重现有产权""分区分类指导"两条编制原则。

强调"尊重现有产权"即在考虑总体

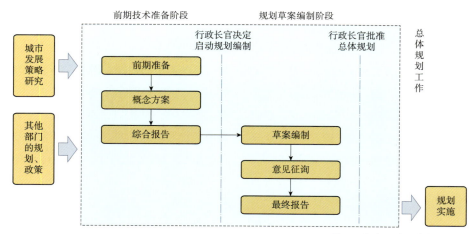

图1　总体规划工作阶段划分

规划"技术合理性"之前，首先要充分尊重现有土地产权，保护私有权益，必须考虑对利害关系人合法权益的影响及由此可能导致的赔偿问题。

强调"分区分类指导"即应参照澳门的土地使用权属和城市建设程度，针对不同类型土地使用分区提出差异化的发展策略、管制要求和设施配置原则。例如在"旧区重整"条款中，提出："对旧区改善的方向，旧区重整的方式，实施重整的基本程序，以及其他涉及旧区重整的关键内容提出有针对性的指引性原则。"

2. 通过汇总限制性因素强化政府公共管制

澳门《城市规划法》有类似中国内地城市总体规划中的"三区划定"要求，通过划定"不可都市化地区、已都市化地区、可都市化地区"实现前置型的空间管制。本技术指引细化了划定各区所考虑的限制性要素。

澳门更强调限制条件对地役权的限制。本技术指引提出："总体规划编制应基于对城市发展现状的分析和整理，特别是土地权属及发展限制条件对地役权的限制。"按照澳门《城市规划法》的要求，本技术指引提出："发展条件图是对各类限制性因素的汇总，是开展总体规划编制必须遵守的前提条件。限制性因素应综合考虑生态环境、资源保护、公共安全、文化保护、公共基础设施和公用设施建设等方面因素。"

3. 通过"三公"设施规划指引强化政府公共供给

"三公"设施，即城市公共基础设施和公用设施、城市绿地与公共开放空间。

按照澳门《城市规划法》的要求，本技术指引强化了总规编制内容中的"三公"设施规划指引要求。包括：分别界定了"三公"设施的范畴、设施规划的技术流程、技术深度、需要关注的核心技术问题，以及与土地使用分区之间的衔接关系。

4. 通过历史文化保护、生态环境保护强化与相关主管部门的衔接

本技术指引对"被评定的不动产""澳门历史城区""生态平衡与环境保护"分别提出了指导性要求，加强其与相关行政主管部门的协作与衔接，明确了总体规划中的技术深度。

5. 明确以"整体空间结构＋土地使用分区"作为总规深度

与内地总规编制内容相比，澳门总体规划在强化政府事权（公共管制＋公共供给）的基础上，简化了总体规划的编制内容，明确以"整体空间结构＋土地使用分区"作为总规深度。

城市整体空间结构是城市功能与"三公"设施的整体空间关系；土地使用分区即划定规划分区单元、确定各分区的主导功能、确定各分区的土地使用和利用的一般条件。

按照此深度要求，总体规划无须确定各地块的用地性质，明确了与详细规划之间的层次和任务分工。

6. 通过"土地使用和利用的一般条件"强化总规与详规的衔接

在澳门"总体规划—详细规划—规划许可"的规划体系中，"条件"是各层级衔接的"纽带"：总规中各土地使用分区的"土地使用和利用的一般条件"是衔接总规与详规的纽带，而详规中各地块的"用地条件图"是衔接详规与规划许可的纽带。

因此，"土地使用和利用的一般条件"是澳门总规成果中的核心内容。本技术指引确定了形成"条件"的技术过程："以现状条件为基础，汇总各类限制性因素要求，公共基础设施及公用设施、绿地和公共开放空间部署和对周边用地的控制要求，各土地使用分区提出的土地使用类别及兼容性要求，各土地使用分区提出的高度、密度（强度）的控制原则等，形成各土地使用分区的土地使用和利用的一般条件，作为编制详细规划的依据。"并分别对其中的各项要素进行了技术规定。

应用及效益情况

1. 健全澳门城市规划制度

一套健全、完善的城市规划制度，不仅包括核心法、还包括行政法规、部门规章、技术规范等不可或缺部分。《澳门总体规划编制技术指引》弥补了总体规划技术规范的空白，对于健全澳门城市规划制度具有重要意义。澳门《城市规划法》出台之后，社会各界启动澳门总体规划编制的呼声强烈，本技术指引为启动澳门总体规划奠定了基础，也为今后总体规划编制的顺利进行提供了技术保障。中国城市规划设计研究院承担的"总体规划编制内容及成果要求"是本技术指引中的核心技术内容。

2. 为内地城市规划制度的改革提供重要参考

澳门在市场化程度、城镇化程度等方面都先于内地广大地区。在此背景下的总规编制技术指引对内地城市总体规划编制的改革与创新具有重要意义。

例如，对于市场经济起决定性作用体制下政府职能的转变、城市总体规划中政府所应担负的公共管制与公共供给职能进行了比较清晰的界定；为城镇化后期以存量改造为主的规划编制与实施模式提供了重要借鉴；对于总规、详规的任务分工及有效衔接进行了有益探索。

（执笔人：董珂）

深圳市气候适应型城市建设规划及实施方案研究

项目来源：深圳市生态环境局　　　　　　　　　　**项目起止时间**：2021年4月至2022年12月
主持单位：中国城市规划设计研究院、国家应对气候变化战略研究和国际合作中心、深圳市环境科学研究院
院内承担单位：深圳分院　　　　　　　　　　　　**院内主管所长**：方煜
院内主审人：钟远岳　　　　　　　　　　　　　　**院内项目负责人**：蒋国翔、温俊杰
院内主要参加人：俞云、张敬云、邝启亮、张浩宏、李敢

研究背景

气候变化是人类共同面临的巨大挑战。气候变化带来的高温、风暴潮、极端降水、干旱、海平面上升等灾害对自然生态系统和人类社会经济系统产生显著性影响。城市作为气候风险的高发区域,也是应对气候变化的重要治理主体,在适应气候变化方面中扮演着重要角色。

深圳地处中国广东南部,气候变化正威胁着这个资源环境紧约束、高密度发展的沿海城市运行安全,以及人民生命财产安全。共享社会经济路径(SSP)气候模式显示,未来深圳市升温趋势仍将继续,气候变化带来的高温热浪、极端降雨等风险不断加剧,主动适应气候变化显得尤为迫切。为有序引导深圳市气候适应型城市建设,开展本研究。

研究内容

研究主要包括以下几个方面:

(1)气候变化影响分析和风险预测

过去的69年来深圳经历了以气温升高、极端天气增加为主要特征的气候变化历程。受气候变化影响,深圳气候风险逐步加剧,极端降水增多、台风影响增强、高温热浪频现,对自然生态系统、城市公共安全和社会经济发展等将产生越来越大的不利影响。在市域的空间分布上,深圳市气候风险程度整体呈现东低西高的格局,高风险区域主要分布在西部及南部沿海地带。未来一段时间深圳变暖的趋势仍将持续,极端天气气候事件发生频次和强度预计将进一步增加,多种气候变化情景模式下气候风险均整体上升。同时,伴随着深圳经济的持续发展和人口密度的逐渐加大,城市面临各种气候灾害的暴露度逐渐增大,灾害损失程度也将呈上升趋势。

(2)气候适应型城市建设目标与策略研究

在全球气候变化对深圳市影响预测基础上,结合目前深圳市应对气候变化存在的问题及其短板,围绕"可持续发

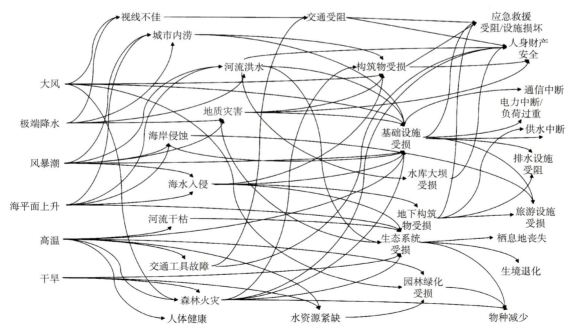

图1　深圳气候风险可能产生的灾害类型

展先锋"战略定位，提出以"更安全、更韧性、更宜居、更智慧的深圳"为总体目标，建设与全球标杆城市相匹配的气候适应型城市发展范例，并基于目标的四个方面分别提出对应的建设策略。

在安全策略方面，基于深圳生态基底空间和城市支撑系统现状，从加强城市生态安全、水资源安全、防洪排涝安全保障能力，以及增强台风等主要气象灾害防御能力等方面入手，筑牢气候变化背景下的城市安全基底。

在韧性策略方面，坚持系统思维，加强城市自然生态系统、基础设施和应急管理体系等重点领域的韧性能力建设，强化气候灾害风险的防御能力和恢复能力，全方位推进韧性城市建设，提升极端天气下的城市系统韧性。

在宜居策略方面，加强建设公共服务设施和公共生活空间，构建多尺度城市通风体系，有效缓解城市热岛效应；完善全天候步行系统，提供友好的出行环境；提升城市公共卫生管理，保障居民身体健康，全面削减气候变化带来的不利影响，营造更宜居的城市环境。

在智慧策略方面，重点通过构建智慧气象监测预警服务体系、加强基础设施智慧化建设与改造、强化智慧化的城市应急管理，提升气候应急事件的快速响应和智慧处置能力，提升城市应对气候变化的治理能力，为安全、韧性和宜居的城市建设提供高效支撑。

（3）气候适应型城市建设指引与管控研究

将适应气候变化理念与行动落实到国土空间规划，制定生态、城镇、海洋空间气候适应指引，生态空间重点实施生态空间分级管控和开展系统生态保护修复，城镇空间强调严格落实城镇安全底线和着力提升城市气候韧性，海洋空间重点强化海岸陆域建设管控和加强海洋生态保护与修复。

（4）气候适应型城市建设保障体系研究

从决策协调平台、工作体系建立、监测评估体系构建等方面推动适应气候变化治理机制创新，建立适应气候变化跨部门工作协调机制，从事前、事中、事后全方位提升城市适应气候变化治理水平。本研究构建的实施保障机制可概括为"两平台—四层级—三体系"。

两平台包括建立气候适应行动统一协调平台和建立气候变化信息及风险评估"一张图"平台。气候适应行动涉及城市诸多行政管理部门，建立健全由市委市政府应对气候变化与节能减排工作领导小组高位统筹、市生态环境局牵头、相关部门积极参与的气候适应型城市建设试点工作领导协调机制和常态化联动协商机制。建立深圳市气候变化风险评估"一张图"平台，并加强城市气候影响、灾害综合风险评估信息与国土空间信息融合。

四层级是指基于不同层级政府的事权，构建"城市—区级—街道—社区"四个层面的气候适应型行动框架，并建立不同层级政府之间的多样化协作关系。

三体系包括建立适应行动工作体系、管控体系和监测评估体系。建立"气候系统观测—影响风险评估—综合适应行动—效果评估反馈"的工作体系，厘清气候适应型城市建设试点的工作环节与内容。建立气候适应型城市建设传导管控体系，基于目标的四个维度构建指标体系，同时纳入到城市现有的规划管控体系之中，以保障适应行动的落实。建立气候适应型城市建设监测评估体系，依托四个维度的指标体系，构建一套可以监测与评估深圳气候适应型城市建设动态的评估体系。

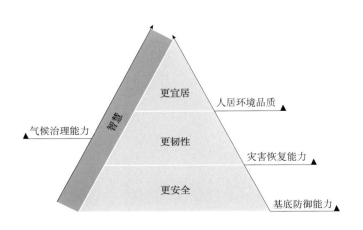

图2 总体建设目标与策略

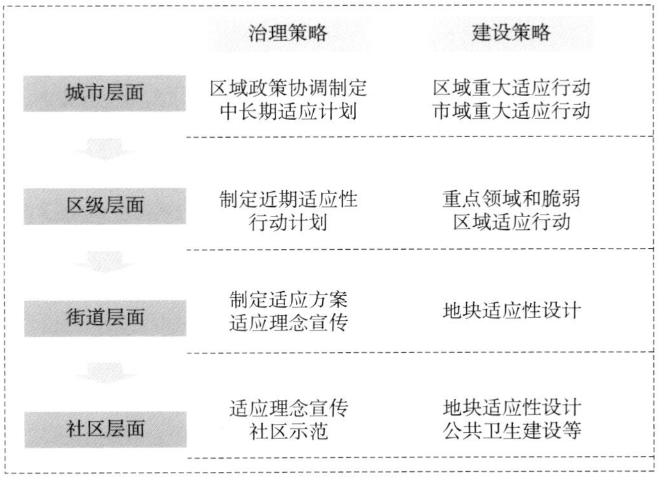

图3 四层级的适应行动框架示意图

图4 深圳气候适应型城市指标体系

技术创新点

指标体系方面，适应气候变化领域目前尚未有比较权威的指标体系，本研究在调研国内外相关领域指标体系的基础上，综合深圳本地的特征、指标的代表性、可操作性等考虑，提出了相对领先的指标体系，可作为气候适应型城市建设的管控抓手。

实施保障方面，针对国内已有气候适应行动重设施轻机制、重建设轻评估等的不足，本课题重点强化了体制机制建设研究，基于国内目前的规划建设管控机制，提出了气候适应型城市的建设路径和评估机制，提高了气候适应型城市建设的实施性。

应用及效益情况

在应用方面，支撑了《深圳市应对气候变化"十四五"规划》《深圳市适应气候变化规划（2023—2035年）》的编制与发布，支撑了《深圳市气候适应型城市建设试点实施方案》的编制，促成深圳市成功入选深化气候适应型城市建设试点名单。

在社会效益方面，2022年11月，课题组成员受邀参加大自然保护协会（TNC）、桃花源生态保护基金会主办的"一起向蔚蓝"城市适应气候变化主题研讨会，分享气候适应型城市建设背景、深圳气候变化情况和适应行动成效、治理策略等热点问题。

（执笔人：张敬云）

致谢

值此《中国城市规划设计研究院七十周年成果集 科研·标准》付梓之际，我们满怀感激之情，向所有为本书编纂与出版贡献智慧与力量的领导、同仁、合作伙伴及社会各界人士致以最诚挚的谢意。

感谢中规院的各级领导，感谢各个项目的主审人、主管所长以及科技委委员们。你们以高瞻远瞩的视野、深厚的专业造诣，为每一个项目提供了坚实的方向指引和质量保障。你们的严格把关与精心指导，确保了我们能够不断突破、持续创新，为城乡规划事业的发展贡献更多智慧与力量。

感谢中规院的同仁，你们的辛勤耕耘与不懈努力，确保了各项科研任务的高质量完成。特别感谢中规院的科研骨干和青年人才，你们是科研创新的中坚力量、主力军，在每一位中规院人的共同努力下，中规院的科研事业才有了长足的进步。

感谢科研标准项目的委托方，你们的信任与支持，是我们不断前行的强大动力。正是有了你们的认可与期待，我们才能够勇于担当、敢于创新，在科研与标准的道路上不断攀登新的高峰。

感谢与中规院长期保持紧密合作的高等院校、科研机构、企事业单位以及国际伙伴。在共同的研究项目、学术交流与标准制定过程中，我们相互学习、共同进步，形成了深厚的友谊和紧密的合作关系。是你们的支持与帮助，让我们能够站在更高的起点上，推动城乡规划事业的持续发展。

在本书的编写过程中，中规院人倾注了大量的心血，王凯院长、陈中博书记等院领导亲自领衔成立中国城市规划设计研究院70周年系列学术活动工作委员会，中规院分管科研副院长郑德高、原总规划师张菁全程策划、统筹，中规院副总规划师、科技处处长彭小雷带领陈萍、付冬楠、所萌、徐颖、耿福瑶、袁闻、杨柳、晏萍、邹民惠等同事共同参与了本书项目的遴选、整理和校对等工作，为本书的顺利出版奠定了坚实的基础。

感谢中国建筑工业出版社对本书的高度重视，特别感谢为本书编纂出版付出辛勤努力的编辑团队及所有幕后工作者。

感谢社会各界对中规院的关注与鼓励。愿我们的努力能够为未来的城乡规划事业留下更多的启迪与借鉴。

2024年9月